工业帮自动化系列教材

西门子S7-1200/1500 PLC 从入门到精通

杨锐 主编
武汉工邺帮教育科技有限公司 组编

华中科技大学出版社
中国·武汉

内 容 简 介

本书系统地介绍了西门子 S7-1200 PLC 的编程和应用（其指令和软件与 S7-1500 PLC 基本兼容），主要内容包括 PLC 硬件简介、S7-1200 基本指令及应用、TIA 博途软件介绍、PLC 常用功能指令及应用、经典应用案例及 S7-1200 PLC 开关量程序设计、S7-1200 PLC 模拟量控制程序设计、S7-1200 PLC 的 PID 使用及控制、S7-1200 PLC 程序编程方法及程序结构、S7-1200 PLC 组织块（OB）及中断程序的应用、S7-1200 PLC 与伺服运动控制的应用、S7-1200 PLC 通信基础知识、Modbus 通信、USS 通信、TCP/IP、仪表通信等内容。

全书内容丰富、由浅入深、层次分明，注重内容的系统性、针对性和知识性。本书图文并茂，程序带有详细的文字注释，特别适合初学者学习和使用，对有一定可编程控制器基础的读者来说，也是不可多得的学习和参考资料。

图书在版编目（CIP）数据

西门子 S7-1200/1500 PLC 从入门到精通 / 杨锐主编；武汉工邺帮教育科技有限公司组编 .—武汉：华中科技大学出版社，2024.3

ISBN 978-7-5772-0645-5

Ⅰ . ①西… Ⅱ . ①杨… ②武… Ⅲ . ① PLC 技术 - 程序设计 Ⅳ . ① TM571.61

中国国家版本馆 CIP 数据核字（2024）第 067732 号

西门子 S7-1200/1500 PLC 从入门到精通

Ximenzi S7-1200/1500 PLC cong Rumen dao Jingtong

杨 锐 主编

武汉工邺帮教育科技有限公司 组编

策划编辑：张少奇

责任编辑：刘 飞

封面设计：原色设计

责任监印：朱 玢

出版发行：华中科技大学出版社（中国 · 武汉） 电话：（027）81321913

武汉市东湖新技术开发区华工科技园 邮编：430223

录 排：武汉工邺帮教育科技有限公司

印 刷：武汉美升印务有限公司

开 本：787mm × 1092mm 1/16

印 张：25.5

字 数：648 千字

版 次：2024 年 3 月第 1 版第 1 次印刷

定 价：138.00 元

前　言

S7-1200 是西门子公司的新一代的小型 PLC，其指令和软件与西门子大中型 PLC S7-1500 兼容。S7-1200 集成了以太网接口和强大的工艺功能，用基于西门子自动化的软件平台 TIA 博途（Portal）的 STEP 7 编程。

本书有以下特点：

（1）循序渐进、由浅入深、图文并茂、内容充实、案例丰富，可为读者提供丰富的编程借鉴；

（2）基础部分以 PLC 硬件结构、工作原理、PLC 指令介绍为基础，结合丰富的应用案例解析，侧重指令的典型应用，可以帮助读者打好西门子 PLC 编程基础；

（3）提高部分系统地阐述了开关量控制、模拟量控制、PID 应用、程序结构及中断组织块的应用、伺服运动控制的介绍及其案例、编程方法的应用以及 S7-1200 PLC 通信基础知识、Modbus 通信、USS 通信等内容，同时给出多个编程案例，让读者容易学习，达到举一反三、灵活使用的目的，进一步提高读者的 PLC 编程能力和水平。

本书可作为电气工程技术人员学习西门子 PLC 技术的参考用书，也可作为高等院校和职业院校自动化、电气、机电一体化等相关专业的教学用书。

由于编者水平有限，书中难免有不足之处，敬请广大读者批评指正。

作　者

2024 年 1 月

目 录

第 1 章 PLC 概述

1.1 PLC 的定义

PLC 是“可编程序控制器”的英文简称。“可编程序控制器”（programmable controller）的英文简称原为 PC，但为了避免与“个人计算机”（personal computer）的英文简称相混淆，所以将“可编程序控制器”的英文简称改为 PLC（programmable logic controller）。由此可以看出，PLC 就是计算机家族中的一员，是一种主要应用于工业自动控制领域的微型计算机。IEC（国际电工委员会）于 1987 年对“可编程序控制器”的定义是：可编程序控制器（PLC）是一种数字运算操作的电子系统，专为工业应用设计；它采用一类可编程的存储器，用于其内部存储程序，执行逻辑运算、顺序控制、定时、计数和算术操作等面向用户的指令；并通过数字式或模拟式输入 / 输出控制各种类型的机械或生产过程。可编程序控制器及其有关设备，都应按易于使工业控制系统形成一个整体，易于扩充其功能的原则进行设计。

1.2 PLC 的主要特点

PLC 是一种专为工业应用而设计的控制器，它主要有以下特点。

1 可靠性高，抗干扰能力强

为了适应工业应用要求，PLC 从硬件和软件方面采用了大量的技术措施，以便能在恶劣的环境下长时间可靠运行，现在大多数 PLC 的平均无故障运行时间可达几十万小时。

2 通用性强，控制程序可变，使用方便

PLC 可利用齐全的各种硬件装置来组成各种控制系统，用户不必自己再设计和制作硬件装置。用户在确定硬件以后，在生产工艺流程改变或生产设备更新的情况下，无须大量改变 PLC 的硬件设备，只需更改程序就可以满足要求。

3 功能强，适应范围广

现代 PLC 不仅有逻辑运算、计时、计数、顺序控制等功能，还具有数字量和模拟量的输入 / 输出、功率驱动、通信、人机对话、自检、记录显示等功能，既可控制一台生产机械、一条生产线，又可控制一个生产过程。

4 编程简单，易用易学

目前大多数 PLC 采用梯形图编程方式，梯形图语言的编程元件符号和表达方式与继电器控制电路原理图非常接近，这样大多数工厂、企业电气技术人员就非常容易接受和掌握。

5 系统设计、调试和维修方便

PLC 用软件来取代继电器控制系统中大量的中间继电器、时间继电器、计数器等器件，使控制柜的接线工作量大为减少。另外，PLC 的用户程序可以用计算机在实验室仿真调试，减少了现场的调试工作量。此外，由于 PLC 结构模块化及很强的自我诊断能力，PLC 的维修也极为方便。

1.3 PLC 的分类

从组成结构分类，PLC 可以分为两类：一类是整体式 PLC（也称单元式 PLC），其特点是电源、中央处理器（CPU）和 I/O 接口都集成在一个机壳内；另一类是标准模块式结构化 PLC（也称组合式 PLC），其特点是电源模块、CPU 模块和 I/O 模块等在结构上是相互独立的，可以根据具体的应用要求，选择适合的模块，安装在固定的机架或导轨上，构成一个完整的 PLC 应用系统。

按 I/O 点数分类，PLC 可分为微型、小型、中型、大型 PLC。

微型 PLC 的 I/O 点数一般在 64 点以下，其特点是体积小、结构紧凑、质量轻和以开关量控制为主，有些产品具有少量模拟量信号处理能力。

小型 PLC 的 I/O 点数一般在 256 点以下，除开关量 I/O 外，一般都有模拟量控制功能和高速控制功能。有的产品还有许多特殊功能模块或智能模块，有较强的通信能力。

大型 PLC 的 I/O 点数一般在 1024 点以上，软、硬件功能极强，运算和控制功能丰富。具有多种自诊断功能，一般都有多种网络功能，有的还可以采用多 CPU 结构，具有冗余能力等。

1.4 PLC 的工作原理

当 PLC 投入运行后，其工作过程一般分为三个阶段，即输入采样、用户程序执行和输出刷新三个阶段。完成上述三个阶段称为完成一个扫描周期。在整个运行期间，PLC 的 CPU 以一定的扫描速度重复执行上述三个阶段。

1 输入采样

在输入采样阶段，PLC 用扫描的方式依次地读入所有输入状态和数据，并将它们存入 I/O 映像区中的相应的单元内。输入采样结束后，转入用户程序执行和输出刷新阶段。在这两个阶段中，即使输入状态和数据发生变化，I/O 映像区中的相应单元的状态和数据也不会改变。因此，如果输入的是脉冲信号，则该脉冲信号的宽度必须大于一个扫描周期，才能保证在任何情况下，该输入均能被读入。

2 用户程序执行

在用户程序执行阶段，PLC 总是按由上而下的顺序依次扫描用户程序（梯形图）。在扫描每一条梯形图时，又总是先扫描梯形图左边由各触点构成的控制电路，并按先左后右、先上后下的顺序对由触点构成的控制电路进行逻辑运算，然后根据运算的结果，刷新该逻辑线圈在系统 RAM 存储区中对应位的状态；或者刷新该输出线圈在 I/O 映像区中对应位的状态；或者确定是否要执行该梯形图所规定的特殊功能指令。

在用户程序执行过程中，只有输入点在 I/O 映像区内的状态和数据不会发生变化，而其他输出点和软设备在 I/O 映像区或系统 RAM 存储区内的状态和数据都有可能发生变化，而且排在上面的梯形图，其程序执行结果会对排在下面的凡是用到这些线圈或数据的梯形图起作用；相反，排在下面的梯形图，其被刷新的逻辑线圈的状态或数据只能到下一个扫描周期才能对排在其上面的程序起作用。

输出刷新

当扫描用户程序结束后，PLC 就进入输出刷新阶段。在此期间，CPU 按照 I/O 映像区内对应的状态和数据刷新所有的输出锁存电路，再经输出电路驱动相应的外设。这时才是 PLC 的真正输出。

上述三个步骤是 PLC 的软件处理过程，可以认为是程序扫描时间。程序扫描时间通常由三个因素决定：一是 CPU 的时钟速度，越高档的 CPU，时钟速度越高，扫描时间越短；二是模块的数量，模块数量越少，扫描时间越短；三是程序长度，程序长度越短，扫描时间越短。一般的 PLC 执行容量为 1KB 的程序需要的扫描时间是 1~10ms。

第 2 章

S7-1200/1500 PLC 硬件介绍

2.1 S7-1200 PLC 硬件介绍

2.1.1 S7-1200 PLC 概述

本书以西门子公司新一代的模块化小型 PLC S7-1200 为主要讲授对象。S7-1200 主要由 CPU 模块（简称为 CPU）、信号板、信号模块、通信模块和编程软件组成，各种模块安装在标准 DIN 导轨上。S7-1200 PLC 的硬件组成具有高度的灵活性，用户可以根据自身需求确定 PLC 的结构，系统扩展十分方便。

1 机型丰富，选择更多

该产品可以提供不同类型、I/O 点数丰富的 CPU 模块。产品配置灵活，在满足不同需要的同时，又可以最大限度地控制成本，是小型自动化系统的理想选择。

2 选件扩展，配置灵活

S7-1200 PLC 新颖的信号板设计，在不额外占用控制柜空间的前提下，可实现通信端口、数字量通道、模拟量通道的扩展，其配置更加灵活。

3 以太网互动，便捷经济

CPU 模块本身集成了以太网接口，用 1 根网线，便可以实现程序的下载和监控，省去了购买专用编程电缆的费用，经济便捷；同时，强大的以太网功能，可以实现与其他 CPU 模块、触摸屏和计算机的通信和组网。

强大的控制功能

系统集成了 16 路 PID 的控制回路，PID 是能够支持自适应控制的快速功能块，并且提供了 PID 参数调试和观测的控制画面，可以让用户在不熟悉 PID 参数如何调整的情况下把工艺参数控制到所需标准。系统集成了多达 6 个高速计数器（3 个 100kHz，3 个 30kHz），用于精确监视增量编码器、频率计数或对过程事件进行高速计数。系统集成了 4 个高速输出，可用作高速脉冲输出或脉宽调制输出。当组态呈辅助动力输出（PTO）时，它们将提供最高频率为 100kHz 的 50% 占空比的高速脉冲输出，以便对步进电机或伺服驱动器进行开环速度控制和位置控制。2 个高速计数器对高速脉冲输出进行内部反馈。当组态呈脉冲宽度调制（PWM）输出时，将生成一个具有可变占空比的固定周期输出来控制电机速度、阀位置或加热元件的占空比。系统支持对步进电机和伺服驱动器进行开环速度控制和位置控制，实现该功能的组态十分简单，即通过一个轴工艺对象和通用的 PLCopen 运行功能块就可实现。除了返回（Home）和点动（Job）功能以外，系统还支持绝对、相对、速度运动。

复杂的数据结构

复杂的数据结构意味着什么呢？其实就是数组、结构等多元素组成的数据单位，而市面上很少会有低端 PLC 的编程语言能够支持复杂的数据结构，大都支持扁平式的数据类型（Bool、Int、Word、DWord、Real）。S7-1200 PLC 这款产品继承了 300/400 中高端 PLC 所具备的数据结构，开始支持数组和结构等。

指令参数的多态性

西门子经典的编程指令都是采用数据类型一致的方法分类，例如加 / 减 / 乘 / 除的指令根据不同的数据类型是不同的指令。而在对 S7-1200 PLC 编程时，不用区分数据类型，只需调用功能块，将功能块放置在 network 中让用户选择数据类型，这就轻松实现了指令参数的多态性。

集成 HMI 工程组态

SIMATIC Step 7 Basic 包括功能强大的 HMI（人机界面）软件 SIMATIC WinCC Basic，用于对 SIMATIC HMI 精简系列面板进行高效的编程和组态。高效的工程组态包括通过智能拖放功能直接使用 HMI 项目中的控制器过程值。HMI 是整个项目的一部分，HMI 数据可始终保持一致性。HMI 和 PLC 之间的连接可以集中定义，还可以创建多个模板并分配给其他画面。完全集成的 HMI 功能使组态 SIMATIC HMI 精简系列面板变得十分方便且高效。

8 灵活的第三方通信

与第三方设备通信一直都是PLC自动化的瓶颈，而S7-1200 PLC配备了通信模块（CM）支持RS232/485以及自身以太网口通信。针对串行通信RS232/485，使用功能块配置帧通信的方式来完成数据流的通信，并且S7-1200 PLC支持SEND_PTP和RCV_PTP功能块串行通信的封装，这样就意味着很容易封装出各种串行通信协议。而针对S7-1200 PLC提供了tcp和udp两种通信方式，并且提供了标准T-SEND/T-RECEIVE功能块完善通信的解决方案。例如，完全可以利用这两组指令封装出MODBUS-TCP协议库提供给用户。另外，系统提供了丰富字符处理的指令库（LEFT、RIGHT、DELETE、INSERT、REPLACE、VAL_STRG、STRG_VAL和S_CONV），这就意味着增强了这款产品对通信中ASCII字符处理的能力，可以和很多第三方设备（如称重仪表、二次仪表、单片机等）进行自定义字符通信。

2.1.2 S7-1200 PLC 硬件系统组成

S7-1200 PLC硬件系统由CPU模块（简称CPU）、信号板、信号模块、通信模块和编程软件组成。CPU模块、扩展模块及信号板，如图2-1和图2-2所示。

图 2-1 S7-1200 PLC 的 CPU 模块、扩展模块

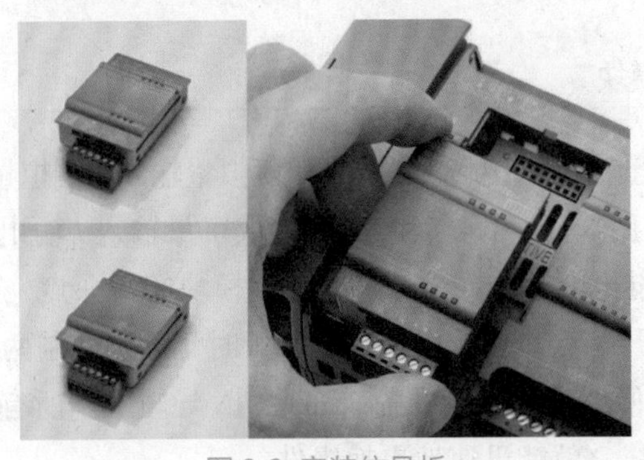

图 2-2 安装信号板

CPU 模块

微处理器相当于人的大脑和心脏，它不断地采集输入信号，执行用户程序，刷新系统的输出。存储器用来储存程序和数据。

S7–1200 PLC 集成的 PROFINET 接口用于与编程计算机、HMI、其他 PLC 或其他设备通信。此外，它还通过开放的以太网协议支持与第三方设备的通信。

CPU 模块具体技术参数，如表 2–1 所示。

表 2-1 CPU 模块技术参数

特性	CPU 1211C	CPU 1212C	CPU 1214C	CPU 1215C	CPU 1217C
外形尺寸 /（mm × mm × mm）	90 × 100 × 75	90 × 100 × 75	110 × 100 × 75	130 × 100 × 75	150 × 100 × 75
工作存储器 / 装载存储器	50KB/1MB	75KB/2MB	100KB/4MB	125KB/4MB	150KB/4MB
信号模块扩展个数	无	2	8	8	8
最大本地数字量 I/O 点数	14	82	284	284	284
最大本地模拟量 I/O 点数	13	19	67	69	69
高速计数器	最多可组态 6 个高速计数器				
脉冲输出（最多 4 点）	100kHz	100kHz 或 30kHz	100kHz 或 30kHz		1MHz 或 100kHz
上升沿 / 下降沿中断点数	6/6	8/8	12/12		
脉冲捕获输入点数	6	8	14		
传感器电源输出电流 / mA	300	300	400		

2 数字量 I/O 模块

数字量输入 / 数字量输出（DI/DQ）模块和模拟量输入 / 模拟量输出（AI/AQ）模块统称为信号模块。可以选用 8 点、16 点和 32 点的数字量输入 / 输出模块（见表 2–2）来满足不同的控制需要。8 继电器输出（双态）的 DQ 模块的每一点，可以通过有公共端子的一个常闭触点和一个常开触点，在输出值为 0 和 1 时，分别控制两个负载。

所有的模块都能方便地安装在标准的 35mm DIN 导轨上。所有的硬件都配备了可拆卸的端子板，不用重新接线，就能迅速地更换组件。

表 2-2 数字量输入 / 输出模块

型号	型号
SM1221，8 输入 DC24V	SM1222，8 继电器输出（双态），2A
SM1221，16 输入 DC24V	SM1223，8 输入 DC 24V/8 继电器输出，2A
SM1222，8 继电器输出，2A	SM1223，16 输入 DC 24V/16 继电器输出，2A
SM1222，16 继电器输出，2A	SM1223，8 输入 DC 24V/8 输出 DC 24V，0.5A
SM1222，8 输出 DC24V，0.5A	SM1223，16 输入 DC 24V/16 输出 DC 24V，0.5A
SM1222，16 输出 DC24V，0.5A	SM1223，8 输入 AC 230V/8 继电器输出，2A

3 信号板

S7–1200 PLC 所有的 CPU 模块的正面都可以安装一块信号板，并且不会增加安装的空间。有时添加一块信号板，就可以增加需要的功能。例如，数字量输出信号板使继电器输出的 CPU 具有高速脉冲输出的功能。

安装时首先取下端子盖板，然后将信号板直接插入 S7–1200 CPU 正面的槽内（见图 2–2）。信号板有可拆卸的端子，因此可以很容易地更换。常见的信号板和电池板如下：

① SB1221 数字量输入信号板，4 点输入的最高计数频率为 200kHz。数字量输入 / 输出信号板的额定电压有 DC24V 和 DC5V 两种。

② SB1222 数字量输出信号板，4 点固态 MOSFET 输出的最高计数频率为 200kHz。

③ SB1223 数字量输入 / 输出信号板，2 点输入和 2 点输出的最高频率均为 200kHz。

④ SB1231 热电偶信号板和 RTD（热电阻）信号板，它们可选多种量程的传感器，分辨率为 0.1℃ /0.1 ℉，位数为 15 位 + 符号位。

⑤ SB1231 模拟量输入信号板，有一路 12 位的输入，可测量电压和电流。

⑥ SB1232 模拟量输出信号板，有一路输出，可输出分辨率为 12 位的电压和 11 位的电流。

⑦ CB1241 RS485 信号板，提供一个 RS485 接口。

⑧ BB1297 电池板，适用于实时时钟的长期备份。

4 模拟量 I/O 模块

在工业控制中，某些输入量（例如压力、温度、流量、转速等）是模拟量。某些执行机构（例如电动调节阀和变频器等）要求 PLC 输出模拟量，而 PLC 的 CPU 只能处理数字量。模拟量首先被传感器和变送器转换为标准量程的电流或电压，例如 4~20mA 和 ±0~10V，PLC 将模拟量输入模块的 A/D 转换器中，模拟量转变为数字量。带正负号的电流或电压在

A/D 转换后用二进制补码来表示。模拟量输出模块的 D/A 转换器将 PLC 中的数字量转换为模拟量（电压或电流），再去控制执行机构。模拟量 I/O 模块的主要任务就是实现 A/D 转换（模拟量输入）和 D/A 转换（模拟量输出）。

A/D 转换器和 D/A 转换器的二进制位数反映了它们的分辨率，位数越多，分辨率越高。模拟量 I/O 模块的另一个重要指标是转换时间。

① SM 1231 模拟量输入模块有 4 路、8 路的 13 位模块和 4 路的 16 位模块。模拟量输入可选 ±10V、±5V 和 0~20mA、4~20mA 等多种量程。电压输入的输入电阻大于或等于 9MΩ，电流输入的输入电阻为 280Ω。双极性模拟量满量程转换后对应的数字为 -27648~27648，单极性模拟量为 0~27648。

② SM1231 热电偶和热电阻模拟量输入模块有 4 路、8 路的热电偶（TC）模块和 4 路、8 路的热电阻（RTD）模块。可选多种量程的传感器，分辨率为 0.1℃ /0.1 ℉，位数为 15 位 + 符号位。

③ SM 1232 模拟量输出模块有 2 路和 4 路的模拟量输出模块，-10~+10V 电压输出为 14 位，最小负载阻抗为 1000Ω。0~20mA 或 4~20mA 电流输出为 13 位，最大负载阻抗为 600Ω。-27648~27648 对应满量程电压，0~27648 对应满量程电流。

电压输出负载为电阻时的转换时间为 300μs，负载为 1μF 电容时的转换时间为 750μs。

电流输出负载为 1mH 电感时的转换时间为 600μs，负载为 10mH 电感时的转换时间为 2ms。

④ SM1234 有 4 路模拟量输入模块和 2 路模拟量输出模块，SM1234 模块的模拟量输入和模拟量输出通道的性能指标与 SM 1231 AI4×13bit 模块和 SM 1232 AQ2×14bit 模块相同，相当于这两种模块的组合。

5 相关设备

相关设备是为了充分和方便地利用系统硬件和软件资源而开发和使用的一些设备，主要包括编程设备、人机操作界面等。

编程设备主要用来进行用户程序的编制、存储和管理等，并将用户程序送入 PLC 中，在调试过程中，进行监控和故障检测。S7-1200 PLC 的编程软件为 TIA Portal。

人机操作界面主要指专用操作员界面。常见的如触摸面板、文本显示器等，用户可以通过这些设备轻松地完成各种调整和控制任务。

2.1.3 S7-1200 PLC 的外部结构

S7-1200 PLC 的 CPU 模块将微处理器、集成电源、模拟量 I/O 点和多个数字量 I/O 点集成在一个紧凑的盒子中，形成功能比较强大的 S7-1200 系列小型 PLC，如图 2-3 所示。

以下按照图中序号依次介绍其外部结构的功能。

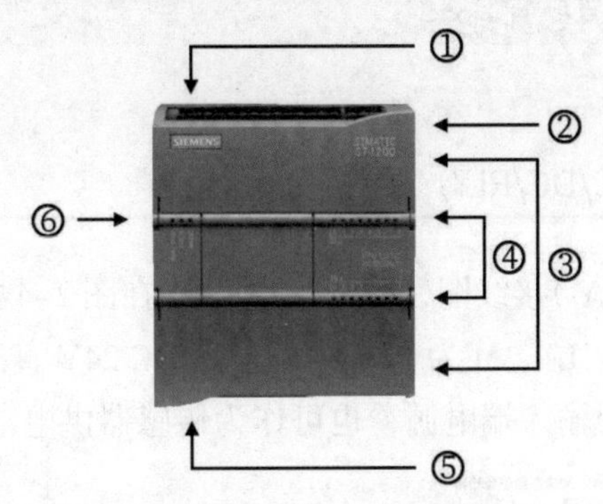

图 2-3 S7-1200 PLC 的外部结构

①电源接口。用于向 CPU 模块供电的接口，有交流和直流两种供电方式。

②存储卡插槽。位于上部保护盖下面，用于安装 SIMATIC 存储卡。

③接线连接器。也称为接线端子，位于保护盖下面。接线连接器具有可拆卸的优点，便于 CPU 模块的安装和维护。

④板载 I/O 的状态 LED。通过板载 I/O 的状态 LED 指示灯（绿色）的点亮或熄灭，指示各输入或输出的状态。

⑤集成以太网口（PROFINET 连接器）。位于 CPU 的底部，用于程序下载、设备组网。它使得程序下载更加方便快捷，节省了购买专用通信电缆的费用。

⑥运行状态 LED。用于显示 CPU 的工作状态，如运行状态、停止状态和强制状态等，详见表 2–3。

表 2-3 S7-1200 PLC 的 CPU 状态 LED 含义

说明	STOP/RUN（黄色 / 绿色）	ERROR（红色）	MAINT（黄色）
断电	灭	灭	灭
启动、自检或固件更新	闪烁（黄色和绿色交替）	—	灭
停止模式	亮（黄色）	—	—
运行模式	亮（绿色）	—	—
取出存储卡	亮（黄色）	—	闪烁
错误	亮（黄色或绿色）	闪烁	—
请求维护 · 强制 I/O · 需要更换电池（如果安装了电池板）	亮（黄色或绿色）	—	亮
硬件出现故障	亮（黄色）	亮	灭
LED 测试或 CPU 固件出现故障	闪烁（黄色和绿色交替）	闪烁	闪烁
CPU 组态版本未知或不兼容	亮（黄色）	闪烁	闪烁

2.1.4 CPU 1214C 的接线

① CPU 1214C（AC/DC/RLY）接线

CPU 1214C（AC/DC/RLY）接线图，如图 2–4 所示。在图 2–4 中，L1、N 端子接交流电源，电压允许范围为 120~240V。L+、M 为 PLC 向外输出 DC 24V 直流电源端子，L+ 为电源正，M 为电源负，该电源可作为输入端电源，也可作为传感器供电电源。

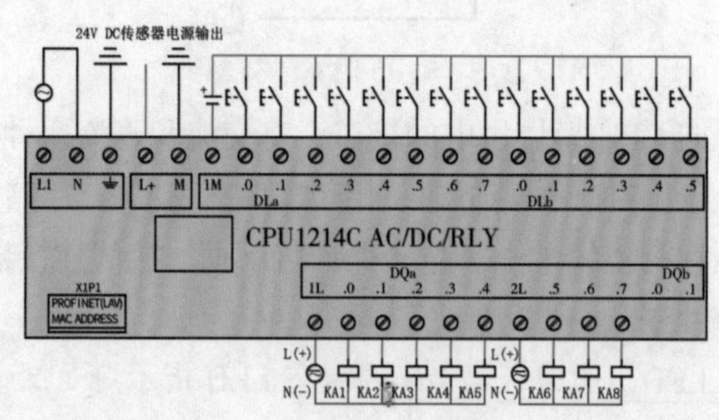

图 2-4 CPU 1214C AC/DC/RLY 的接线

① 输入端子。CPU 1214C 共有 14 点输入，端子编号采用 8 进制。输入端子 I0.0~I1.5，公共端为 1M。

② 输出端子。CPU 1214C 共有 10 点输出，端子编号也采用 8 进制。输出端子共分 2 组。Q0.0~Q0.4 为第 1 组，公共端为 1L；Q0.5~Q1.1 为第 2 组，公共端为 2L。根据负载性质的不同，输出回路电源支持交流和直流电源。

② CPU 1214C（DC/DC/DC）接线

CPU 1214C（DC/DC/DC）的接线，如图 2–5 所示。在图 2–5 中，电源为 DC24V，输入点接线与 CPU 1214C（AC/DC/RLY）相同。不同点在于输出点的接线，输出端子只有 1 组。Q0.0~Q1.1 为一组，公共端为 3L+、3M。根据负载性质的不同，输出回路电源只支持直流电源。

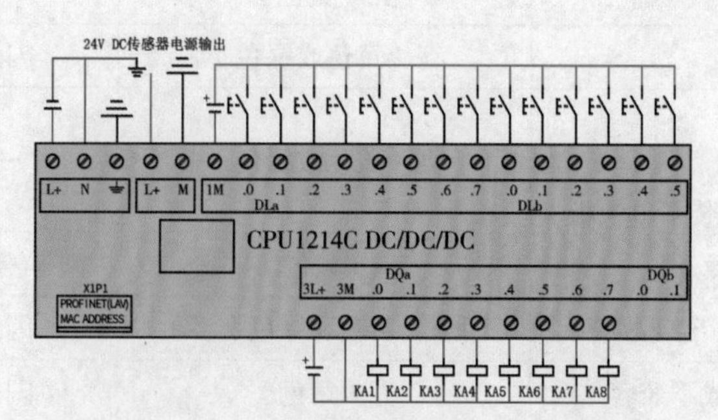

图 2-5 CPU 1214C DC/DC/DC 的接线

3 CPU 1214C DC/DC/DC 输入和输出接线（见图 2-6）

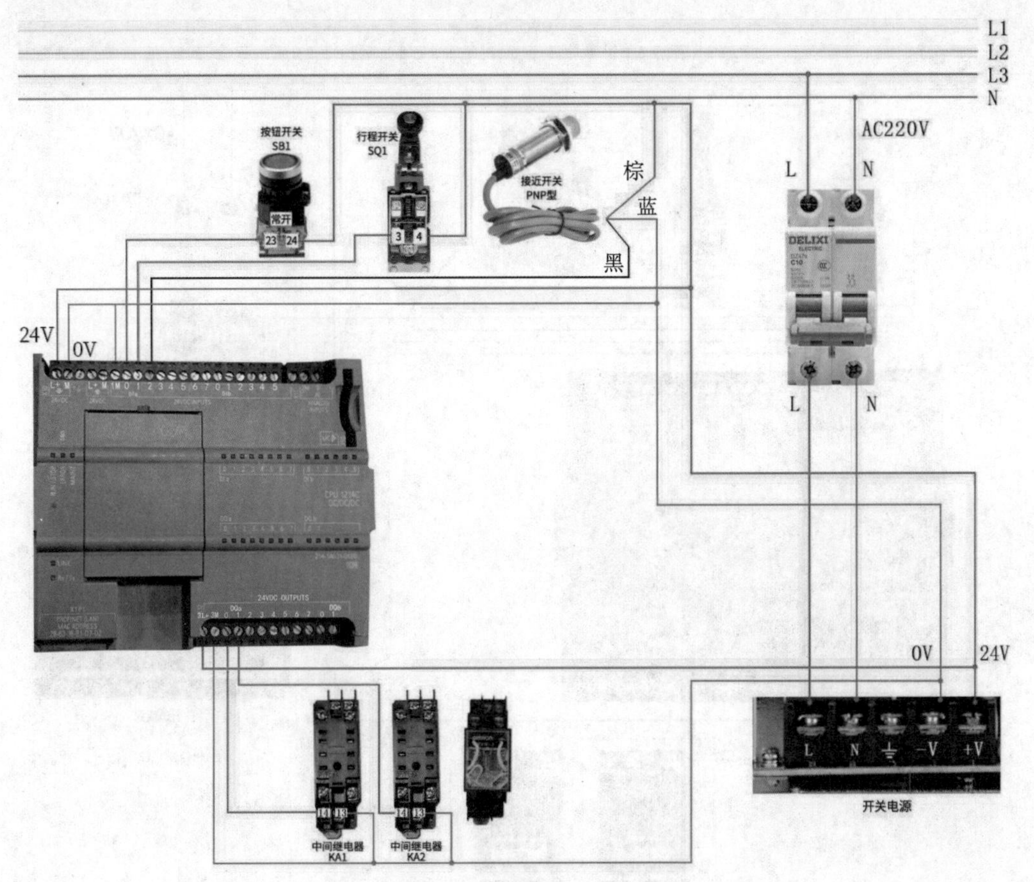

图 2-6 CPU 1214C DC/DC/DC 输入和输出接线

电源接线：S7–1200 PLC 电源接线柱 L+ 接开关电源 +V，接线柱 M 接开关电源 –V。

输入接线：输入公共端 1M 接开关电源 –V。按钮开关 SB1 常开触点 24 接开关电源 +V，常开触点 23 接端子 I0.0；行程开关 SQ1 常开触点 4 接开关电源 +V，常开触点 3 接端子 I0.1；PNP 型接近开关的棕色电源线接开关电源 +V，蓝色线接开关电源 –V，黑色信号线接端子 I0.2。

输出接线：输出公共端 3M 短接到开关电源 –V，输出公共端 3L+ 短接到开关电源 +V。中间继电器 KA1 线圈的 14 端子接 PLC 的输出端子 Q0.0，中间继电器 KA1 线圈的 13 端子接开关电源 –V。中间继电器 KA2 线圈的 14 端子接 PLC 的输出端子 Q0.1，中间继电器 KA2 线圈的 13 端子接开关电源 –V。

CPU 1214C AC/DC/RLY 输入和输出接线（见图 2-7）

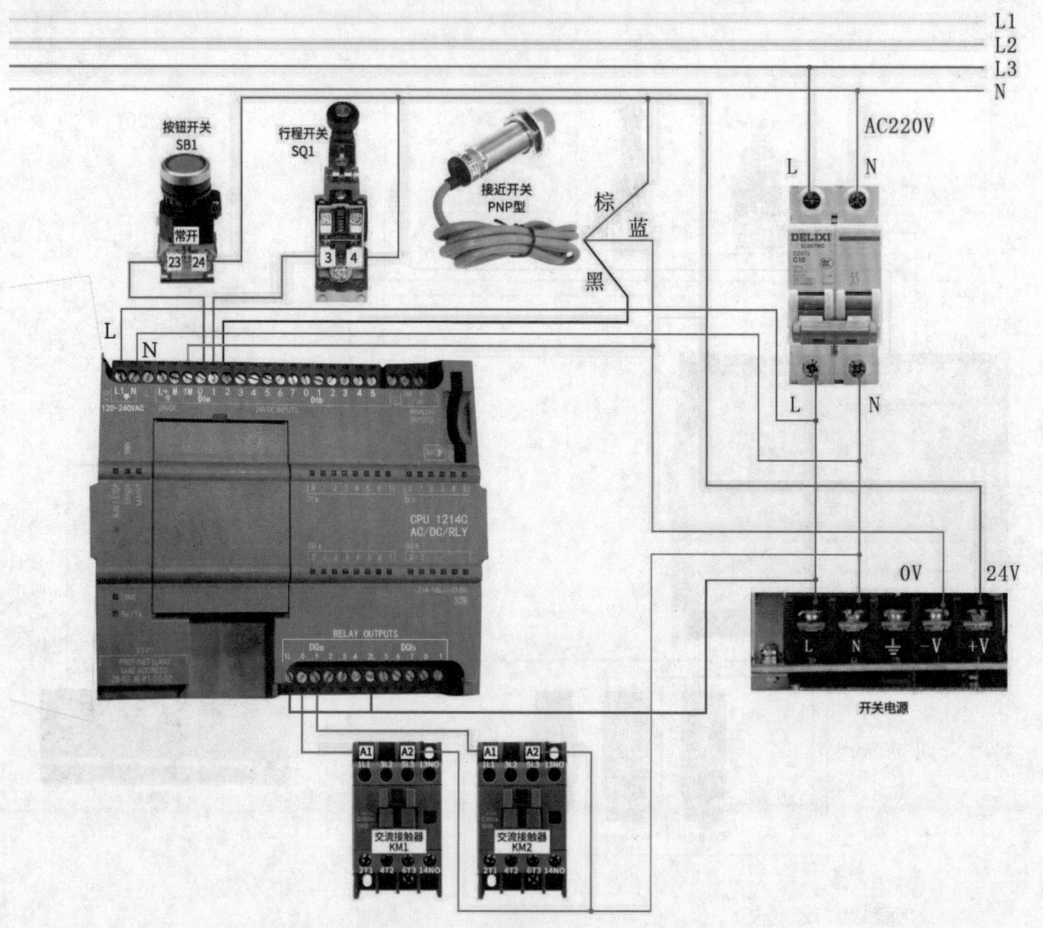

图 2-7 CPU 1214C AC/DC/RLY 输入和输出接线

电源接线：S7-1200 PLC 电源接线柱 L1 接断路器的出线端的火线 L，接线柱 N 接断路器的出线端的零线 N。断路器的进线端分别接一根火线和零线。

输入接线：输入公共端 1M 接开关电源 -V。按钮开关 SB1 常开触点 24 接开关电源 +V，常开触点 23 接端子 I0.0；行程开关 SQ1 常开触点 4 接开关电源 +V，常开触点 3 接端子 I0.1；PNP 型接近开关的棕色电源线接开关电源 +V，蓝色线接开关电源 -V，黑色信号线接端子 I0.2。

输出接线：输出公共端 L1 短接到 PLC 电源 L。交流接触器 KM1 线圈的端子 A1 接 PLC 的输出端子 Q0.0，交流接触器 KM1 线圈的端子 A2 接断路器的出线端的零线 N。交流接触器 KM2 线圈的端子 A1 接 PLC 的输出端子 Q0.1，交流接触器 KM2 线圈的端子 A2 接断路器的出线端的零线 N。

2.2 S7-1500 PLC 硬件介绍

2.2.1 S7-1500 PLC 概述

S7-1500 PLC 是对 SIMATIC S7-300/400 进行进一步开发的自动化系统，其新的性能特点描述如下。

1 提高了系统性能

减少响应时间，提高生产效率；减少程序扫描周期；CPU 位指令处理时间最短可达 1ns；集成运动可控制的轴数高达 128。

2 CPU 配置显示面板

统一纯文本诊断信息，缩短停机和诊断时间；即插即用，无须编程；可设置操作密码，可设置 CPU 的 IP 地址。

3 配置 PROFINET 标准接口

具有 PN IRT 功能，可确保精确的响应时间以及工厂设备的高精度操作；集成具有不同 IP 地址的标准以太网接口和 PROFINET 接口；集成网络服务器，可通过网页浏览器快速浏览诊断信息。

4 优化诊断机制

STEP7、HMI、Web Server 以及 CPU 显示面板支持统一数据显示，可进行高效故障分析。

集成系统诊断功能，模块系统诊断功能支持即插即用模式。CPU 即便处于停止模式，也不会丢失系统故障和报警消息。

S7-1500 PLC 配置了标准的通信接口 PROFINET（PN 接口），取消了 S7-300/400 PLC 标准配置的 MPI 接口，并且在少数的 CPU 上配置了 PROFIBUS-DP 接口，因此若需要进行 PROFIBUS-DP 通信，则需要配置相应的通信模块。

2.2.2 S7-1500 PLC 硬件系统组成

1 标准型 CPU

标准型 CPU 最为常用，目前已经推出的产品分别有 CPU1511-1PN、CPU1513-1PN、CPU1515-2PN、CPU1516-3PN/DP、CPU1517-3PN/DP、CPU1518-4PN/DP 和 CPU1518-4PN/DP ODK。

CPU1511-1PN、CPU1513-1PN 和 CPU1515-2PN 只集成了 PROFINET 或以太网通信口，没有集成 PROFIBUS-DP 通信接口，但可以扩展 PROFIBUS-DP 通信模块。

CPU1516-3PN/DP、 CPU1517-3PN/DP、CPU1518-4PN/DP 和 CPU1518-4PN/DP ODK 除集成了 PROFINET 或以太网通信口外，还集成了 PROFIBUS-DP 通信口。

2 紧凑型 CPU

目前紧凑型 CPU 只有两个型号，分别是 CPU1511C-1PN 和 CPU1512C-1PN。紧凑型 CPU 基于标准型控制器集成了离散量、模拟量输入 / 输出和高达 400kHz （4 倍频）的高速计数功能，还可以如标准型控制器一样扩展 25mm 和 35mm 的 I/O 模块。

3 分布式模块 CPU

分布式模块 CPU 是一款集 S7- 1500 PLC 的突出性能与 ET200SP I/O 的简单易用、身形小巧于一身的控制器，为对机柜空间有严格要求的机器制造商或者分布式控制应用提供了完美解决方案。

分布式模块 CPU 分为 CPU1510SP-1PN 和 CPU1512SP-1PN。

4 开放式控制器

开放式控制器（CPU1515 SP PC）是将 PC-based 平台与 ET200SP 控制器功能相结合的、可靠的、紧凑的控制系统，可以用于特定的 OEM 设备以及工厂的分布式控制。控制器右侧可以直接扩展 ET200SP I/O 模块。

CPU1515 SP PC 开放式控制器使用双核 1GHz、AMD G Series APU T40E 处理器，2GB/4GB 内存，使用 8GB/16CB CFast 卡作为硬盘，Windows 7 嵌入版 32 位或 64 位操作系统。

目前 CPU1515 SP PC 开放式控制器有多个订货号可供选择。

5 软控制器

S7–1500 PLC 软控制器采用 Hypervisor 技术，在安装到 SIEMENS 工控机后，将工控机的硬件资源虚拟成两套硬件，其中一套运行 Windows 操作系统，另一套运行 S7–1500 PLC 实时系统，两套系统并行运行，通过 SIMATIC 通信的方式交换数据。PLC 软控制器与 S7–1500 PLC 代码 100% 兼容，其运行独立于 Windows 操作系统，可以在 PLC 软控制器运行时重启 Windows 操作系统。

目前 S7–1500 PLC 软控制器只有两个型号，分别是 CPU1505S 和 CPU1507S。

故障安全 CPU

故障安全自动化系统（F 系统）用于具有较高安全要求的系统。F 系统用于控制过程，确保系统运行中断后这些过程可立即处于安全状态。也就是说，F 系统在控制过程中发生故障时，不会危害人身和环境安全。

故障安全 CPU 除了拥有 S7–1500 PLC CPU 的所有特点外，还集成了安全功能，达到 SIL3 安全完整性等级，其将安全技术轻松地和标准自动化无缝集成在一起。

故障安全 CPU 目前已推出两大类，分别如下：

（1）S7–1500F CPU（属于故障安全 CPU 模块），目前推出的产品规格分别是 CPU1511F–1PN、CPU1513F–1PN、CPU1515F–2PN、CPU1516F–3PN/DP、CPU1517F–3PN/DP、CPU1517TF–3PN/DP、CPU1518F–4PN/DP 和 CPU1518F–4PN/DP ODP。

（2）ET200SP F CPU（属于故障安全 CPU 模块），目前推出的产品规格分别是 CPU1510SP F–1PN 和 CPU1512SP F–1PN。

工艺型 CPU

S7–1500T 均可通过工艺对象控制速度轴、定位轴、同步轴、外部编码器、凸轮、凸轮轨迹和测量输入，支持标准 Motion Control（运动控制）功能。

目前推出的工艺型 CPU 有 CPU1511T–1PN、CPU1515T–2PN、CPU1517T–3PN/DP 和 CPU1517TF–3PN/DP 等型号。

2.2.3 CPU 1511C 的接线

CPU 1511C 的接线图如图 2–8 所示。

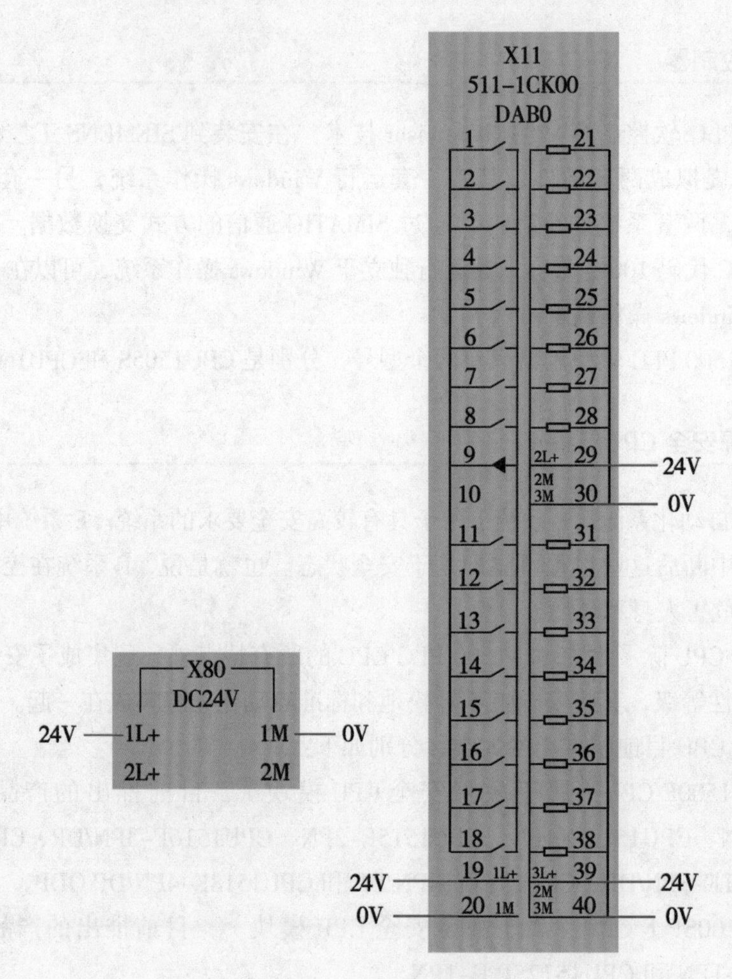

图 2-8 CPU 1511C 接线图

电源接线：1L+ 接开关电源的 24V，1M 接开关电源的 0V。

输入接线：CPU1511C 自带 16 点数值量输入，输入的高电平有效，为 PNP 型输入。

输出接线：CPU1511C 自带 16 点数值量输出，输出的高电平有效，为 PNP 型输出。

第 3 章

S7-1200/1500 TIA 博途软件使用入门

西门子 TIA 博途（Portal）软件对计算机操作系统的要求比较高。专业版、企业版或者旗舰版的操作系统是必备的条件，不支持家庭版操作系统，Windows7（32 位）的专业版、企业版或者旗舰版都可以安装 TIA 博途软件，但由于 32 位操作系统只支持不到 4GB 的内存，所以不推荐安装，推荐安装 64 位操作系统。

3.1 TIA 博途编程软件的视图与项目视图

3.1.1 项目视图

项目视图是项目所有组件的结构化视图，是项目组态和编程的界面。图 3–1 中所示的标号项目分述如下。

图 3-1 S7-1200 编程软件的界面

1 标题栏

项目名称显示在标题栏中，如图 3–1 中“1”处的“OB”。

2 菜单栏

如图 3–1 中“2”处所示，菜单栏包含工作所需的全部命令。

3 工具栏

工具栏如图 3–1 中“3”处所示。工具栏提供了常用命令的按钮，可以更快地访问“复制”“粘贴”“上传”“下载”等命令。

4 项目树

项目树如图 3–1 中“4”处所示。使用项目树功能，可以访问所有组件和项目数据。可在项目树中执行以下任务：

①添加新组件。

②编辑现有组件。

③扫描和修改现有组件的属性。

5 工作区

工作区如图 3–1 中“5”处所示，在工作区内可以显示打开的对象。这些对象包括：编辑器、视图和表格。

在工作区可以打开若干个对象，但通常每次在工作区中只能看到一个对象。在编辑器栏（图 3–1 中“10”处）中，所有其他对象均显示为选项卡。如果在执行某些任务时要同时查看两个对象，则可以用水平或垂直方式平铺工作区，或浮动停靠工作区的元素。如果没有打开任何对象，则工作区是空的。

6 任务卡

任务卡如图 3–1 中“6”处所示。所编辑对象或所选对象可以提供用于执行附加操作的任务卡。这些操作包括：

①从库中或者从硬件目录中选择对象。

②在项目中搜索和替换对象。

③将预定义的对象拖拽到工作区。

在屏幕右侧的条形栏中可以找到可用的任务卡，可以随时折叠和重新打开这些任务卡。哪些任务卡可用取决于所安装的产品，比较复杂的任务卡会划分为多个窗格，这些窗格也可以折叠和重新打开。

详细视图

详细视图如图 3–1 中“7”处所示。详细视图中会显示总览窗口或项目树中所选对象的特定内容。其中可以包含文本列表或变量，但不显示文件夹的内容，若要显示文件夹的内容，可使用项目树或巡视窗口（图 3–1 中“8”处）。

巡视窗口

巡视窗口如图 3–1 中“8”处所示。对象或所执行操作的附加信息均显示在巡视窗口中。巡视窗口有三个选项卡：属性、信息和诊断。

①“属性”选项卡。此选项卡显示所选对象的属性，可以在此处更改可编辑的属性。属性的内容非常丰富，读者应重点掌握。

②“信息”选项卡。此选项卡显示有关所选对象的附加信息以及执行操作（例如编译）时发出的报警信息。

③“诊断”选项卡。此选项卡中将提供有关系统诊断事件、已组态消息事件以及连接诊断的信息。

切换到 Portal 视图

点击如图 3–1 中“9”处所示的“Portal 视图”按钮，可从项目视图切换到 Portal 视图。

编辑器栏

编辑器栏如图 3–1 中“10”处所示。编辑器栏显示打开的对象，如果已打开多个对象，它们将组合在一起显示。使用编辑器栏可以在打开的对象之间进行快速切换。

带有进度显示的状态栏

状态栏如图 3–1 中“11”处所示。在状态栏中，显示当前正在后台运行的过程的进度条，其中还包括一个以图形方式显示的进度条。将鼠标指针放置在进度条上，系统将显示一个工具提示，描述正在后台运行的过程的其他信息。单击进度条边上的按钮，可以取消后台正在运行的过程。如果当前没有任何过程在后台运行，则状态栏中显示最新生成的报警信息。

3.1.2 项目树

在项目视图左侧的项目树界面中主要包括的项目如图 3–2 所示，下面按图中的标号进行分述。

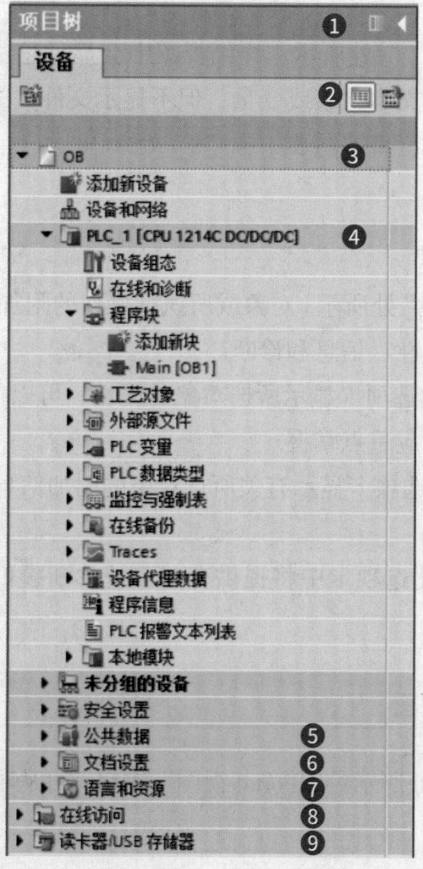

图 3-2 项目树

1 标题栏

项目树的标题栏有两个按钮，可以自动 ◨ 和手动 ◀ 折叠项目树。手动折叠项目树时，此按钮将“缩小”到左边界，会从指向左侧的箭头变成指向右侧的箭头，并可用于重新打开项目树。根据不同的需要，还可以使用“自动折叠” ◨ 按钮自动折叠项目树。

2 工具栏

可以在项目树的工具栏中执行以下任务。

①用 按钮，创建新的用户文件夹。例如，为了组合“程序块”文件夹中的块，可

点击该按钮。

②用按钮，在工作区中显示所选对象的总览概况。显示总览时，将隐藏项目树中元素更低级别的对象和操作。

项目

在“项目”文件夹中，可以找到以下与项目相关的所有对象和操作。

①设备。

②语言和资源。

③在线访问。

设备

项目中的每个设备都有一个单独的文件夹，该文件夹具有内部的项目名称。属于该设备的对象和操作都排列在此文件夹中。

5 公共数据

此文件夹包含可跨多个设备使用的数据，例如公用消息类、日志、脚本和文本列表。

6 文档设置

在此文件夹中，可以指定以后需要打印的项目文档的布局。

7 语言和资源

可在此文件夹中确定项目语言和文本。

8 在线访问

该文件夹包含了 PG/PC 的所有接口，即使没有与模块通信的接口也包括在其中。

9 读卡器 /USB 存储器

该文件夹用于管理连接到 PG/PC 的所有读卡器和其他 USB 存储介质。

3.2 创建和编辑项目

3.2.1 创建项目

新建博途项目的方法如下。

方法 1：打开 TIA 博途软件，如图 3–3 所示，选中“启动”→“创建新项目”，在“项目名称”中输入新建的项目名称（本例为 LAMP），单击“创建”按钮，完成新建项目。

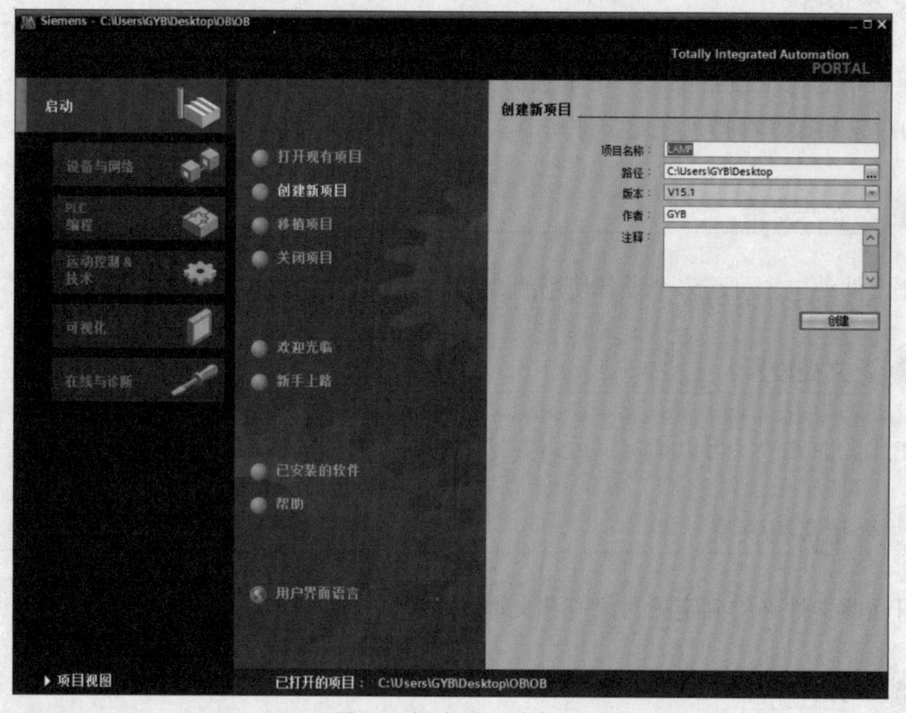

图 3-3 新建项目（1）

方法 2：如果 TIA 博途软件处于打开状态，在项目视图中，选中菜单栏中的“项目”，单击“新建”命令，如图 3–4 所示，弹出如图 3–5 所示的界面，在“项目名称”中输入新建的项目名称（本例为 LAMP），单击“创建”按钮，完成新建项目。

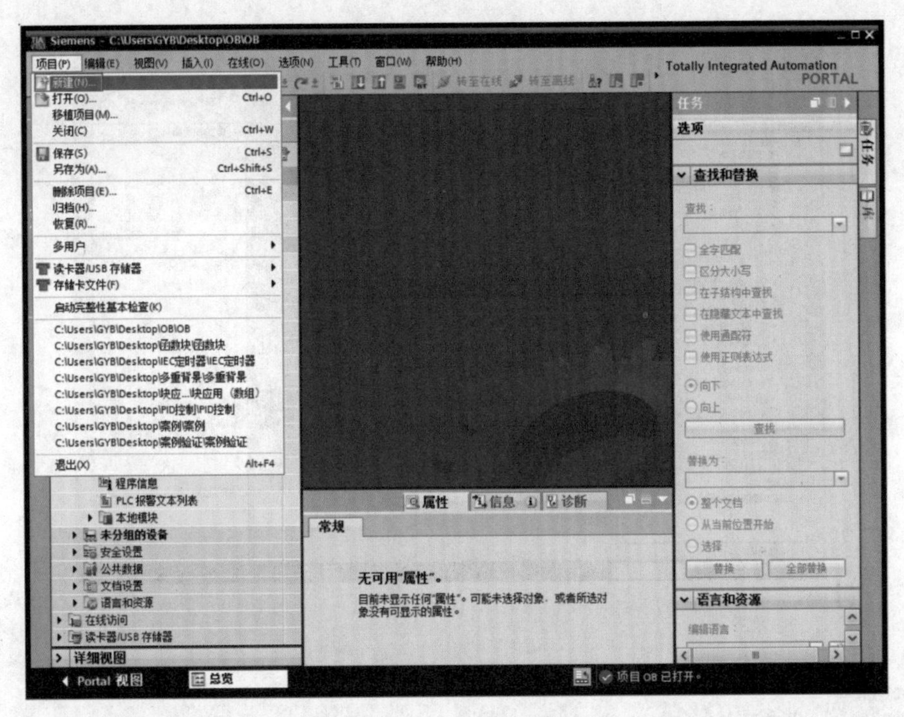

图 3-4 新建项目（2）

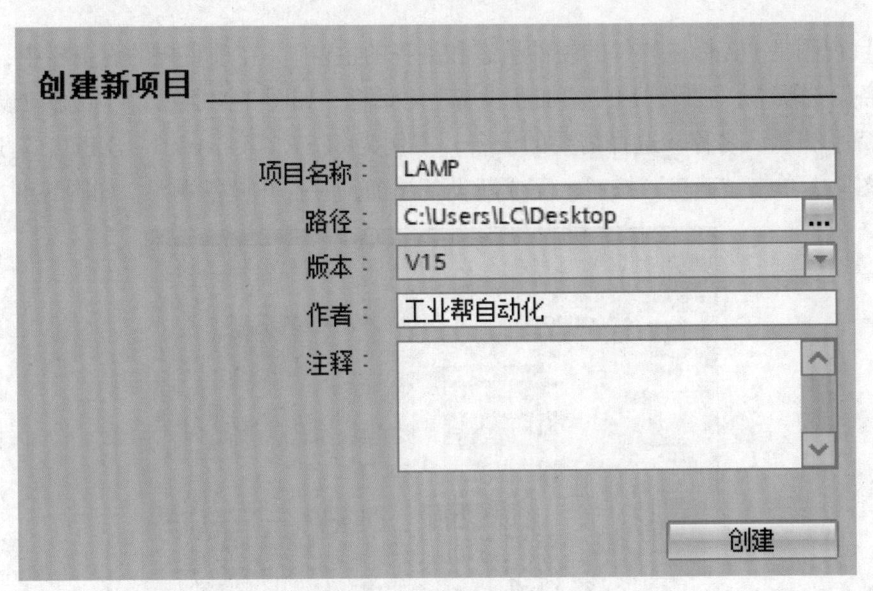

图 3-5 新建项目（3）

方法 3：如果 TIA 博途软件处于打开状态，在项目视图中，单击工具栏中的“新建”按钮 ，如图 3–6 所示，弹出如图 3–5 所示的界面，在“项目名称”中输入新建的项目名称（本例为 LAMP），单击“创建”按钮，完成新建项目。

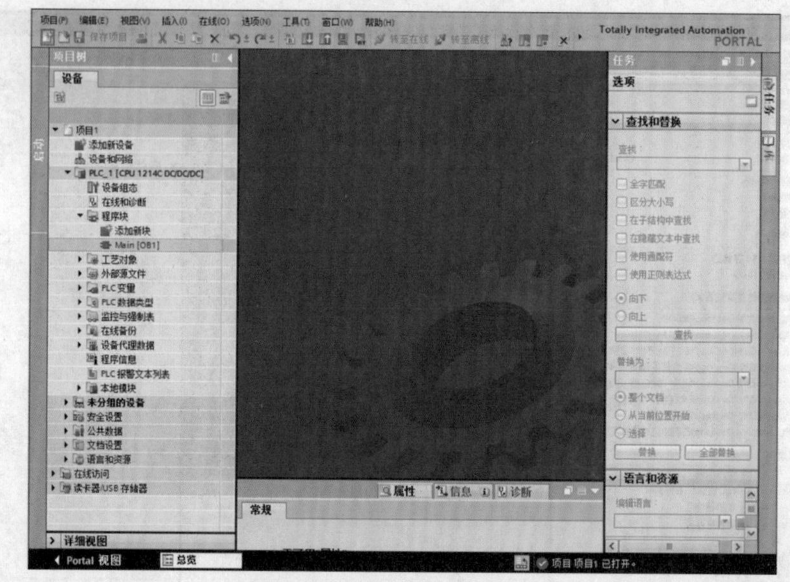

图 3-6 新建项目（4）

3.2.2 添加设备

项目视图是 TIA 博途软件的硬件组态和编程的主窗口，在项目树的设备栏中，双击“添加新设备”选项卡，然后弹出“添加新设备”对话框，如图 3-7 所示。可以修改设备名称，也可保持系统默认名称。选择需要的设备，本例为 6ES7 214-1AG31-OXBO，勾选“打开设备视图”，单击“确定”按钮，完成新设备添加，并打开设备视图，如图 3-8 所示。

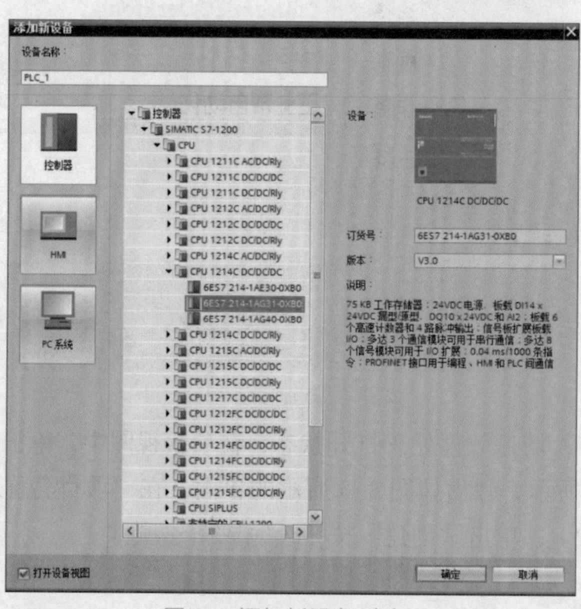

图 3-7 添加新设备（1）

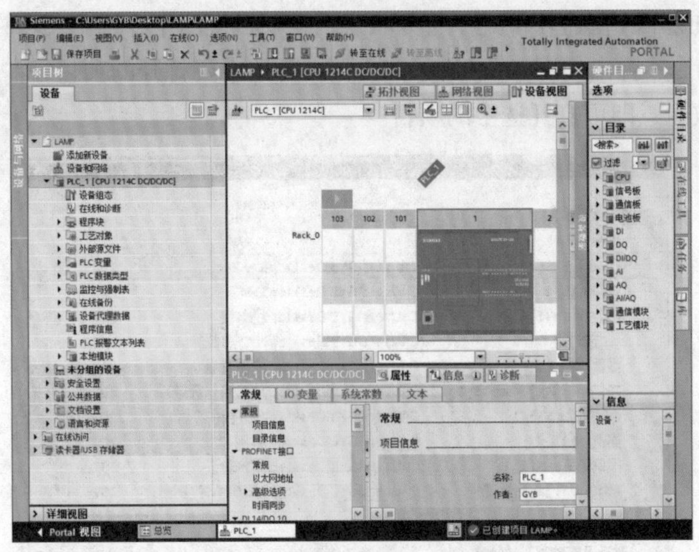

图 3-8 添加新设备（2）

3.2.3 编辑项目

1 打开项目

打开已有的项目有如下方法。

方法 1：打开 TIA 博途软件，如图 3–9 所示，选中“启动”→“打开现有项目”，再选中要打开的项目，本例为“LAMP”，单击“打开”按钮，即可打开选中的项目。

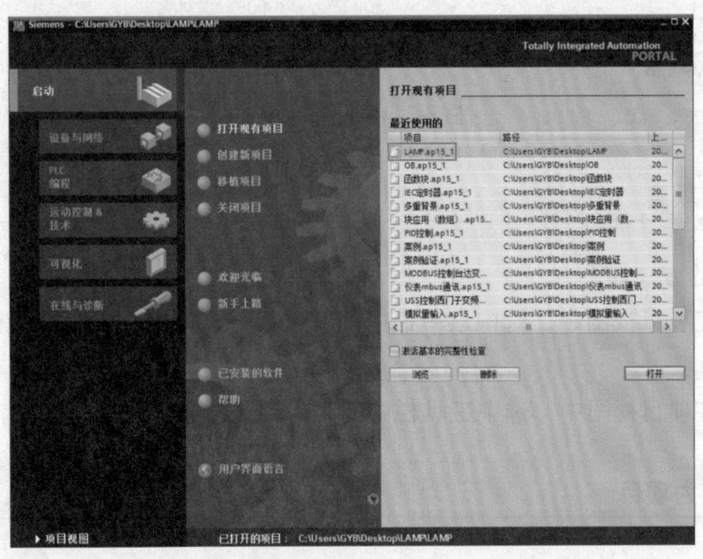

图 3-9 打开项目（1）

方法 2：如果 TIA 博途软件处于打开状态，在项目视图中，选中菜单栏中的“项目”，单击“打开”命令，弹出如图 3-10 所示的界面，再选中要打开的项目，本例为“LAMP”，单击“打开”按钮，即可打开选中的项目。

图 3-10 打开项目（2）

方法 3：打开博途项目程序的存放目录，如图 3-11 所示，双击“LAMP”，即可打开选中的项目。

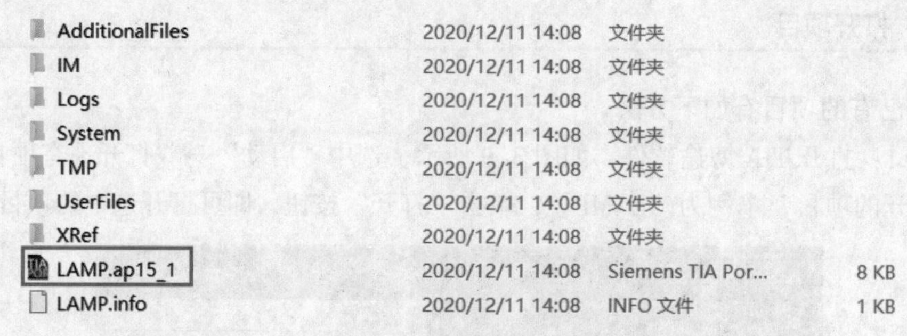

图 3-11 打开项目（3）

2 保存项目

保存项目的方法如下。

方法 1：在项目视图中，选中菜单栏中的“项目”，单击“保存”命令，即可保存现有的项目。

方法 2：在项目视图中，选中工具栏中的“保存”按钮 ，即可保存现有的项目。

3 另存为项目

另存为项目的方法：在项目视图中，选中菜单栏中的“项目”，单击“另存为”命令，弹出如图 3-12 所示界面，在“文件名”中输入新的文件名（本例为 LAMP2），单击“保存”按钮，另存为项目完成。

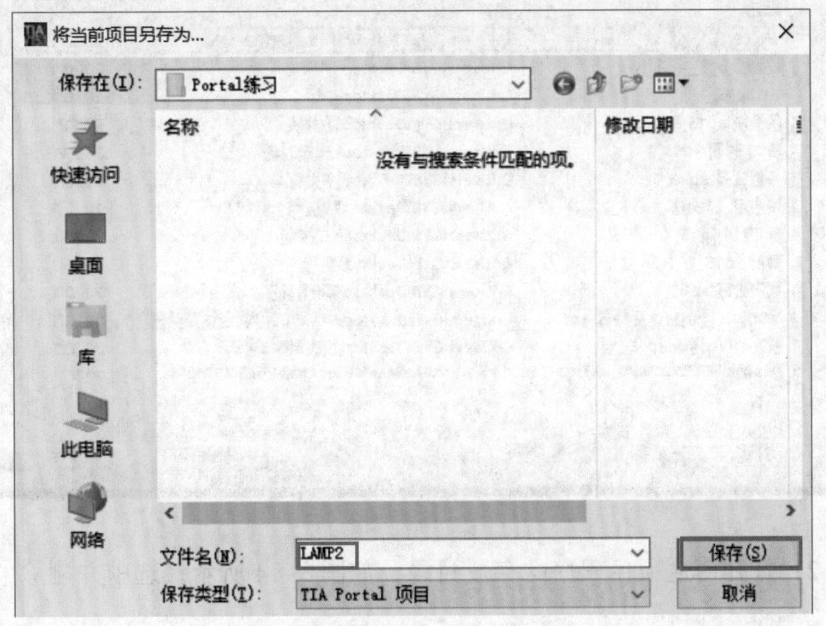

图 3-12 另存为项目

4 关闭项目

关闭项目的方法如下。

方法 1：在项目视图中，选中菜单栏中的“项目”，单击“退出”命令，即可退出现有的项目。

方法 2：在项目视图中，单击如图 3-8 所示的“退出”按钮 ☒，即可退出现有的项目。

5 删除项目

删除项目的方法如下。

方法 1：在项目视图中，选中菜单栏中的“项目”，单击“删除项目”命令，弹出如图 3-13 所示的界面，选中要删除的项目（本例为 LAMP2），单击“删除”按钮，即可删除现有的项目。

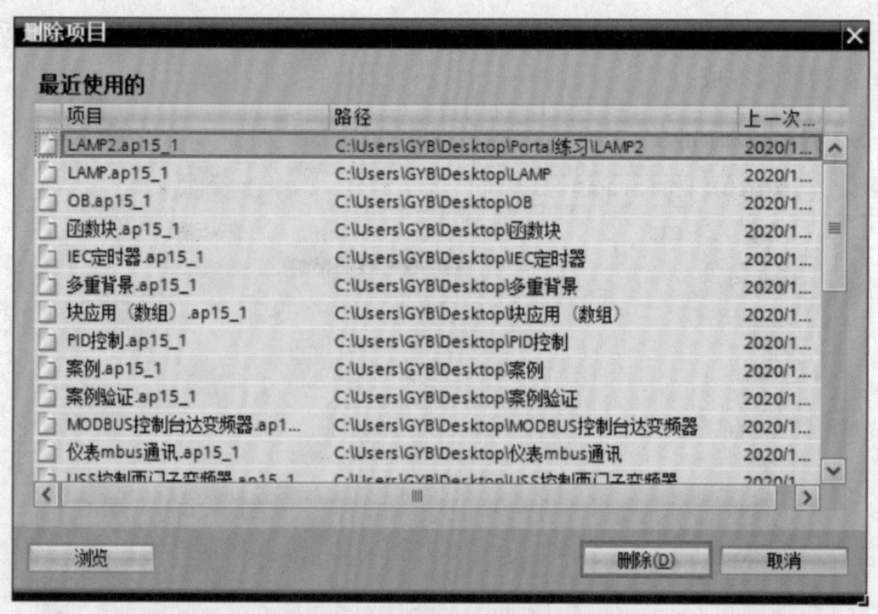

图 3-13 删除项目（1）

方法 2：打开博途项目程序的存放目录，如图 3–14 所示，选中并删除“LAMP2”文件夹。

图 3-14 删除项目（2）

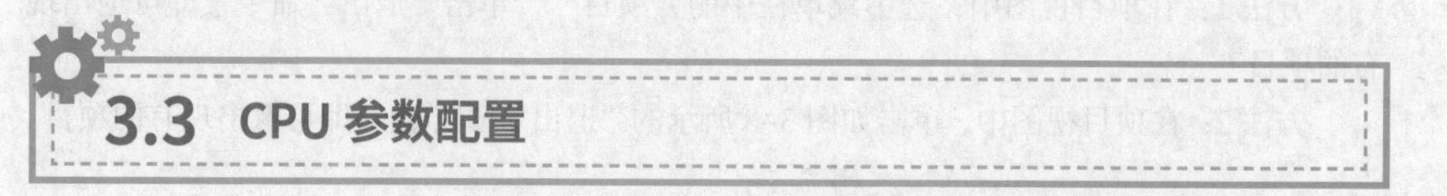

3.3 CPU 参数配置

单击机架中的 CPU，可以看到 TIA 博途软件底部 CPU 的属性视图，在此可以配置 CPU 的各种参数，如 CPU 的启动特性、组织块（OB）以及存储区的设置等。以下主要以 CPU 1214C 为例介绍 CPU 的参数设置。

3.3.1 常规

单击属性视图中的“常规”选项卡，在属性视图右侧的常规界面中可见 CPU 的项目信息、目录信息等。用户可以浏览 CPU 的简单特性描述，也可以在“名称”“注释”等空白处做一些提示性的标注。设备名称和插槽、机架，可以用于识别设备和设备所处的位置，如图 3–15 所示。

PLC_1 [CPU 1214C DC/DC/DC]　属性　信息　诊断

常规　IO 变量　系统常数　文本

常规
项目信息
目录信息
PROFINET 接口
DI 14/DQ 10
AI 2
高速计数器 (HSC)
脉冲发生器 (PTO/PWM)
启动
循环
通信负载
系统和时钟存储器
Web 服务器
时间
保护
连接资源
地址总览

常规

项目信息

名称：PLC_1
作者：GYB
注释：
插槽：1
机架：0

目录信息

短名称：CPU 1214C DC/DC/DC
描述：75 KB 工作存储器；24VDC 电源，板载 DI14 x 24VDC 漏型/源型，DQ10 x 24VDC 和 AI2；板载 6 个高速计数器和 4 路脉冲输出；信号板扩展板载 I/O；多达 3 个通信模块用于串行通信；多达 8 个信号模块可用于 I/O 扩展；0.04 ms/1000 条指令；PROFINET 接口用于编程、HMI 和 PLC 间通信
订货号：6ES7 214-1AG31-0XB0
固件版本：V3.0

图 3-15 CPU 属性常规信息

3.3.2 PROFINET 接口

PROFINET 接口中包含常规、以太网地址、时间同步、高级选项和 Web 服务器，以下分别介绍。

1 常规

在 PROFINET 接口选项卡中，单击“常规”选项，如图 3–16 所示，在属性视图右侧的常规界面中可见 PROFINET 接口的项目信息和目录信息。用户可在“名称”和“注释”中做一些提示性的标注。

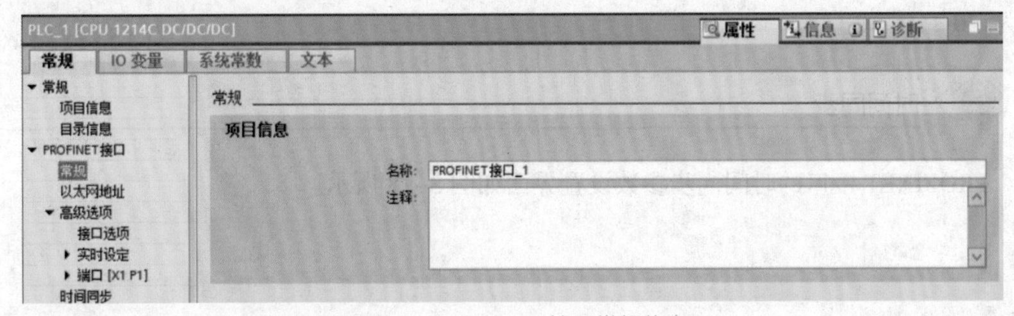

图 3-16 PROFINET 接口常规信息

2 以太网地址

选中“以太网地址”选项，可以创建新网络、设置 IP 地址等，如图 3–17 所示。以下将说明“以太网地址”选项的主要参数和功能。

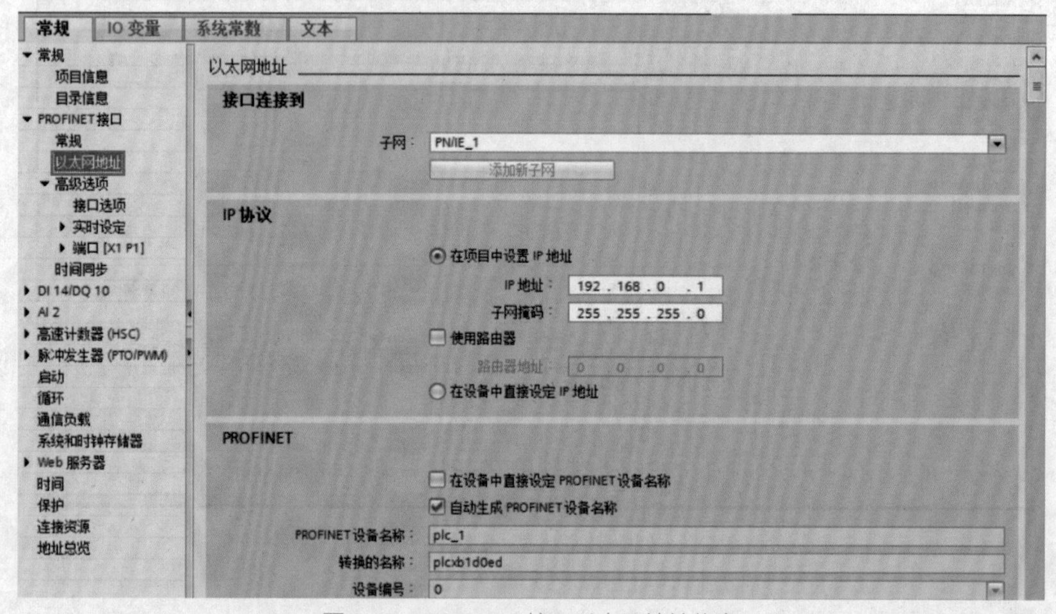

图 3-17 PROFINET 接口以太网地址信息

①接口连接到网络：单击“添加新子网”按钮，可为该接口添加新的以太网，新添加的以太网的子网名称默认为 PN/IE_1。

② IP 协议：可根据实际情况设置 IP 地址和子网掩码，在图 3–17 中，默认 IP 地址为“192.168.0.1”，默认子网掩码为“255.255.255.0”。如果该设备需要和非同一网段的设备通信，那么还需要激活“使用路由器”选项，并输入路由器的 IP 地址。

③ PROFINET 设备名称：对于 PROFINET 接口的模块，每个接口都有各自的设备名称，且此名称可以在项目树中修改。

④转换的名称：表示此 PROFINET 设备名称转换成符合 DNS 习惯的名称。

⑤设备编号：表示 PROFINET IO 设备的编号，IO 控制器的编号是无法修改的，默认值为“0”。

3 时间同步

PROFINET 接口的时间同步参数设置界面如图 3–18 所示。

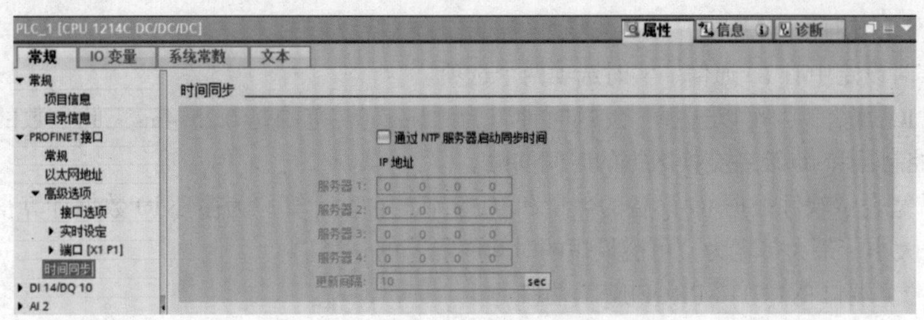

图 3-18 PROFINET 接口时间同步信息

NTP 模式表示该 PLC 可以通过从 NTP（Network Time Protocol）服务器上获取的时间以同步自己的时间。如激活“通过 NTP 服务器启动同步时间”选项，表示 PLC 根据从 NTP 服务器上获取的时间以同步自己的时间，然后添加 NTP 服务器的 IP 地址，最多可以添加 4 个 NTP 服务器。

更新间隔表示 PLC 每次请求更新时间的时间间隔。

4 高级选项

PROFINET 接口的高级选项参数设置界面如图 3-19 所示，其主要参数及选项功能介绍如下。

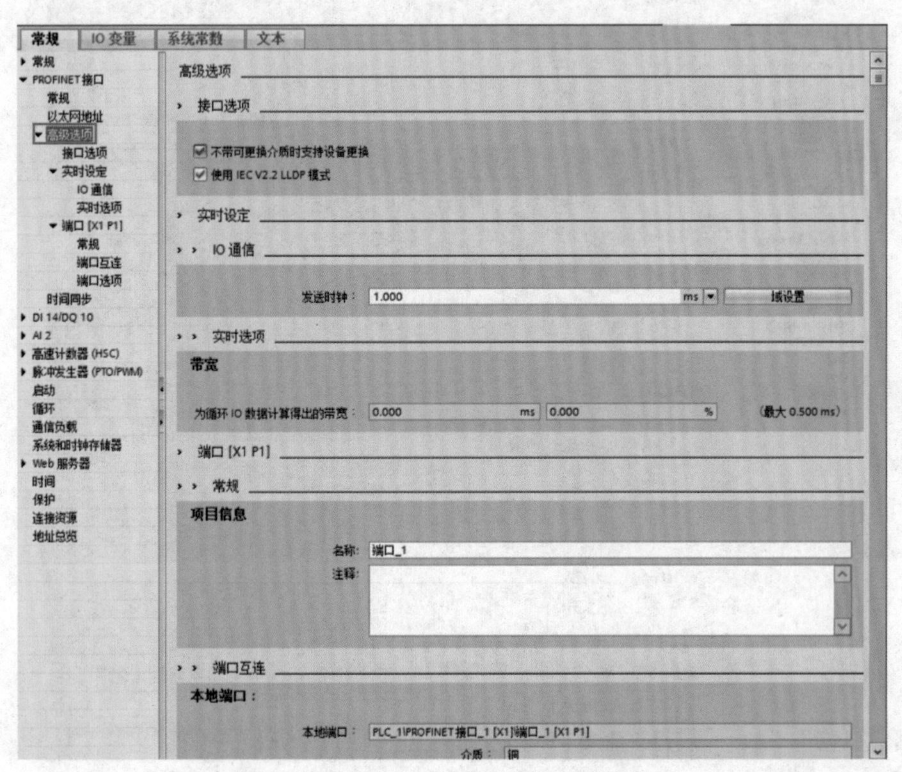

图 3-19 PROFINET 接口高级选项信息

（1）实时设定。

实时设定中有 IO 通信、实时选项两个选项。

“IO 通信”，可以选择“发送时钟”为“1ms”，范围是 0.25~4ms。此参数的含义是 IO 控制器和 IO 设备交换数据的时间间隔。

带宽表示软件根据 IO 设备的数量和 IO 字节，自动计算“为循环 IO 数据计算得出的带宽”大小，最大带宽为“可能最短的时间间隔”的一半。

（2）端口 [X1 P1]（PROFINET 端口）。

参数设置如图 3–20 所示。其具体参数介绍如下。

①在“常规”部分，用户可以在“名称”和“注释”等空白处做一些提示性的标注，支持汉字字符。

②在“端口互连”部分，有“本地端口”和“伙伴端口”两个选项，在“本地端口”中，介质类型默认为“铜”，“电缆名称”显示为“–”，即无。

在“伙伴端口”中的下拉选项中，选择需要的伙伴端口。

“介质”选项中的“电缆长度”和“信号延时”参数仅仅适用于 PROFINET IRT 通信。

③“端口选项”部分包括两个选项，即激活、连接。

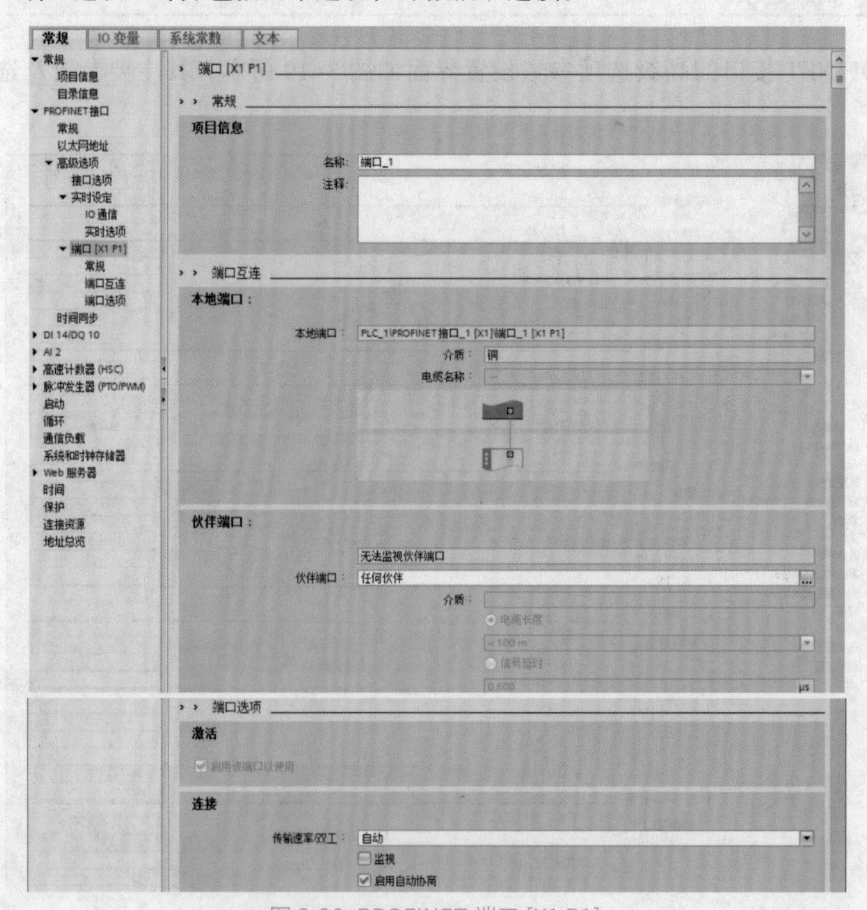

图 3-20 PROFINET 端口 [X1 P1]

a. 激活：激活“启用该端口以使用”，表示该端口可以使用，否则处于禁止状态。

b. 连接：在“传输速率 / 双工”选项中，有“自动”和“TP 100Mbit/s”两个选项，默认为“自动”，表示 PLC 和连接伙伴自动协商传输速率和全双工模式，选择此模式时，不能取消勾选“启用自动协商”选项。“监视”表示端口的连接状态处于监控之中，一旦出现故障，则向 CPU 报警。

如果选择“TP 100Mbit/s”，会自动勾选“监视”选项，且不能取消勾选“监视”选项。同时默认勾选“启用自动协商”选项，但该勾选可取消。

5 Web 服务器

CPU 的存储区中存储了一些含有 CPU 信息和诊断功能的 HTML 页面。Web 服务器功能使得用户可通过 Web 浏览器执行访问此功能。

勾选“启用模块上的 Web 服务器”，则意味着可以通过 Web 浏览器访问该 CPU，如图 3-21 所示。在前述部分已经设定 CPU 的 IP 地址为：192.168.0.1。如打开 Web 浏览器（例如 Internet Explorer），并输入“http://192.168.0.1”（CPU 的 IP 地址），刷新 Internet Explorer，即可浏览访问该 CPU 了。

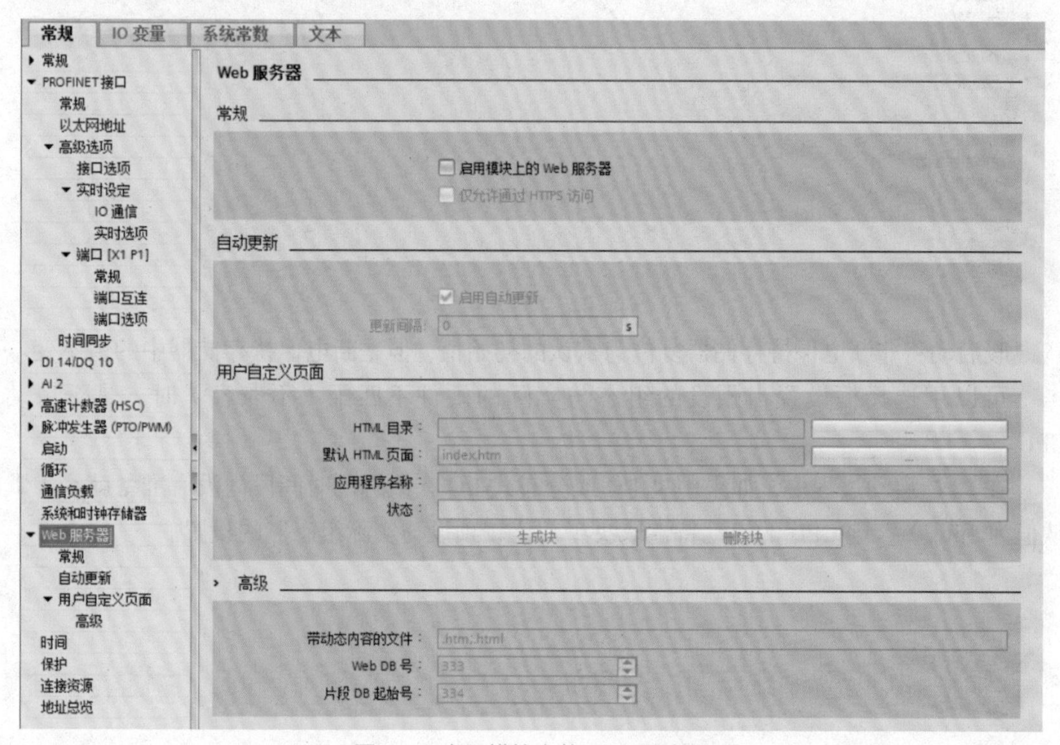

图 3-21 启用模块上的 Web 服务器

3.3.3 设置 PLC 上电后的启动方式

选中设备视图中的CPU后，再选中巡视窗口的“属性”→“常规”→“启动”（见图3-22），当可以组态上电后，CPU 的 3 种启动方式如下：

（1）不重新启动，保持在 STOP 模式。

（2）暖启动，进入 RUN 模式。

（3）暖启动，进入断电之前的操作模式。

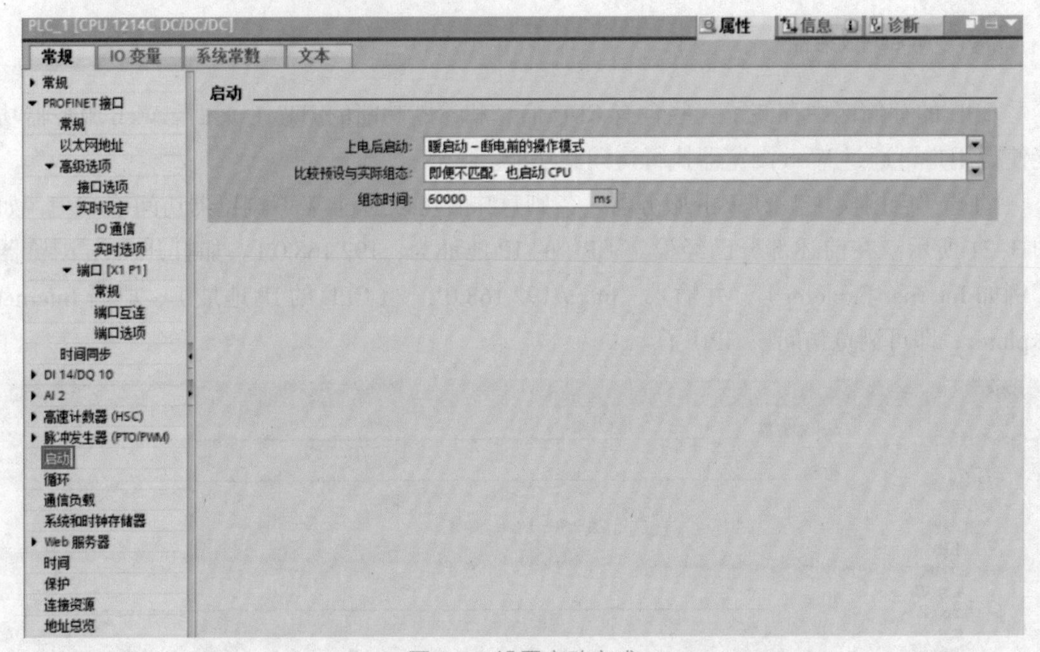

图 3-22 设置启动方式

暖启动将非断电保持存储器复位为默认的初始值，但是断电保持存储器中的值不变。

可以用选择框设置当预设的组态与实际的硬件不匹配（不兼容）时，是否启动 CPU。

在 CPU 启动过程中，如果中央 I/O 或分布式 I/O 在组态的时间段内没有准备就绪（默认值为 1min），则 CPU 的启动特性取决于“比较预设与实际组态”的设置。

3.3.4 设置循环周期监视时间

循环时间是操作系统刷新过程映像和执行程序循环 OB 的时间，包括所有中断此循环的程序的执行时间。选中设备视图中的 CPU 后，再选中巡视窗口的“属性”→“常规”→“循环”（见图 3-23），可以设置循环周期监视时间，默认值为 150ms。

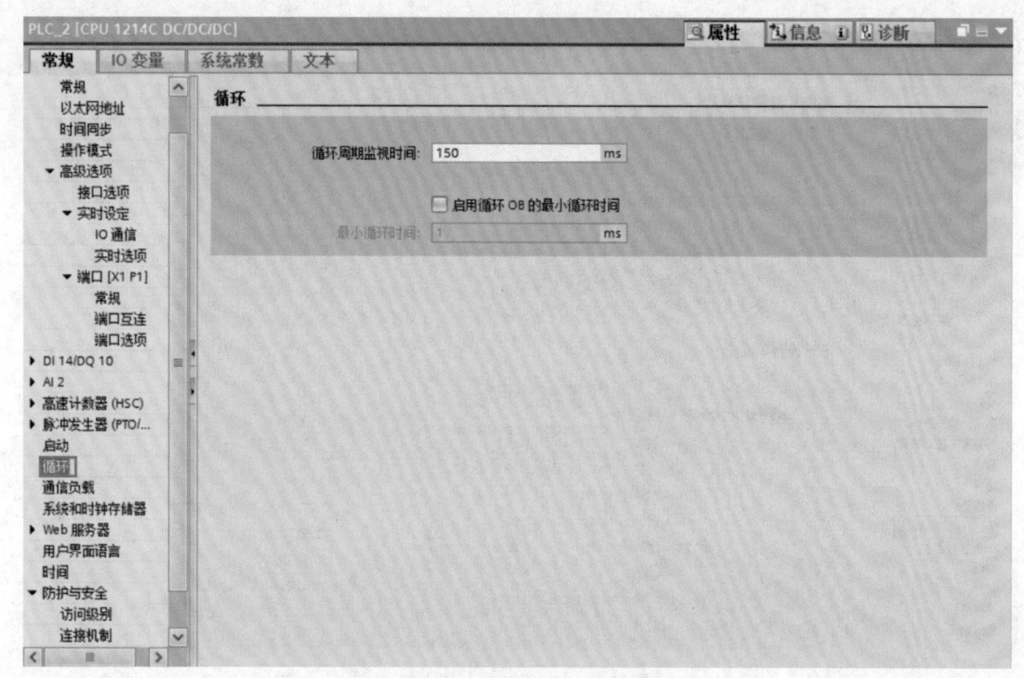

图 3-23 设置循环周期监视时间

如果循环时间超过设置的循环周期监视时间，操作系统将会启动时间错误 OB(OB80)。如果 OB80 不可用，CPU 将忽略这一事件。

如果循环时间超出循环周期监视时间的两倍，CPU 将切换到 STOP 模式。

如果勾选了复选框“启用循环 OB 的最小循环时间”，并且 CPU 完成正常的扫描循环任务的时间小于设置的最小循环时间，CPU 将延迟启动新的循环，用附加的时间来进行运行时间诊断和处理通信请求，用这种方法来保证在固定的时间内完成扫描循环。

如果在设置的最小循环时间内，CPU 没有完成扫描循环，CPU 将完成正常的扫描（包括通信处理），并且不会产生超出最小循环时间的系统响应。

CPU 的“通信负载”属性用于将延长循环时间与通信过程的时间控制在特定的限制值内。选中图 3-23 中的“通信负载”，可以设置“由通信引起的循环负荷”，默认值为 20%。

3.3.5 设置系统存储器字节与时钟存储器字节

双击项目树某个 PLC 文件夹中的“设备组态”，打开该 PLC 的设备视图。选中 CPU 后，再选中下面的巡视窗口的“属性”→“常规”→“系统和时钟存储器”（见图 3-24），可以用复选框分别启用系统存储器字节（默认地址为 MB1）和时钟存储器字节（默认地址为 MB0），并设置它们的地址值。

图 3-24 组态系统存储器字节与时钟存储器字节

将 MB1 设置为系统存储器字节后，该字节的 M1.0~M1.3 的意义如下：

（1）M1.0（首次循环）：仅在刚进入 RUN 模式的首次扫描时为 TURE（1 状态），以后为 FALSE（0 状态）。在 TIA 博途中，位编程元素的 1 状态和 0 状态分别用 TRUE 和 FALSE 来表示。

（2）M1.1（诊断状态已更改）：诊断状态发生变化。

（3）M1.2（始终为 1）：总是为 TRUE，其常开触点总是闭合。

（4）M1.3（始终为 0）：总是为 FALSE，其常闭触点总是闭合。

在图 3–24 中，勾选了“启用时钟存储器字节”复选框，采用默认的 MB0 作为时钟存储器字节。

时钟存储器的每一位在一个周期内为 FALSE 和为 TRUE 的时间各为 50%，时钟存储器字节每一位的周期和频率见表 3–1。CPU 在扫描循环开始时初始化这些位。

表 3-1 时钟存储器字节每一位的周期与频率

位	7	6	5	4	3	2	1	0
周期 /s	2	1.6	1	0.8	0.5	0.4	0.2	0.1
频率 /Hz	0.5	0.625	1	1.25	2	2.5	5	10

M0.5 的时钟脉冲周期为 1s，可以用它的触点来控制指示灯，指示灯将以 1Hz 的频率闪动，亮 0.5s，熄灭 0.5s。

因为系统存储器和时钟存储器不是保留的存储器，用户程序或通信可能改写这些存储单元，破坏其中的数据。指定了系统存储器和时钟存储器字节后，这两个字节不能再作其他用途，否则将会使用户程序运行出错，甚至造成设备损坏或人身伤害。建议始终使用默认的系统存储器字节和时钟存储器字节的地址（MB1 和 MB0）。

3.3.6 设置读写保护和密码

选中设备视图中的 CPU 后，再选中巡视窗口的“属性”→“常规”→“防护与安全”（见图 3–25），可以选择右边窗口的 4 个访问级别。其中绿色的钩表示在没有该访问级别密码的情况下可以执行的操作。如果要使用该访问级别没有打钩的功能，需要输入密码。

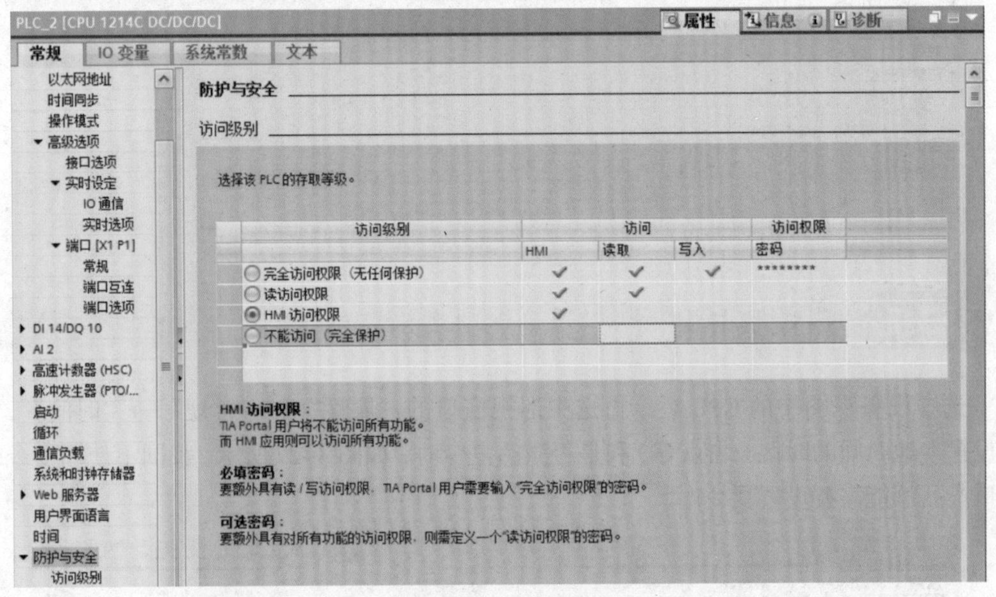

图 3-25 设置访问权限与密码

（1）选中“完全访问权限（无任何保护）”时，不需要密码，具有对所有功能的访问权限。

（2）选中“读访问权限”时，没有密码仅仅允许对硬件配置和块进行读访问，不能下载硬件配置和块，不能写入测试功能和更新固件。此时需要设置“完全访问权限（无任何保护）”的密码。

（3）选中“HMI 访问权限”时，不输入密码，用户只能通过 HMI 访问 CPU。此时至少需要设置第一行的密码，可以在第二行设置没有写入权限的密码。各行的密码不能相同。

（4）选中“不能访问（完全保护）”时，没有密码不能进行读写访问和通过 HMI 访问，禁用 PUT/GET 通信的服务器功能。至少需要设置第一行的密码，可以设置第二、三行的密码。

如果 S7–1200 的 CPU 在 S7 通信中做服务器，必须在选中图 3–25 中的“防护与安全”后，在图 3–26 右边窗口中的“连接机制”区勾选复选框“允许来自远程对象的 PUT/GET 通信访问”。

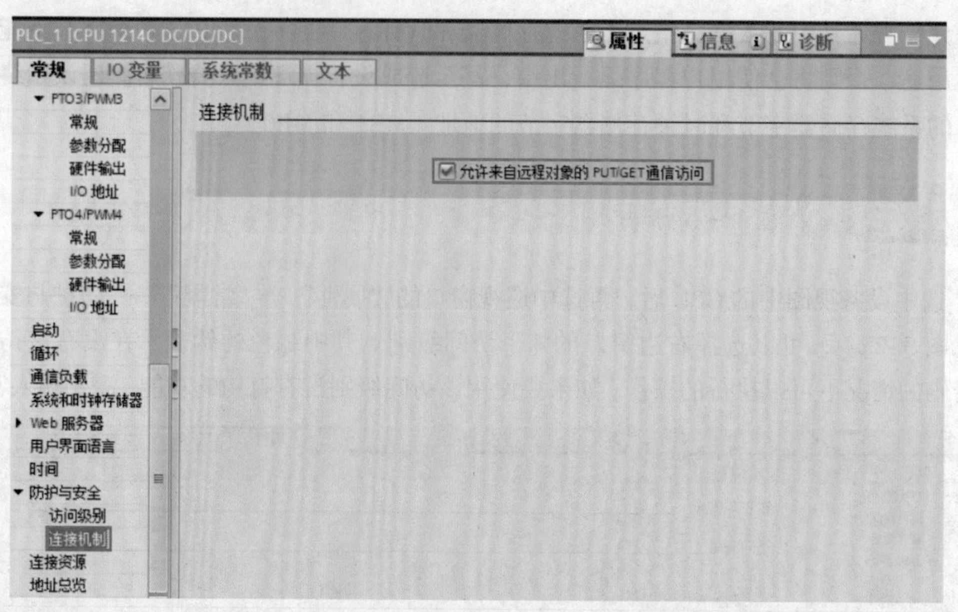

图 3-26 设置防护与安全连接机制

3.3.7 设置实时时间

选中设备视图中的 CPU 后，再选中巡视窗口的“属性”→“常规”→“时间”，可以设置本地时间的时区（北京等）和是否激活夏令时，如图 3-27 所示。我国不使用夏令时，出口产品可能需要设置夏令时。

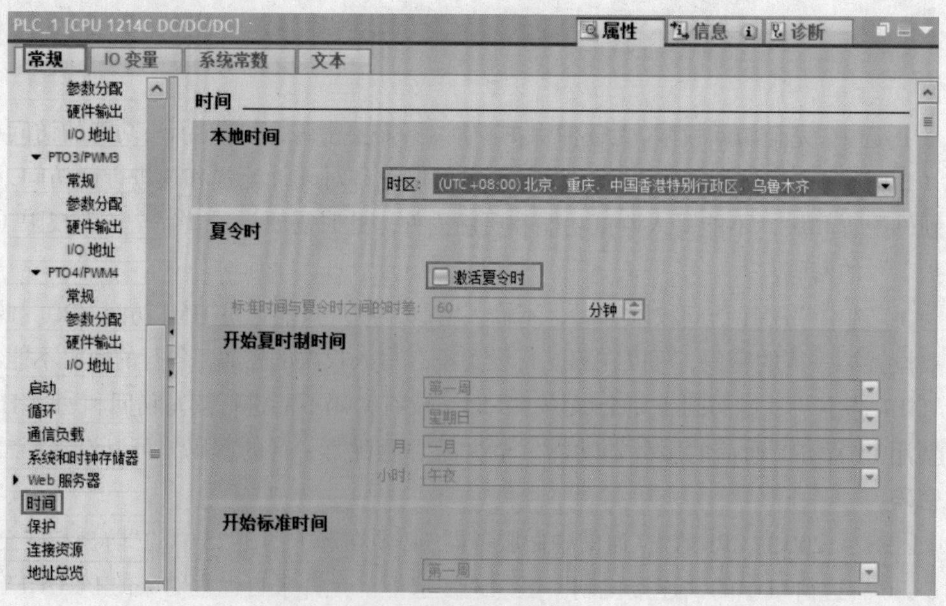

图 3-27 设置实时时间

3.3.8 DI/DQ

CPU1214C 集成了 14 个数字量输入点和 10 个数字量输出点。单击“DI 14/DQ 10”选项进入参数界面，此选项中包括“常规”“数字量输入”“数字量输出”和“I/O 地址”。

（1）“常规”选项中有项目信息，即名称和注释。

（2）“数字量输入”选项如图 3–28 所示，由于 CPU1214C 本体有 14 个输入点，因此有 14 个通道，每个通道都有“输入滤波器”“启用上升沿检测”“启用下降沿检测”和“启用脉冲捕捉”四个选项。这些功能主要在此通道用于高速输入。

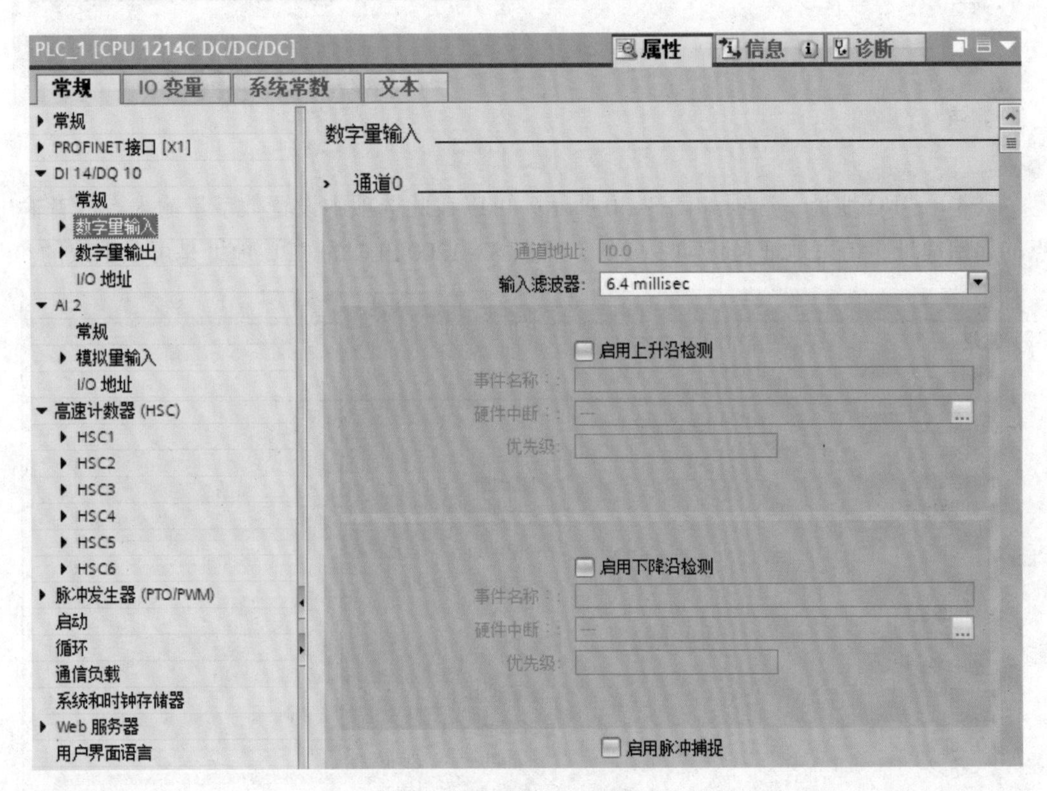

图 3-28 设置数字量输入

（3）“数字量输出”选项如图 3–29 所示，由于此 CPU 有 10 个输出点，因此有 10 个通道，每个通道都有“从 RUN 模式切换到 STOP 模式时，替代值 1”选项，如果勾选此选项，则 CPU 从 RUN 模式切换到 STOP 模式时，此通道输出点为 1。

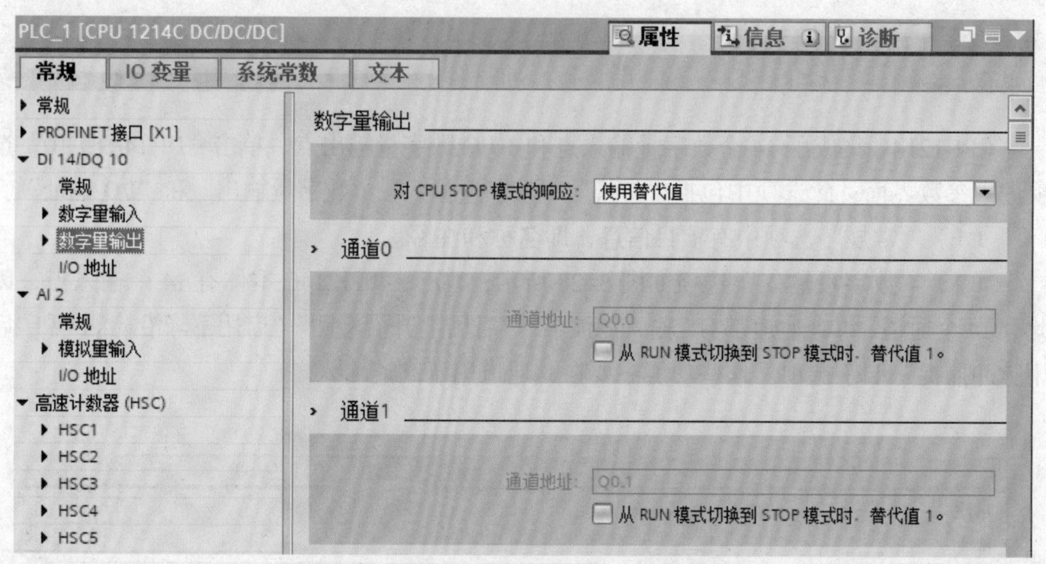

图 3-29 设置数字量输出

（4）“I/O 地址”选项如图 3-30 所示，可以在此选项中设置数字量输入点或者输出点的起始地址，结束地址是自动生成的，所以 S7-1200 PLC 的 CPU 地址是可以更改的。

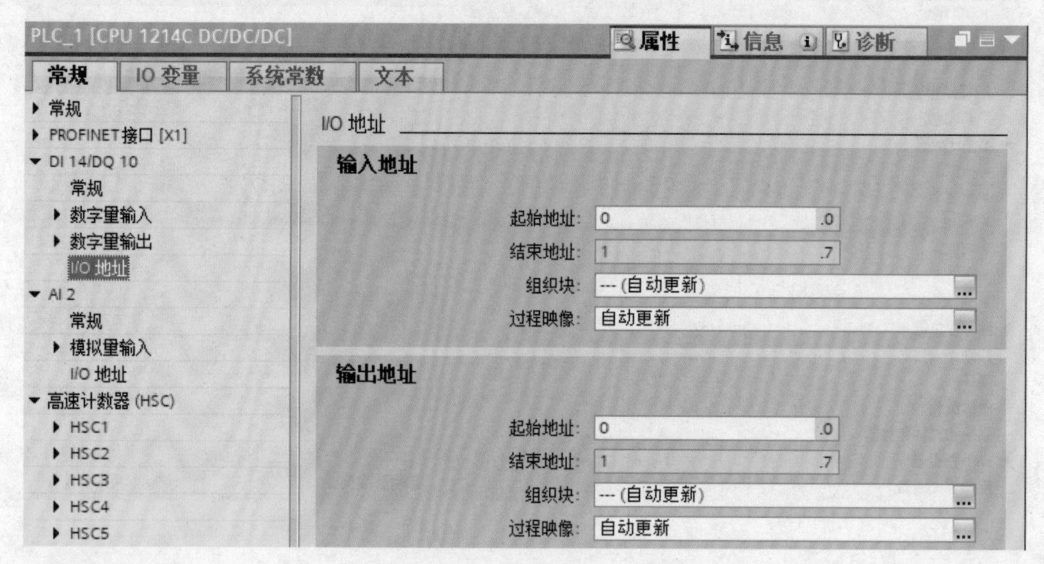

图 3-30 设置 I/O 地址

3.3.9 AI 2

S7-1200 PLC 的 CPU 模块上自带模拟量输入点。单击“AI 2”选项，弹出如图 3-31、图 3-32 所示的界面，此选项中包括“常规”“模拟量输入”和“I/O 地址”。

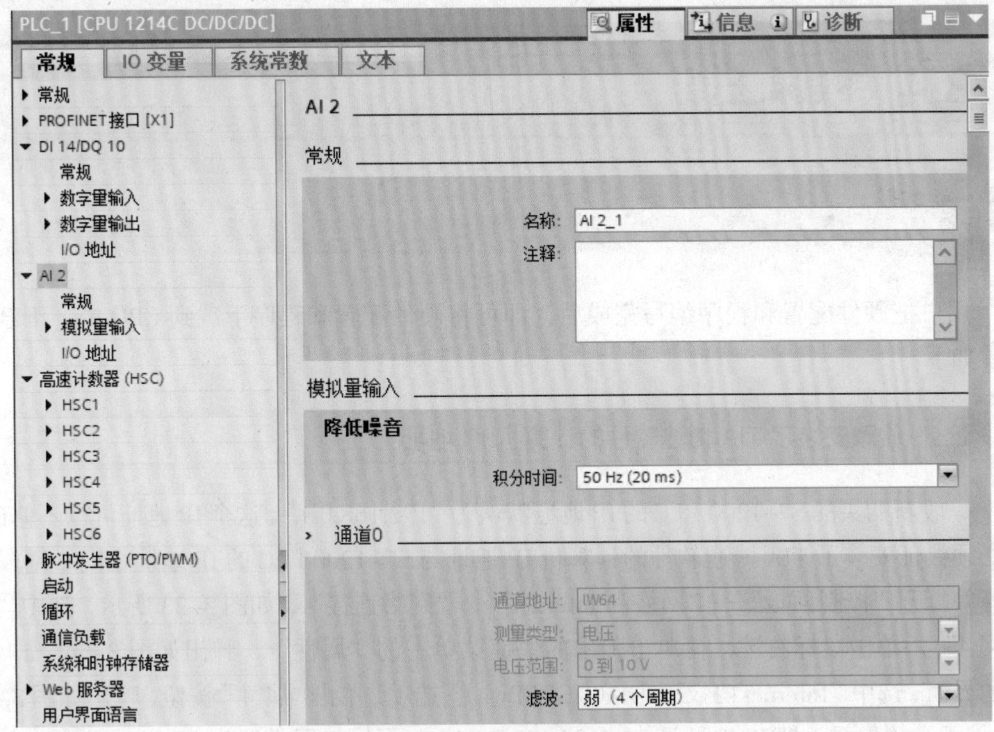

图 3-31 “常规”和“模拟量输入”选项

（1）“常规”选项中有项目信息，即名称和注释。

（2）“模拟量输入”选项如图 3-31 所示，由于此 CPU 有两个模拟量输入点，因此有两个通道，每个通道都有输入滤波和启用溢出诊断两个选项。当有采集的模拟量信号不稳定时，可以调整滤波参数。此模拟量通道只能采集电压信号。

（3）“I/O 地址”选项如图 3-32 所示，可以在此选项中设置模拟量输入点的起始地址，结束地址是自动生成的。所以 S7-1200 PLC 的 I/O 地址也是可以更改的。

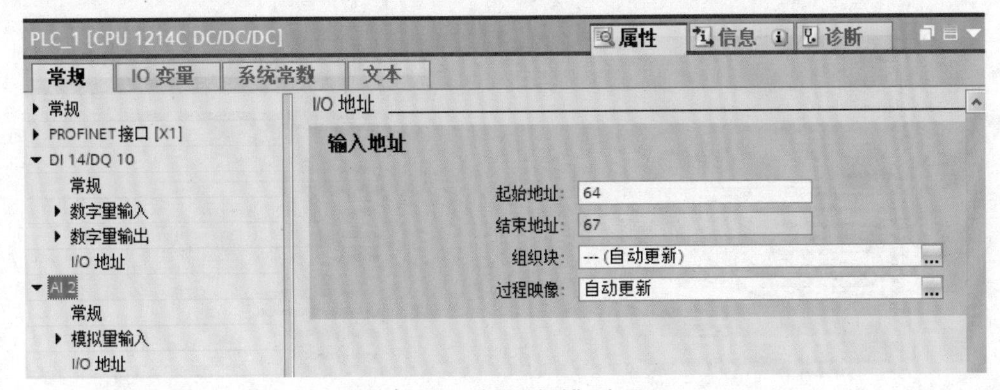

图 3-32 “I/O 地址”选项

注：在 PLC 属性上做的任何更改需离线下载才生效，在线下载不生效。

3.4 下载和上传

3.4.1 下载

用户把硬件配置和程序编写完成后，即可将硬件配置和程序下载到 CPU 中，下载的步骤如下。

1 修改安装了 TIA 博途软件的计算机 IP 地址

一般新购买的 S7–1200 PLC 的 IP 地址默认为“192.168.0.1”，这个 IP 地址可以不修改，但必须保证安装了 TIA 博途软件的计算机 IP 地址与 S7–1200 PLC 的 IP 地址在同一网段。选择并打开“控制面板”→“网络和 Internet”→“网络连接”，如图 3–33 所示，选中“以太网 4”，单击鼠标右键，再单击弹出的快捷菜单中的“属性”，弹出如图 3–34（a）所示的界面，选中“Internet 协议版本 4（TCP/IPv4）”选项，单击“属性”按钮，弹出如图 3–34（b）所示的界面，把 IP 地址设为“192.168.0.98”，子网掩码设置为“255.255.255.0”。

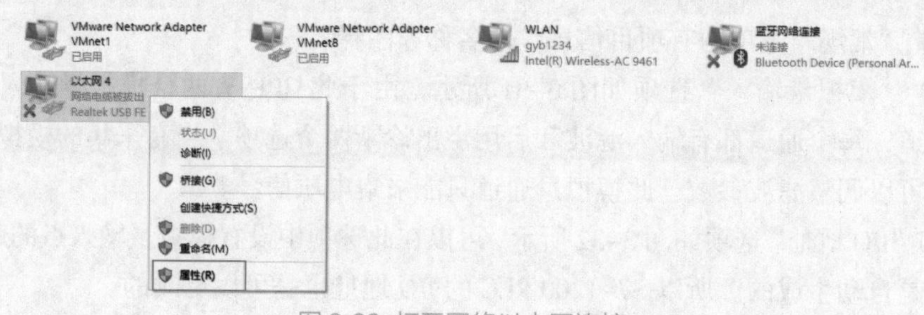

图 3-33 打开网络以太网连接

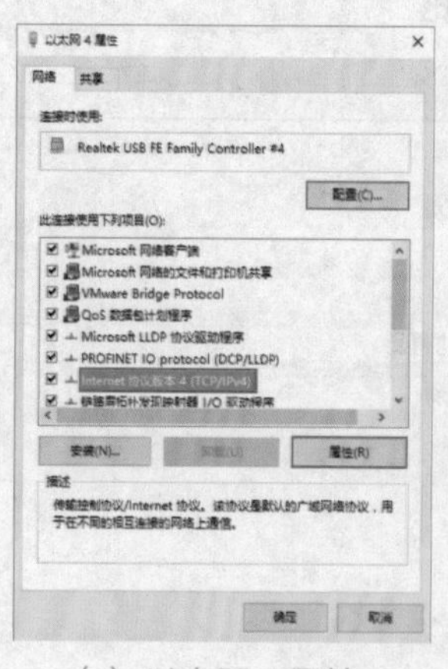

（a）以太网 4 属性

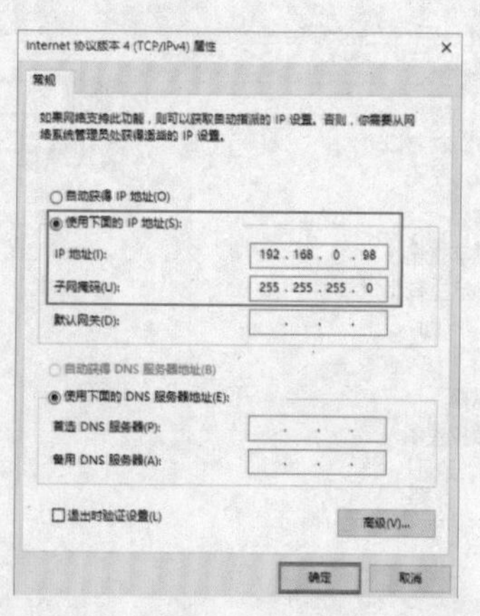

（b）Internet 协议版本 4（TCP/IPv4）属性

图 3-34 设置 IP 地址和子网掩码

2 下载

下载之前，要确保 S7-1200 PLC 与计算机之间已经用网线（正线和反线均可）连接，而且 S7-1200 PLC 已经通电。

在图 3-35 中，单击“下载到设备”按钮 ，弹出如图 3-36 所示的界面，选择“PG/PC 接口的类型”为“PN/IE”，选择“PG/PC 接口”为“Intel（R）Ether-net...”，如果计算机只能插 USB 接口则选择“PG/PC 接口”为“Realtek USB FE Family Controller”。“PG/PC 接口”是网卡的型号，不同的计算机可能不同，此外，初学者容易选择成无线网卡，也经常造成通信失败。单击“开始搜索”按钮，TIA 博途软件开始搜索可以连接的设备，搜索到设备后，显示如图 3-37 所示的界面，单击“下载”按钮，弹出如图 3-38 所示的界面。

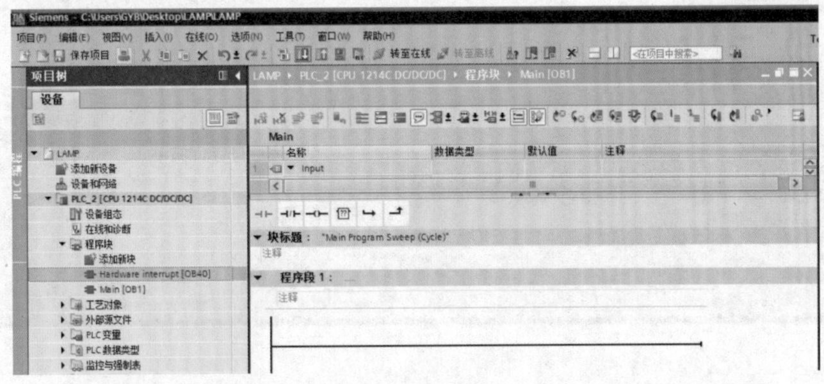

图 3-35 下载（1）

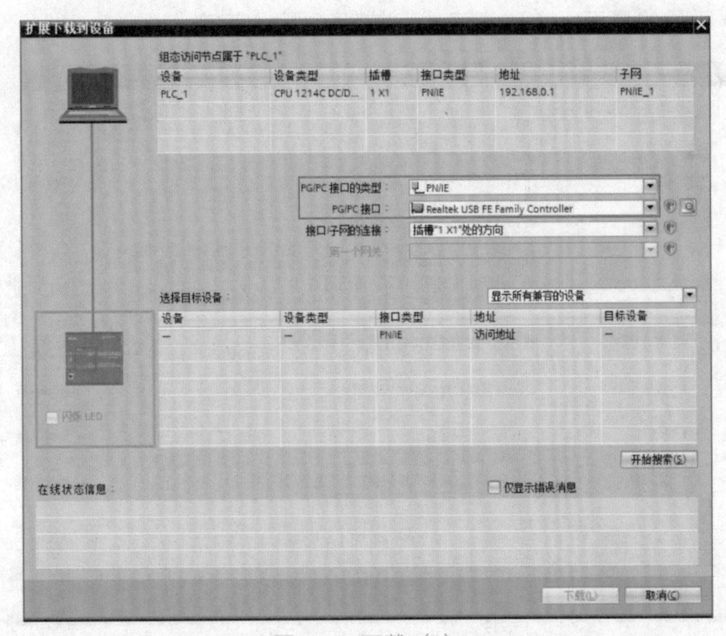

图 3-36 下载（2）

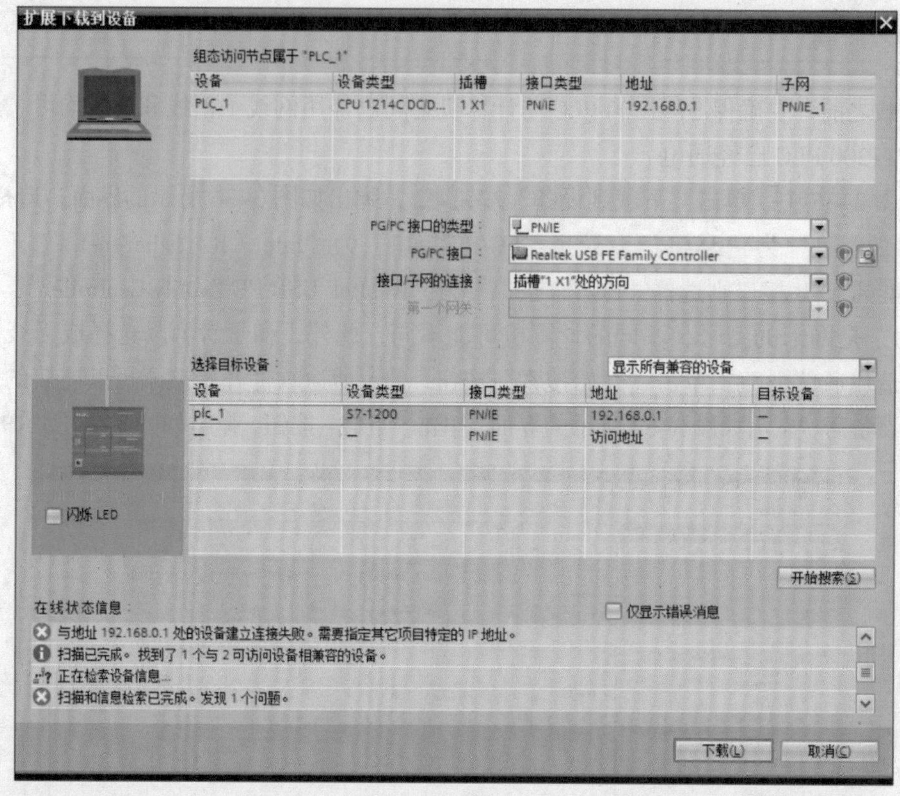

图 3-37 下载（3）

如图 3–38 所示，把第一个“动作”选项修改为“全部停止”，单击“装载”按钮，弹出如图 3–39 所示的界面，单击“完成”按钮，下载完成。

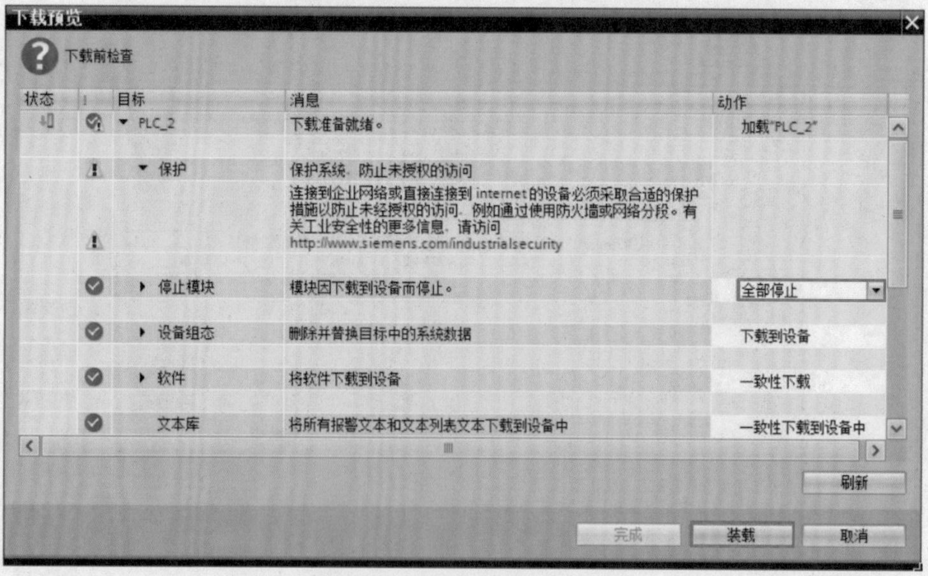

图 3-38 下载预览

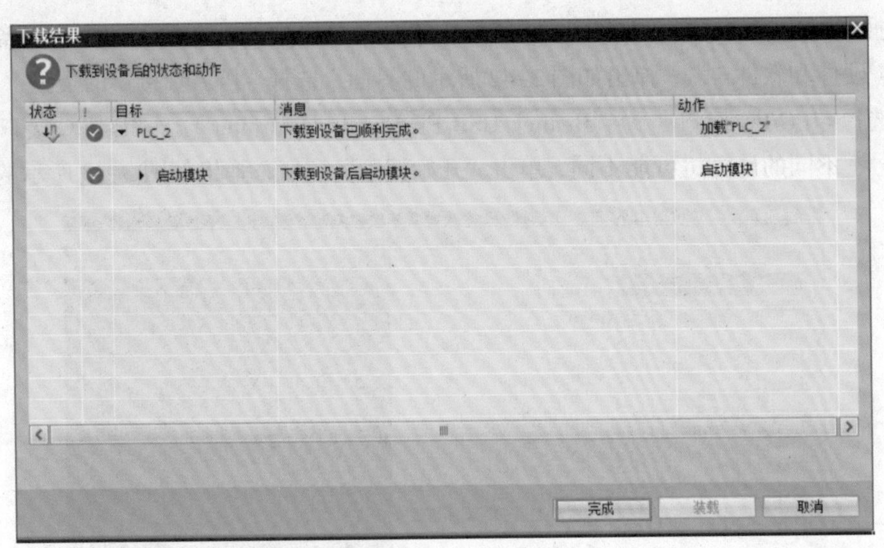

图 3-39 下载结果

3.4.2 上传

把 CPU 中的程序上传到计算机中是很有工程应用价值的操作，上传的前提是用户必须拥有读程序的权限。上传程序的步骤如下。

①新建项目。如图 3–40 所示，本例的项目命名为“Upload”，单击“创建”按钮，再单击“项目视图”按钮，切换到项目视图。

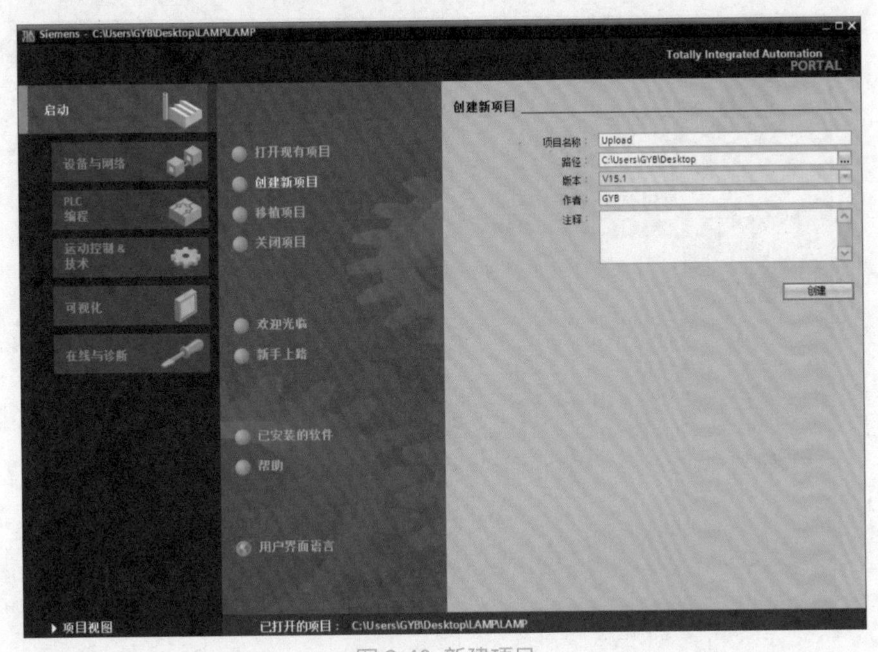

图 3-40 新建项目

②搜索可连接的设备。如图 3-41 所示，单击菜单栏中的“在线”→“将设备作为新站上传（硬件和软件）”，弹出如图 3-42 所示的界面，选择“PG/PC 接口的类型”为“PN/IE”，选择“PG/PC 接口”为“Realtek USB FE Family Controller”。“PG/PC 接口”是网卡的型号，不同的计算机可能不同，单击“开始搜索”按钮，弹出如图 3-43 所示的界面。

图 3-41 上传（1）

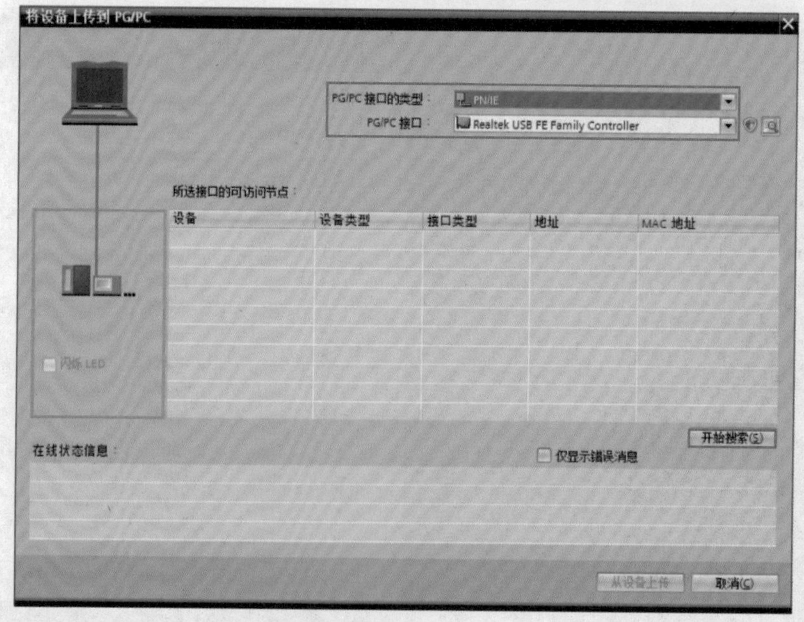

图 3-42 上传（2）

如图 3-43 所示，搜索到可连接的设备“plc_2”，其 IP 地址是“192.168.0.1”。

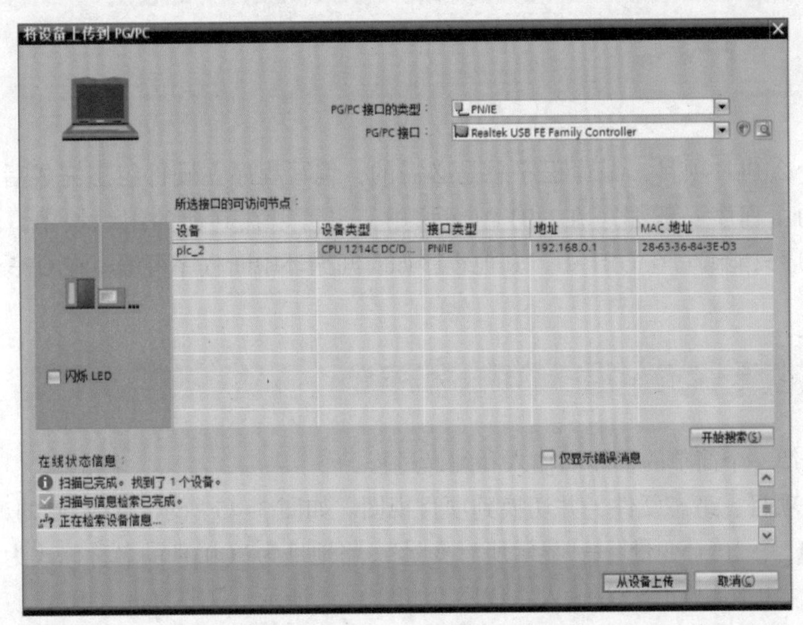

图 3-43 上传（3）

③修改安装了 TIA 博途软件的计算机 IP 地址，计算机的 IP 地址与 CPU 的 IP 地址应在同一网段（本例为 192.168.0.98）。

④单击如图 3-43 所示界面中的“从设备上传”按钮，当上传完成时，弹出如图 3-44 所示的界面，界面下部的“消息”栏中显示“从设备中上传完成（错误：0；警告：0）”。

图 3-44 上传成功

3.5 软件编程

不管什么 PLC 项目，编写程序总是必需的，编写程序在硬件组态完成后进行，S7-1200 PLC 的主程序一般编写在 OB1 组织块中，也可以在其他的组织块中，S7-300/400 PLC 的主程序只能编写在 OB1 中，其他程序如时间循环中断程序可编写在 OB35 中。

3.5.1 一个简单程序的输入和编译

以下介绍一个简单的程序的输入和编译过程。

①新建项目、组态硬件，并切换到项目视图。如图 3-45 所示，在左侧的项目树中，展开“PLC_1”→“PLC 变量”→“显示所有变量”，将地址为“Q0.0”的名称修改为“Motor1”。

②打开主程序块 OB1，并输入主程序。如图 3-45 所示，双击 Main [OB1]，打开主程序。在图 3-46 中，先用鼠标的左键选中常开触点“⊣⊢”，并按住不放，沿着箭头方向拖动，直到程序段出现绿色，释放鼠标。再用同样的方法，用鼠标的左键选中线圈“—()—”，并按住不放，沿着箭头方向拖动，直到程序段出现绿色，释放鼠标，弹出如图 3-47 所示界面。

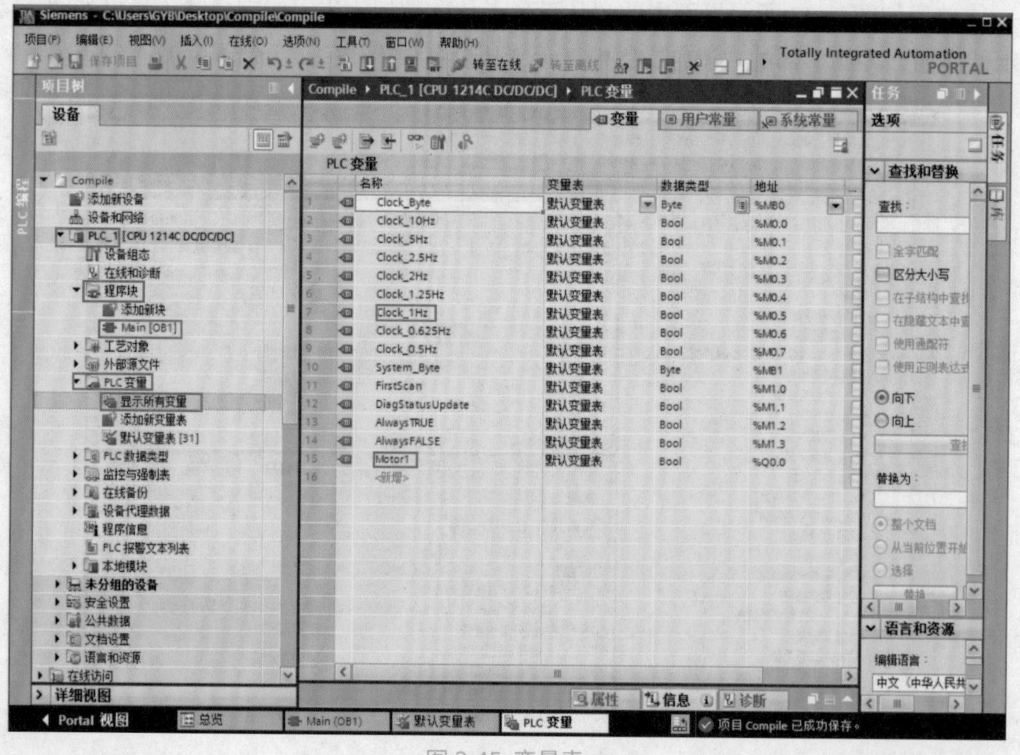

图 3-45 变量表

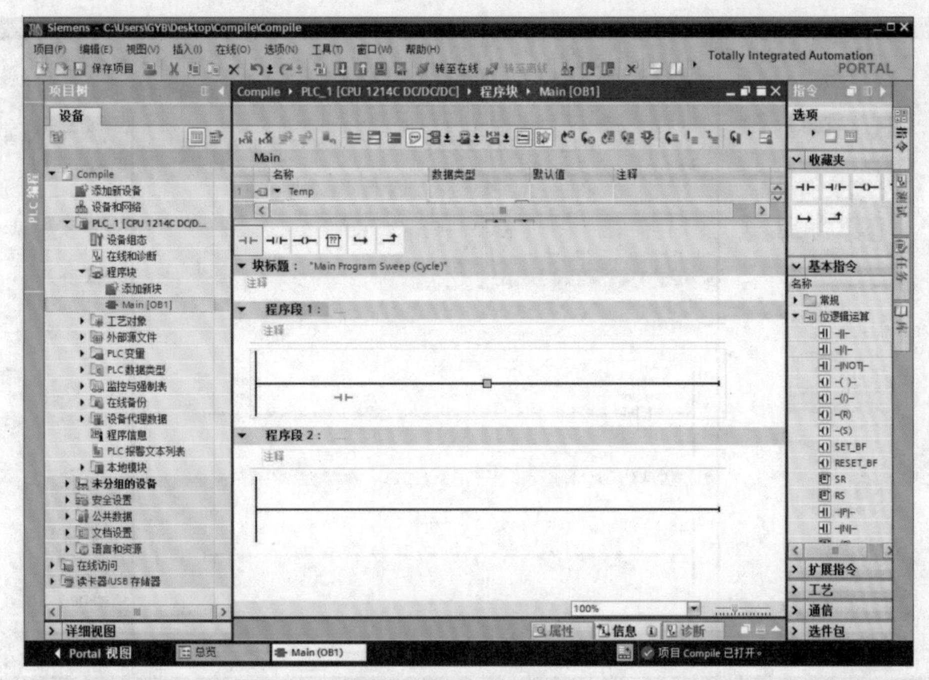

图 3-46 输入程序（1）

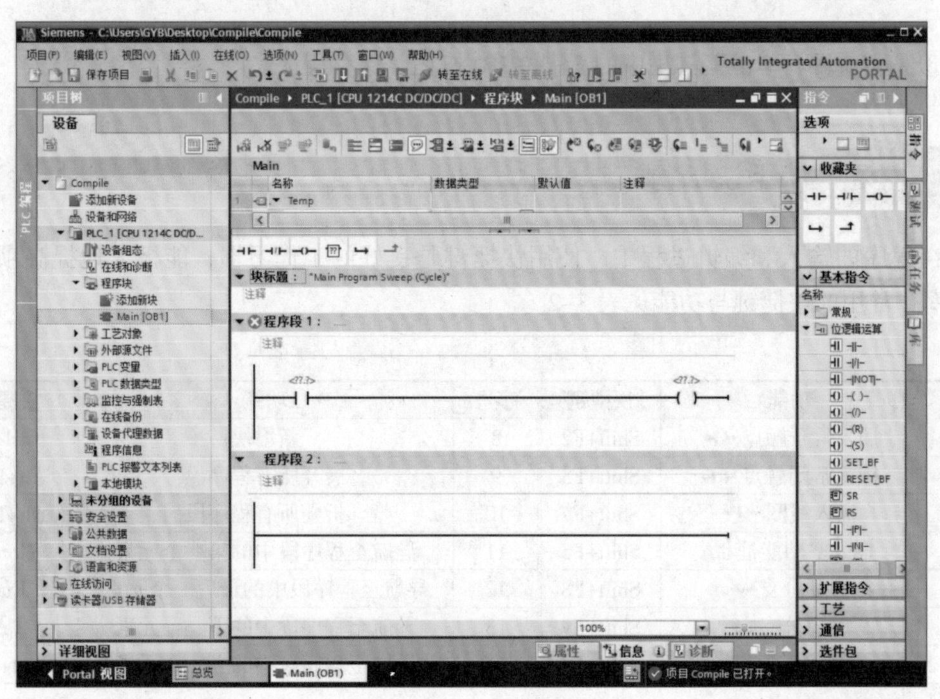

图 3-47 输入程序（2）

在常开触点上的红色问号处输入“M0.5”，在线圈的红色问号处输入“Q0.0”，如图 3–48 所示。

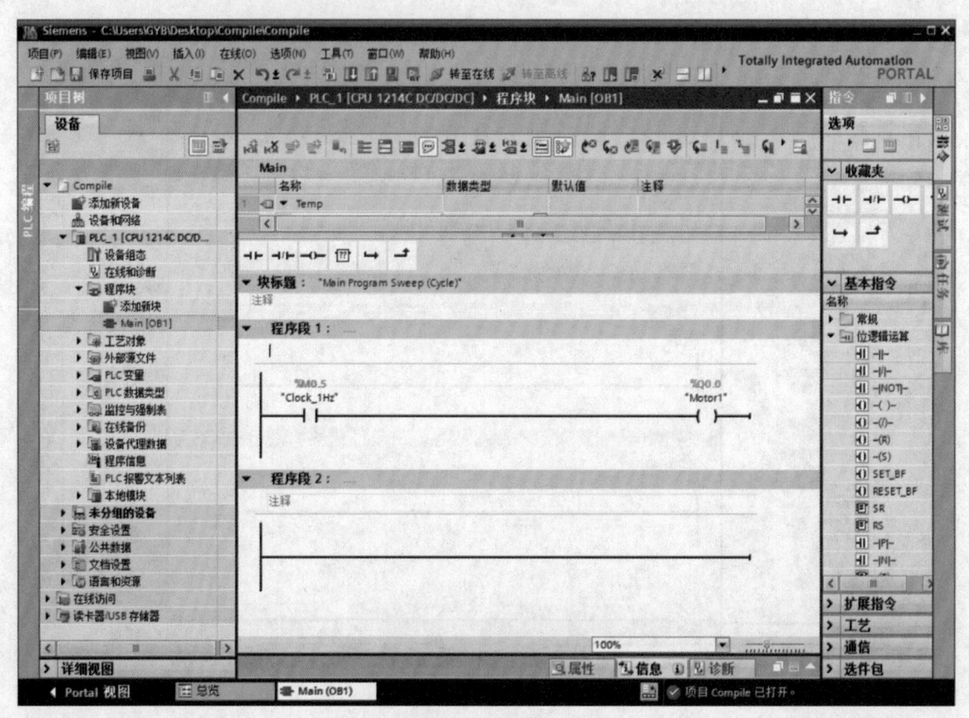

图 3-48 输入程序（3）

③保存项目。单击工具栏中的 保存项目 按钮，保存程序。

3.5.2 使用快捷键

在程序的输入和编辑过程中，使用快捷键是良好的工作习惯，能极大地提高项目编辑效率。常用的快捷键与功能见表 3–2。

表 3-2 常用的快捷键与功能对照表

序号	功能	快捷键	序号	功能	快捷键
1	插入常开触点 ⊣⊢	Shift+F2	8	新增块	Ctrl+N
2	插入常闭触点 ⊣/⊢	Shift+F3	9	展开所有程序段	Alt+F11
3	插入线圈 –( )–	Shift+F7	10	折叠所有程序段	Alt+F12
4	插入空功能框 ??	Shift+F5	11	导航至程序段中的第一个元素	Home
5	打开分支 ↦	Shift+F8	12	导航至程序段中的最后一个元素	End
6	关闭分支 ⮥	Shift+F9	13	导航至程序段中的下一个元素	Tab
7	插入程序段	Ctrl+R	14	导航至程序段中的上一个元素	Shift+Tab

注意：在有的计算机上使用快捷键时，还需要在快捷键前面加 Fn 键。

以下用一个简单的例子介绍快捷键的使用。

在 TIA 博途软件的项目视图中，打开块 OB1，选中“程序段 1”，依次按快捷键“Shift+F2”“Shift+F3”和“Shift+F7”，则依次插入常开触点、常闭触点和线圈，如图 3–49 所示。

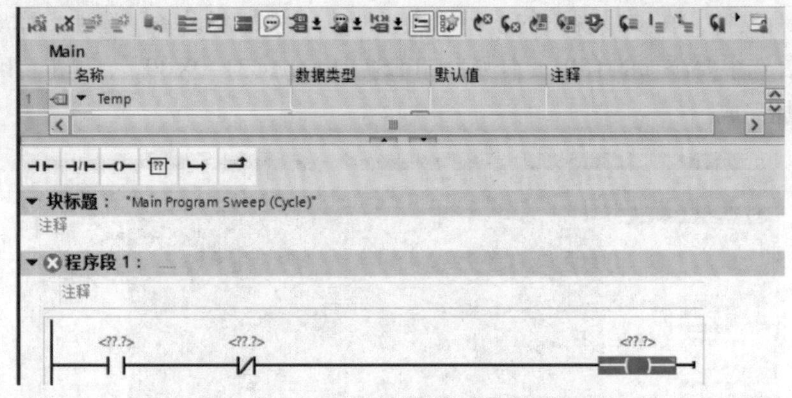

图 3-49 用快捷键输入程序

3.6 用 TIA 博途软件创建一个完整的项目

用 TIA 博途软件创建一个项目，实现启停控制功能。

3.6.1 新建项目，硬件配置

①新建项目，打开 TIA 博途软件，将“项目名称”命名为“MyFirstProject”，单击“创建”按钮，如图 3-50 所示，即可创建一个新项目，在弹出的视图中，单击“项目视图”按钮，即可切换到项目视图，如图 3-51 所示。

图 3-50 新建项目

②添加新设备，在项目视图的项目树中，双击“添加新设备”选项，弹出如图 3-52 所示的界面，选中要添加的 CPU，本例为“6ES7 214-1AG31-0XB0”，单击“确定”按钮，CPU 模块添加完成。

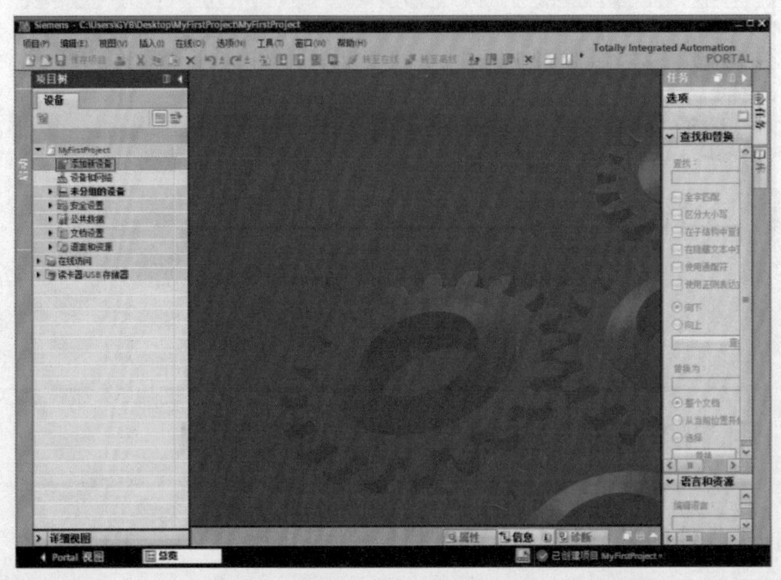

图 3-51 添加新设备

图 3-52 添加 CPU 模块

在项目视图中，选定项目树中的“设备组态”，再选中机架的第二槽位，展开最右侧的“硬件目录”，选中并双击“6ES7 221-1BF30-0XB0”，此模块会自动添加到机架的第二槽位，如图 3-53 所示。用同样的办法把 DQ 模块“6ES7 222-1HH30-0XB0”添加到第三槽位，如图 3-54 所示。至此，硬件配置完成。

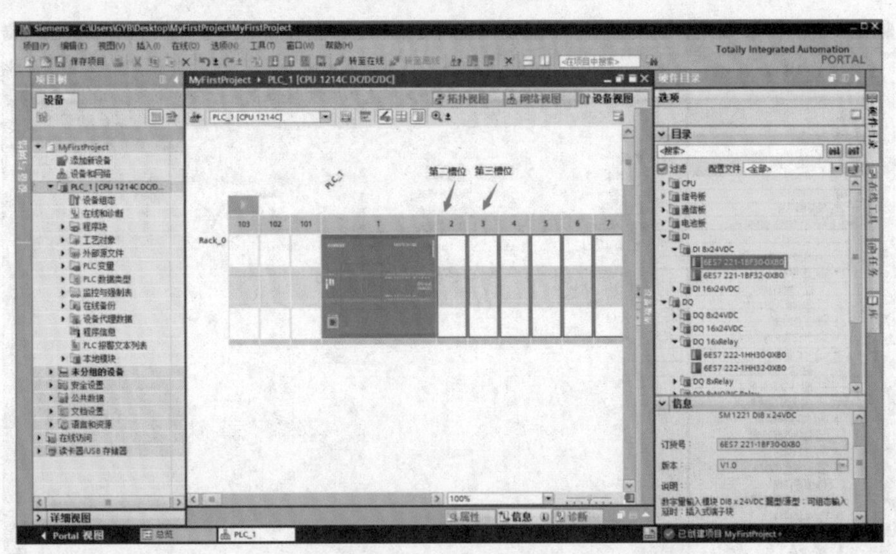

图 3-53 添加 DI 模块

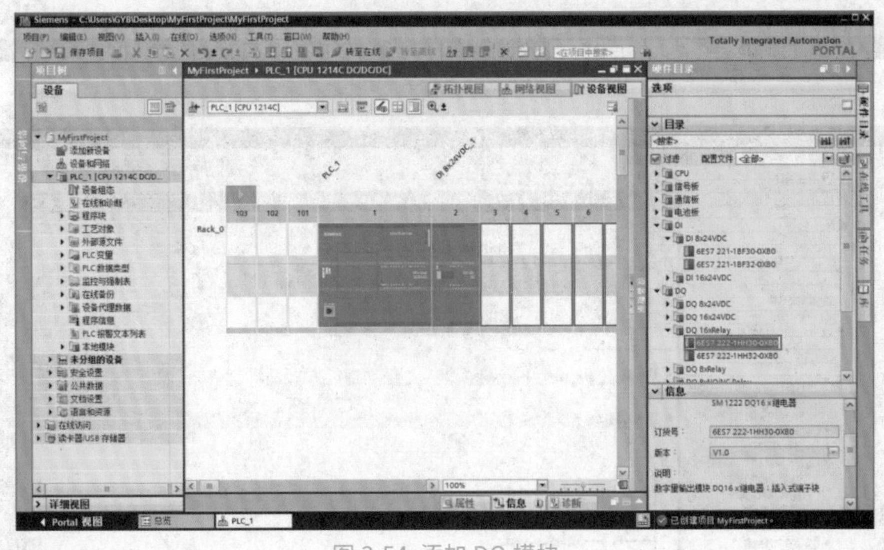

图 3-54 添加 DQ 模块

3.6.2 输入程序

①将符号名称与地址变量关联。在项目视图中，选定项目树中的“显示所有变量”，如图 3-55 所示，在项目视图的右上方有一个表格，单击“< 新增 >”按钮，先在表格的“名称”

栏中输入“Start”，在“地址”栏中输入“I0.0”，这样符号“Start”在寻址时，就代表“I0.0”。用同样的方法将“Stop1”和“I0.1”关联，将“Motor”和“Q16.0”关联。

②打开主程序。如图 3-55 所示，双击项目树中的“Main[OB1]”，打开的主程序如图 3-56 所示。

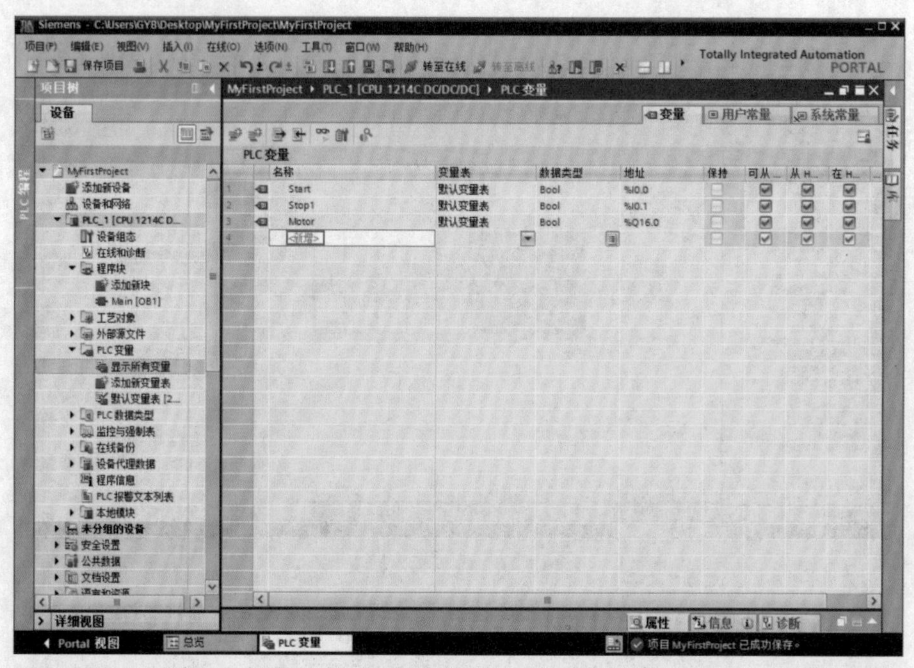

图 3-55 将符号名称与地址变量关联

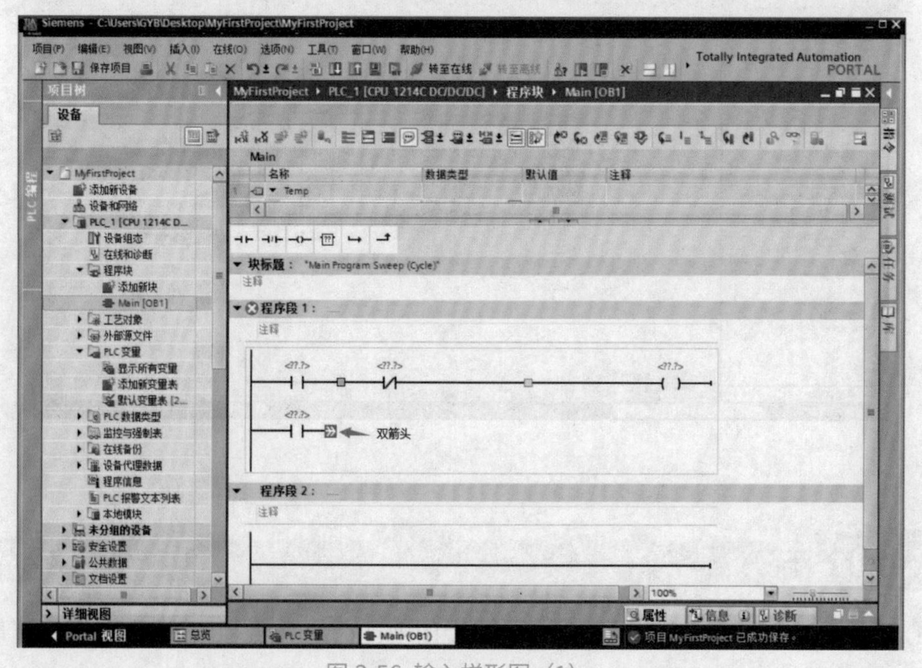

图 3-56 输入梯形图（1）

③输入触点和线圈。先把常用“工具栏”中的常开触点和线圈拖放到如图 3–56 所示的位置。用鼠标选中“双箭头”，按住鼠标左键不放，向上拖动鼠标，直到出现绿点时，松开鼠标。

④输入地址。在图 3–56 所示的红色问号处，输入对应的地址，梯形图的第一行分别输入 I0.0、I0.1 和 Q16.0，梯形图的第二行输入 Q16.0，输入完成后的效果如图 3–57 所示。

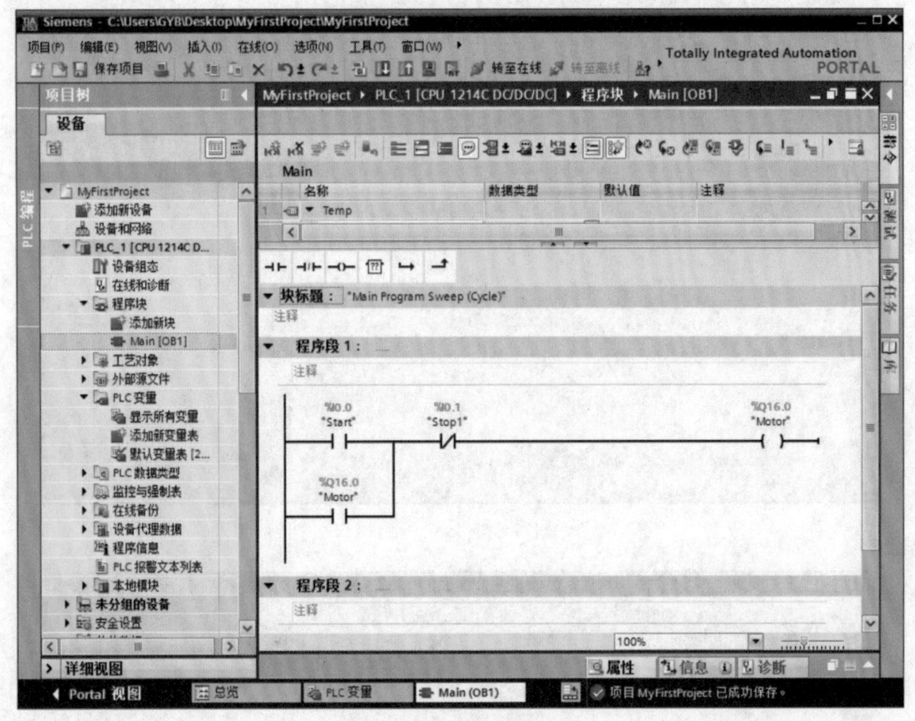

图 3-57 输入梯形图（2）

⑤保存项目。在项目视图中，单击 保存项目 按钮，保存整个项目。

3.6.3 下载项目

在项目视图中，单击“下载到设备”按钮 ，弹出如图 3–58 所示的界面，选择“PG/PC 接口的类型”为“PN/IE”，选择“PG/PC 接口”为“Realtek USB FE Family Controller”。“PG/PC 接口”是网卡的型号，不同的计算机可能不同，单击“开始搜索”按钮，TIA 博途开始搜索可以连接的设备，搜索到的设备如图 3–59 所示，单击“下载”按钮，弹出如图 3–60 所示的界面。

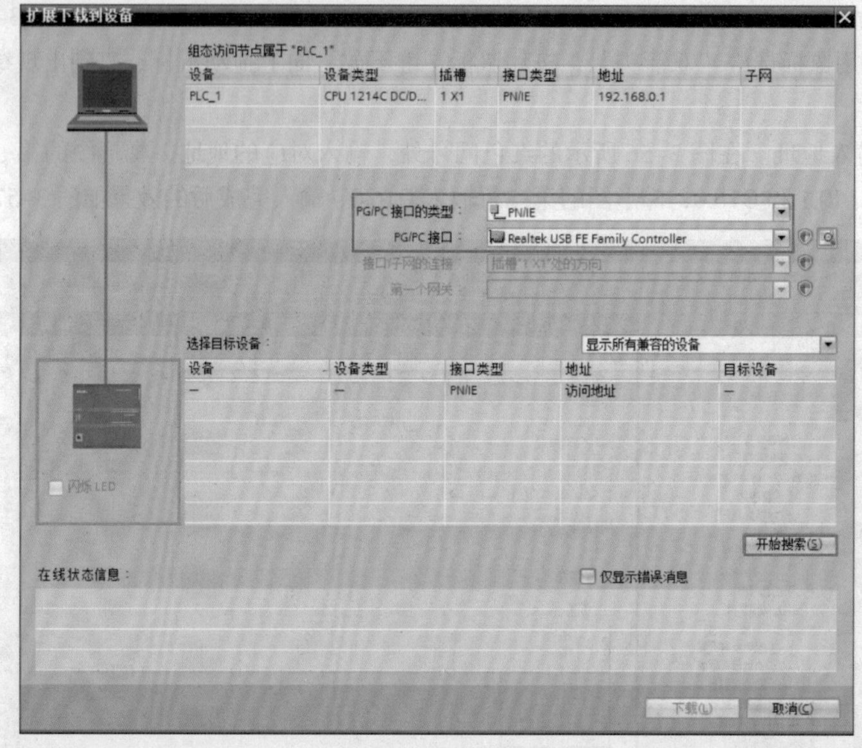

图 3-58 下载（1）

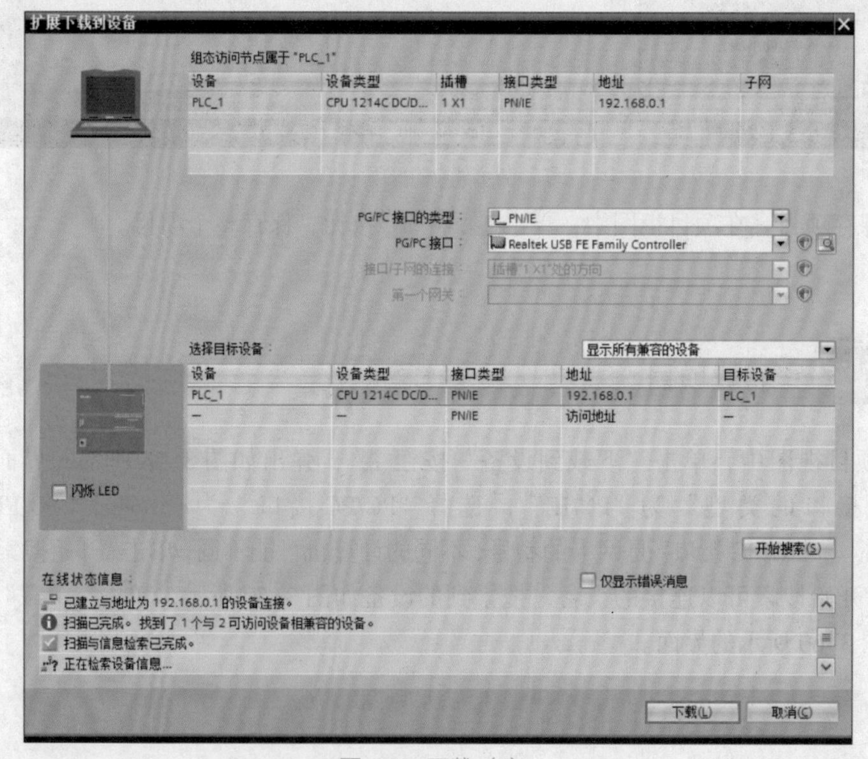

图 3-59 下载（2）

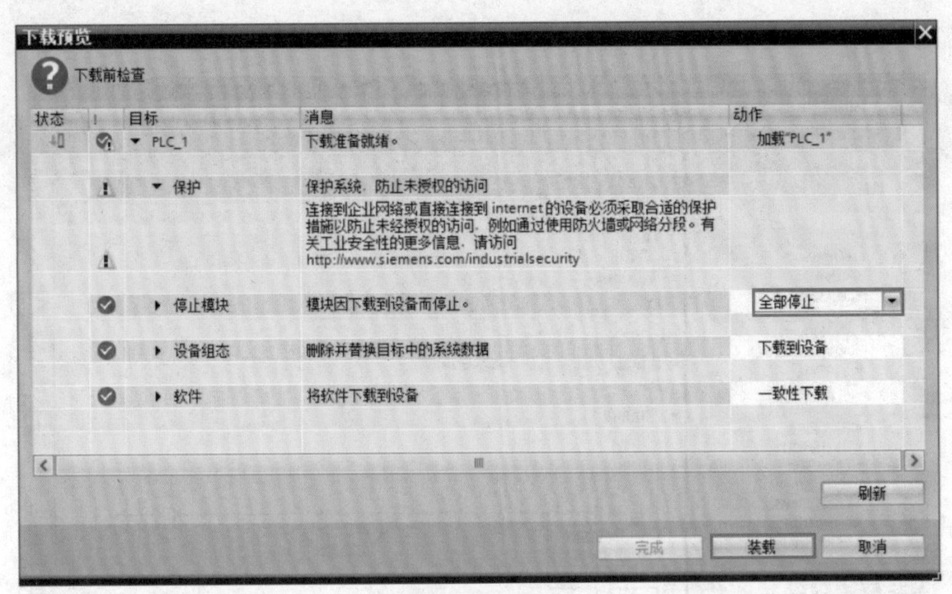

图 3-60 下载预览

如图 3-60 所示，把第一个“动作”选项修改为“全部停止”，单击“装载”按钮，弹出如图 3-61 所示的界面，单击“完成”按钮，下载完成。

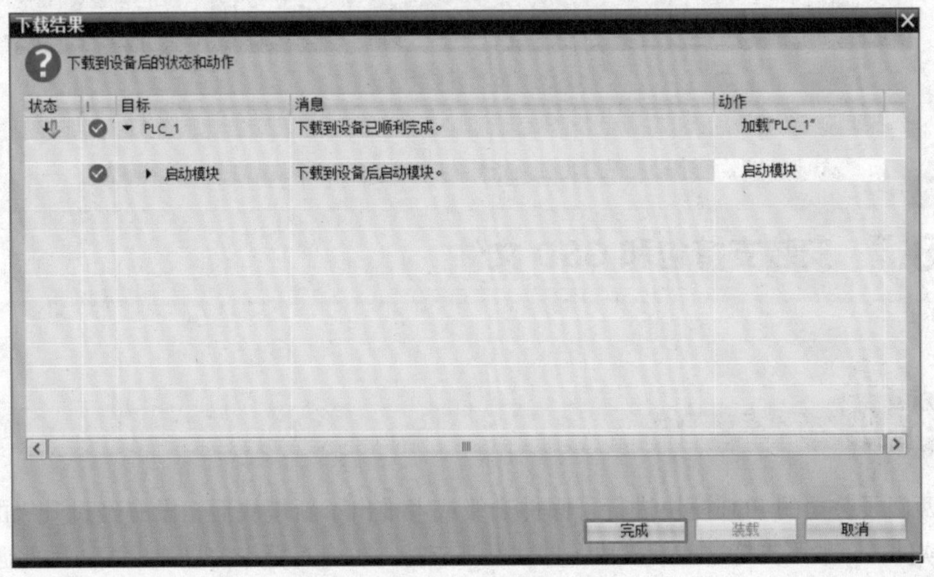

图 3-61 下载结果

3.6.4 程序监视

在项目视图中，单击 转至在线 按钮，图 3-62 所示的标记处由灰色变为黄色，表明 TIA 博途软件与 PLC 或者仿真器处于在线状态。再单击工具栏中的“启用 / 禁用监视”按

钮 ，可见：梯形图中连通的部分是绿色实线，而没有连通的部分是蓝色虚线。

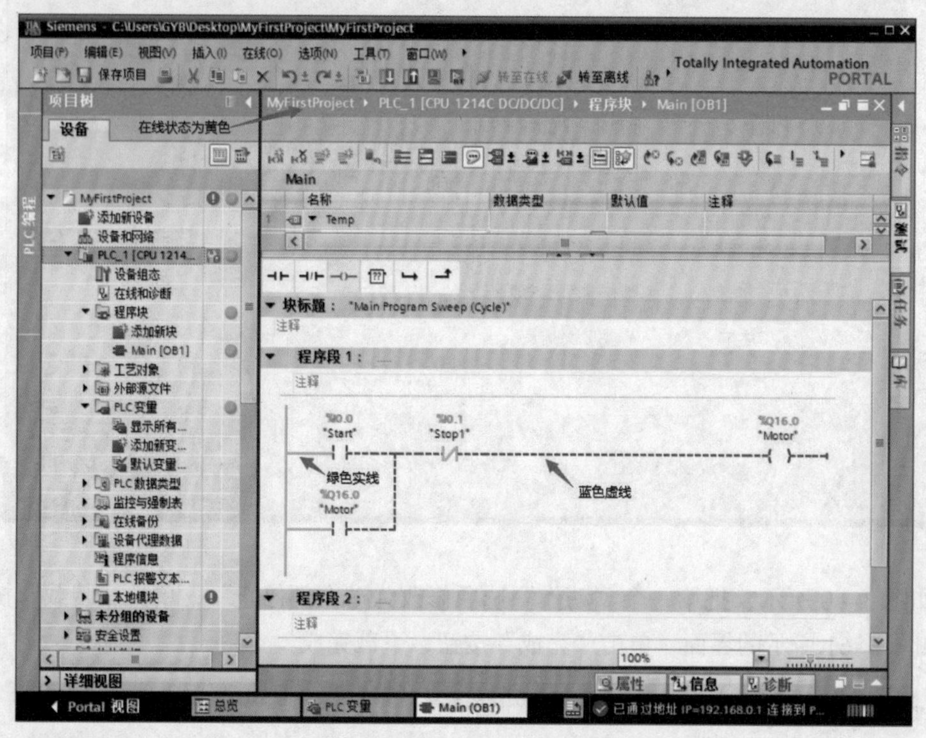

图 3-62 在线状态

3.7 安装支持包和 GSD 文件

3.7.1 安装支持包

西门子公司的 PLC 模块进行了固件升级或者推出了新模块后，没有经过升级的 TIA 博途软件，一般不支持这些新模块（即使勉强支持，也会有警告信息弹出），因此遇到这种情况，就需要安装最新的支持包。

具体方法为：在 TIA 博途软件的项目视图（见图 3-63）中，单击“选项”→“支持包”命令，弹出安装信息界面（见图 3-64），选择“安装支持软件包”选项，单击“从文件系统添加”按钮（前提是支持包已经下载到计算机中），在计算机中找到存放支持包的位置，选中需要安装的支持包，单击“打开”按钮。

勾选需要安装的支持包，单击“安装”按钮，支持包开始安装。当支持包安装完成后，单击“完成”按钮。TIA 博途软件开始更新硬件目录，之后新安装的硬件就可以在硬件目录中找到。如果没有下载支持包，也可单击图 3-64 中的“从 Internet 上下载”按钮，然后再安装。如果使用的软件版本过于老旧（如 Portal V12），那么新推出的硬件是不被支持的，建议及时更新。

图 3-63 安装支持包

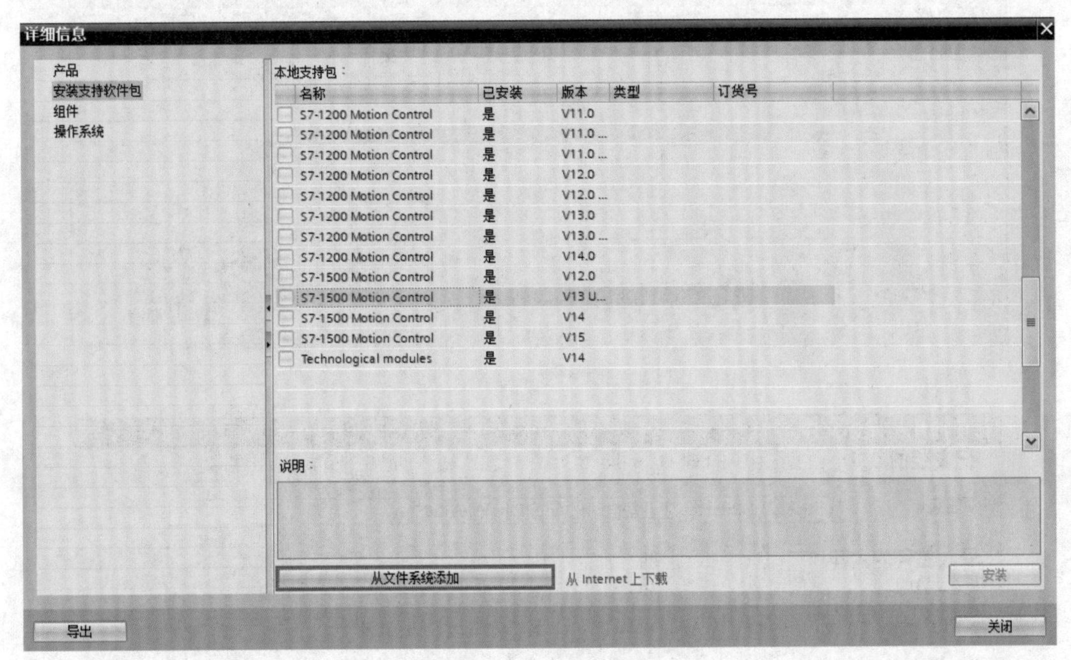

图 3-64 安装信息

3.7.2 安装 GSD 文件

当 TIA 博途软件项目中需要配置第三方设备（如要配置西门子 V90 伺服）时，一般要安装第三方设备的 GSD 文件。安装 GSD 文件的方法如下：在 TIA 博途软件项目视图菜单（见图 3-65）中，单击“选项”→“管理通用站描述文件（GSD）”命令，将弹出图 3-66 所示界面，单击“浏览”按钮 ，在计算机中找到存放 GSD 文件的位置，本例 GSD 文件存放位置如图 3-67 所示，选中需要安装的 GSD 文件，单击“安装”按钮。

图 3-65 打开安装菜单

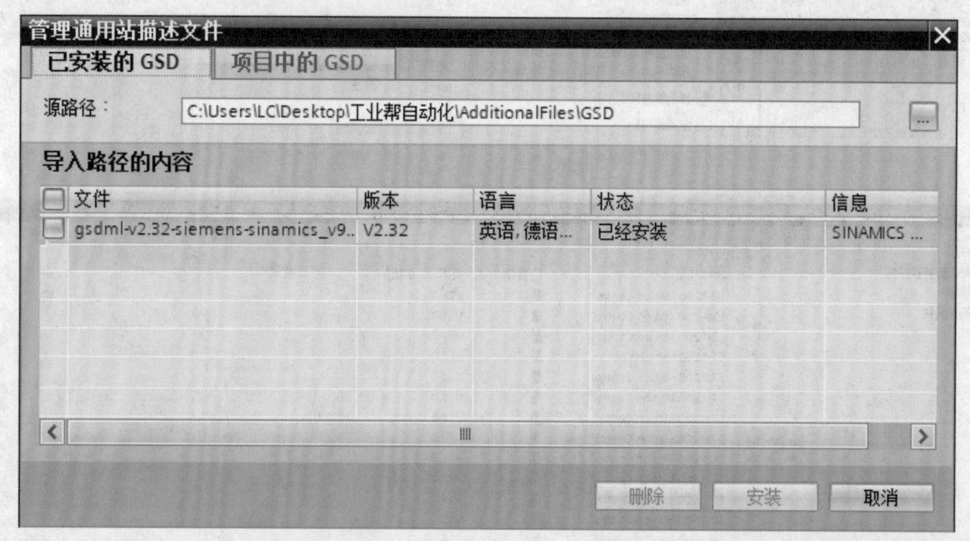

图 3-66 打开 GSD 文件

图 3-67 安装 GSD 文件

当 GSD 文件安装完成后，TIA 博途软件开始更新硬件目录，之后在硬件目录中就可以找到新安装的 GSD 文件。西门子 PLC 的 GSD 文件可以在西门子公司的官网上免费下载，而第三方的 GSD 文件则由第三方公司提供。

第 4 章 S7-1200/1500 PLC 的数据类型、存储区划分与地址格式

4.1 数据格式及要求

数据格式：即指数据的长度和表示方式。

要求：S7-1200 PLC 要求指令与数据之间的格式一致才能正常工作。

①用一位二进制数表示开关量。

②一位二进制数有 0（OFF）和 1（ON）两种不同的取值，分别对应开关量（或数字量）的两种不同的状态。

③位数据的数据类型：布尔（Bool）型。

④位地址：由存储器标识符、字节地址和位号组成，如 I3.4 等。

⑤其他 CPU 存储器的地址格式：由存储器标识符和起始字节号（一般取偶字节）组成，如 MB100、MW100、MD100 等。

4.2 数据长度：字节、字、双字

①字节（Byte，B）：从 0 号位开始的连续 8 位二进制数称为一个字节。

②字（Word，W）：相邻的两个字节组成一个字的长度。

③双字（DoubleWord，DWord 或 DW）：相邻的四个字节或相邻的两个字组成一个双字的长度。

④字、双字长数据的存储特点：高位存低字节、低位存高字节（见图 4-1）。

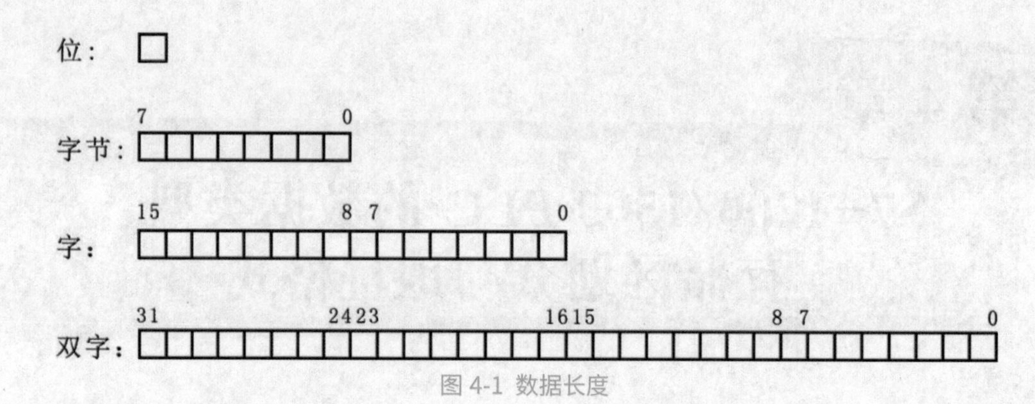

图 4-1 数据长度

4.3 数据类型

数据类型用来描述数据的长度（即二进制的位数）和属性。本节主要介绍基本数据类型。

很多指令和代码块的参数支持多种数据类型。将鼠标的光标放在某条指令某个参数的地址域上，过一会儿在出现的黄色背景的小方框中，可以看到该参数支持的数据类型。

不同的任务使用不同长度的数据对象，例如位逻辑指令使用位数据，MOVE 指令使用字节、字和双字。字节、字和双字分别由 8 位、16 位和 32 位二进制数组成。

表 4-1 给出了基本数据类型的属性。

表 4-1 基本数据类型

变量类型	符号	位数	取值范围	常数举例
位	Bool	1	1、0	TRUE、FALSE 或 1、0
字节	Byte	8	16#00~16#FF	16#12，16#AB
字	Word	16	16#0000~16#FFFF	16#ABCD，16#0001
双字	DWord	32	16#00000000~16#FFFFFFFF	16#02468ACE
短整数	SInt	8	–128~127	123，–123
整数	Int	16	–32768~32767	12573，–12573
双整数	DInt	32	–2147483648~2147483647	12357934，–12357934
无符号短整数	USInt	8	0~255	123
无符号整数	UInt	16	0~65535	12321
无符号双整数	UDInt	32	0~4294967295	1234586
浮点数（实数）	Real	32	$\pm 1.175495 \times 10^{-38}$~ $\pm 3.402\,823 \times 10^{38}$	12.45，–3.4，–1.2E+12，3.4E–3

续表

变量类型	符号	位数	取值范围	常数举例
长浮点数	LReal	64	$\pm 2.2250738585072020 \times 10^{-308}$ ~ $\pm 1.7976931348623157 \times 10^{308}$	12345.123456789，-1.2E+40
时间	Time	32	T#-24d20h31m23s648ms~T#+24d20h3lm23s647ms	T#10d20h30m20s630ms
日期	Date	16	D#1990-1-1 到 D#2168-12-31	D#2017-10-31
实时时间	Time_of_Day	32	TOD#0:0:0.0 到 TOD#23:59:59.999	TOD#10:20:30.400
长格式日期和时间	DTL	12B	最大 DTL#2262-04-11:23:47:16.854 775 807	DTL#2016-10-16-20:30:20.250
字符	Char	8	16#00~16#FF	'A'，'t'
16 位宽字符	WChar	16	16#0000~16#FFFF	WCHAR#'a'
字符串	String	*n*+2B	*n*=0~254B	STRING#'NAME'
16 位宽字符串	WString	*n*+2 字	*n*=0~16382 字	WSTRING#'Hello World'

4.3.1 位

位数据的数据类型为 Bool（布尔）型，在编程软件中，Bool 变量的值 1 和 0 用英语单词 TRUE（真）和 FALSE（假）来表示。

位存储单元的地址由字节地址和位地址组成，例如 I3.2 中的区域标识符“I”表示输入（Input），字节地址为 3，位地址为 2（见图 4-2）。这种存取方式称为“字节 . 位”寻址方式。

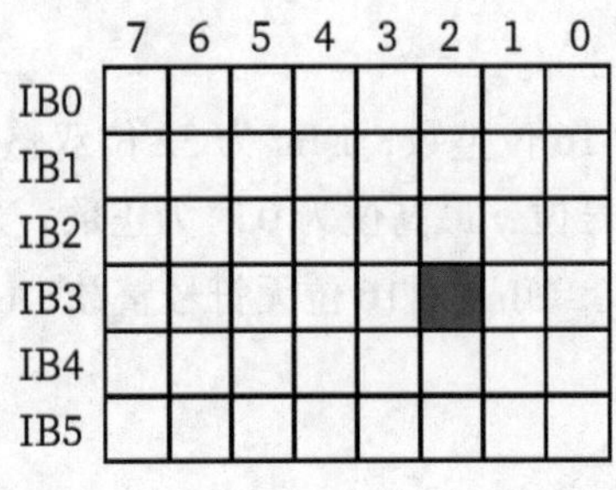

图 4-2 字节与位

4.3.2 位字符串

数据类型 Byte、Word、DWord 统称为位字符串。它们不能比较大小，它们的常数一般用十六进制数表示。

（1）字节（Byte）由 8 位二进制数组成，例如 I3.0 ~ I3.7 组成了输入字节 IB3（见图 4–2），B 是 Byte 的缩写。

（2）字（Word）由相邻的两个字节组成，例如字 MW100 由字节 MB100 和 MB101 组成（见图 4–3）。MW100 中的 M 为区域标识符，W 表示字。

（3）双字（DWord）由两个字（或 4 个字节）组成，双字 MD100 由字节 MB100~MB103 或字 MW100、MW102 组成（见图 4–3），D 表示双字。需要注意以下两点：

①组成双字的字节是 MB100、MB101、MB102、MB103，采用最小字节的编号 100 作为 MD100 的编号。

②组成双字 MD100 的编号最小的字节 MB100 为 MD100 的最高位字节，编号最大的字节 MB103 为 MD100 的最低位字节。字也有类似的特点。

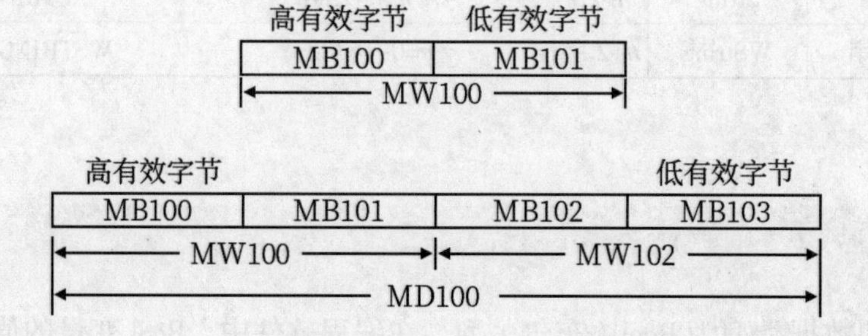

图 4-3 字节、字和双字

4.3.3 整数

整数一共有 6 种（见表 4–1）。

SInt 为 8 位短整数，Int 为 16 位整数，DInt 为 32 位双整数。

有符号整数的最高位为符号位，最高位为 0 时为正数，最高位为 1 时为负数。

USInt 为 8 位无符号短整数，UInt 为 16 位无符号整数，UDInt 为 32 位无符号双整数。

4.3.4 浮点数

32 位的浮点数（Real）又称为实数，最高位（第 31 位）为浮点数的符号位（见图 4–4），正数时为 0，负数时为 1。规定尾数的整数部分总是为 1，第 0~22 位为尾数的小数部分。8 位指数加上偏移量 127 后（0~255），放在第 23~30 位。

图 4-4 浮点数的结构

浮点数的优点是用很小的存储空间（4B）可以表示非常大和非常小的数。PLC 输入和输出的数值大多是整数，例如 AI 模块的输出值和 AQ 模块的输入值，用浮点数来处理这些数据需要进行整数和浮点数的转换。浮点数的运算速度比整数的运算速度慢一些。

在编程软件中，用十进制小数来输入或显示浮点数，例如 50 是整数，而 50.0 为浮点数。LReal 为 64 位的长浮点数，它的最高位（第 63 位）为符号位。尾数的整数部分总是为 1，第 0~51 位为尾数的小数部分。11 位的指数加上偏移量 1023 后（0~2047），放在第 52~62 位。

浮点数 Real 和长浮点数 LReal 的精度最高为十进制的 6 位和 15 位有效数字。

4.3.5 时间与日期

Time 是双整数，其单位为 ms，能表示的最大时间为 24 天多。Date（日期）为 16 位无符号整数，TOD（Time_of_Day）为从指定日期的 0 时算起的毫秒数（无符号双整数）。其常数必须指定小时（24 小时 / 天）、分钟和秒，ms 是可选的。

数据类型 DTL 的 12 个字节为年（占 2B）、月、日、星期的代码、小时、分、秒（各占 1B）和纳秒（占 4B），均为 BCD 码。星期日、星期一 ~ 星期六的代码分别为 1~7。可以在块的临时存储器或者 DB 中定义 DTL 数据。

4.3.6 字符

每个字符（Char）占一个字节，数据类型 Char 以 ASCII 格式存储。字符常量用英语的单引号来表示，例如 'A'。WChar（宽字符）占两个字节，可以存储汉字和中文的标点符号。

4.3.7 字符串

数据类型 String（字符串）是由字符组成的一维数组，每个字节存放 1 个字符。第 1 个字节是字符串的最大字符长度，第 2 个字节是字符串当前有效字符的个数，字符从第 3 个字节开始存放，一个字符串最多包含 254 个字符。

数据类型 WString（宽字符串）存储多个数据类型为 WChar 的 Unicode 字符（长度为 16 位的宽字符，包括汉字）。第一个字是最大字符个数，默认的长度为 254 个宽字符（WChar），最多包含 16382 个宽字符。第二个字是当前的宽字符个数。

可以在代码块的接口区和全局数据块中创建字符串、数组和结构。

在“数据块_1”的“名称”列（见图 4–5）中输入字符串的名称“故障信息”，单击“数据类型”列中的 ▤ 按钮，选中下拉式列表中的数据类型“String”。“String [30]”表示该字符串的最大字符个数为 30，其起始值（初始字符）为“OK”。

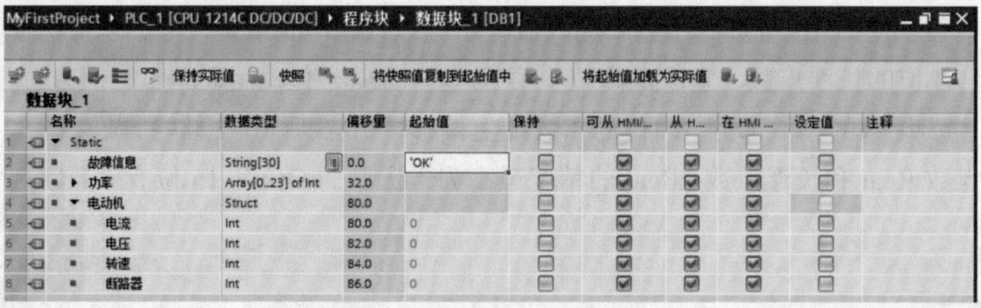

MyFirstProject ▸ PLC_1 [CPU 1214C DC/DC/DC] ▸ 程序块 ▸ 数据块_1 [DB1]

保持实际值　快照　将快照值复制到起始值中　将起始值加载为实际值

数据块_1

	名称	数据类型	偏移量	起始值	保持	可从 HMI/...	从 H...	在 HMI ...	设定值	注释
1	▼ Static				☐	☐	☐	☐	☐	
2	故障信息	String[30]	0.0	'OK'	☐	☑	☑	☑	☐	
3	▸ 功率	Array[0..23] of Int	32.0		☐	☑	☑	☑	☐	
4	▼ 电动机	Struct	80.0		☐	☑	☑	☑	☐	
5	电流	Int	80.0	0	☐	☑	☑	☑	☐	
6	电压	Int	82.0	0	☐	☑	☑	☑	☐	
7	转速	Int	84.0	0	☐	☑	☑	☑	☐	
8	断路器	Int	86.0	0	☐	☑	☑	☑	☐	

图 4-5 生成数据块中的变量

4.3.8 数组

数组（Array）是由固定数目的同一种数据类型元素组成的数据结构，允许使用除了 Array 之外的所有数据类型作为数组的元素，数组的维数最多为 6 维。图 4–6 给出了一个名为“电流”的二维数组“Array[1..2,1..3]of Byte”的内部结构，它共有 6 个字节型元素。

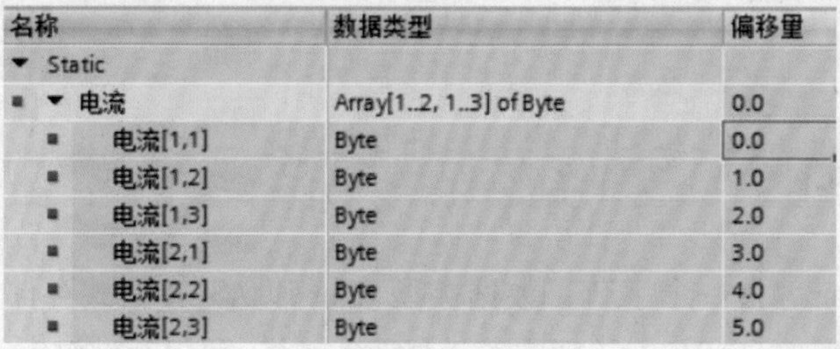

名称	数据类型	偏移量
▼ Static		
▼ 电流	Array[1..2, 1..3] of Byte	0.0
电流[1,1]	Byte	0.0
电流[1,2]	Byte	1.0
电流[1,3]	Byte	2.0
电流[2,1]	Byte	3.0
电流[2,2]	Byte	4.0
电流[2,3]	Byte	5.0

图 4-6 二维数组的结构

第 1 维的下标 1、2 是电动机的编号，第 2 维的下标 1~3 是三相电流的序号。数组元素“电流 [1，2]”是一号电动机的第 2 相电流。

在“数据块_1”的“名称”列的第 3 行输入数组的名称“功率”（见图 4–5），单击“数据类型”列中的 ▤ 按钮，选中下拉式列表中的数据类型“Array[lo..hi]of type”。其中的“lo”（low）和“hi”（high）分别是数组元素的编号（下标）的下限值和上限值，它们用两个小数点隔开，可以是任意的整数（–32768~32767），下限值应小于或等于上限值。方括号中各维的参数用逗号隔开，type 是数组元素的数据类型。

将“Array[lo..hi]of type”修改为“Array[0..23]of Int”（见图 4–5），其元素的数据类型为 Int，元素的下标为 0~23。

在用户程序中，可以用符号地址“数据块 1”、功率 [2] 或绝对地址 DB1.DBW36 访问数组“功率”中下标为 2 的元素。

单击图 4–5 中“功率”左边的按钮▶，它变为▼，数组中的元素将会显示，可以监控它们的启动值和监控值。单击“功率”左边的按钮▼，它变为▶，数组中的元素将被隐藏。

4.3.9 结构

结构（Struct）是由固定数目的多种数据类型的元素组成的数据类型。可以用数组和结构做结构的元素，结构可以嵌套 8 层。用户可以把过程控制中有关的数据统一组织在一个结构中，作为一个数据单元来使用，而不是使用大量的单个的元素，为统一处理不同类型的数据或参数提供了方便。

在“数据块 _1”的“名称”列的第 4 行生成一个名为“电动机”的结构（见图 4–5），数据类型为 Struct。在第 5~8 行生成结构的 4 个元素。单击“电动机”左边的按钮▼，它变为▶，结构中的元素将被隐藏起来。单击“电动机”左边的按钮▶，它变为▼，结构中的元素将会显示。

数组和结构的“偏移量”列是它们在数据块中的起始绝对字节地址。结构中的元素的“偏移量”列是它们在结构中的地址偏移量，可以看出数组“功率”占 48B。

下面是用符号地址表示结构中的元素的例子：“数据块 _1”. 电动机 . 电流。

单击数据块编辑器工具栏上的按钮（见图 4–5），在选中的变量的下面增加一个空白行；单击工具栏上的按钮，在选中的变量的上面增加一个空白行。单击扩展模式按钮，可以显示或隐藏结构和数组的元素。

选中项目树中的 PLC_1，将 PLC 的组态数据和用户程序下载到 CPU，将 CPU 切换到 RUN 模式。打开数据块 _1 以后，单击工具栏上的按钮，启动监控功能，出现“监视值”列，可以看到 CPU 中变量的值。

4.3.10 Pointer 指针

指针数据类型（Pointer、Any 和 Variant）可用于 FB 和 FC 代码块的块接口参数。还可以将 Variant 数据类型用作指令参数。它们包含的是地址信息而不是实际的数值。

Pointer 指针占 6 个字节（见图 4–7），字节 0 和字节 1 中的数值用来存放数据块的编号。如果指针不是用于数据块，DB 编号为 0。3 位字节地址用 x 表示，16 位字节地址用 b 表示。字节 2 用来表示 CPU 中的存储区，存储区的编码见表 4-2。

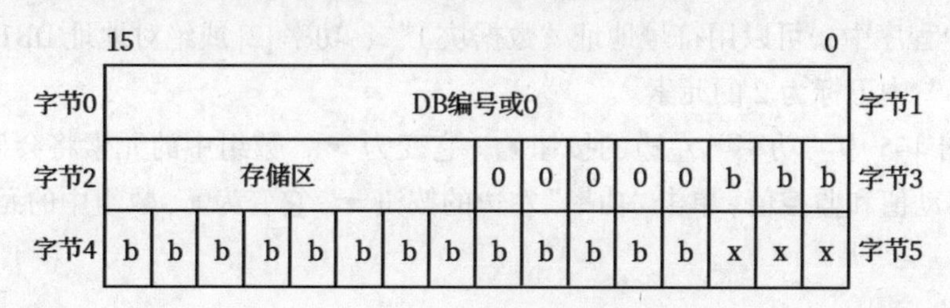

图 4-7 Pointer 指针的结构

表 4-2 Pointer 指针中的存储区编码

十六进制代码	数据类型	说明	十六进制代码	数据类型	说明
b#16#81	I	过程映像输入	b#16#85	DIX	背景数据块
b#16#82	Q	过程映像输出	b#16#86	L	局部数据
b#16#83	M	位存储区	b#16#87	V	主调块的局部数据
b#16#84	DBX	全局数据块			

P#20.0 是内部区域指针，不包含存储区域。P#M20.0 是包含存储区域 M 的跨区域指针。

P#DB10.DBX20.0 是指向数据块的 DB 指针，存储有数据块的编号。输入时可以省略“P#”，编译时 STEP7 会将它自动转换为指针形式。

4.3.11 Any 指针

Any 指针占 10 个字节（见图 4-8），字节 4~9 的意义与图 4-8 中 Pointer 指针的字节 0~5 相同。存储区编码见表 4-2，字节 1（数据类型编码）的意义见 S7-1200 PLC 的系统手册。

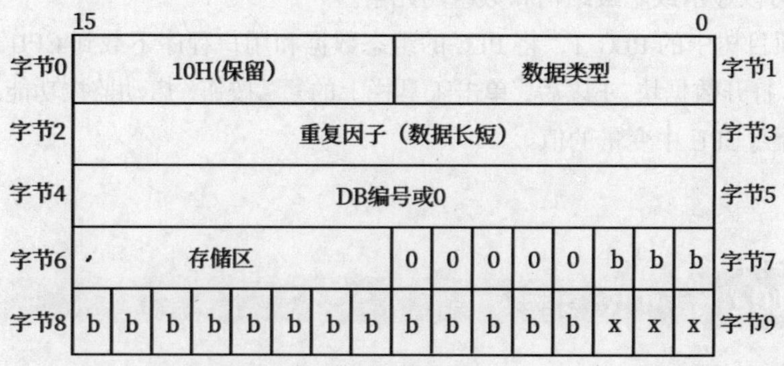

图 4-8 Any 指针的结构

Any 指针可以用来表示一片连续的数据区，例如 P#DB2.DBX10.0 BYTE8 表示 DB2 中的 DBB10~DBB17 这 8 个字节。在这个例子中，DB 编号为 2，重复因子（数据长度）为 8，数据类型的编码为 B#16#02（Byte）。

Any 指针也可以用地址作实参，例如 DB2.DBW30 和 Q12.5，但是只能指向一个地址。

4.3.12 Variant 指针

Variant 数据类型可以指向各种数据类型或参数类型的变量。Variant 指针可以指向结构和结构中的单个元素，它不会占用任何存储器的空间。

下面是使用符号地址的 Variant 数据类型的例子：MyDB.Struct1.pressure1。MyDB、Struct1 和 pressure1 分别是用小数点分隔的数据块、结构和结构的元素的符号地址。

下面是使用绝对地址的 Variant 数据类型的例子：P#DB5.DBX10.0 INT 12 和 %MW10。前者相当于数据类型 Any，用来表示一个地址区，其起始地址为 DB5.DBW10，一共 12 个连续的 Int（整数）变量。

4.4 S7-1200/1500 PLC 进制和转换

4.4.1 二进制数

数用于表示一个量的具体大小。根据计数方式的不同，数制包括十进制（D）、二进制（B）、十六进制（H）和八进制等。

①二进制数的表示：在 S7–1200 PLC 中用 2# 来表示二进制常数，例如“2#10111010”。

②二进制数的大小：将二进制数的各位（从右往左第 n 位）乘以对应的位权（$\times 2^{n-1}$），并将结果累加求和可得其十进制数大小。

如：$2\#10111010=1\times 2^{8-1}+0\times 2^{7-1}+1\times 2^{6-1}+1\times 2^{5-1}+1\times 2^{4-1}+0\times 2^{3-1}+1\times 2^{2-1}+0\times 2^{1-1}=186$。

4.4.2 十六进制数

①十六进制数的引入：将二进制数从右往左每 4 位用一个十六进制数表示，可以实现对多位二进制数的快速准确读写。

②十六进制数的表示：在 S7–1200 PLC 中用 16# 来表示十六进制常数。

例如 “2#1010 1110 1111 0111 可转换为 16# AEF7”。

③十六进制数的大小：将十六进制数的各位（从右往左第 n 位）乘以对应的位权（$\times 16^{n-1}$），并将结果累加求和可得其十进制数大小。

例如：$16\#2F=2\times 16^{2-1}+15\times 16^{1-1}=47$

二进制、十进制、十六进制数相互转换表格如表 4-3 所示。

表 4-3 二进制、十进制、十六进制数相互转换表格

二进制	十进制	十六进制
2#0000	0	16#0
2#0001	1	16#1
2#0010	2	16#2
2#0011	3	16#3
2#0100	4	16#4
2#0101	5	16#5
2#0110	6	16#6
2#0111	7	16#7
2#1000	8	16#8
2#1001	9	16#9
2#1010	10	16#A
2#1011	11	16#B
2#1100	12	16#C
2#1101	13	16#D
2#1110	14	16#E
2#1111	15	16#F

4.4.3 BCD 码

① BCD 码释义：BCD 码就是用四位二进制数的组合来表示 1 位十进制数，即用二进制编码的十进制数（Binary Coded Decimal Number）缩写。例如，十进制数 23 的 BCD 码为 2#0010 0011 或表示为 16#23，但其 8421 码为 2#00010111。

② BCD 码的应用：BCD 码常用于输入 / 输出设备，例如拨码开关输入的是 BCD 码，送给七段显示器的数字也是 BCD 码。

BCD 码与十进制、十六进制数转换表格如表 4-4 所示。

表 4-4 BCD 码与十进制、十六进制数转换表格

BCD 码	十进制	十六进制
2#0000	0	16#0
2#0001	1	16#1
2#0010	2	16#2
2#0011	3	16#3
2#0100	4	16#4
2#0101	5	16#5
2#0110	6	16#6
2#0111	7	16#7
2#1000	8	16#8
2#1001	9	16#9

4.5 系统存储区

1 过程映像输入 / 输出

过程映像输入在用户程序中的标识符为 I，它是 PLC 接收外部输入的数字量信号的窗口。输入端可以外接常开触点或常闭触点，也可以接多个触点组成的串、并联电路。

在每次扫描循环开始时，CPU 读取数字量输入点的外部输入电路的状态，并将它们存入过程映像输入区（见表 4–5）。

表 4-5 系统存储区

存储区	描述	强制	保持性
过程映像输入（I）	在循环开始时，将输入模块的输入值保存到过程映像输入表	No	No
外设输入（I_:P）	通过该区域直接访问集中式和分布式输入模块	Yes	No
过程映像输出（Q）	在循环开始时，将过程映像输出表中的值写入输出模块	No	No
外设输出（Q_:P）	通过该区域直接访问集中式和分布式输出模块	Yes	No
位存储器（M）	用于存储用户程序的中间运算结果或标志位	No	Yes
临时局部存储器（L）	用于存储块的临时局部数据，只能供块内部使用	No	No
数据块（DB）	数据存储器与 FB 的参数存储器	No	Yes

过程映像输出在用户程序中的标识符为 Q，用户程序访问 PLC 的输入和输出地址时，不是去读、写数字量模块中信号的状态，而是访问 CPU 的过程映像区。在扫描循环中，用户程序计算输出值，并将它们存入过程映像输出区。在下一扫描循环开始时，将过程映像输出区的内容写到数字量输出点，再由后者驱动外部负载。

对存储器的“读写”“访问”“存取”这 3 个词的意思基本上相同。

I 和 Q 均可以按位、字节、字和双字来访问，例如 I0.0、IB0、IW0 和 ID0。程序编辑器自动地在绝对操作数前面插入 %，例如 %I3.2。在结构化控制语言（SCL）中，必须在地址前输入“%”来表示该地址为绝对地址。如果没有“%”，STEP7 将在编译时生成未定义的变量错误。

2 外设输入

在 I/O 点的地址或符号地址的后面附加“:P”，可以立即访问外设输入或外设输出。通过给输入点的地址附加“:P”，例如 I0.3:P 或“Stop:P”，可以立即读取 CPU、信号板和信号模块的数字量输入和模拟量输入。访问时使用 I_:P 取代 I 的区别在于前者的数字直接来自被访问的输入点，而不是来自过程映像输入。因为数据从信号源被立即读取，而不是从最后一次被刷新的过程映像输入中复制，这种访问被称为“立即读”访问。

由于外设输入点从直接连接在该点的现场设备接收数据值，因此写外设输入点是被禁止的，即 I_:P 访问是只读的。

I_:P 访问还受到硬件支持的输入长度的限制。以被组态为从 I4.0 开始的 2 DI/2 DQ 信号板的输入点为例，可以访问 I4.0:P、I4.1:P 或 IB4:P，但是不能访问 I4.2:P~I4.7:P，因为没有使用这些输入点。也不能访问 IW4:P 和 ID4:P，因为它们超过了信号板使用的字节范围。

用 I_:P 访问外设输入不会影响存储在过程映像输入区中的对应值。

3 外设输出

在输出点的地址后面附加“:P”（例如 Q0.3:P），可以立即写 CPU、信号板和信号模块的数字量输出和模拟量输出。访问时使用 Q_:P 取代 Q 的区别在于前者的数字直接写给被访问的外设输出点，同时写给过程映像输出。这种访问被称为“立即写”访问，因为数据被立即写给目标点，不用等到下一次刷新时将过程映像输出中的数据传送给目标点。

由于外设输出点直接控制与该点连接的现场设备，因此读外设输出点是被禁止的，即 Q_:P 访问是只写的。

与 I_:P 访问相同，Q_:P 访问还受到硬件支持的输出长度的限制。

用 Q_:P 访问外设输出同时影响外设输出点和存储在过程映像输出区中的对应值。

4 位存储器

位存储器（M 存储器）用来存储运算的中间操作状态或其他控制信息。可以用位、字节、字或双字读 / 写位存储器。

5 数据块

数据块（Data Block）简称为 DB，用来存储代码块使用的各种类型的数据，包括中间操作状态或 FB 的其他控制信息参数，以及某些指令（例如定时器、计数器指令）需要的数据结构。

数据块可以按位（例如 DB1.DBX3.5）、字节（DBB）、字（DBW）和双字（DBD）来访问。在访问数据块中的数据时，应指明数据块的名称，例如 DB1.DBW20。

如果启用了块属性“优化的块访问”，不能用绝对地址访问数据块和代码块的接口区中的临时局部数据。

6 临时局部存储器

临时局部存储器用于存储代码块被处理时使用的临时数据。临时局部存储器类似于 M 存储器，二者的主要区别在于 M 存储器是全局的，而临时局部存储器是局部的。

（1）所有的 OB（组织块）、FC（函数）和 FB（函数块）都可以访问 M 存储器中的数据，即这些数据可以供用户程序中所有的代码块全局性地使用。

（2）在 OB、FC 和 FB 的接口区生成临时变量（Temp）。它们具有局部性，只能在生成它们的代码块内使用，不能与其他代码块共享。即便 OB 调用 FC，FC 也不能访问调用它的 OB 的临时局部存储器。

CPU 在代码块被启动（对于 OB）或被调用（对于 FC 和 FB）时，将临时局部存储器分配给代码块。代码块执行结束后，CPU 将它使用的临时局部存储区重新分配给其他要执行的代码块使用。CPU 不对在分配时可能包含数值的临时存储单元初始化，只能通过符号地址访问临时局部存储器。

4.6 变量表、监控表和强制表的应用

4.6.1 变量表

1 变量表简介

在 TIA 博途软件中可定义两类符号：全局符号和局部符号。全局符号利用变量表来定义，可以在用户项目的所有程序块中使用。局部符号是在程序块的变量声明表中定义的，只能在该程序块中使用。

PLC 的变量表包含整个 CPU 范围内有效的变量和符号常量的定义。系统会为项目中使用的每个 CPU 创建一个变量表，用户也可以创建其他的变量表对常量和变量进行归类和分组。

在 TIA 博途软件中添加了 CPU 设备后，项目树中的 CPU 设备下会产生一个“PLC 变量”文件夹，在此文件夹中有三个选项：显示所有变量、添加新变量表和默认变量表，如图 4-9 所示。

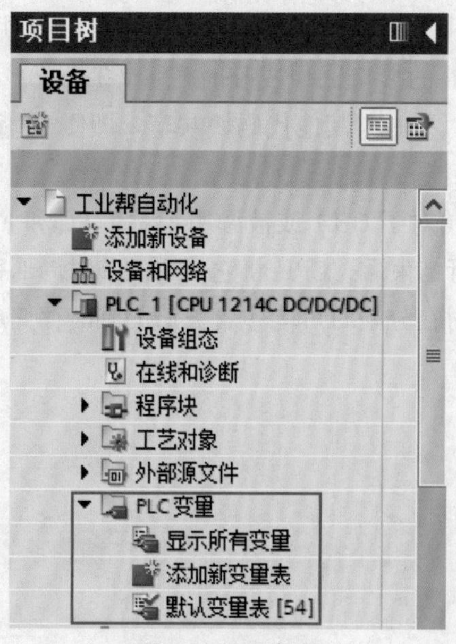

图 4-9 PLC 变量

“显示所有变量”包含全部的 PLC 变量、用户常量和 CPU 系统常量三个选项。该表不能删除或移动。

“默认变量表”是系统创建的，项目的每个 CPU 均有一个标准变量表。该表不能删除、重命名或移动。默认变量表包含 PLC 变量、用户常量和系统常量三个选项，可以在默认变量表中声明所有的 PLC 变量，或根据需要创建其他的用户定义变量表。

用鼠标双击“添加新变量表”可以创建用户定义变量表，可根据要求为每个 CPU 创建多个针对组变量的用户定义变量表，可以对用户定义的变量表重命名、整理合并为组或删除。用户定义变量表包含 PLC 变量和用户常量。

变量表的工具栏如图 4–10 所示，从左到右的图标含义分别为插入行、新建行、导出、导入、全部监视和保持。

图 4-10 变量表的工具栏

定义全局符号

在 TIA 博途软件项目视图的项目树中，双击“添加新变量表”即可生成新的“变量表 _1[0]”，选中新生成的变量表，单击鼠标右键弹出快捷菜单，选中“重命名”命令，将此变量表重命名为“电动机启保停 [0]”，如图 4–11 所示，然后单击变量表中的“添加行”按钮添加行。

在变量表的“名称”栏中，分别输入三个变量“Start”“Stop”和“Motor”。在“地址”栏中输入三个地址“I0.0”“I0.1”和“Q0.0”。三个变量的数据类型均选为“Bool”，如图 4–12 所示。全局符号定义完成，因为这些符号关联的变量是全局变量，所以这些符号在所有的程序中均可使用。

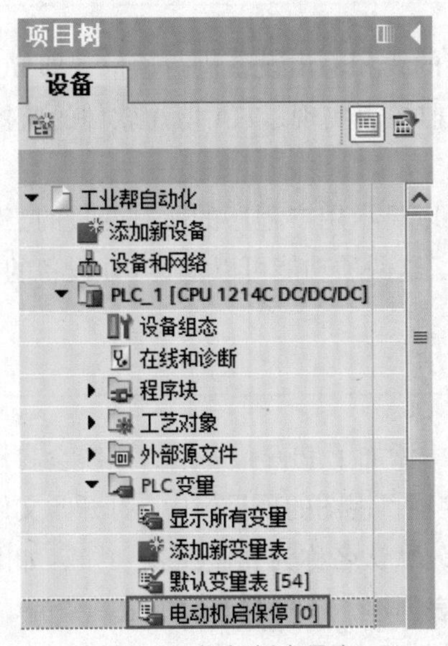

图 4-11 添加新变量表

打开程序块 OB1，可以看到梯形图中的符号和地址关联在一起，且一一对应，如图 4–13 所示。

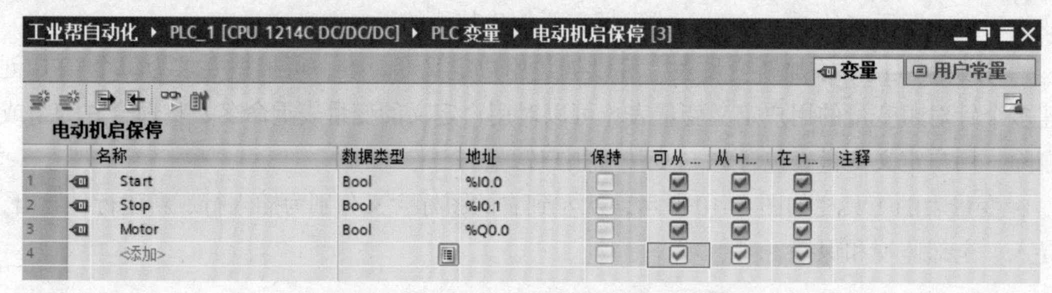

图 4-12 在变量表中定义全局符号

图 4-13 梯形图

4.6.2 监控表

1 监控表简介

接线完成后需要对所接的线和输出设备进行通信，即 I/O 设备测试。I/O 设备测试可以使用 TIA 博途软件提供的监控表实现，TIA 博途软件的监控表的功能相当于 STEP 7 软件中变量表的功能。

监控表也称监视表，可以显示用户程序的所有变量的当前值，也可以将特定的值分配给用户程序中的各个变量。这两项功能可以检查 I/O 设备的接线情况。

2 创建监控表

当 TIA 博途软件的项目中添加了 PLC 设备后，系统会自动为该 PLC 的 CPU 生成一个“监控与强制表”文件夹。在项目视图的项目树中，打开此文件夹，双击“添加新监控表”选项，即可创建新的监控表，默认名称为“监控表 _1”，如图 4–14 所示。在监控表中输入要监控的变量，完成监控表创建，单击监控表中工具条的“监视变量”按钮 ，可以看到变量的监视值，如图 4–15 所示。

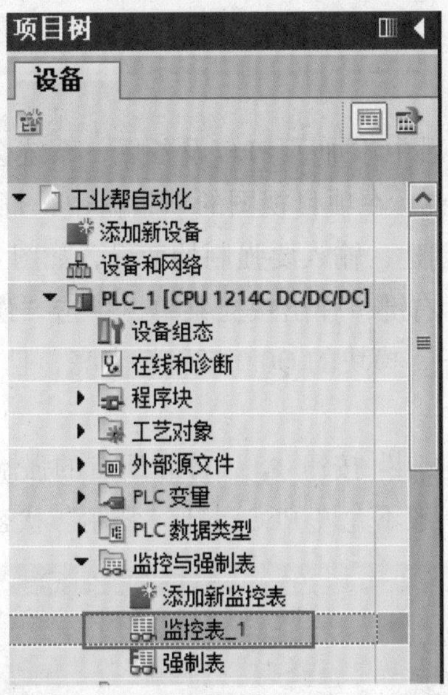

图 4-14 创建监控表

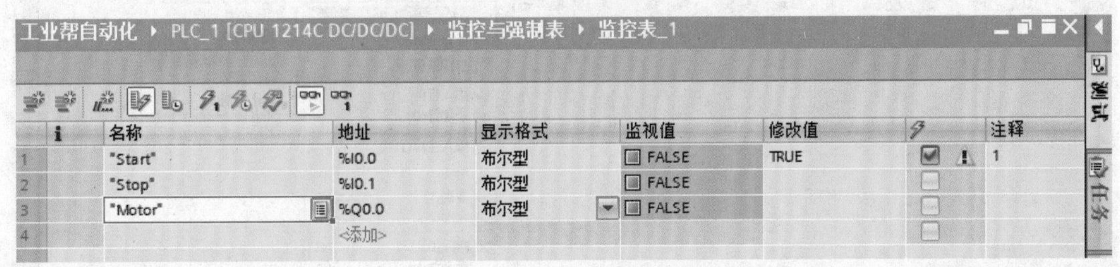

图 4-15 监控表的监控状态

4.6.3 强制表

1 强制表简介

使用强制表给用户程序中的各个变量分配固定值，该操作称为“强制”。

强制表的功能如下：

（1）监视变量。通过该功能可以在 TIA 上显示用户程序或 CPU 中各变量的当前值，可以使用或不使用触发条件来监视变量。强制表可监视的变量有：输入存储器、输出存储器、位存储器和数据块的内容。此外，强制表还可以监视外部设备输入的内容。

（2）强制变量。通过该功能可以为用户程序的各个 I/O 变量分配固定值。强制表可强制的变量有外部设备输入和外部设备输出。

2 打开强制表

当 TIA 博途软件中的项目中添加了 PLC 设备后，系统会自动为该 PLC 的 CPU 生成一个“监控与强制表”文件夹。在项目视图的项目树中，打开此文件夹双击“强制表”选项，即可打开，且不需要创建，输入要强制的变量，如图 4-16 所示。选中“强制值”栏中的“TRUE”，单击鼠标右键，弹出快捷菜单，单击“强制”→“强制为 1”命令，在表的第一列将出现 标识，模块的 Q0.0 指示灯点亮，且 CPU 模块的“MAINT”指示灯变为黄色。

单击工具栏中的“停止强制”按钮 ，停止所有的强制输出，“MAINT”指示灯变为绿色。PLC 正常运行时，一般不允许 PLC 处于“强制”状态。

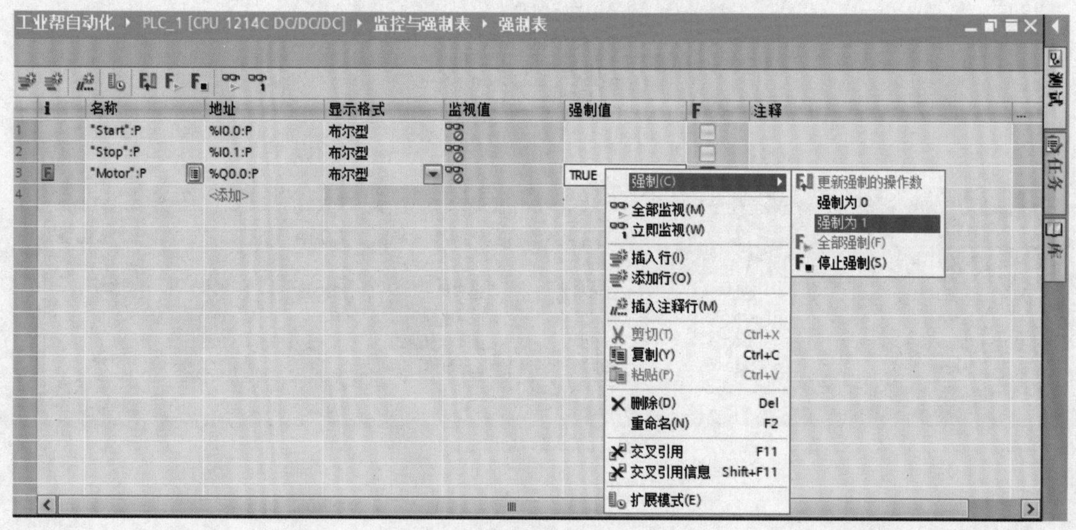

图 4-16 强制表强制操作

第 5 章

S7-1200/1500 PLC 的基础逻辑指令

5.1 位逻辑指令

位逻辑指令针对触点和线圈进行运算操作，触点及线圈指令是应用最多的指令。使用时要弄清指令的逻辑含义以及指令的梯形图表达形式。指令示例如图 5-1 所示。

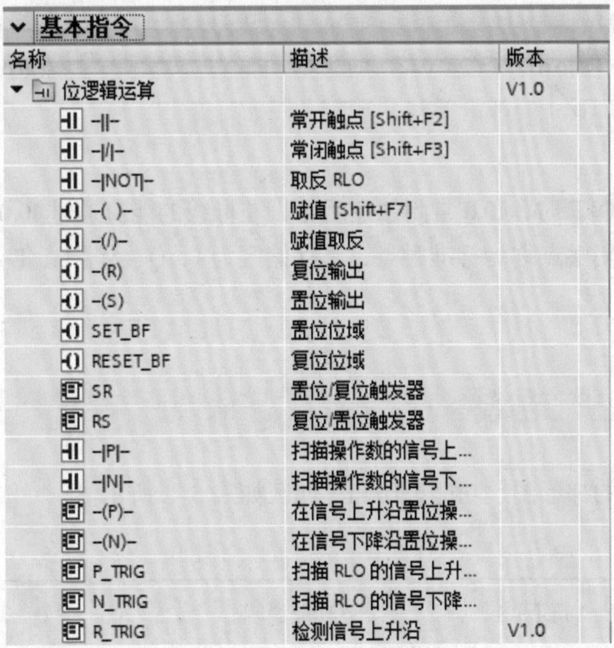

基本指令

名称	描述	版本
位逻辑运算		V1.0
-||-	常开触点 [Shift+F2]	
-|/|-	常闭触点 [Shift+F3]	
-|NOT|-	取反 RLO	
-( )-	赋值 [Shift+F7]	
-(/)-	赋值取反	
-(R)	复位输出	
-(S)	置位输出	
SET_BF	置位位域	
RESET_BF	复位位域	
SR	置位/复位触发器	
RS	复位/置位触发器	
-|P|-	扫描操作数的信号上...	
-|N|-	扫描操作数的信号下...	
-(P)-	在信号上升沿置位操...	
-(N)-	在信号下降沿置位操...	
P_TRIG	扫描 RLO 的信号上升...	
N_TRIG	扫描 RLO 的信号下降...	
R_TRIG	检测信号上升沿	V1.0

图 5-1 位逻辑指令示例

5.1.1 常开、常闭触点指令

常开、常闭触点指令的梯形图、功能说明和存储区如表 5-1 所示。

表 5-1 常开、常闭触点指令的梯形图、功能说明和存储区

指令名称	梯形图	功能说明	存储区
常开触点	—┤ ├—	当位等于 1 时，通常常开触点为 1 当位等于 0 时，通常常开触点为 0	I、Q、M、D、L
常闭触点	—┤/├—	当位等于 0 时，通常常闭触点为 1 当位等于 1 时，通常常闭触点为 0	

▶ 指令说明

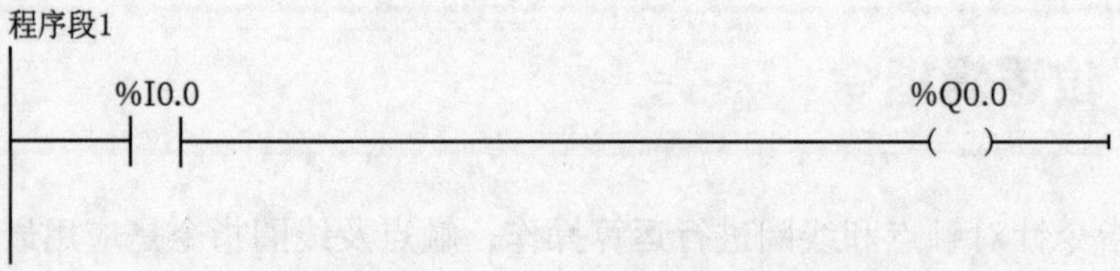

程序段1

%I0.0 %Q0.0

当 I0.0 位为 1/ON 时，常开触点闭合，左母线的能流通过 I0.0 到 Q0.0。

程序段1

%I0.0 %Q0.0

当 I0.0 位为 0/OFF 时，I0.0 常闭触点闭合，左母线的能流通过 I0.0 到 Q0.0。

常开触点和常闭触点称为标准触点，其存储区为 I、Q、M、D、L。

5.1.2 输出线圈指令

输出线圈指令的梯形图、功能说明和存储区如表 5-2 所示。

表 5-2 输出线圈指令的梯形图、功能说明和存储区

指令名称	梯形图	功能说明	存储区
输出线圈	—( )—	将运算结果输出到继电器	I、Q、M、D、L
取反线圈	—(/)—	将运算结果的信号状态取反后输出到继电器	

▶ 程序编写

以电动机的启动/停止的简单自锁启保停电路为例，介绍输出线圈指令，如图 5-2 所示。

取反输出线圈中间有“/”符号，如果有能流流过 M0.0 的取反线圈（见图 5-3），则 M0.0 为 0 状态，常开触点断开，反之 M0.0 为 1 状态，其常开触点闭合。

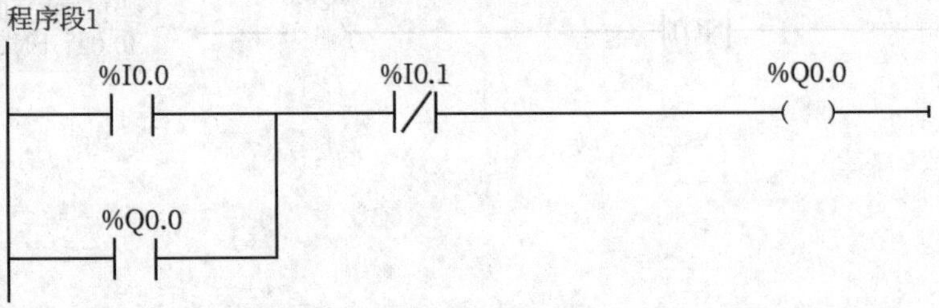

程序段1
%I0.0 %I0.1 %Q0.0
%Q0.0

图 5-2 输出线圈指令程序示例

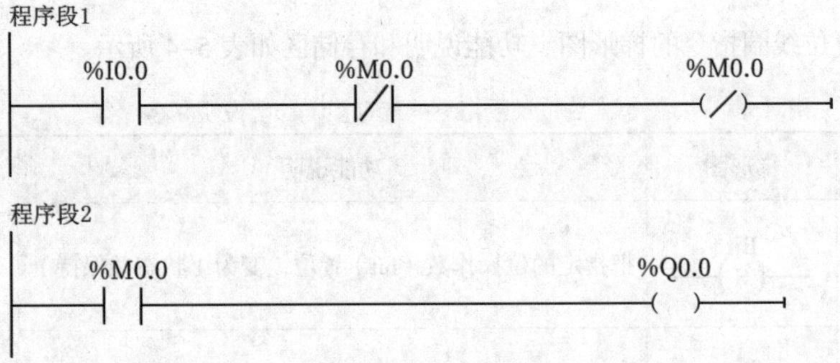

程序段1
%I0.0 %M0.0 %M0.0

程序段2
%M0.0 %Q0.0

图 5-3 取反线圈指令程序示例

5.1.3 取反指令

取反指令的梯形图、功能说明和存储区如表 5-3 所示。

表 5-3 取反指令的梯形图、功能说明和存储区

指令名称	梯形图	功能说明	存储区
取反指令	─┤NOT├─	当使能位到达 NOT（取反）触点时即停止。当使能位未到达 NOT（取反）触点时，则供给使能位	I、Q、M、D、L

▶ 指令说明

取反触点将它左边电路的逻辑运算结果取反，逻辑运算结果为 1 则变为 0 输出，为 0 则变为 1 输出。

▶ 程序编写

取反指令示例如图 5–4 所示。

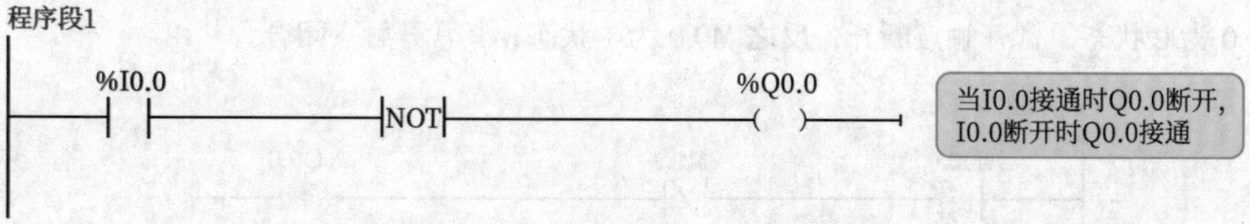

图 5-4 取反指令示例

5.1.4 置位、复位线圈指令

置位、复位线圈指令的梯形图、功能说明和存储区如表 5–4 所示。

表 5-4 置位、复位线圈指令的梯形图、功能说明和存储区

指令名称	梯形图	功能说明	存储区
置位线圈指令	Bit —(S)—	把指定的位操作数（bit）置位（变为 1 状态并保持）	I、Q、M、D、L
复位线圈指令	Bit —(R)—	把指定的位操作数（bit）复位（变为 0 状态并保持）	

▶ 指令说明

1. 执行置位线圈指令时，若相关工作条件被满足，指定操作数的信号状态被置位。工作条件失去后，指定操作数的信号状态保持置 1。

2. 复位需用复位线圈指令。执行复位线圈指令时，若指定操作数的信号状态被复位，指定操作数的信号状态保持为 0。

▶ 程序编写

如图 5–5 所示，按下 I0.0，置位 Q0.0 并保持信号状态为 1。按下 I0.1，复位 Q0.0 并保持信号状态为 0。

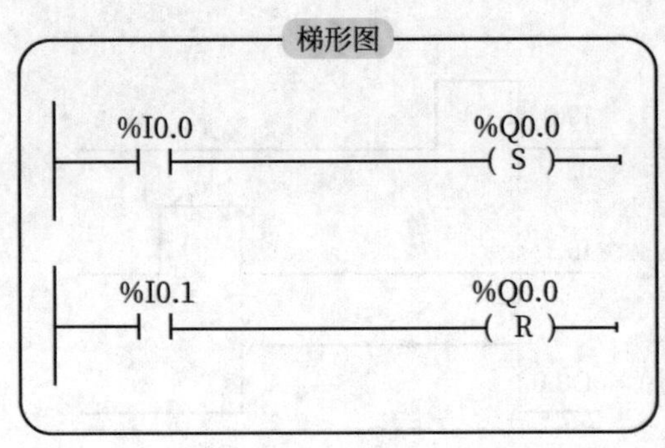

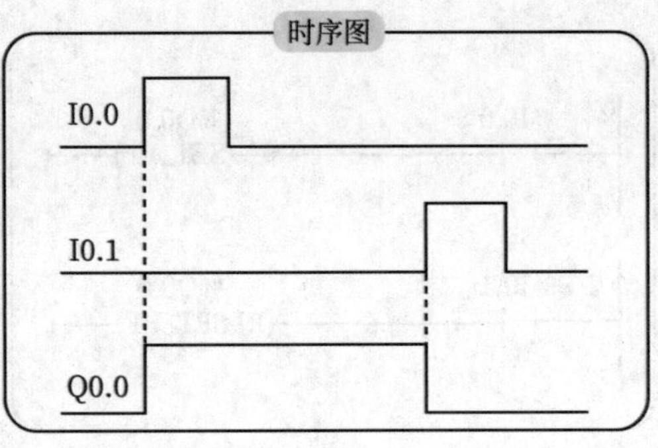

图 5-5 置位、复位线圈指令的梯形图与时序图

5.1.5 置位、复位位域指令

置位、复位位域指令的梯形图、功能说明和存储区如表 5-5 所示。

表 5-5 置位、复位位域指令的梯形图、功能说明和存储区

指令名称	梯形图	功能说明	存储区
置位位域指令	Bit —(SET_BF)— N	把操作数（bit）从指定的地址开始的 N 个点都置 1 并保持	Bit：I、Q、M、DB 或 IDB、Bool 类型的 ARRAY[..] 中的元素。 N：范围为 1~65535
复位位域指令	Bit —(RESET_BF)— N	把操作数（bit）从指定的地址开始的 N 个点都复位清 0	

▶ 指令说明

1. 执行置位位域指令时，若相关工作条件被满足，从指定的位地址开始的 N 个位地址都被置位（变为 1），N=1~65535。工作条件失去后，这些位仍保持置 1。

2. 复位需用复位位域指令。执行复位位域指令时，从指定的位地址开始的 N 个位地址都被复位（变为 0），N=1~65535。

▶ 程序编写

如图 5-6 所示，按下 I0.0，置位 Q0.0 并保持信号状态为 1。按下 I0.1，复位 Q0.0 并保持信号状态为 0。

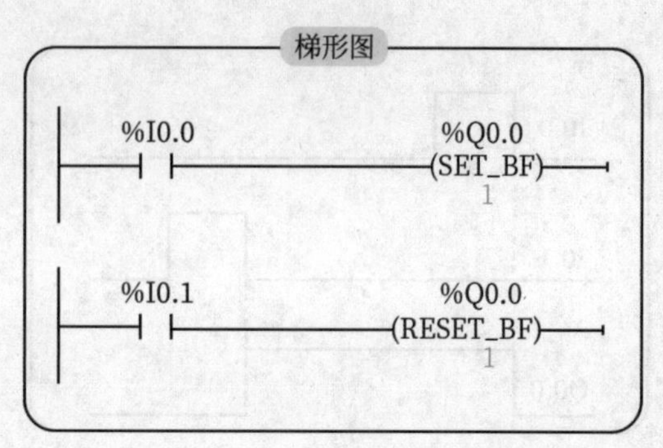

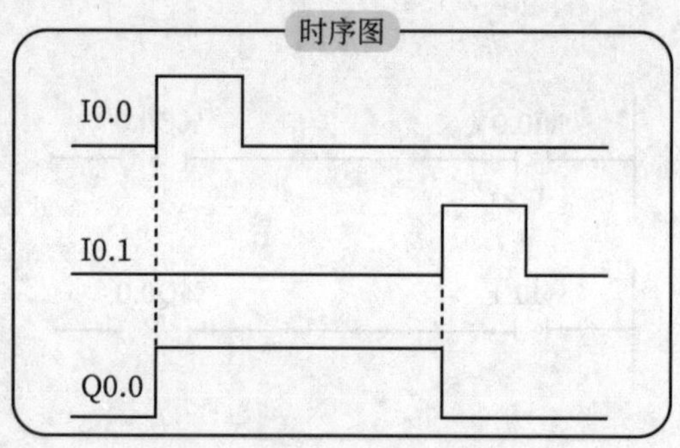

图 5-6 置位、复位位域指令的梯形图与时序图

5.1.6 SR、RS 触发器指令

SR、RS 触发器指令的梯形图、功能说明和存储区如表 5-6 所示。

表 5-6 SR、RS 触发器指令的梯形图、功能说明和存储区

指令名称	梯形图	功能说明	存储区
置位优先触发器	Bit RS R Q S1	如果设置（S1）和复原（R）信号均为 1，则输出（OUT）为 1	I、Q、M、D、L
复位优先触发器	Bit SR S Q R1	如果设置（S）和复原（R1）信号均为 1，则输出（OUT）为 0	

▶ 指令说明

SR 和 RS 触发器指令真值表分别如表 5-7 和表 5-8 所示。

1. 复位优先触发器：当复位信号（R1）为真时，输出为假。

2. 置位优先触发器：当置位信号（S1）为真时，输出为真。

bit 参数用于指定被置位或者复位的位变量。可选的输出反映位变量的信号状态。

表 5-7 SR 触发器指令真值表

指令	S	R1	OUT（bit）
复位优先指令（SR）	0	0	保持前一状态
	0	1	0
	1	0	1
	1	1	0

表 5-8 RS 触发器指令真值表

指令	S1	R	OUT（bit）
置位优先指令（RS）	0	0	保持前一状态
	0	1	0
	1	0	1
	1	1	1

▶ 程序编写

SR、RS 触发器指令梯形图与时序图如图 5-7 所示。

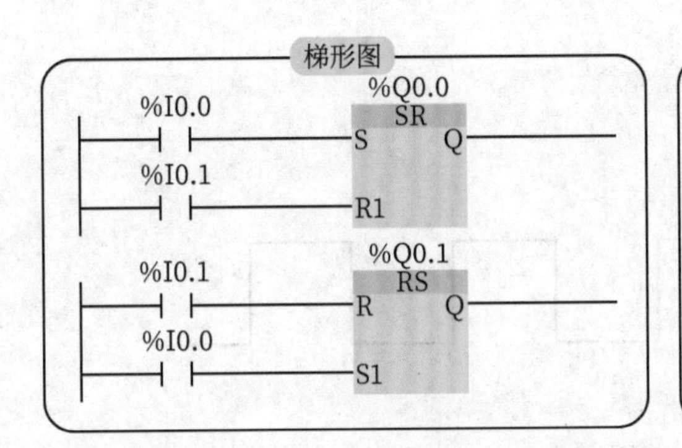

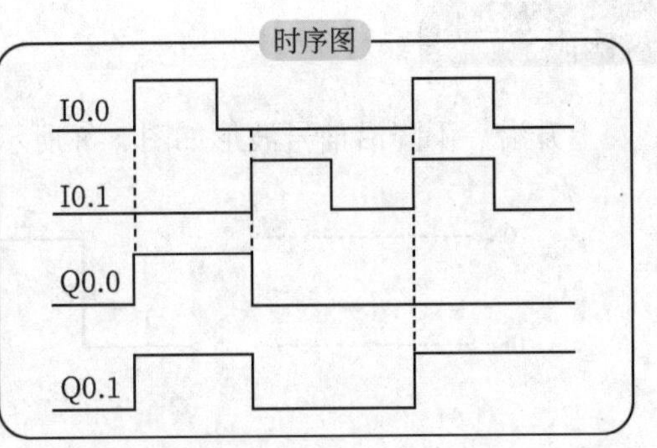

图 5-7 SR、RS 触发器指令的梯形图与时序图

程序解释：

1. 按下 I0.0，Q0.0 和 Q0.1 置位。

2. 按下 I0.1，Q0.0 和 Q0.1 复位。

3. 同时按下 I0.0 和 I0.1，SR 复位优先，则执行复位 Q0.0；RS 置位优先，执行置位 Q0.1。

5.1.7 扫描操作数信号边沿指令

扫描操作数信号边沿指令的梯形图、功能说明和存储区如表 5-9 所示。

表 5-9 扫描操作数信号边沿指令的梯形图、功能说明和存储区

指令名称	梯形图	功能说明	存储区
扫描操作数信号的上升沿	操作数1 —|P|— 操作数2	由边沿储存位信号 OFF → ON 上升沿，产生一个宽度为一个扫描周期的脉冲，驱动后面的输出线圈	操作数 1：I、Q、M、D、L 操作数 2：I、Q、M、D、L
扫描操作数信号的下降沿	操作数1 —|N|— 操作数2	由边沿储存位信号 ON → OFF 下降沿，产生一个宽度为一个扫描周期的脉冲，驱动后面的输出线圈	

▶ 指令说明

上升沿、下降沿信号波形如图 5-8 所示。

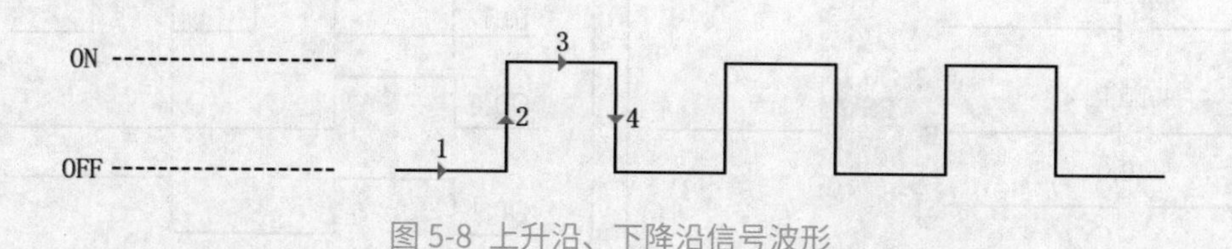

图 5-8 上升沿、下降沿信号波形

如图 5-8 所示的 I0.0 的信号波形图，一个周期由 4 个过程组合而成。

过程 1：断开状态。

过程 2：接通的瞬间状态。即由断开到接通的瞬间，为脉冲上升沿，如图 5-8 所示，上升沿脉冲由 0 状态到 1 状态的过程，由 P 触点下面的 M0.1 存储，称为边沿存储位。边沿存储位的地址只能在程序中使用一次，它的状态不能在其他地方被改写。只能用 M、DB 和 FB 的静态局部变量（Static）来作边沿存储位，不能用块的临时局部数据或 I/O 变量来作边沿存储位。

过程 3：接通状态。

过程 4：断开的瞬间状态。即由接通到断开的瞬间，为脉冲下降沿，如图 5-8 所示，上升沿脉冲由 1 状态到 0 状态的过程，由 N 触点下面的 M0.2 储存，当检测到下降沿，Q0.1 输出。

▶ 程序编写

扫描操作数信号边沿（上升沿、下降沿）程序示例如图 5-9 所示。

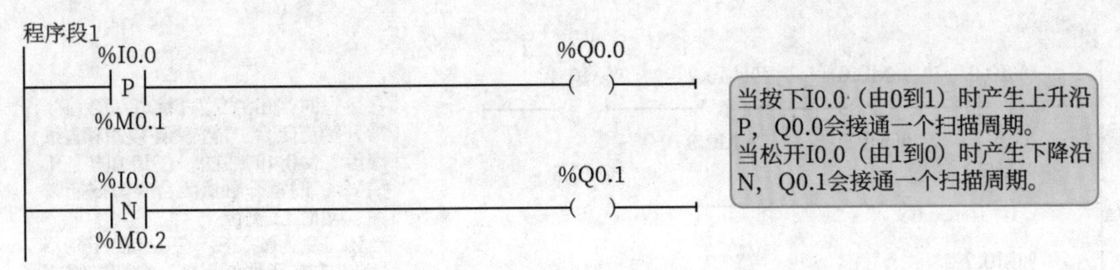

图 5-9 扫描操作数信号边沿（上升沿、下降沿）程序示例

5.1.8 信号边沿置位操作数指令

信号边沿置位操作数指令的梯形图、功能说明和存储区如表 5-10 所示。

表 5-10 信号边沿置位操作数梯形图、功能说明和存储区

指令名称	梯形图	功能说明	存储区
信号上升沿置位操作数	操作数1 —(P)— 操作数2	P 的线圈是“信号上升沿置位操作数”指令，仅在流进该线圈的能流的上升沿（线圈由断电变为通电），该指令的输出位为 1 状态。其他情况下均为 0 状态	操作数 1：I、Q、M、D、L 操作数 2：I、Q、M、D、L
信号下降沿置位操作数	操作数1 —(N)— 操作数2	N 的线圈是“信号下降沿置位操作数”指令，仅在流进该线圈的能流的下降沿（线圈由通电变为断电），该指令的输出位为 1 状态。其他情况下均为 0 状态	

▶ 指令说明

P 的线圈是“在信号上升沿置位操作数”指令，仅在流进该线圈的能流的上升沿（线圈由断电变为通电），该指令的输出位（操作数 1）为 1 状态。其他情况下输出位均为 0 状态，操作数 2 为保存 P 线圈输入端的 RLO 的边沿存储位。

N 的线圈是“在信号下降沿置位操作数”指令，仅在流进该线圈的能流的下降沿（线圈由通电变为断电），该指令的输出位（操作数 1）为 1 状态。其他情况下输出位均为 0 状态，操作数 2 为边沿存储位。

上述两条线圈格式的指令不会影响逻辑运算结果 RLO，它们对能流是畅通无阻的，其输入端的逻辑运算结果被立即送给它的输出端。这两条指令可以放置在程序段的中间或程序段的最右边。

▶ 程序编写

信号边沿置位操作数指令的上升沿、下降沿程序示例如图 5-10 所示。

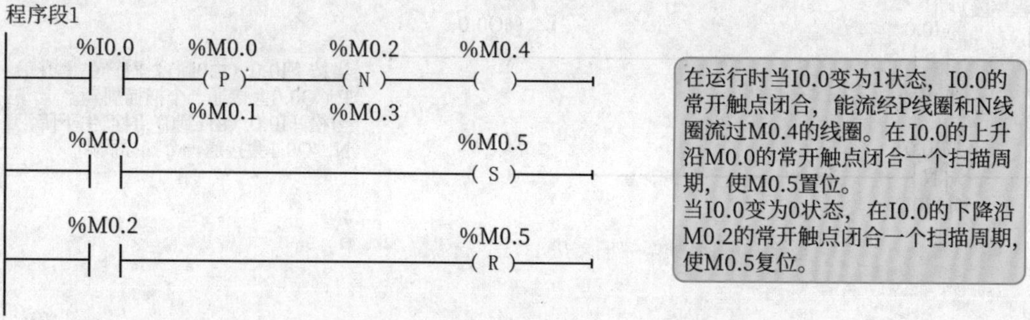

程序段1

%I0.0 %M0.0 %M0.2 %M0.4
—| |——(P)——(N)——( )—
%M0.1 %M0.3

%M0.0 %M0.5
—| |——(S)—

%M0.2 %M0.5
—| |——(R)—

在运行时当I0.0变为1状态，I0.0的常开触点闭合，能流经P线圈和N线圈流过M0.4的线圈。在I0.0的上升沿M0.0的常开触点闭合一个扫描周期，使M0.5置位。
当I0.0变为0状态，在I0.0的下降沿M0.2的常开触点闭合一个扫描周期，使M0.5复位。

图 5-10 信号边沿置位操作数指令的上升沿、下降沿程序示例

5.1.9 扫描 RLO 的信号边沿指令

扫描 RLO 的信号边沿指令的梯形图、功能说明和存储区如表 5-11 所示。

表 5-11 扫描 RLO 的信号边沿指令的梯形图、功能说明和存储区

指令名称	梯形图	功能说明	存储区
扫描 RLO 的信号上升沿	P_TRIG —CLK Q— 操作数	CLK 输入端的能流（即 RLO）由 0 变为 1，Q 端输出脉冲宽度为一个扫描周期的能流	操作数：M、D
扫描 RLO 的信号下降沿	N_TRIG —CLK Q— 操作数	CLK 输入端的能流（即 RLO）由 1 变为 0，Q 端输出脉冲宽度为一个扫描周期的能流	

▶ 指令说明

如图 5–11 所示，在运行时当 I0.0、I0.1 变为 1 状态，I0.0，I0.1 的常开触点闭合，能流流进“扫描 RLO 的信号上升沿”指令（P_TRIG 指令）的 CLK 输入端的能流（即 RLO）的上升沿（能流刚流进），Q 端输出脉冲宽度为一个扫描周期的能流，使 M0.2 置位。指令方框下面的 M0.0 是脉冲存储位。

在运行时，当 I0.0 和 I0.1 其中一个变为 0 状态，I0.0 或 I0.1 的常开触点断开，能流流进“扫描 RLO 的信号下降沿”指令（N_TRIG 指令）的 CLK 输入端的能流（即 RLO）的下降沿（能流刚消失），Q 端输出脉冲宽度为一个扫描周期的能流，使 Q0.0 复位。指令方框下面的 M0.1 是脉冲存储位。P_TRIG 指令与 N_TRIG 指令不能放在电路的开始处和结束处。

▶ 程序编写

扫描 RLO 的信号边沿（上升沿、下降沿）程序示例如图 5–11 所示。

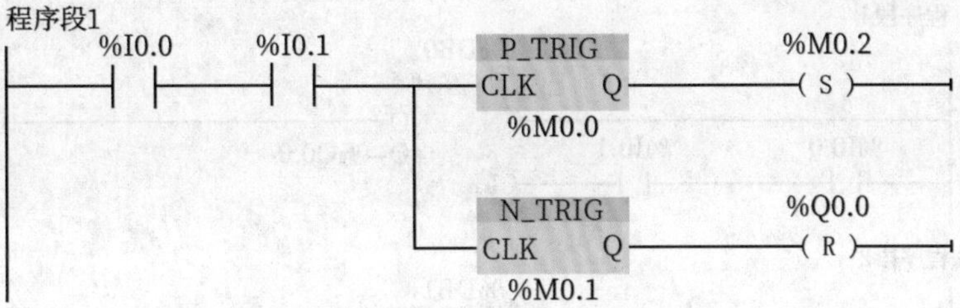

程序段1
%I0.0 %I0.1 P_TRIG CLK Q %M0.2 (S)
%M0.0
N_TRIG CLK Q %Q0.0 (R)
%M0.1

图 5-11 扫描 RLO 的信号边沿（上升沿、下降沿）程序示例

5.1.10 检测信号边沿指令

检测信号边沿指令的梯形图、功能说明和存储区如表 5-12 所示。

表 5-12 检测信号边沿指令的梯形图、功能说明和存储区

指令名称	梯形图	功能说明	存储区
检测信号上升沿	R_TRIG EN ENO 输入端—CLK Q—输出端	如果指令检测到 CLK 输入端的上升沿，Q 端输出脉冲宽度为一个扫描周期的脉冲	CLK：I、Q、M、D、L 或常量 Q：I、Q、M、D、L
检测信号下降沿	F_TRIG EN ENO 输入端—CLK Q—输出端	如果指令检测到 CLK 输入端的下降沿，Q 端输出脉冲宽度为一个扫描周期的脉冲	

▶ 指令说明

如图 5-12 中的 R_TRIG 是“检测信号上升沿”指令，F_TRIG 是“检测信号下降沿”指令。它们是函数块，在调用时应为它们指定背景数据块。运行时，当 I0.0、I0.1 变为 1 状态，I0.0、I0.1 的常开触点闭合，输入 CLK 的当前状态与背景数据块中的边沿存储位保存的上一个扫描周期的 CLK 的状态进行比较。如果指令检测到 CLK 的上升沿，将会通过 Q 端输出一个扫描周期的脉冲，使 Q0.0 输出。

运行时，当 I0.0 和 I0.1 其中一个变为 0 状态，I0.0 或 I0.1 的常开触点断开，输入 CLK 的当前状态与背景数据块中的边沿存储位保存的上一个扫描周期的 CLK 的状态进行比较。如果指令检测到 CLK 的下降沿，将会通过 Q 端输出一个扫描周期的脉冲，使 Q0.1 输出。

▶ 程序编写

检测信号边沿（上升沿、下降沿）程序示例如图 5-12 所示。

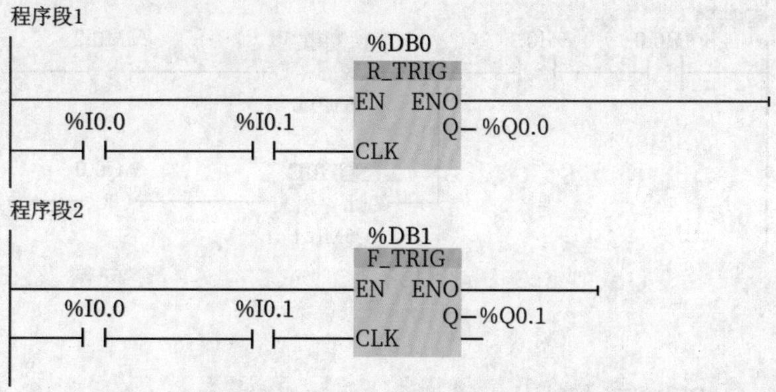

程序段1

%DB0
R_TRIG
EN ENO
%I0.0 %I0.1
Q– %Q0.0
CLK

程序段2

%DB1
F_TRIG
EN ENO
%I0.0 %I0.1
Q–%Q0.1
CLK

图 5-12 检测信号边沿（上升沿、下降沿）程序示例

5.1.11 位逻辑指令应用案例

案例 1：按下 SB1，电动机 M 启动并自锁，按下 SB2，电动机 M 停止。

▶ 程序编写

电动机自锁电路梯形图如图 5-13 所示。

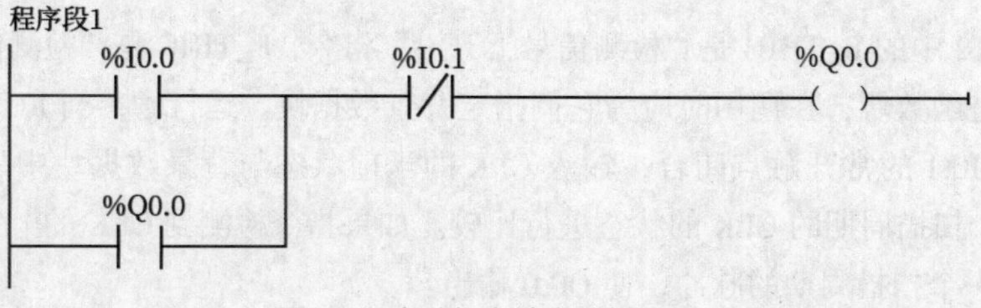

程序段1

%I0.0 %I0.1 %Q0.0

%Q0.0

图 5-13 电动机自锁电路梯形图

程序解释：

1. 按下 I0.0，Q0.0 输出。

2.Q0.0 输出，Q0.0 常开触点导通，构成自锁。

3. 按下 I0.1，Q0.0 断开。

案例 2：电动机 M 有两个启动和两个停止按钮。要求 A、B 两地控制，即在两个不同的地点都能控制电动机启动和停止。A 地启动按钮接 I0.0，停止按钮接 I0.1。B 地启动按钮接 I0.2，停止按钮接 I0.3。

▶ 程序编写

控制电路梯形图如图 5-14 所示。

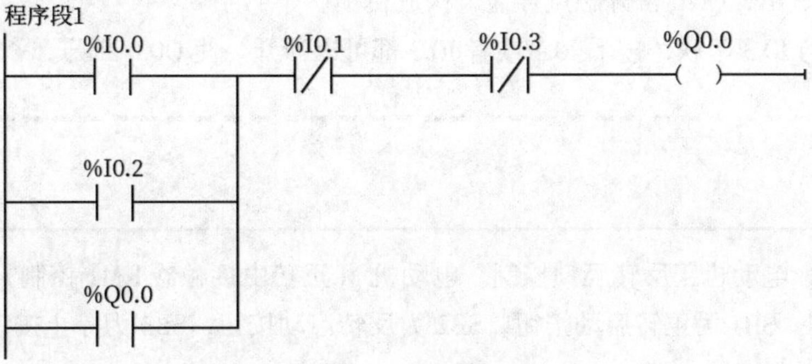

程序段1
%I0.0
%I0.1
%I0.3
%Q0.0
%I0.2
%Q0.0

图 5-14 两地控制电路梯形图（1）

程序解释：

1.I0.0 与 I0.2 并联，按下 I0.0 或者 I0.2 都可以导通，使 Q0.0 输出。

2.Q0.0 输出，Q0.0 常开触点导通，构成自锁。

3.I0.1 与 I0.3 串联，按下 I0.1 或者 I0.3 都可以断开，使 Q0.0 断开。

案例 3：电动机 M 要求两地控制，在两个不同的地点需同时按下 SB1 和 SB3 才能启动电动机，按下 SB2 或 SB4 都能使电动机停止。

接线：SB1 接 I0.0，SB2 接 I0.1，SB3 接 I0.2，SB4 接 I0.3。

▶ 程序编写

控制电路梯形图如图 5–15 所示。

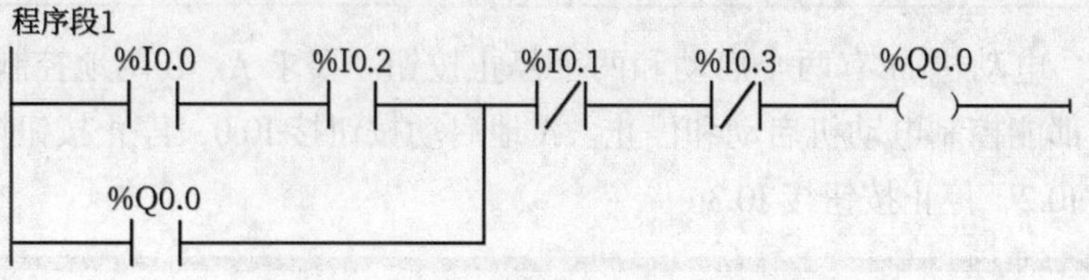

程序段1

%I0.0 %I0.2 %I0.1 %I0.3 %Q0.0

%Q0.0

图 5-15 两地控制电路梯形图（2）

程序解释：

1.I0.0 与 I0.2 串联，同时按下 I0.0 和 I0.2 才可以导通，使 Q0.0 输出。

2.Q0.0 输出，Q0.0 常开触点导通，构成自锁。

3.I0.1 与 I0.3 串联，按下 I0.1 或者 I0.3 都可以断开，使 Q0.0 断开。

案例 4：电动机正反转互锁控制。电动机 M 正转由接触器 KM1 控制，反转由接触器 KM2 控制。SB1 为正转启动按钮，SB2 为反转启动按钮，SB3 为停止按钮。

必须保证在任何情况下，正、反转接触器不能同时接通。电路采取将正、反转启动按钮 SB1、SB2 互锁及接触器 KM1、KM2 互锁的措施。

接线：SB1 接 I0.0，SB2 接 I0.1，SB3 接 I0.2；Q0.0 控制 KM1 实现正转，Q0.1 控制 KM2 实现反转。

▶ 程序编写

控制电路梯形图如图 5–16 所示。

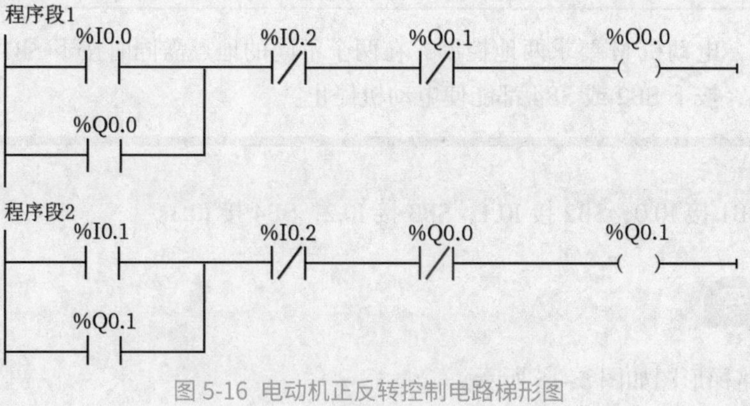

程序段1

%I0.0 %I0.2 %Q0.1 %Q0.0

%Q0.0

程序段2

%I0.1 %I0.2 %Q0.0 %Q0.1

%Q0.1

图 5-16 电动机正反转控制电路梯形图

程序解释：

1. 按下 I0.0，使 Q0.0 输出。

2.Q0.0 输出，Q0.0 常开触点导通，构成自锁。

3.Q0.0 的常闭触点与 Q0.1 的常闭触点构成互锁。

4. 按下 I0.0 时，由于 Q0.0 输出，Q0.0 常闭触点断开，无法使 Q0.1 输出。同理，先启动 Q0.1，按下 I0.1 时，由于 Q0.1 输出，Q0.1 常闭触点断开，因此无法使 Q0.0 输出。

5. 按下停止按钮 I0.2 以后，才可以正常启动 Q0.1 或 Q0.0。

5.2 定时器指令

5.2.1 定时器概述

定时器指令如图 5-17 所示。

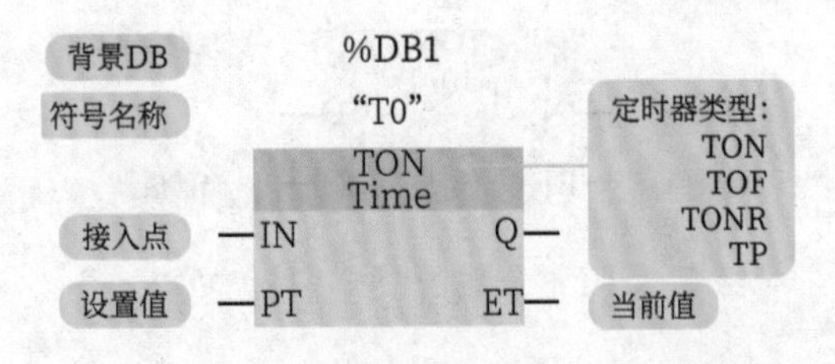

图 5-17 定时器指令图解

IEC 定时器属于函数块，调用时需要指定配套的背景数据块，定时器和计数器指令的数据保存在背景数据块中。IEC 定时器没有编号，可以用背景数据块的名称（例如“T0”或“1 号电机起动延时”）来做定时器的标识符。自动生成的背景数据块如图 5-18 所示。

	名称	数据类型	起始值	保持
1	▼ Static			
2	■ PT	Time	T#0ms	
3	■ ET	Time	T#0ms	
4	■ IN	Bool	false	
5	■ Q	Bool	false	

图 5-18 定时器的背景数据块

PT：设定定时值，范围为 1~2147483647。

定时器指令的数据类型和存储区如表 5-13 所示。

表 5-13 定时器指令的数据类型和存储区

输入 / 输出	数据类型	存储区
IN	位（Bool）	I、Q、M、D、L
PT	时间（Time）	I、Q、M、D、L 或常量

5.2.2 接通延时定时器指令

接通延时定时器（TON）指令及其存储区分别如图 5-19 和表 5-14 所示。

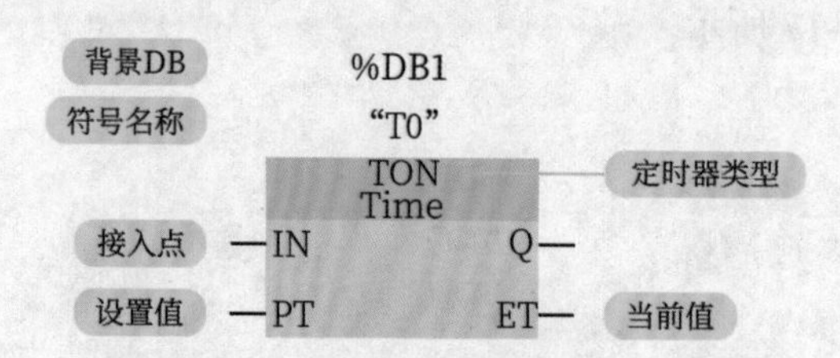

图 5-19 接通延时定时器指令图解

表 5-14 接通延时定时器指令的存储区

输入 / 输出	数据类型	存储区
IN	位（Bool）	I、Q、M、D、L
PT	时间（Time）	I、Q、M、D、L 或常量
Q	位（Bool）	I、Q、M、D、L
ET	时间（Time）	I、Q、M、D、L

▶ 指令说明

1. 首次扫描时，定时器位为 OFF，当前值为 0。

2. 当使能输入（IN）接通时，定时器 TON 从 0 开始计时。

3. 当前值大于或等于设定值时，定时器被置位，即定时器状态位为 ON，定时器停止计时，定时器输出 Q。

4. 当使能输入（IN）保持接通时，定时器保持输出 Q。

5. 当使能输入（IN）断开时，定时器复位，即定时器状态位为 OFF，定时器当前值复位为 0。

▶ 程序编写

接通延时定时器的梯形图与时序图如图 5–20 所示。

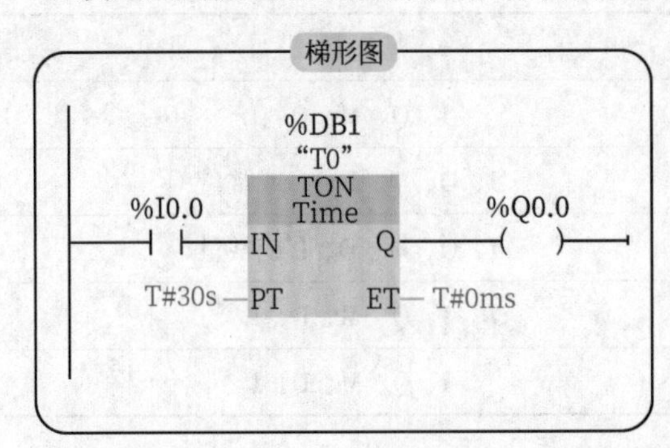

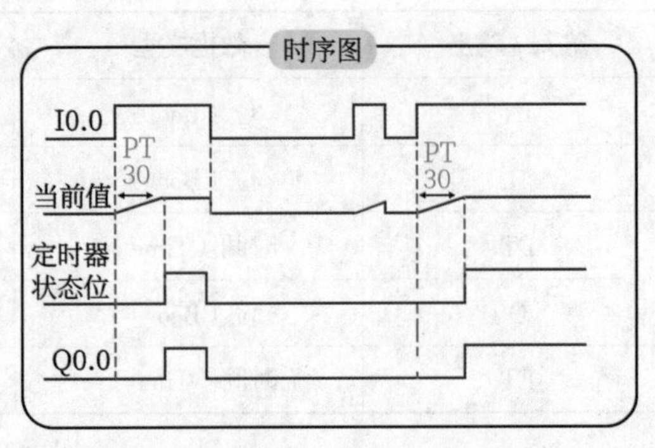

图 5-20 接通延时定时器的梯形图与时序图

程序解释：

1. 当 I0.0 接通时，使能端（IN）输入有效，定时器开始计时，当前值从 0 开始递增，若当前值大于或等于预置值 30s 时，定时器输出 Q 信号为“1”，驱动线圈 Q0.0 吸合。

2. 当 I0.0 断开时，使能端（IN）输出无效，定时器当前值复位清零，定时器复位输出 Q，线圈 Q0.0 断开。

3. 若使能端输入一直有效，计时值到达预置值以后，当前值不再增加，在此期间定时器输出 Q 信号仍为“1”，线圈 Q0.0 仍处于吸合状态。

5.2.3 时间累加定时器指令

时间累加定时器（TONR）指令及其存储区分别如图 5–21 和表 5–15 所示。

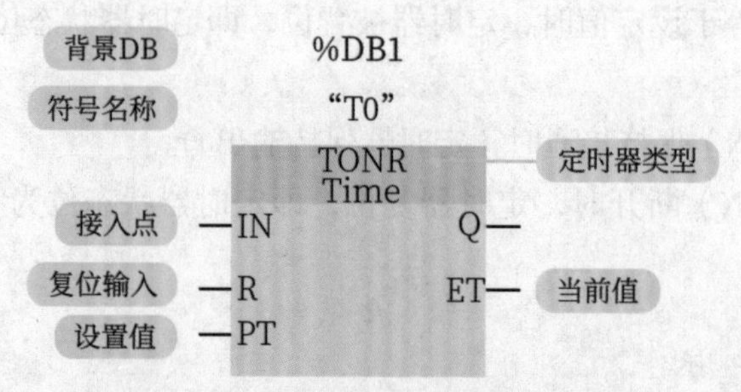

图 5-21 时间累加定时器指令图解

表 5-15 时间累加定时器指令的存储区

输入 / 输出	数据类型	存储区
IN	位（Bool）	I、Q、M、D、L
R	位（Bool）	I、Q、M、D、L 或常量
PT	时间（Time）	I、Q、M、D、L 或常量
Q	位（Bool）	I、Q、M、D、L
ET	时间（Time）	I、Q、M、D、L

▶ 指令说明

1. 首次扫描时，定时器位为 OFF，当前值保持断电前的值。

2. 当 IN 接通时，定时器位为 OFF，TONR 从 0 开始计时。

3. 当前值大于或等于设定值时，定时器位为 ON。

4. 定时器累计值达到设定值后不再计时。

5. 当 IN 断开时，定时器的当前值被保持，定时器状态位不变。

6. 当 IN 再次接通时，定时器的当前值从原保持值开始向上增加，因此可累计多次输入信号的接通时间。

7. 此定时器必须用复位（R）指令清除当前值。

▶ 程序编写

时间累加定时器指令的梯形图与时序图如图 5–22 所示。

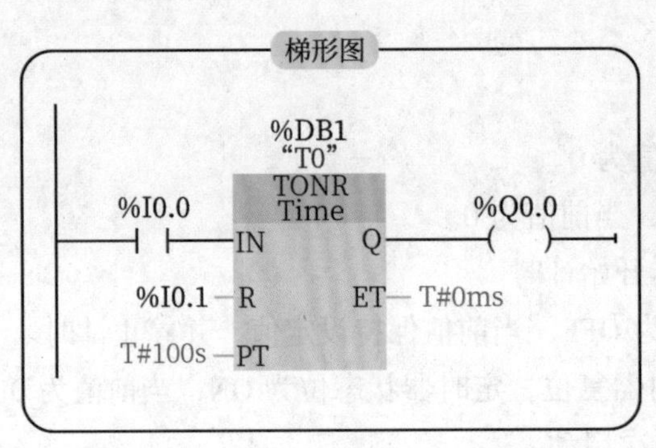

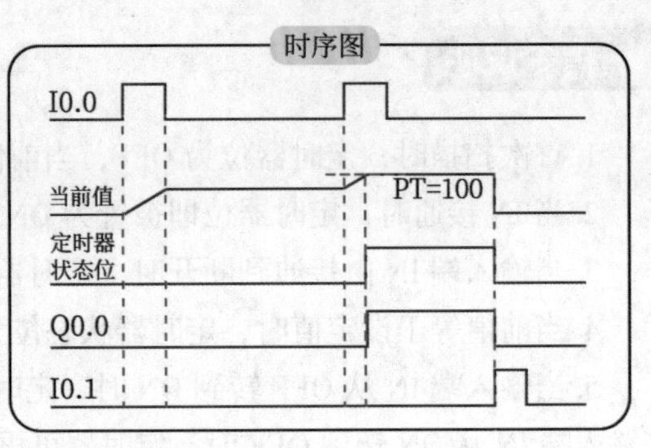

图 5-22 时间累加定时器指令的梯形图与时序图

程序解释：

1. 当 I0.0 接通时，使能输入端（IN）有效，定时器开始计时。

2. 当 I0.0 断开时，使能输入端无效，但当前值仍然保持并不复位。当使能输入再次有效时，当前值在原来的基础上开始递增，当当前值大于或等于预置值时，定时器输出 Q 信号为“1”，线圈 Q0.0 有输出，此后当使能输入无效时，定时器状态位仍然为 1。

3. 当 I0.1 闭合，R 输入进行复位操作时，定时器状态位被清零，定时器复位输出 Q，线圈 Q0.0 断电。

5.2.4 断开延时定时器指令

断开延时定时器（TOF）指令及其存储区分别如图 5–23 和表 5–16 所示。

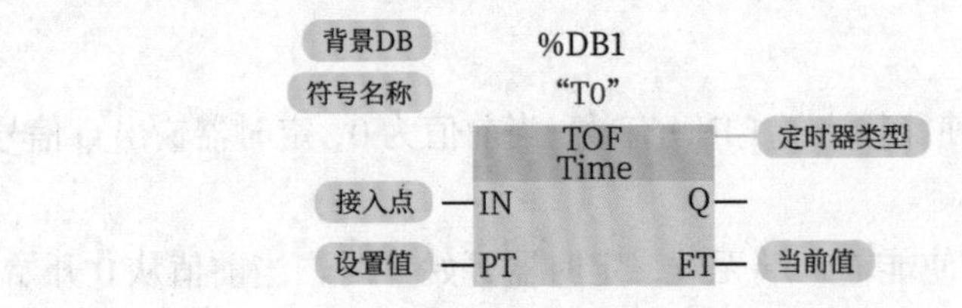

图 5-23 断开延时定时器指令图解

表 5-16 断开延时定时器指令的存储区

输入 / 输出	数据类型	存储区
IN	位（Bool）	I、Q、M、D、L
PT	时间（Time）	I、Q、M、D、L 或常量
Q	位（Bool）	I、Q、M、D、L
ET	时间（Time）	I、Q、M、D、L

▶ 指令说明

1. 首次扫描时，定时器位为 OFF，当前值为 0。
2. 当 IN 接通时，定时器位即被置为 ON，当前值为 0。
3. 当输入端 IN 由接通到断开时，定时器开始计时。
4. 当前值等于设定值时，定时器状态位为 OFF，当前值保持设定值，并停止计时。
5. 当输入端 IN 从 OFF 转到 ON 时，定时器复位，定时器状态位为 ON，当前值为 0，当输入端 IN 从 ON 转到 OFF 时，定时器可再次启动。

▶ 程序编写

断开延时定时器指令的梯形图与时序图如图 5-24 所示。

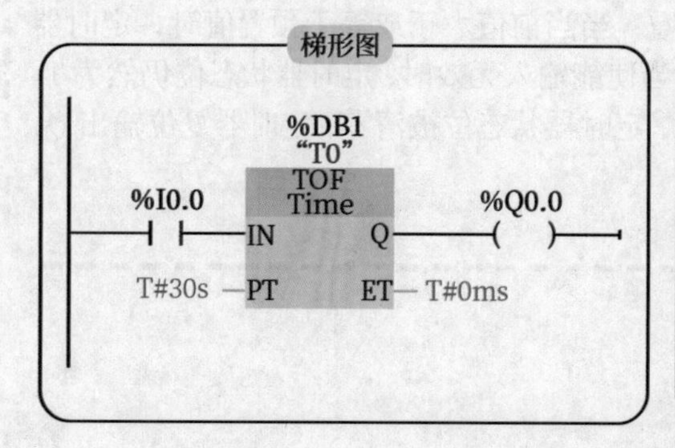

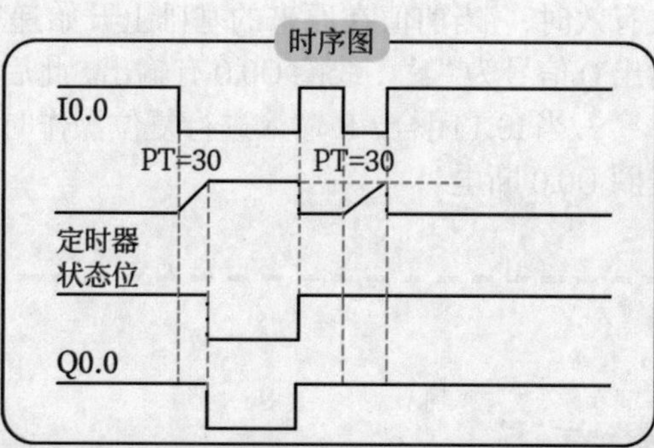

图 5-24 断开延时定时器指令的梯形图与时序图

程序解释：

1. 当 I0.0 接通时，使能输入端（IN）有效，当前值为 0，定时器输出 Q 信号为“1”，驱动线圈 Q0.0 有输出。

2. 当 I0.0 断开时，使能输入端无效，定时器开始计时，当前值从 0 开始递增。当当前值达到设定值时，定时器复位输出 Q，线圈 Q0.0 无输出，但当前值保持设定值。

3. 当 I0.0 再次接通时，当前值复位清零。

5.2.5 脉冲定时器指令

脉冲定时器（TP）指令及其存储区分别如图 5–25 和表 5–17 所示。

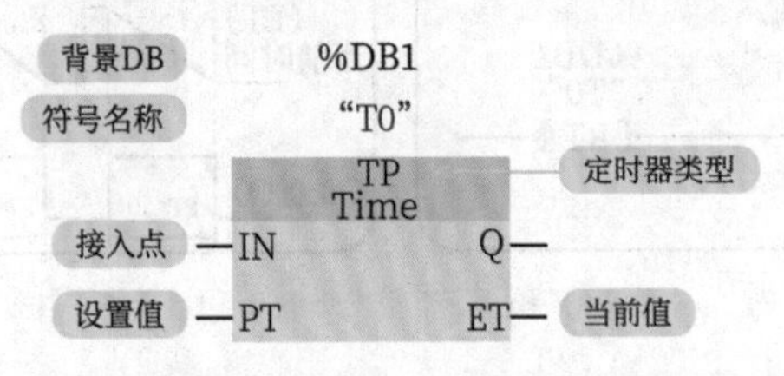

图 5-25 脉冲定时器指令图解

表 5-17 脉冲定时器指令的存储区

输入 / 输出	数据类型	存储区
IN	位（Bool）	I、Q、M、D、L
PT	时间（Time）	I、Q、M、D、L 或常量
Q	位（Bool）	I、Q、M、D、L
ET	时间（Time）	I、Q、M、D、L

▶ 指令说明

1. 首次扫描时，定时器位为 OFF，当前值为 0。

2. 当 IN 接通或检测到上升沿时，定时器位即被置为 ON，定时器开始计时。

3. 当前值等于设定值时，定时器状态位为 OFF，当设定时间到 IN 一直接通，当前值保持设定值，并停止计时，定时器状态位保持为 OFF；当设定时间到 IN 没有接通，当前值复位为 0，并停止计时。

4. 当设定时间没到，输入端 IN 从 ON 转到 OFF 时，定时器不复位，定时器状态位保持为 ON 直至设定时间到，定时器状态位从 ON 转为 OFF，此时当输入端 IN 从 OFF 转到 ON 时，定时器可再次启动。

▶ 程序编写

脉冲定时器指令的梯形图与时序图如图 5–26 所示。

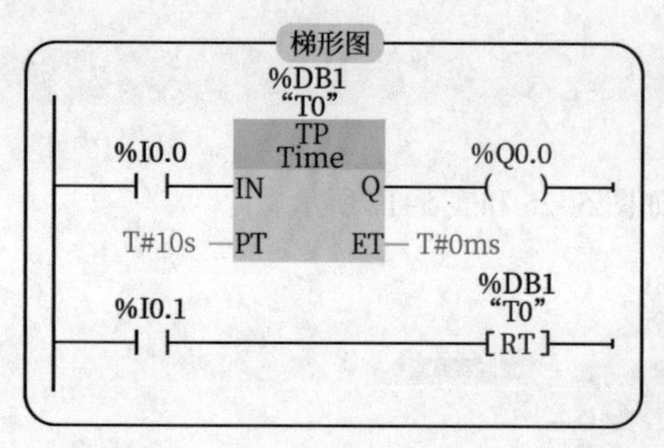

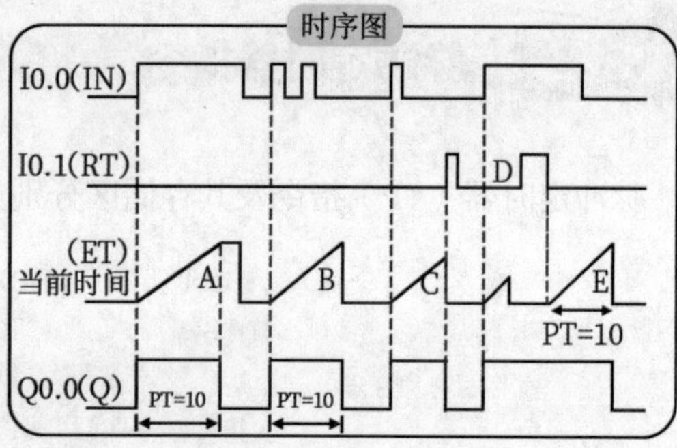

图 5-26 脉冲定时器指令的梯形图与时序图

程序解释：

1. 当I0.0接通时，IN输入信号的上升沿启动该定时器，Q输出变为1，开始输出脉冲。定时开始后，当前时间 ET 从 0ms 开始不断增大，达到 PT 设定的时间时，Q 输出变为 0。如果 IN 输入信号为 1，则当前时间值保持不变（见图 5-26 的波形 A）。如果 IN 输入信号为 0，则当前时间变为 0s（见波形 B）。

2. IN 输入的脉冲宽度可以小于设定值，在脉冲输出期间，即使 IN 输入出现下降沿和上升沿（见波形 B），也不会影响脉冲的输出。

3. 当 I0.1 为 1 时，定时器复位线圈（RT）通电，定时器被复位。用定时器的背景数据块的编号或符号名来指定需要复位的定时器。如果此时正在定时，且 IN 输入信号为 0，当前时间值 ET 将被清零，Q 输出也变为 0（见波形 C）。如果此时正在定时，且 IN 输入信号为 1，当前时间值将被清零，但是 Q 输出保持为 1（见波形 D）。复位信号 I0.1 变为 0 时，如果 IN 输入信号为 1，将重新开始定时（见波形 E）。只是在需要时才对定时器使用 RT 指令。

5.2.6 定时器线圈指令

定时器线圈指令如图 5-27 所示。

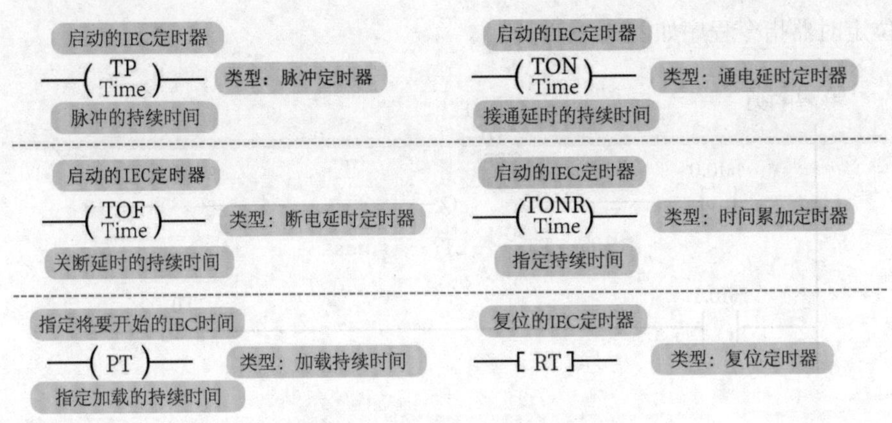

图 5-27 定时器线圈指令图解

▶ 指令说明

中间标有 TP、TON、TOF 和 TONR 的线圈指令是定时器线圈指令。将指令列表的“基本指令”选项板的“定时器操作”文件夹中的“TOF”线圈指令拖放到程序区，它的上面可以是类型为 IECTIMER 的背景数据块（见图 5-28 中的 T1），也可以是数据块中数据类型为 IEC_TIMER 的变量，它的下面是时间预设值 T#8S。定时器线圈通电时被启动，它的功能与对应的 TOF 方框定时器指令相同，其他（TP、TON 和 TONR）的定时器线圈的功能和对应的方框定时器指令相同。

▶ 程序编写

定时器线圈指令程序如图 5-28 所示。

程序段1
%I0.0 %I0.1 %M0.0
%M0.0
%DB1 “T0” TON Time IN Q %Q0.0
T#8S — PT ET — T#oms
“T1” TOF Time T#8S
程序段2
“T1”.Q %Q0.1

图 5-28 定时器线圈指令程序示例

复位定时器指令程序如图 5–29 所示。

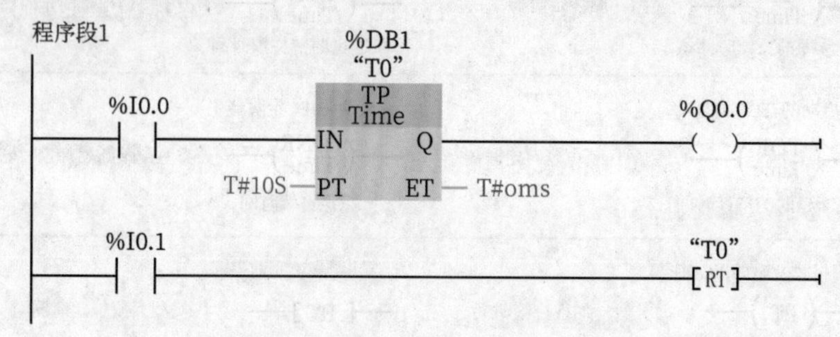

图 5-29 复位定时器指令程序示例

加载持续时间指令程序如图 5–30 所示。

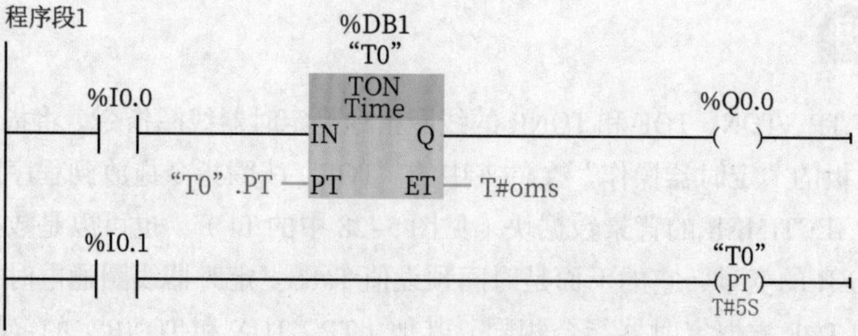

图 5-30 加载持续时间指令程序示例

程序解释：

1. 如图 5–28 所示，当 I0.0 接通时，I0.1 闭合，M0.0 输出，M0.0 常开触点导通，构成自锁。定时器 T0 开始计时，计时时间超过 8s，Q0.0 输出。

2. 当 I0.1 断开，M0.0 停止输出，定时器 T1 开始计时，T1.Q 常开触点闭合，Q0.1 保持输出，等到定时器计时 8s 后，Q0.1 停止输出。

3. 如图 5–29 所示，当 I0.0 接通时，脉冲定时器启动计时，当 I0.1 接通时，定时器复位，脉冲计数器停止计时并且当前值 ET 复位为“0”。

4. 如图 5–30 所示，当 I0.1 接通时，接通延时定时器的定时时间被设定为 5s，当 I0.0 持续接通时，定时器 T0 开始计时，计时时间超过 5s，Q0.0 输出。

5.2.7 定时器指令应用案例

电动机的延时停止

案例 1：按下 I0.0，电动机启动运行。按下 I0.1，电动机过 5s 停止工作。

▶ 程序编写

电动机的延时停止程序如图 5–31 所示。

程序段1
%I0.0　%I0.1　%M0.0
%M0.0

程序段2
%DB1
"T0"
TOF
Time
%M0.0　IN　Q　%Q0.0
T#5S — PT　ET — T#oms

图 5-31 电动机的延时停止程序

程序解释：

1.I0.0 按下，M0.0 导通并自锁。I0.0 松开，M0.0 用来保持 I0.0 的信号。

2.M0.0 得电后，断开延时定时器（TOF）的状态位为 1，Q0.0 得电，电动机运行。

3.I0.1 按下，M0.0 断开，断开延时定时器（TOF）开始工作，5s 后定时器断开，Q0.0 失电，电动机停止工作。

电动机的星三角控制

案例 2：按下启动按钮 I0.0，主触点 Q0.0 输出，同时星形连接触点 Q0.1 输出，定时器开始计时；延时 5s 后，星形连接触点 Q0.1 断开，三角形连接触点 Q0.2 输出。按下停止按钮 I0.1，主触点 Q0.0 和三角形连接触点 Q0.2 都断开。

▶ 程序编写

电动机的星三角控制程序如图 5–32 所示。

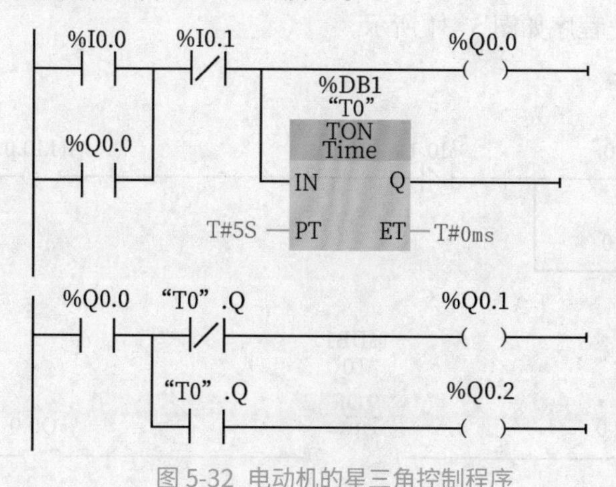

图 5-32 电动机的星三角控制程序

程序解释：

1. 按下启动按钮 I0.0，主触点 Q0.0 输出并自锁。定时器开始计时。

2. 没有到达定时器设定的时间，定时器输出 Q 信号为“0”，星形连接触点 Q0.1 输出。

3. 到达设置时间 5s，定时器输出 Q 信号为“1”，星形连接触点 Q0.1 断开，三角形连接触点 Q0.2 输出。

4. 按下停止按钮 I0.1，主触点 Q0.0 断开，定时器清零，定时器复位输出 Q，三角形连接触点 Q0.2 断开。

五台电动机顺序启动、逆序停止

案例 3：按下启动按钮 I0.0，第一台电动机启动，Q0.0 输出，每过 3s 启动一台电动机，直至五台电动机全部启动。当按下停止按钮 I0.1 时，3s 后停止第五台电动机，之后每过 3s 逆向停止一台，直至五台电动机全部停止。

▶ 程序编写

五台电动机顺序启动、逆序停止控制程序如图 5-33 所示。

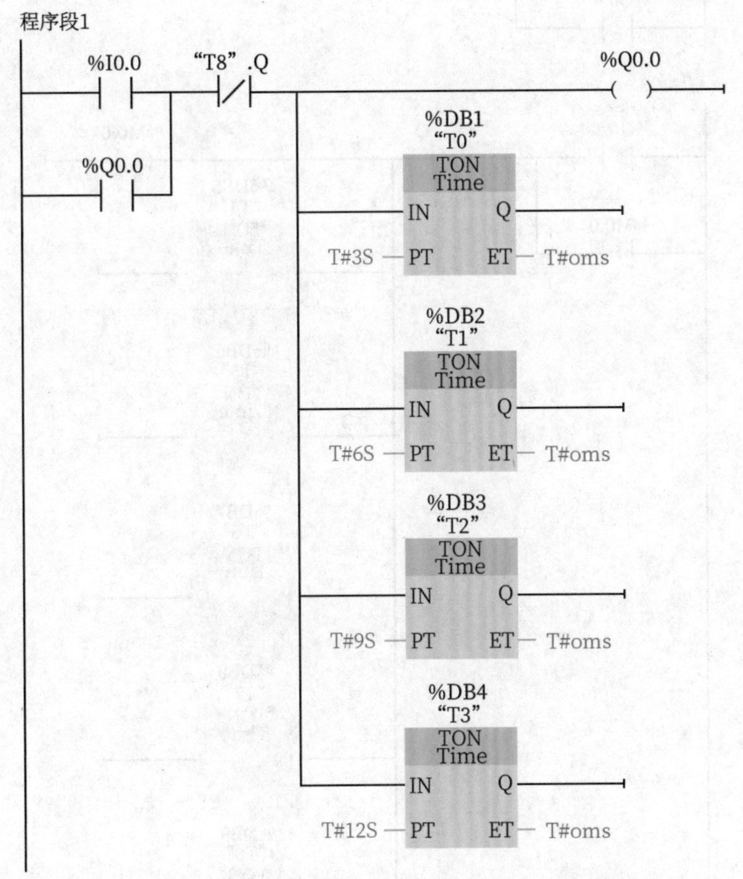

图 5-33 五台电动机顺序启动、逆序停止控制程序

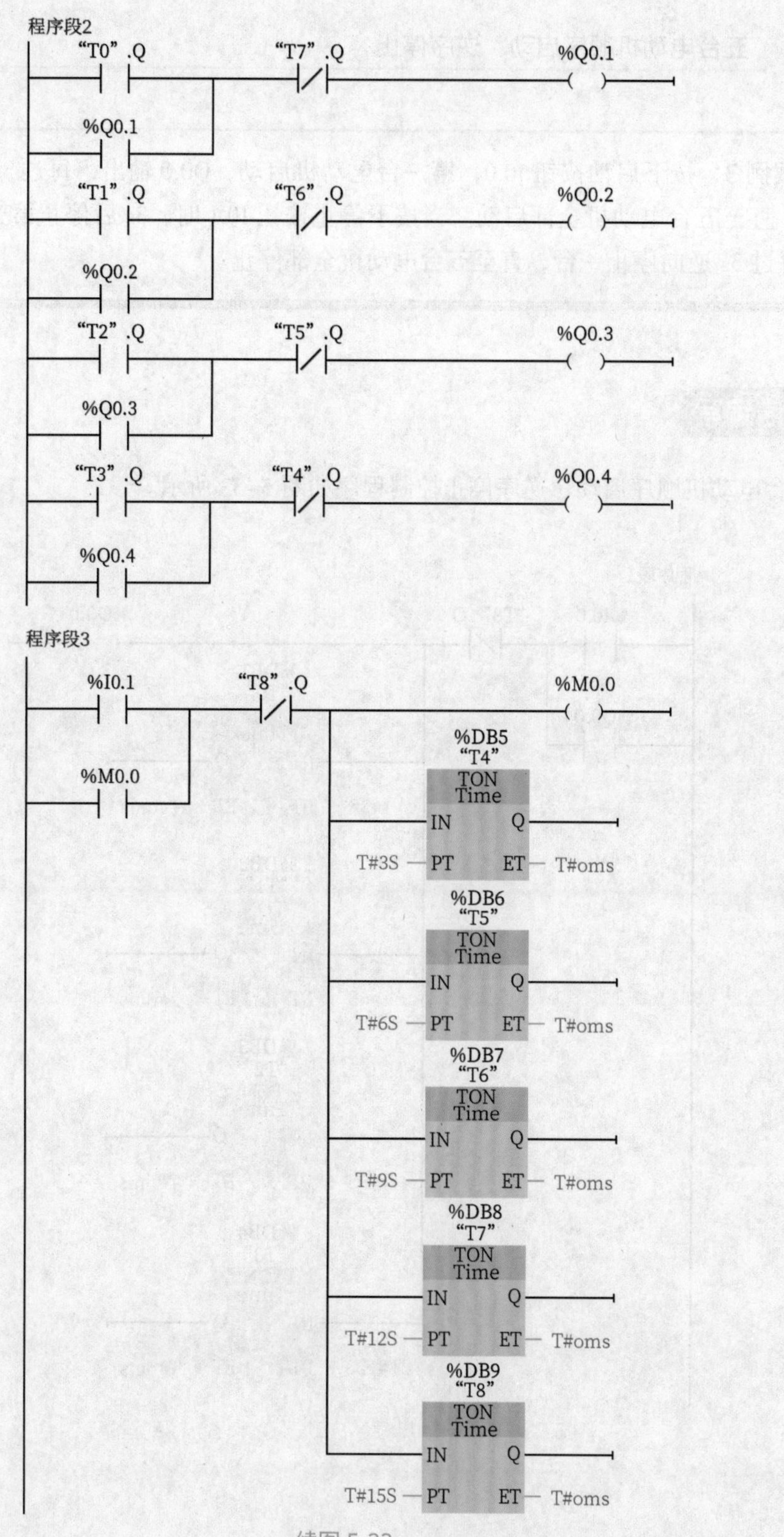
程序段2
"T0" .Q
"T7" .Q
%Q0.1
%Q0.1
"T1" .Q
"T6" .Q
%Q0.2
%Q0.2
"T2" .Q
"T5" .Q
%Q0.3
%Q0.3
"T3" .Q
"T4" .Q
%Q0.4
%Q0.4
程序段3
%I0.1
"T8" .Q
%M0.0
%M0.0
%DB5
"T4"
TON
Time
IN
Q
T#3S
PT
ET
T#oms
%DB6
"T5"
TON
Time
IN
Q
T#6S
PT
ET
T#oms
%DB7
"T6"
TON
Time
IN
Q
T#9S
PT
ET
T#oms
%DB8
"T7"
TON
Time
IN
Q
T#12S
PT
ET
T#oms
%DB9
"T8"
TON
Time
IN
Q
T#15S
PT
ET
T#oms

续图 5-33

程序解释：

1. 按下启动按钮 I0.0，Q0.0 输出并自锁。数据块对应的 T0、T1、T2、T3 开始计时。

2.T0 时间到达 3s 以后，定时器输出 Q 信号为“1”，对应的常开触点导通，Q0.1 输出并自锁。

3.T1 时间到达 3s 以后，定时器输出 Q 信号为“1”，对应的常开触点导通，Q0.2 输出并自锁，剩余的两台依次启动。顺序启动五台电动机。

4. 按下停止按钮 I0.1，M0.0 输出并自锁。M0.0 的作用是保持 I0.1 输入信号。数据块对应的 T4、T5、T6、T7、T8 开始计时。

5.T4 时间到达 3s 以后，定时器输出 Q 信号为“1”，对应的常闭触点断开，Q0.4 断开。

6.T5 时间到达 6s 以后，定时器输出 Q 信号为“1”，对应的常闭触点断开，Q0.3 断开。

7.T6 时间到达 9s 以后，定时器输出 Q 信号为“1”，对应的常闭触点断开，Q0.2 断开。剩余的两台 Q0.1 和 Q0.0 以此类推。

8. 当 T8 时间到达 15s 以后，断开 Q0.0，同时 M0.0 断开，五台电动机逆序停止。

5.3 计数器指令

5.3.1 计数器概述

程序产生的计数脉冲可以用来累计输入脉冲的次数。S7–1200 PLC 提供三种类型的计数器——加计数器（CTU）、减计数器（CTD）和加减计数器（CTUD），如图 5–34 所示。

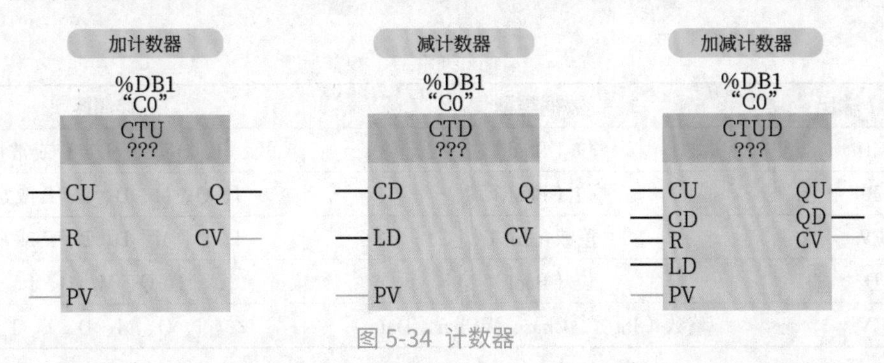

图 5-34 计数器

计数器的操作包括四个：背景 DB、计数输入、复位输入、设定值。

（1）背景 DB：用来区分不同的计数器，数据块里存储着设定值、当前值、计数输入和复位输入等数据。

①计数器状态位：分为 QU 和 QD 两种状态位。当加计数器当前值达到设定值 PV 时，该 QU 位被置为“1”；当减计数器当前值小于或等于 0 时，该 QD 位被置为“1”。

②计数器当前值 CV：存储计数器当前所累计的脉冲个数，用整数来表示。通过背景 DB 访问计数器的状态位和当前值。

（2）计数输入。

① CU：加计数器脉冲输入端，上升沿有效。

② CD：减计数器脉冲输入端，上升沿有效。

（3）复位输入。

① R：复位输入端，复位当前值和状态位。

② LD：装载复位输入端，只用于减计数器或加减计数器。

（4）计数器设定值 PV，数据类型为 INT。

5.3.2 加计数器指令

加计数器（CTU）指令及其存储区分别如图 5–35 和表 5–18 所示。

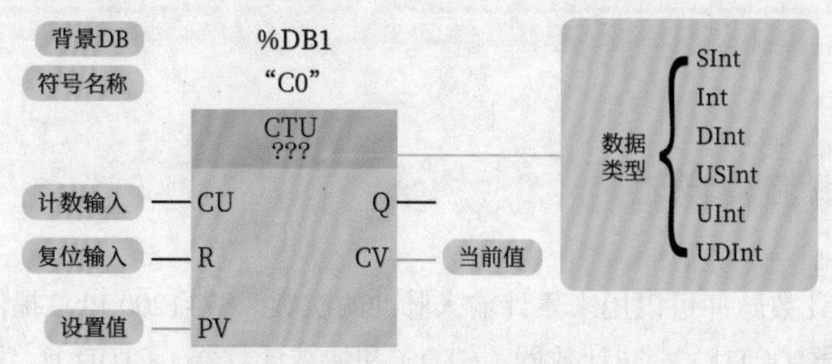

图 5-35 加计数器指令图解

表 5-18 加计数器指令的存储区

输入 / 输出	数据类型	存储区
CU	位（Bool）	I、Q、M、D、L 或常量
R	位（Bool）	I、Q、M、D、L、P 或常量
PV	整数（Int）	I、Q、M、D、L、P 或常量
Q	位（Bool）	I、Q、M、D、L
CV	整数（Int）、Char、WChar、Date	I、Q、M、D、L、P

注意：每台计数器有一个当前值，请勿将相同的背景 DB 给一台以上的计数器。

▶ 指令说明

1. 首次扫描时，计数器位为 OFF，当前值为 0。

2. 当 CU 端接通一个上升沿时，计数器计数加 1 次，当前值增加 1 个单位。

3. 当前值达到设定值 PV 时，计数器置位为 ON。当计数器数据类型选择为 INT，当前值可持续计数至 32767；当计数器数据类型为 DINT，当前值可持续计数至 21 亿。

4. 当复位输入端 R 接通时，计数器复位为 OFF，当前值为 0。

▶ 程序编写

加计数器程序示例如图 5-36 所示。

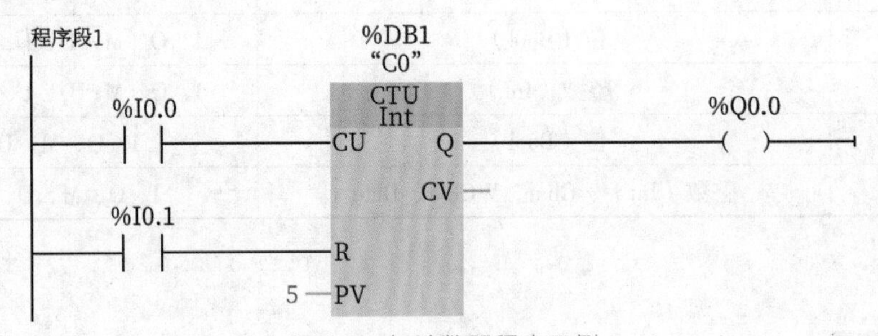

图 5-36 加计数器程序示例

程序解释：

1. 按一次 I0.0，CU 端会产生一个上升沿，计数器计数加 1 次，直到最大值 32767。

2. PV 值设置为 5，计数器计数到大于或等于 5 时，计数器输出 Q 信号为“1”，Q0.0 输出。

3. 按下 I0.1，计数器数值复位，清零。计数器复位输出 Q，Q0.0 断开。

5.3.3 减计数器指令

减计数器（CTD）指令及其存储区分别如图 5-37 和表 5-19 所示。

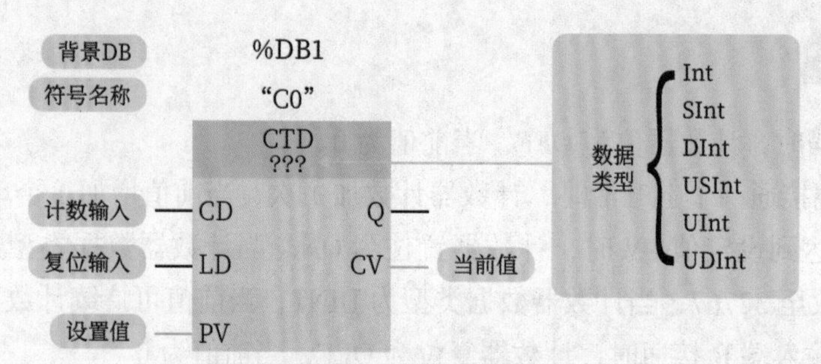

图 5-37 减计数器指令图解

表 5-19 减计数器指令的存储区

输入 / 输出	数据类型	存储区
CD	位（Bool）	I、Q、M、D、L 或常量
LD	位（Bool）	I、Q、M、D、L、P 或常量
PV	整数（Int）	I、Q、M、D、L、P 或常量
Q	位（Bool）	I、Q、M、D、L
CV	整数（Int）、Char、WChar、Date	I、Q、M、D、L、P

注意：每台计数器有一个当前值，请勿将相同的背景 DB 设置给一台以上的计数器。

▶ 指令说明

1. 首次扫描时，计数器位为 OFF，当前值等于设定值。

2. 当 CD 端接通一个上升沿时，计数器当前值减 1。

3. 当前值递减至 0 时，计数停止，该计数器置位为 ON。

4. 当装载端 LD 接通时，计数器复位为 OFF，并把设定值 PV 装入计数器，即当前值为设定值而不是 0。

▶ 程序编写

减计数器（CTD）程序示例如图 5-38 所示。

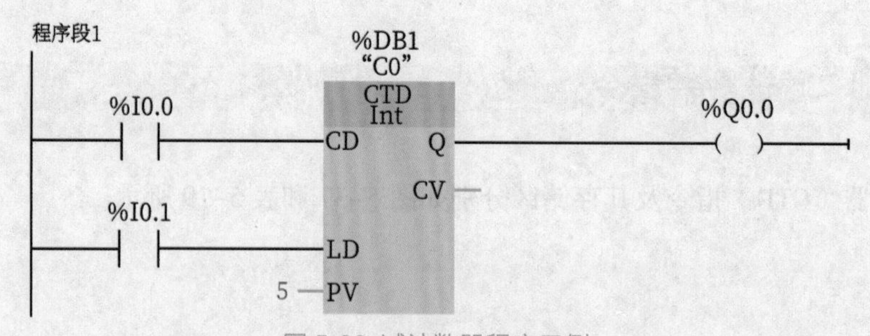

图 5-38 减计数器程序示例

程序解释：

1. 按下 I0.1，LD 接通，设定值 PV=5 装入计数器。
2. 按一次 I0.0，CD 端会产生一个上升沿，计数器减 1。
3. 当计数器减至 0 时，计数停止，计数器输出 Q 信号为“1”，Q0.0 输出。
4. 再次按下 I0.1，LD 接通，计数器复位，断开 Q0.0，设定值 PV=5 装入计数器。

5.3.4 加减计数器指令

加减计数器（CTUD）指令及其存储区分别如图 5-39 和表 5-20 所示。

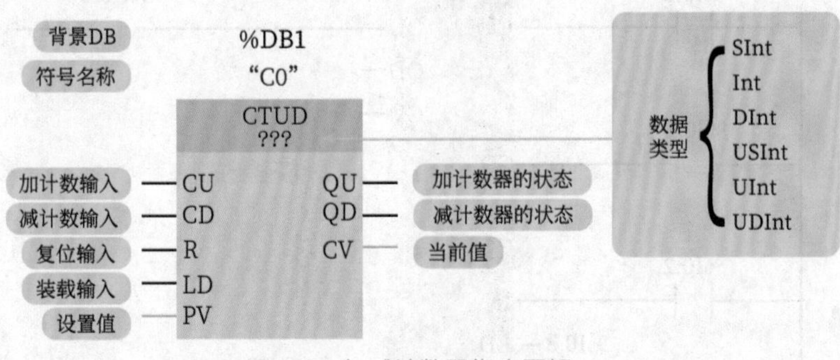

图 5-39 加减计数器指令图解

表 5-20 加减计数器指令的存储区

输入 / 输出	数据类型	存储区
CU、CD	位（Bool）	I、Q、M、D、L 或常量
R、LD	位（Bool）	I、Q、M、D、L、P 或常量
PV	整数（Int）	I、Q、M、D、L、P 或常量
QU、QD	位（Bool）	I、Q、M、D、L
CV	整数（Int）、Char、WChar、Date	I、Q、M、D、L、P

注意：每台计数器有一个当前值，请勿将相同的背景 DB 设置给一台以上的计数器。

▶ 指令说明

1. 首次扫描时，计数器位为 OFF，当前值为 0。
2. 当装载端 LD 接通时，并把设定值 PV 装入计数器，即当前值为设定值而不是 0。

3. 当 CU 在上升沿接通时，计数器当前值加 1，当计数器数据类型选择为 INT，当前值持续计数至 32767；若在 CU 端再输入一个上升沿脉冲，其当前值保持最大值 32767 不变。当 CD 在上升沿接通时，计数器当前值减 1，当前值持续减至 −32768；若在 CD 端再输入一个上升沿脉冲，其当前值保持最小值 −32768 不变。

4. 当前值达到设定值 PV 时，计数器输出 QU 信号为“1”。

5. 当前值减到小于或等于 0，计数器输出 QD 信号为“1”。

6. 当复位输入端 R 接通时，计数器复位为 OFF，当前值为 0。

▶ 程序编写

加减计数器程序示例如图 5-40 所示。

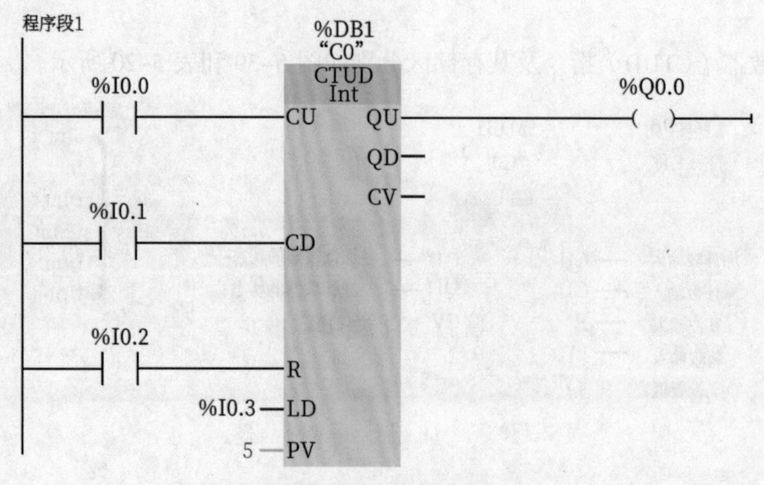

图 5-40 加减计数器程序示例

程序解释：

1. 按一次 I0.0，CU 端会产生一个上升沿，计数器计数加 1，直到最大值 32767。

2. 按一次 I0.1，CD 端会产生一个上升沿，计数器计数减 1，直到最小值 −32768。

3. 按下 I0.3，PV 值设置为 5，计数器计数到大于或等于 5 时，计数器输出 QU 信号为“1”，Q0.0 输出。

4. 按下 I0.2，计数器数值复位，清零。计数器复位输出 QU，Q0.0 断开。

5.3.5 计数器指令应用案例

案例 1：当按钮 SB1 按 4 次时灯点亮，当按钮 SB2 按下时灯熄灭。

接线：I0.0 接 SB1，I0.1 接 SB2，Q0.0 接灯。

▶ 程序编写

计数灯亮和灯灭控制程序如图 5-41 所示。

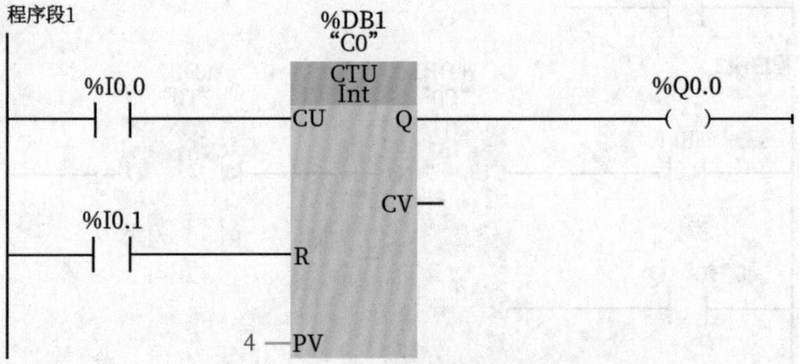

程序段1
%DB1
"C0"
CTU
Int
%I0.0
CU
Q
%Q0.0
CV
%I0.1
R
4 PV

图 5-41 计数灯亮和灯灭控制程序

程序解释：

1. 按一次 I0.0，CU 端会产生一个上升沿，计数器计数加 1，直到最大值 32767。

2. 当计数器计数到 4 时，计数器输出 Q 信号为“1”，Q0.0 输出，灯亮。

3. 按下 I0.1，计数器数值复位，清零。计数器复位输出 Q 信号为“0”，Q0.0 断开，灯熄灭。

案例 2：在一台自动生产产品的设备上，会经常使用当生产数量达标后停止机器的功能。在按钮 I0.0 按下后 Q0.0 变成 1 并保持，当光电开关 I0.1 被触发 50 次后，定时器开始计时，5s 后 Q0.0 变为 0，同时计数器被复位。

▶ 程序编写

生产计数程序如图 5-42 所示。

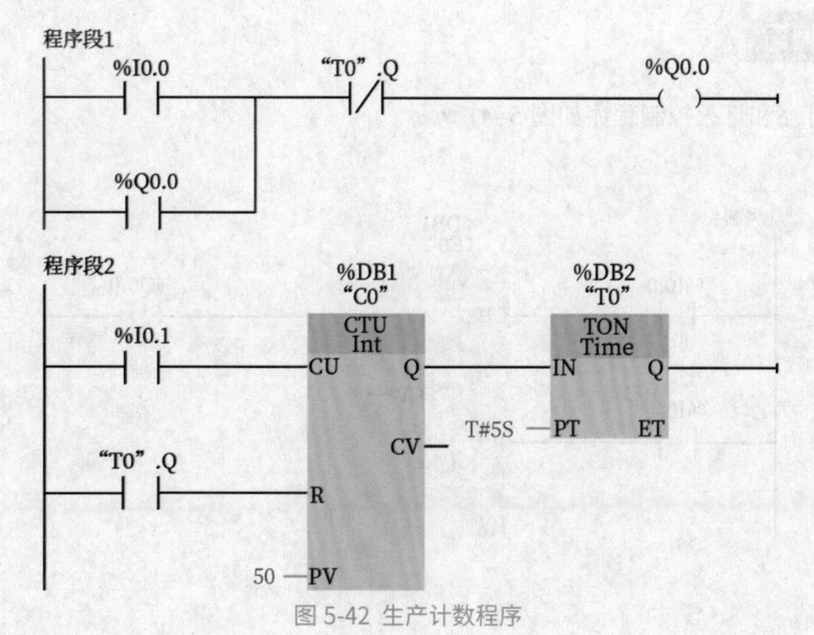

图 5-42 生产计数程序

程序解释：

1. 按下按钮 I0.0，定时器输出 Q 对应的常闭触点闭合，Q0.0 线圈得电并自锁，电机启动。

2. 光电开关接通一次，加计数器记录一次，当数量记录到 50 次时，计数器输出 Q 信号为“1”，定时器开始延时，定时器延时 5s 后，计数器被复位。

3. 定时器延时 5s 后，定时器输出 Q 对应的常闭触点断开，Q0.0 线圈失电，Q0.0 控制的接触器线圈失电，电机停止。

案例 3：计数器累计计数。

计数器的默认数据类型为“字”，16 位整数类型，所以字类型的计数器的设定值最多可以填写 32767，在生产中如果需要记录 50000 个产品，如何编写程序？

▶ 程序编写

双字计数器累计计数程序如图 5-43 所示。

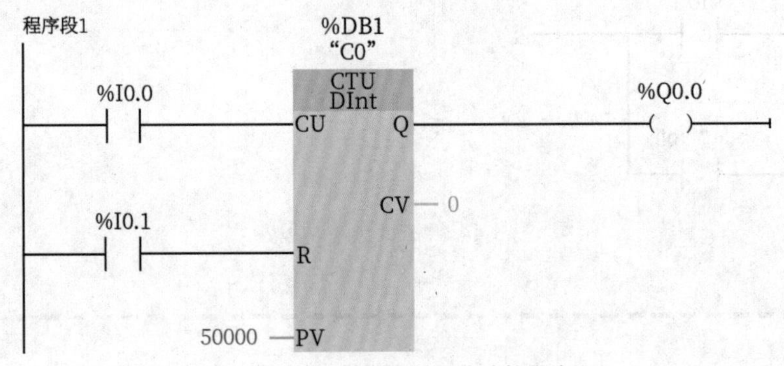

图 5-43 双字计数器累计计数程序

程序解释：

1. 通过 I0.0 光电开关记录产品个数，程序中更改计数器的数据类型为双字，当计数大于或等于 50000 个时，计数器 C0 输出 Q 信号为“1”。

2. 当计数到 50000 个时，Q0.0 线圈接通，指示灯亮，直到按下复位按钮 I0.1，双字计数器复位。

案例 4：有一台冲床，要对所冲的垫片进行计数，即冲床的滑块下滑一次，接近感应开关动作，计数器计数，计到 50000 次时，输出指示灯亮，表示已经完成目标。按下复位开关，随时对计数器进行复位。

接线：I0.0 接接近开关，I0.1 接复位开关，Q0.0 接指示灯。

▶ 程序编写

冲床计数控制程序如图 5-44 所示。

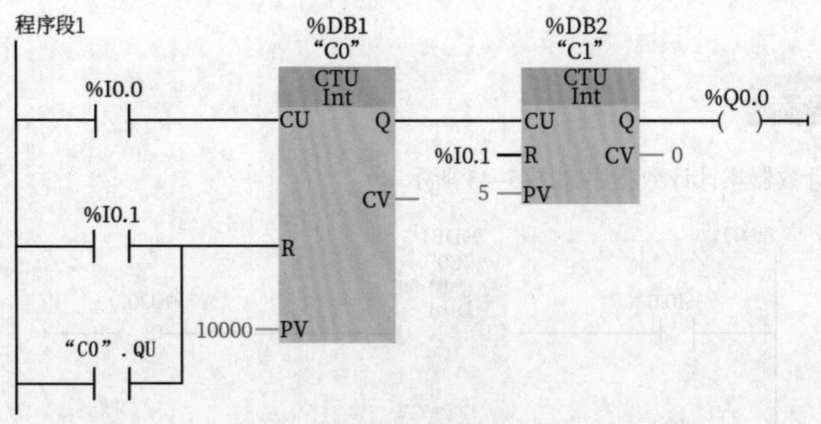

图 5-44 冲床计数控制程序

程序解释：

1. 计数器计数，要计到 50000 次，超过了计时器最大数值 32767，因此必须用两个计数器来完成，50000=10000×5。

2. 接近开关感应一次，CU 端会产生一次上升沿，计数器计数 1 次。

3. 当计数器 C0 计数至 10000 时，计数器 C0 输出 Q 信号为“1”，计数器 C1 计数 1 次，计数器 C0 数值复位，清零。重新开始计数。

4. 当计数器 C1 计数到 5 时，计数器 C1 输出 Q 信号为“1”，Q0.0 输出，指示灯亮。

5. 按下 I0.1，2 个计数器数值复位，清零。计数器 C1 复位输出 Q，断开 Q0.0，指示灯熄灭。

5.4 比较指令

比较指令如图 5–45 所示。

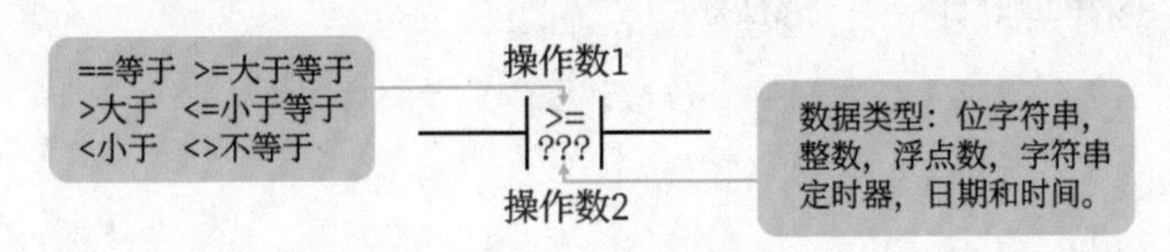

图 5-45 比较指令图解

5.4.1 比较指令功能介绍

比较指令用于比较两个数值或字符串，满足比较关系式给出的条件时，触点闭合。比较指令为实现上、下限控制以及数值条件判断提供了方便。

比较指令的运算有：＝＝、＞＝、＜＝、＞、＜和＜＞等 6 种。比较指令的功能如下。

（1）字节比较指令用于比较两个字节型有符号或无符号整数值的大小。

（2）整数比较指令用于比较两个有符号或者无符号字的大小，有符号字的范围是 16#8000~16#7FFF（10 进制 –32768~+32767）。

（3）双字整数比较指令用于比较两个有符号或者无符号双字的大小，有符号双字的范围是 16#80000000~16#7FFFFFFF。

（4）实数比较指令用于比较两个实数的大小，是有符号的比较。

（5）字符串比较指令用于比较两个字符串的 ASCII 码。

（6）定时器比较指令用于比较两个 Time 类型数据的大小。

（7）日期和时间比较指令用于比较两个 Time_of_Day 实时时间或者 DTL 长格式日期和时间类型数据的大小。

5.4.2 值在范围内指令

值在范围内指令如图 5–46 所示。

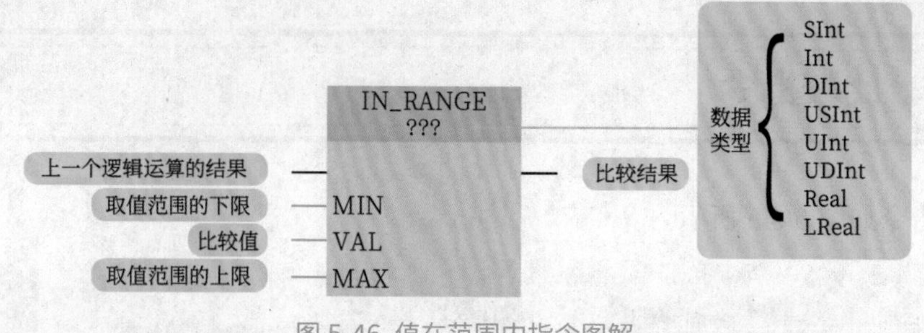

图 5-46 值在范围内指令图解

▶ 指令说明

值在范围内指令将输入 VAL 的值与输入 MIN 和 MAX 的值进行比较，并将结果发送到功能框输出中。如果输入 VAL 的值满足 MIN ≤ VAL 或 VAL ≤ MAX 的比较条件，则功能框输出的信号状态为“1”。 如果不满足比较条件，则功能框输出的信号状态为“0”。

▶ 程序编写

值在范围内指令程序示例如图 5–47 所示。

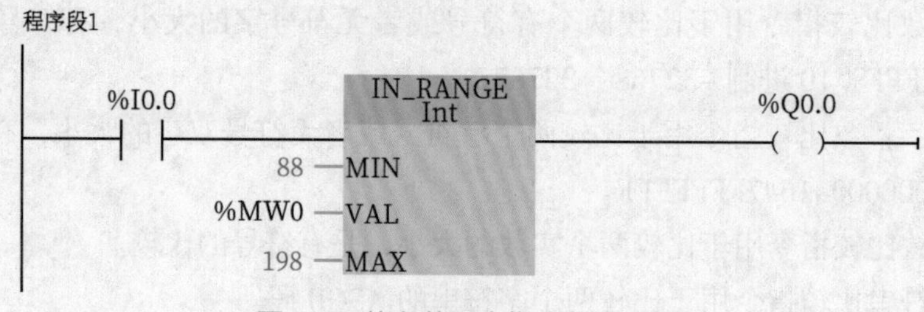

图 5-47 值在范围内指令程序示例

程序解释：

当 I0.0 闭合时，激活此指令。比较 MW0 中的整数是否在最大值 198 和最小值 88 之间，若在此两数值之间，则 Q0.0 输出为“1”，否则 Q0.0 输出为“0”。在 I0.0 不闭合时，Q0.0 输出为“0”。

5.4.3 值超出范围指令

值超出范围指令如图 5–48 所示。

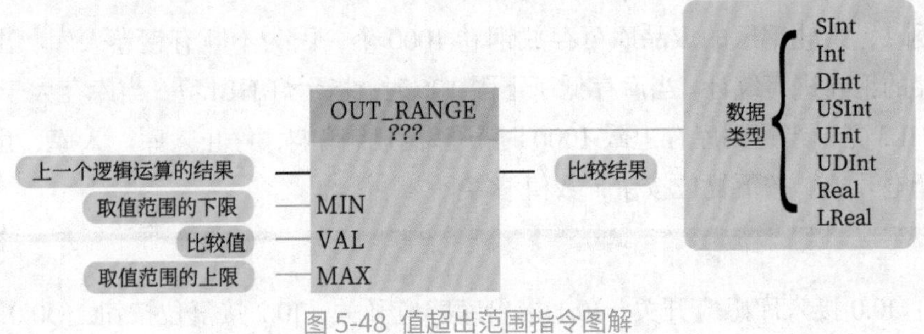

图 5-48 值超出范围指令图解

▶ 指令说明

值超出范围指令将输入 VAL 的值与输入 MIN 和 MAX 的值进行比较，并将结果发送到功能框输出中。如果输入 VAL 的值满足 MIN > VAL 或 VAL > MAX 比较条件，则功能框输出的信号状态为“1”。如果不满足比较条件，则功能框输出的信号状态为“0”。

▶ 程序编写

值超出范围指令程序示例如图 5–49 所示。

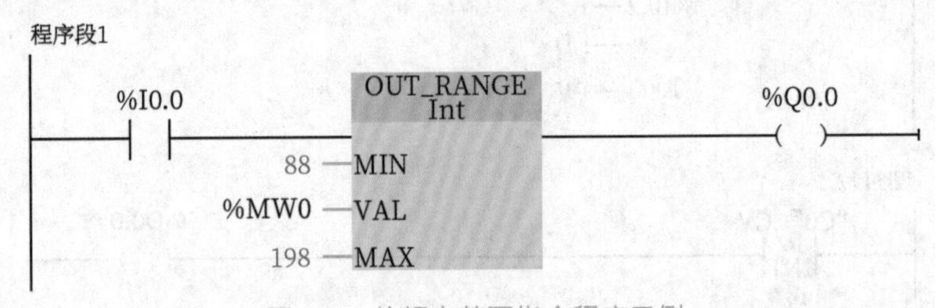

图 5-49 值超出范围指令程序示例

程序解释：

当 I0.0 闭合时，激活此指令。比较 MW0 中的整数是否大于最大值 198 或小于最小值 88，若在此两数值范围之外，则 Q0.0 输出为“1”，否则 Q0.0 输出为“0”。在 I0.0 不闭合时，Q0.0 输出为“0”。

5.4.4 比较指令应用案例

案例 1：某轧钢厂的成品库可存放钢卷 1000 个，因为不断有钢卷入库、出库，需要对库存的钢卷进行统计。当库存低于下限 100 时，指示灯 HL1 亮；当库存大于 900 时，指示灯 HL2 亮；当达到库存上限 1000 时报警器 HA 鸣响，停止入库。入库、出库分别接感应光电开关。按下复位按钮，数值清零。

接线：I0.0 接入库感应开关，I0.1 接出库感应开关，I0.2 接复位按钮，Q0.0 接指示灯 HL1，Q0.1 接指示灯 HL2，Q0.2 接报警器 HA。

▶ 程序编写

轧钢厂的成品库存控制程序如图 5-50 所示。

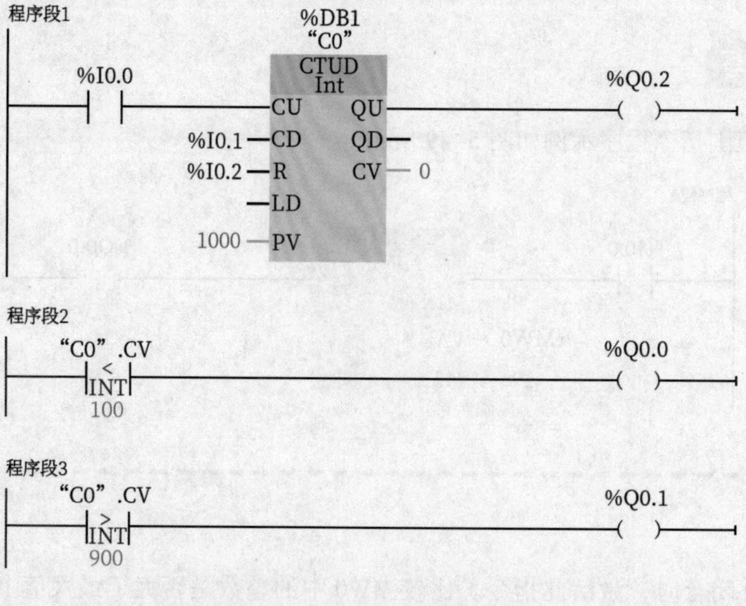

程序段1
%DB1
“C0”
CTUD
Int
%I0.0
CU QU
%Q0.2
%I0.1 CD QD
%I0.2 R CV 0
LD
1000 PV

程序段2
“C0”.CV
<
INT
100
%Q0.0

程序段3
“C0”.CV
>
INT
900
%Q0.1

图 5-50 轧钢厂的成品库存控制程序

程序解释：

1.I0.0 感应到入库信号，加减计数器计数加 1，钢卷数量加 1。

2.I0.1 感应到出库信号，加减计数器计数减 1，钢卷数量减 1。

3. 当加减计数器数值小于 100 时，Q0.0 输出，指示灯 HL1 亮。

4. 当加减计数器数值大于 900 时，Q0.1 输出，指示灯 HL2 亮。

5. 当加减计数器数值超过 1000 时，加减计数器输出 QU 信号为“1”，Q0.2 输出，报警器 HA 响。

6. 当按下复位按钮 I0.2 时，加减计数器复位端接通，清零。

案例 2：温度低于 15℃时黄灯亮，温度高于 35℃时红灯亮，其他情况绿灯亮。

接线：Q0.0 接黄灯，Q0.1 接红灯，Q0.2 接绿灯。S7-1200 PLC 采集的温度放到 MW0 里面。

▶ 程序编写

温度比较控制程序如图 5-51 所示。

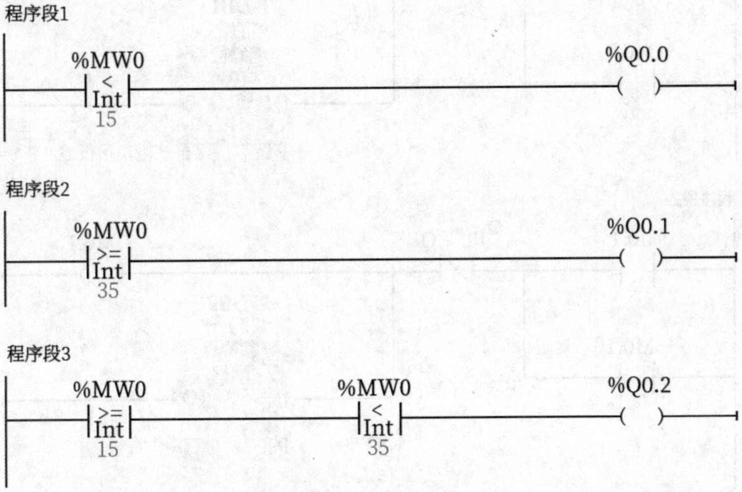

程序段1

%MW0 < Int 15 —— %Q0.0 ( )

程序段2

%MW0 >= Int 35 —— %Q0.1 ( )

程序段3

%MW0 >= Int 15 —— %MW0 < Int 35 —— %Q0.2 ( )

图 5-51 温度比较控制程序

程序解释：

1.MW0 数值小于或等于 15，黄灯（Q0.0）亮。

2.MW0 数值大于或等于 35，红灯（Q0.1）亮。

3.MW0 数值大于 15 且小于 35，绿灯（Q0.2）亮。

案例 3：三台电动机顺序启动、逆序停止：按下启动按钮 I0.0，第一台电动机启动，每过 3s 启动一台电动机，直至三台电动机全部启动；当按下停止按钮 I0.1 时，先停第三台电动机，每过 3s 停止一台，直至三台电动机全部停止。

接线：I0.0 接启动按钮，I0.1 接停止按钮；Q0.0 控制第一台电动机，Q0.1 控制第二台电动机，Q0.2 控制第三台电动机。

▶ 程序编写

三台电动机顺序启动、逆序停止控制程序如图 5-52 所示。

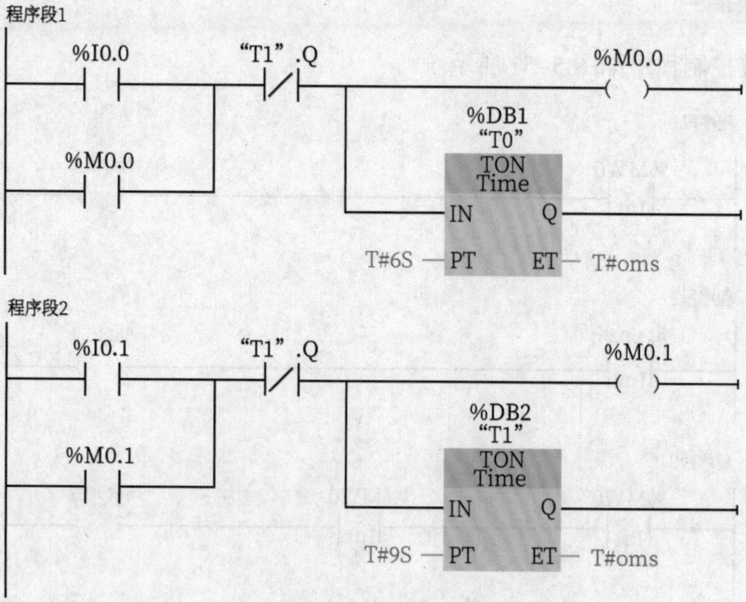

程序段1

%I0.0
"T1".Q
%M0.0
%DB1
"T0"
TON
Time
%M0.0
IN Q
T#6S PT ET T#oms

程序段2

%I0.1
"T1".Q
%M0.1
%DB2
"T1"
TON
Time
%M0.1
IN Q
T#9S PT ET T#oms

图 5-52 三台电动机顺序启动、逆序停止控制程序

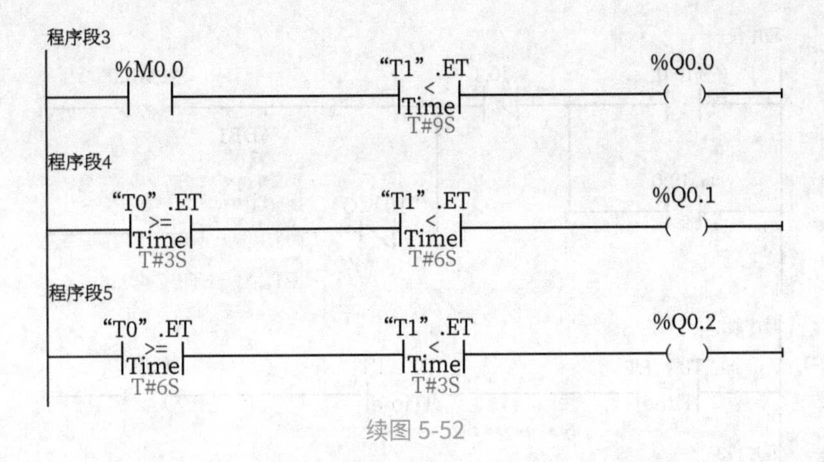

续图 5-52

程序解释：

1. 按下启动按钮 I0.0，M0.0 输出并自锁。定时器 T0 开始计时。

2.M0.0 常开触点导通，Q0.0 输出；定时器 T0 时间到达 3s 以后，Q0.1 输出；定时器 T0 时间到达 6s 以后，Q0.2 输出；顺序启动完成。

3. 按下停止按钮 I0.1，M0.1 输出并自锁。定时器 T1 开始计时。

4. 定时器 T1 时间到达 3s 以后，Q0.2 断开；定时器 T1 时间到达 6s 以后，Q0.1 断开；定时器 T1 时间到达 9s 以后，Q0.0 断开；逆序停止完成。

5. 定时器 T1 时间到达 9s 以后，定时器 T1 输出 Q 对应的常闭触点断开，M0.0 和 M0.1 断开。按下启动按钮，电动机又可以正常地顺序启动、逆序停止。

案例 4：有四盏灯，要求按下启动按钮后，每隔 1s，灯依次点亮，再依次熄灯，如此循环。按下停止按钮，灯全部熄灭。

接线：I0.0 接启动按钮，I0.1 接停止按钮；Q0.0 控制第一个灯，Q0.1 控制第二个灯，Q0.2 控制第三个灯，Q0.3 控制第四个灯。

▶ 程序编写

四盏灯的顺序控制程序如图 5-53 所示。

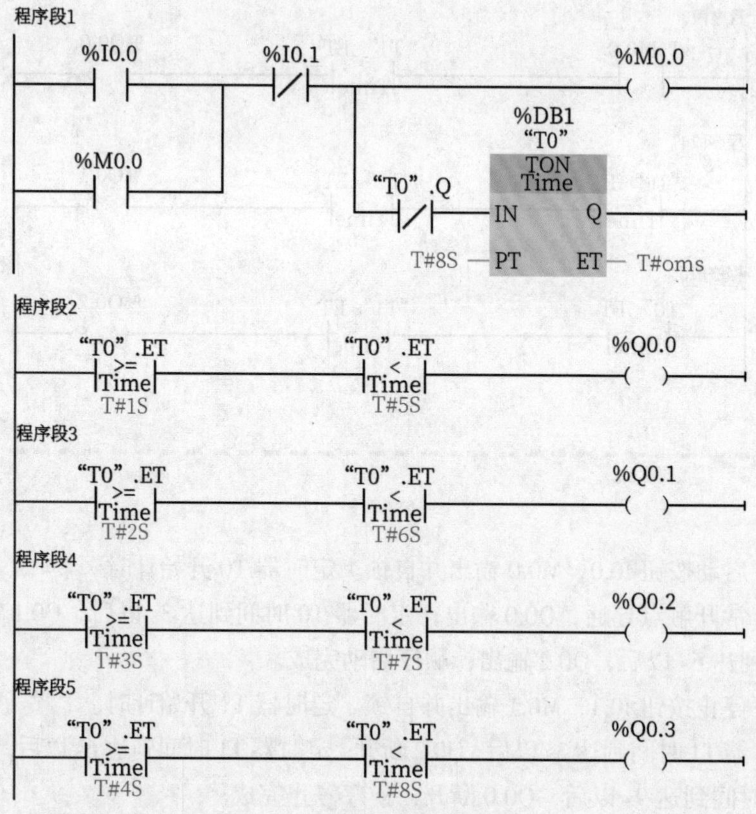

图 5-53 四盏灯的顺序控制程序

程序解释：

1. 按下启动按钮 I0.0，M0.0 输出并自锁。定时器 T0 开始计时。

2. 定时器T0时间到达8s以后，定时器T0输出Q对应的常闭触点断开，定时器清零。定时器清零以后，定时器 T0 输出 Q 对应的常闭触点又导通，定时器 T0 又开始正常计时，实现 8s 的循环。

3. 定时器时间到达 1s 以后，Q0.0 输出；定时器时间到达 2s 以后，Q0.1 输出；定时器时间到达 3s 以后，Q0.2 输出；定时器时间到达 4s 以后，Q0.3 输出。

4. 定时器时间到达 5s 以后，Q0.0 断开；定时器时间到达 6s 以后，Q0.1 断开；定时器时间到达 7s 以后，Q0.2 断开；定时器时间到达 8s 以后，Q0.3 断开。

5. 按下停止按钮 I0.1，M0.0 断开，定时器停止计时，灯全部熄灭。

5.5 数据移动操作

5.5.1 移动值指令

移动值指令在不改变原存储单元值（内容）的情况下，将 IN（输入端存储单元）的值复制到 OUT（输出端存储单元）中。可用于存储单元的清零、程序初始化等场合。

传送包括单个数据传送及多个连续字块一次性传送。每种传送又可依据传送数据的类型分为字节、字、双字或者实数传送等情况，如图 5-54 所示。

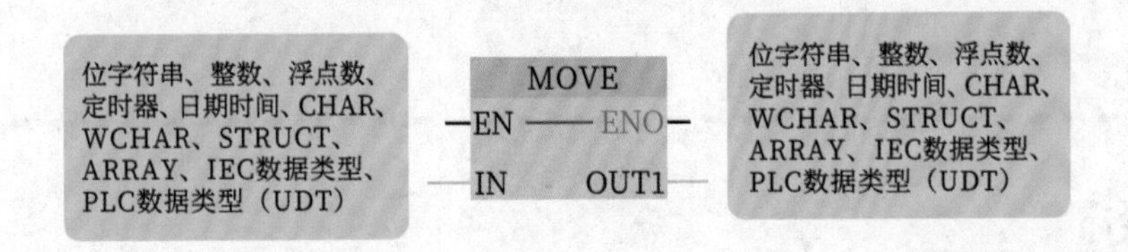

图 5-54 移动值指令图解

▶ 指令说明

当使能端 EN 有效时，将一个输入 IN 的字节、字、双字或实数传送到 OUT 的指定存储单元输出，传送过程中的数据内容保持不变。

▶ 程序编写

传送指令程序示例如图 5-55 所示。

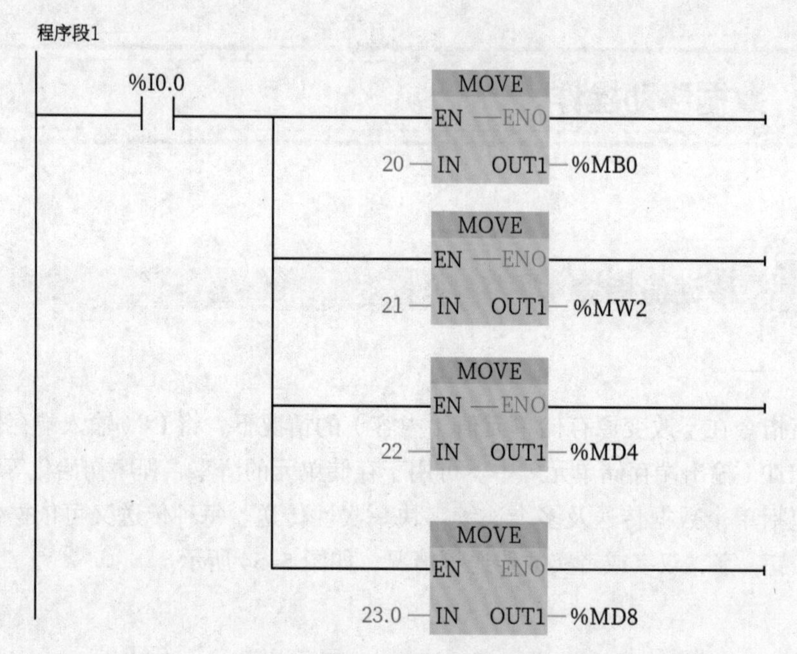

图 5-55 传送指令程序示例

程序解释：

按一次 I0.0，传送指令 MOVE 把 20 传送给 MB0；传送指令 MOVE 把 21 传送给 MW2；传送指令 MOVE 把 22 传送给 MD4；传送指令 MOVE 把 23.0 传送给 MD8。

5.5.2 块移动指令

块移动指令如图 5-56 所示。

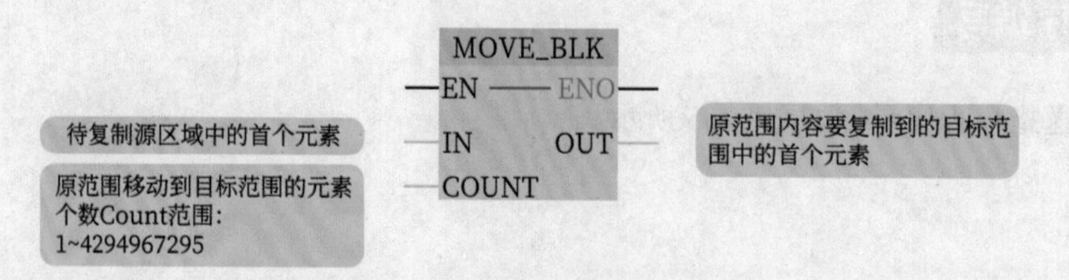

图 5-56 块移动指令图解

▶ 指令说明

当使能端 EN 有效时，把输入的二进制数、整数、浮点数、定时器、DATE、CHAR、WCHAR、TOD 的 *N*（*N* 的范围是 1~4294967295）个元素传送到 OUT 的目标范围的元素中。传送过程中的数据内容保持不变。

▶ 程序编写

块移动指令程序示例如图 5-57 所示。

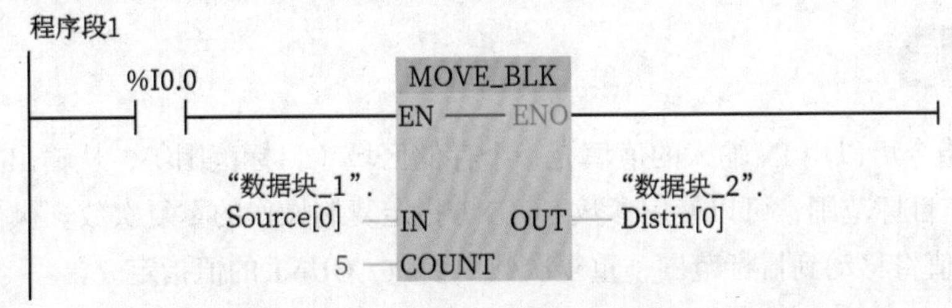

图 5-57 块移动指令程序示例

程序解释：

1. 按一次 I0.0，数据块 _1 中的数组 Source 的 0 号元素开始的 5 个 Int 元素的值，被复制给数据块 _2 的数组 Distin 的 0 号元素开始的 5 个元素。COUNT 为要传送的数组元素的个数，复制操作按地址增大的方向进行。

2. 传送过程中的数据内容保持不变。块移动指令对应数据如表 5-21 所示。

表 5-21 块移动指令对应数据

数据	地址	数据	地址
4	Source[0]	4	Distin[0]
7	Source[1]	7	Distin[1]
42	Source[2]	42	Distin[2]
156	Source[3]	156	Distin[3]
230	Source[4]	230	Distin[4]

5.5.3 填充块指令

填充块指令如图 5-58 所示。

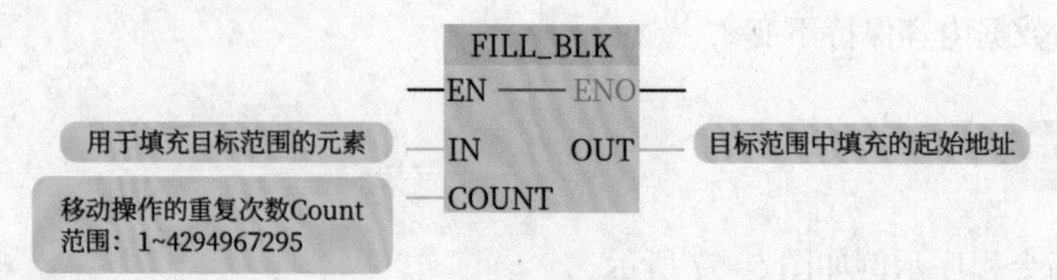

图 5-58 填充块指令图解

▶ 指令说明

填充块指令可以用 IN 输入的值填充一个存储区域（目标范围），从输出 OUT 指定的地址开始填充目标范围，可以使用参数 COUNT 指定复制操作的重复次数。执行该指令时，输入 IN 中的值将移动到目标范围，重复次数由参数 COUNT 的值指定。

▶ 程序编写

填充块指令程序示例如图 5-59 所示。

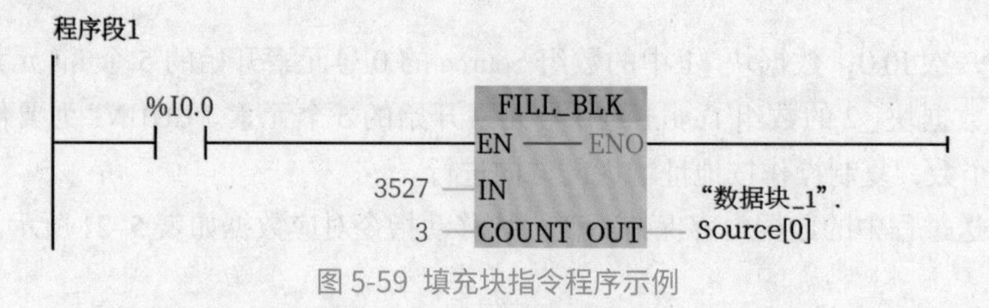

图 5-59 填充块指令程序示例

程序解释：

按一次 I0.0，常数 3527 被填充到数据块 _1 的 Source[0] 开始的 3 个字，填充块指令对应数据如表 5-22 所示。

表 5-22 填充块指令对应数据

IN 数据	COUNT 数据	数据	地址
3527	3	3527	Source[0]
		3527	Source[1]
		3527	Source[2]

5.5.4 字节交换指令

字节交换指令如图 5-60 所示。

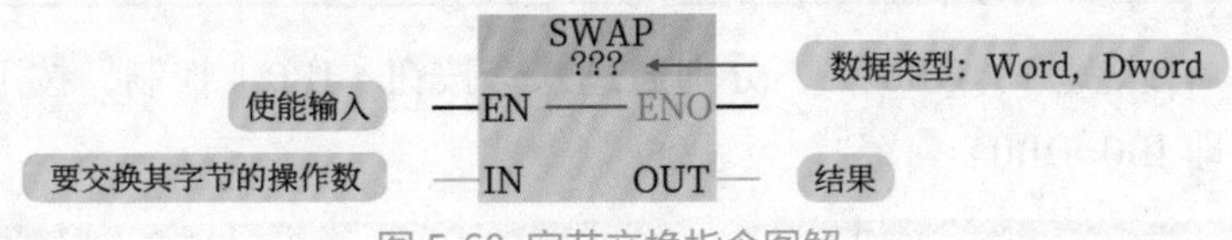

图 5-60 字节交换指令图解

▶ 指令说明

字节交换指令用来交换输入字 IN 的最高字节和最低字节。

▶ 程序编写

字节交换指令程序示例如图 5-61 所示。

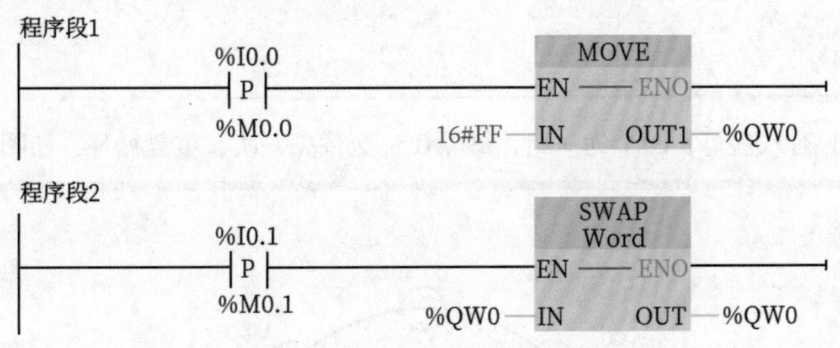

图 5-61 字节交换指令程序示例

程序解释：

1. 按一次 I0.0，传送指令 MOVE 把 16#FF 传送给 QW0；Q0.0~Q0.7 为 0，Q1.0~Q1.7 为 1。

2. 按一次 I0.1，字节交换指令 SWAP 把 QB0 与 QB1 进行交换，交换后，Q0.0~Q0.7 为 1，Q1.0~Q1.7 为 0，QW0 为 16#FF00，如图 5-62 所示。

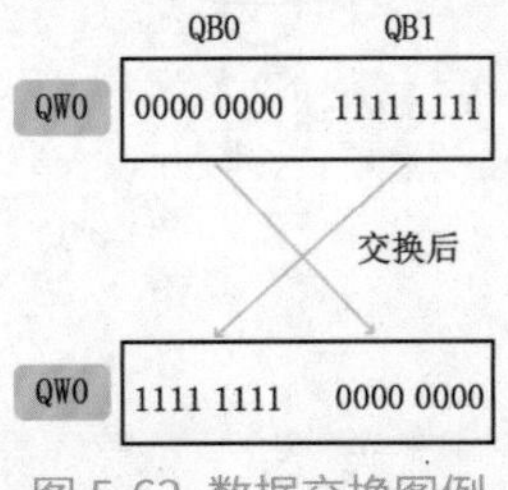

图 5-62 数据交换图例

5.5.5 传送指令应用案例

案例 1：有八盏灯（QB0），分别通过八个按钮（IB0）控制，按下按钮 I0.0 对应 Q0.0 亮，即 IB0=QB0。

▶ 程序编写

按钮控制指示灯程序示例如图 5–63 所示。

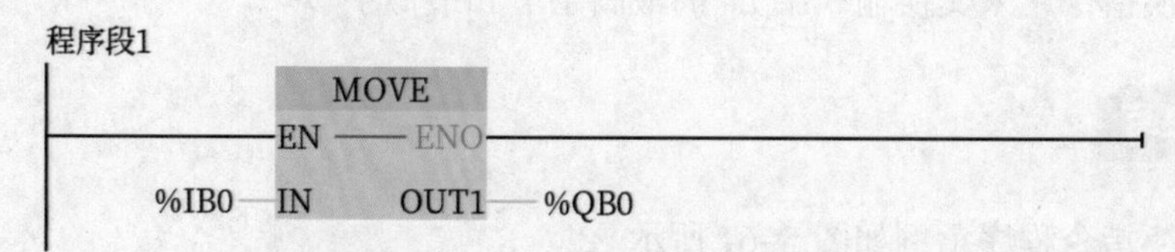

图 5-63 按钮控制指示灯程序示例

案例 2：有八盏灯，四个为一组，每隔 0.5s 交替亮一次，重复循环，如图 5–64 所示。

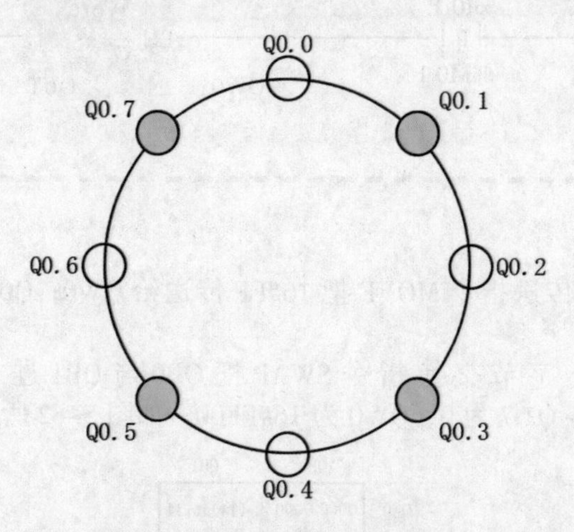

图 5-64 八盏灯交替图例

▶ 程序编写

八盏灯交替点亮程序示例如图 5–65 所示。

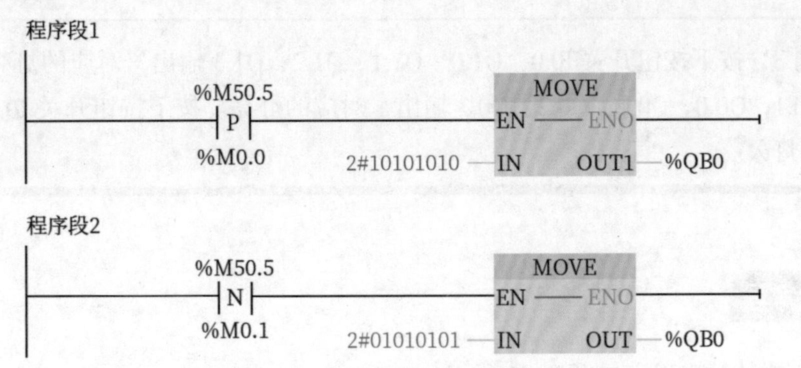

图 5-65 八盏灯交替点亮程序示例

M50.5 产生周期为 1s 的方波，时钟存储器设置如图 5-66 所示。在一个周期里，会产生一次上升沿和一次下降沿，间隔 0.5s，如图 5-67 所示。

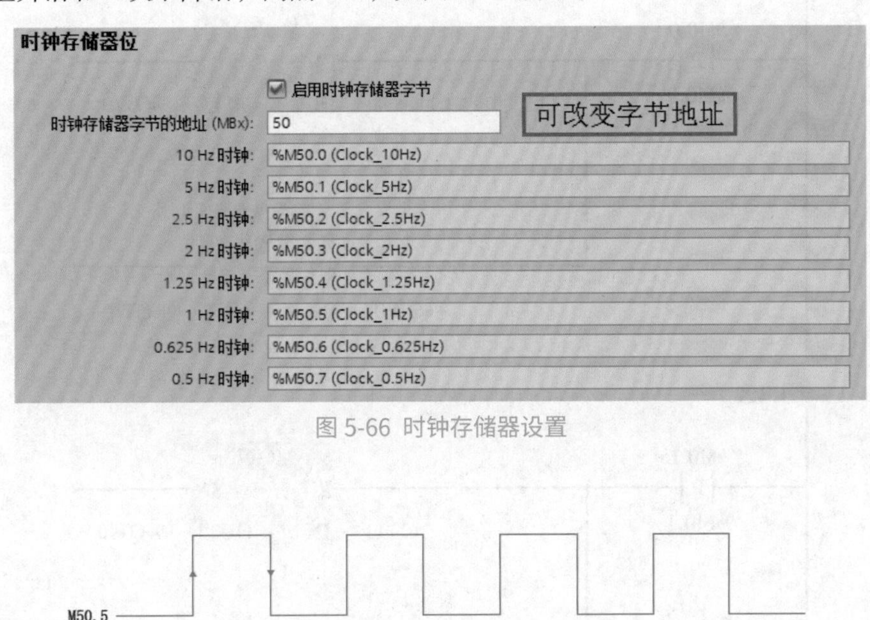

图 5-66 时钟存储器设置

M50. 5

P N

图 5-67 M50.5 产生的方波波形图

程序解释：

1.M50.5 产生上升沿，2#10101010 被传送给 QB0、Q0.1、Q0.3、Q0.5、Q0.7 输出，这四个灯亮。

2.M50.5 产生下降沿，2#01010101 被传送给 QB0、Q0.0、Q0.2、Q0.4、Q0.6 输出，这四个灯亮。

3.M50.5 产生周期为 1s 的方波，重复循环，灯也会重复循环亮灭。

案例 3：按下按钮开关 I0.0，Q1.0、Q1.1、Q1.2、Q1.3 输出，对应的灯亮。按下按钮开关 I0.1，Q0.0、Q0.1、Q0.2、Q0.3 输出，对应的灯亮。按下按钮开关 I0.2，断开所有输出，灯灭。

▶ 程序编写

四盏灯交替输出程序如图 5-68 所示。

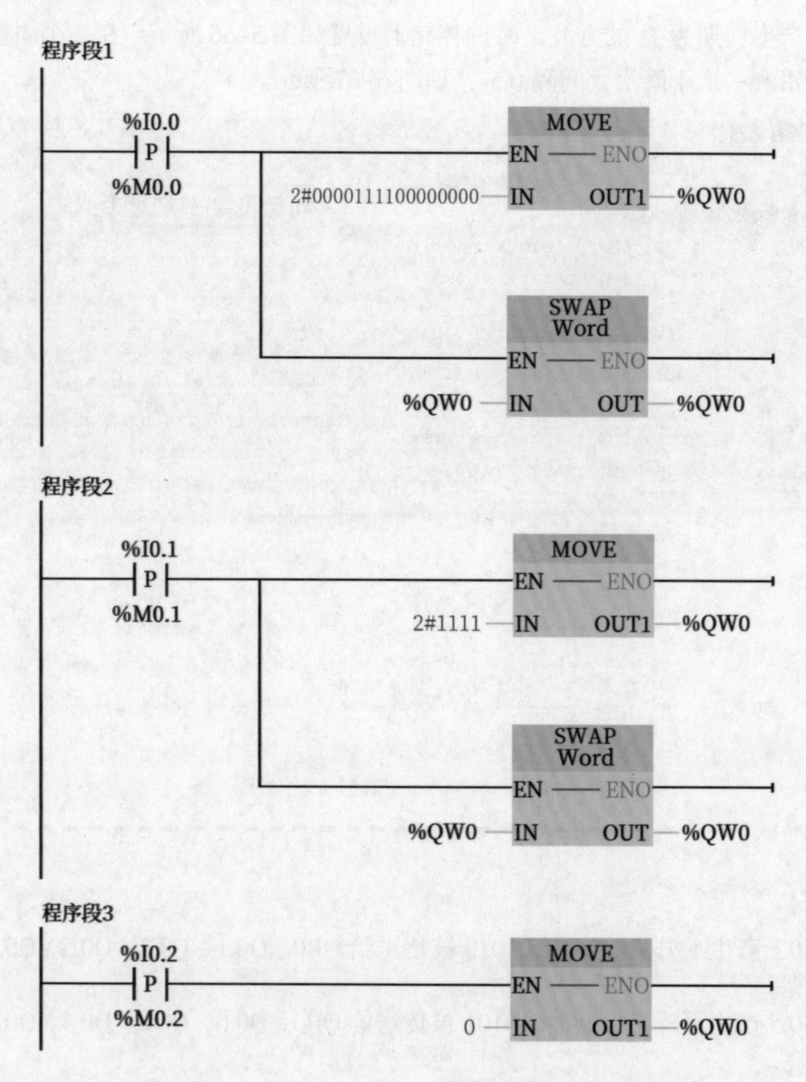

图 5-68 四盏灯交替输出程序

程序解释：

1. 按下 I0.0，2#0000111100000000 被传送给 QW0。根据西门子高位低字节存储方式，实际是 Q0.0、Q0.1、Q0.2、Q0.3 输出，SWAP 字节交换指令执行后，QB0 与 QB1 交换，Q1.0、Q1.1、Q1.2、Q1.3 输出，对应的灯亮，数据交换图例如图 5-69 所示。

2. 按下 I0.1，2#0000000000001111 被传送给 QW0。根据西门子高位低字节存储方式，实际是 Q1.0、Q1.1、Q1.2、Q1.3 输出，SWAP 字节交换指令执行后，QB0 与 QB1 交换，Q0.0、Q0.1、Q0.2、Q0.3 输出，对应的灯亮，数据交换图例如图 5-69 所示。

3. 按下 I0.2，0 被传送给 QW0。所有输出点断开，所有灯灭。

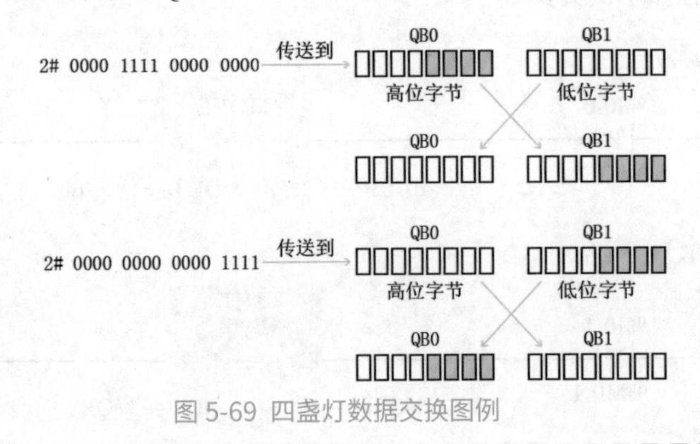

图 5-69 四盏灯数据交换图例

5.6 移位指令

5.6.1 左移动指令

左移动指令如图 5-70 所示。

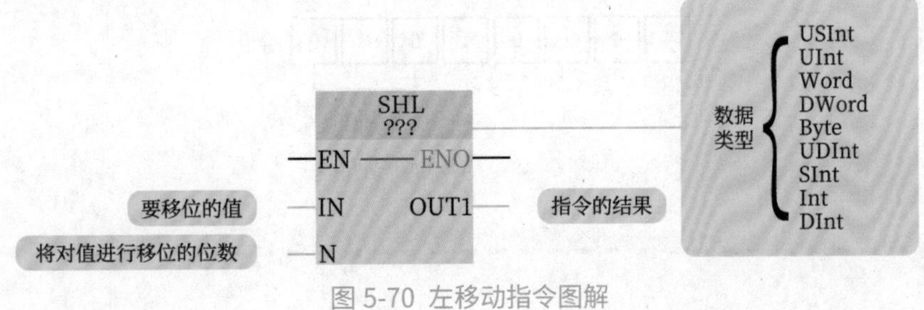

图 5-70 左移动指令图解

▶ 指令说明

左移动指令将输入位字符串、整数数值根据移位位数向左移动，并将结果载入输出对应的存储单元。

移位指令对每个移出位补 0。

▶ 程序编写

左移动指令程序示例如图 5–71 所示。

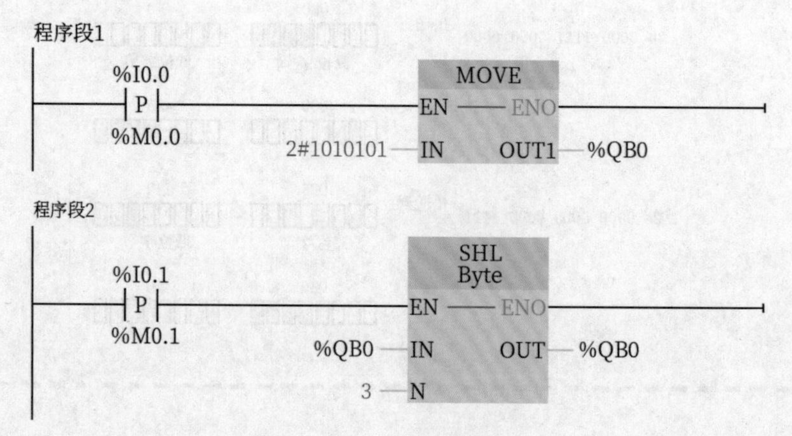

图 5-71 左移动指令程序示例

程序解释：

1. 按一次 I0.0，传送指令 MOVE 把 2#1010101 传送给 QB0。

2. 按一次 I0.1，数据向左移动 3 个位置，移出位自动补 0，并将结果载入 QB0，QB0 为 2#10101000，如图 5–72 所示。

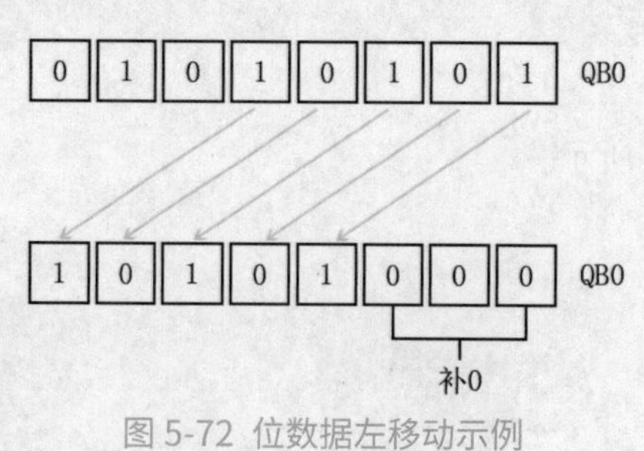

图 5-72 位数据左移动示例

5.6.2 右移动指令

右移动指令如图 5–73 所示。

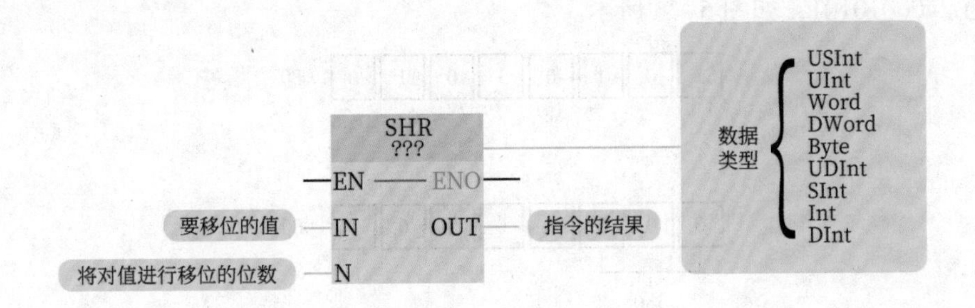

图 5-73 右移动指令图解

▶ 指令说明

右移动指令将输入位字符串、整数数值根据移位位数向右移动，并将结果载入输出对应的存储单元。

移位指令对每个移出位补 0。

▶ 程序编写

右移动指令程序示例如图 5–74 所示。

程序段1
%I0.0
P
%M0.0
MOVE
EN
ENO
2#10101010
IN
OUT1
%QB0

程序段2
%I0.1
P
%M0.1
SHR
Byte
EN
ENO
%QB0
IN
OUT
%QB0
3
N

图 5-74 右移动指令程序示例

程序解释：

1. 按一次 I0.0，传送指令 MOVE 把 2#10101010 传送给 QB0。

2. 按一次 I0.1，数据向右移动 3 个位置，移出位自动补 0，并将结果载入 QB0，QB0 为 2#00010101，如图 5-75 所示。

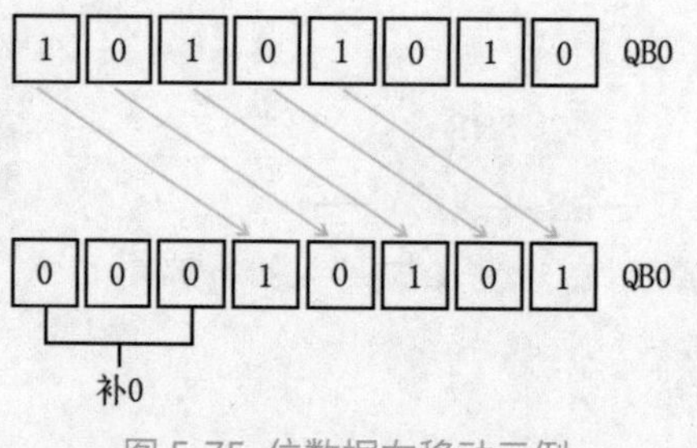

图 5-75 位数据右移动示例

5.6.3 循环左移指令

循环左移指令如图 5-76 所示。

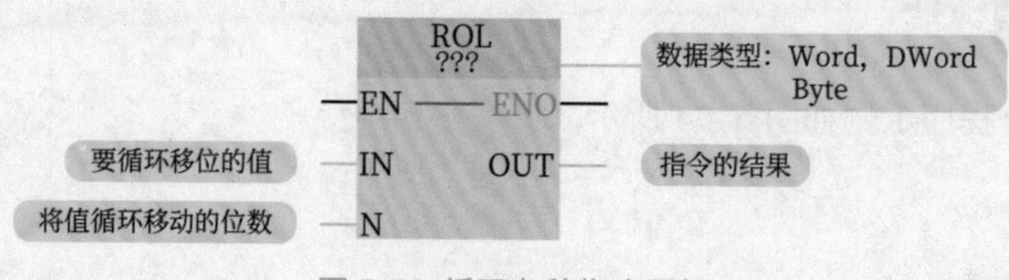

图 5-76 循环左移指令图解

▶ 指令说明

指令将输入字节、字、双字数值向左旋转 N 位，并将结果载入输出对应的存储单元。循环移位是一个环形移位，即被移出来的位将返回另一端空出的位置。

若移动的位数 N 大于允许值（对于字节操作，允许值为 8，字操作为 16，双字操作为 32），执行循环移位指令之前要先对 N 进行取模操作，例如字节移位，将 N 除以 8 后取余数，从而得到一个有效的移位次数。取模的结果对于字节操作是 0~7，对于字操作是 0~15，对于双字操作是 0~31，若取模操作结果为 0，则不能进行循环移位操作。

▶ 程序编写

循环左移指令程序示例如图 5–77 所示。

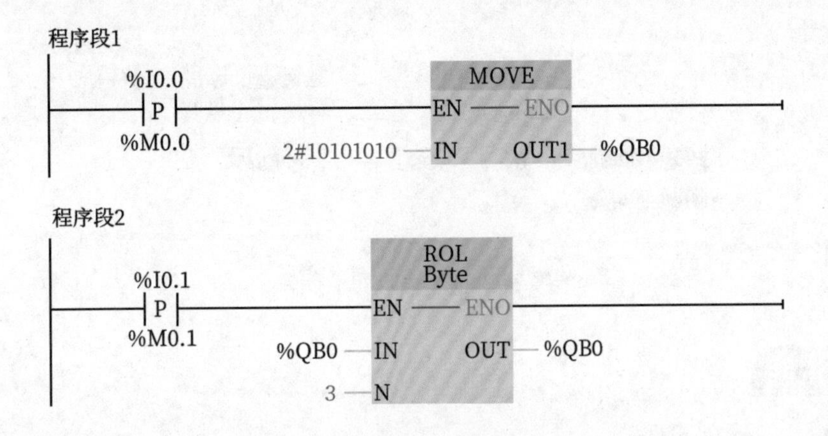

图 5-77 循环左移指令程序示例

程序解释：

1. 按一次 I0.0，传送指令 MOVE 把 2#10101010 传送给 QB0。

2. 按一次 I0.1，数据向左移动 3 位，剩下的数据补充空位，并将结果载入 QB0，QB0 为 2#01010101，如图 5–78 所示。

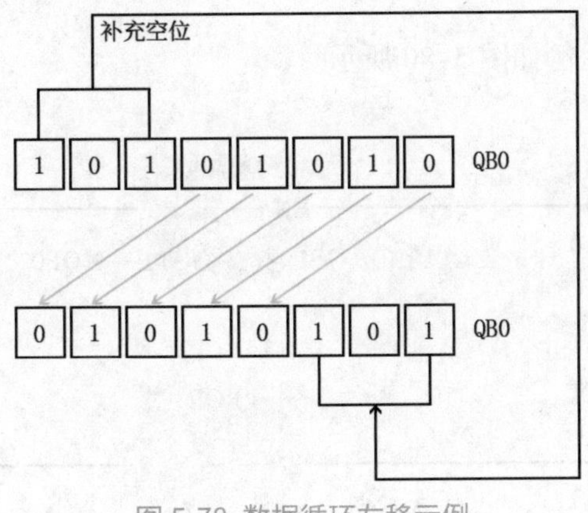

图 5-78 数据循环左移示例

5.6.4 循环右移指令

循环右移指令如图 5-79 所示。

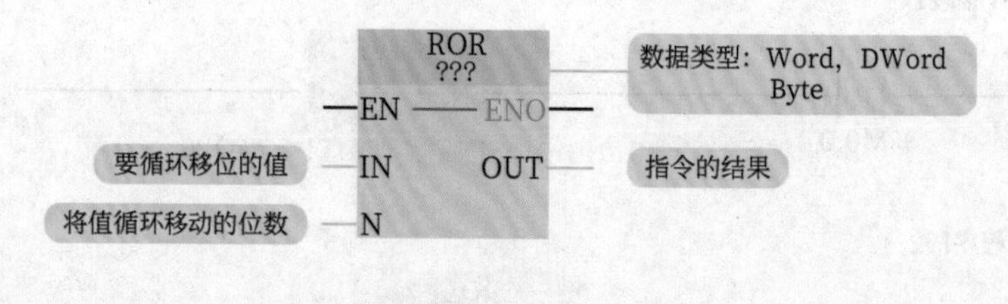

图 5-79 循环右移指令图解

▶ 指令说明

指令将输入字节、字、双字数值向右旋转 N 位，并将结果载入输出对应的存储单元。循环移位是一个环形移位，即被移出来的位将返回另一端空出的位置。

若移动的位数 N 大于允许值（对于字节操作，允许值为 8，字操作为 16，双字操作为 32），执行循环移位指令之前先对 N 进行取模操作，例如字节移位，将 N 除以 8 后取余数，从而得到一个有效的移位次数。取模的结果对于字节操作是 0~7，对于字操作是 0~15，对于双字操作是 0~31，若取模操作结果为 0，则不能进行循环移位操作。

▶ 程序编写

循环右移指令程序示例如图 5-80 所示。

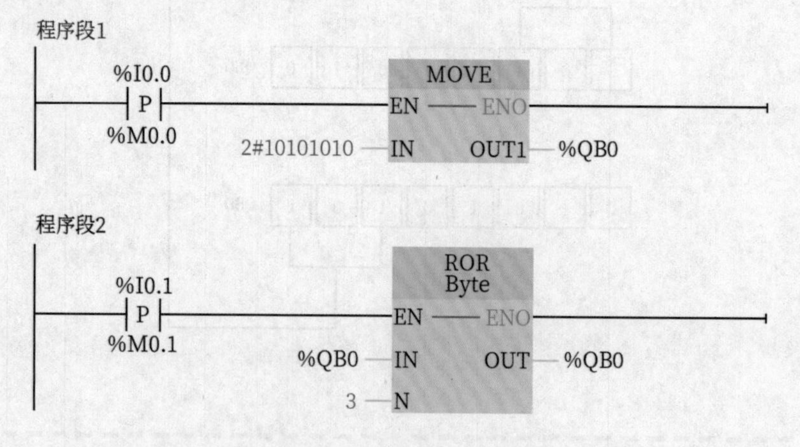

图 5-80 循环右移指令程序示例

程序解释：

1. 按一次 I0.0，传送指令 MOVE 把 2#10101010 传送给 QB0。

2. 按一次 I0.1，数据向右移动 3 位，剩下的数据补充空位，并将结果载入 QB0，QB0 为 2#01010101，如图 5-81 所示。

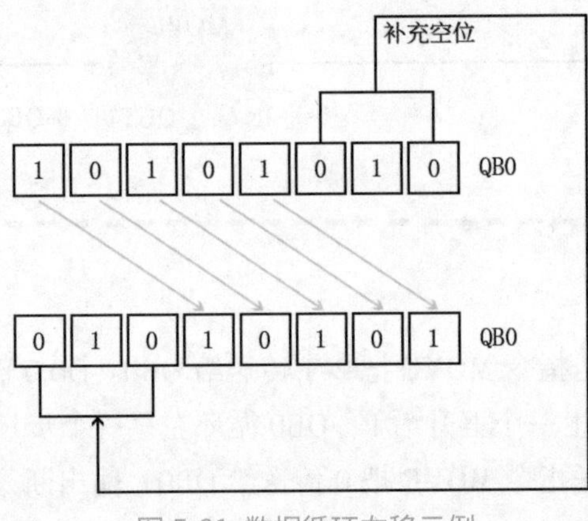

图 5-81 数据循环右移示例

5.6.5 移位指令应用案例

案例 1：做一个每隔 1s 点亮一个灯的跑马灯，M50.5 为硬件组态里激活的 1s 脉冲。

接线：I0.0 接启动按钮，I0.1 接停止按钮，Q0.0~Q0.7 接八个灯。

▶ 程序编写

每隔 1s 的跑马灯程序如图 5-82 所示。

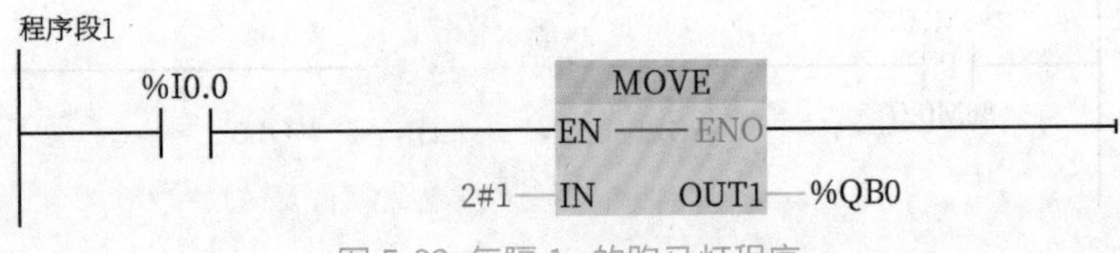

图 5-82 每隔 1s 的跑马灯程序

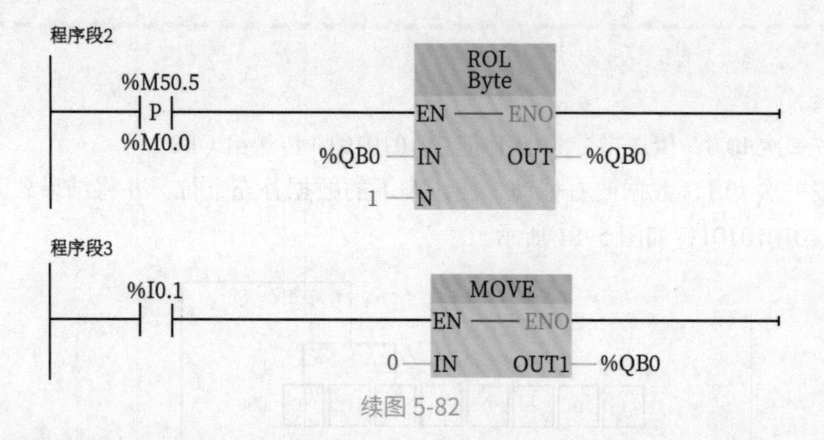

续图 5-82

程序解释：

1. 按一次 I0.0，传送指令 MOVE 把 2#1 传送给 QB0。Q0.0 输出，对应灯亮。
2. M50.5 每隔 1s 产生一个上升沿 P，QB0 循环左移一个步长。
3. 按一次 I0.1，传送指令 MOVE 把 0 传送给 QB0，输出断开，灯灭。

案例 2：七个灯循环点亮，即 Q0.0~Q0.6 每隔 1s 点亮一个灯，周期循环，M50.5 为硬件组态里激活的 1s 脉冲。

▶ 程序编写

七个灯循环点亮程序如图 5-83 所示。

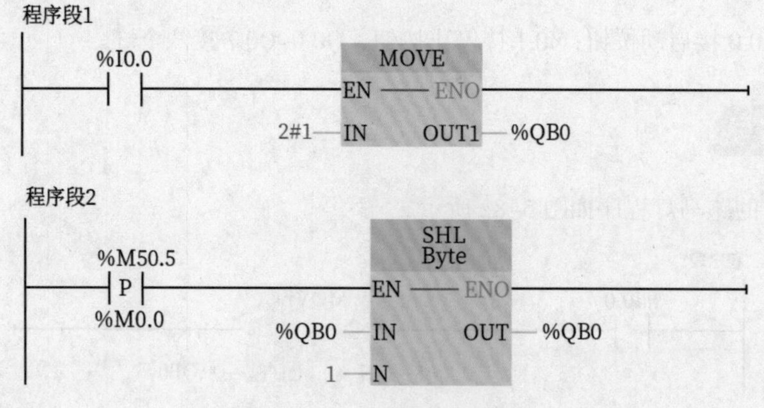

图 5-83 七个灯循环点亮程序

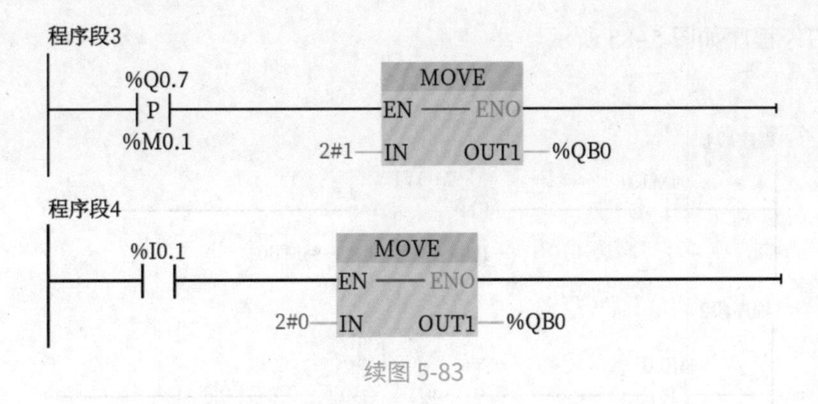

续图 5-83

程序解释：

1. 按一次 I0.0，传送指令 MOVE 把 2#1 传送给 QB0。Q0.0 输出，对应灯亮。

2. M50.5 每隔 1s 产生一个上升沿 P，QB0 左移一个步长。

3. Q0.7 为 1 时产生一个上升沿 P，执行传送指令 MOVE，把 2#1 传送给 QB0。Q0.0 输出，对应灯亮。Q0.0 到 Q0.6 每隔 1s 点亮一个灯，周期循环。

4. 按一次 I0.1，传送指令 MOVE 把 2#0 传送给 QB0，输出断开，灯灭。

案例 3：一键启停。

▶ 程序编写

一键启停程序设计，首先在硬件组态中启用系统存储器字节，如图 5-84 所示。

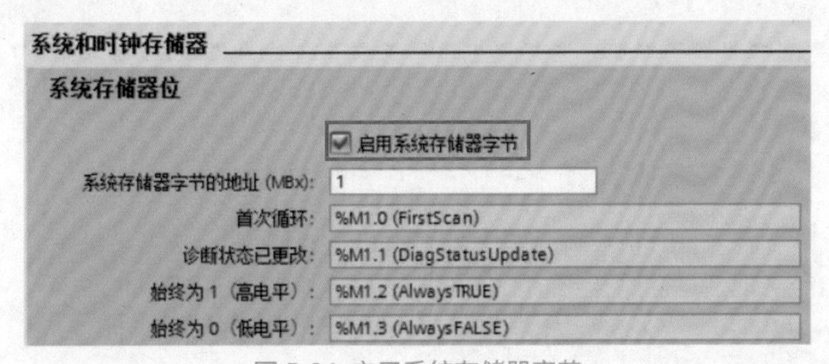

图 5-84 启用系统存储器字节

一键启停程序如图 5-85 所示。

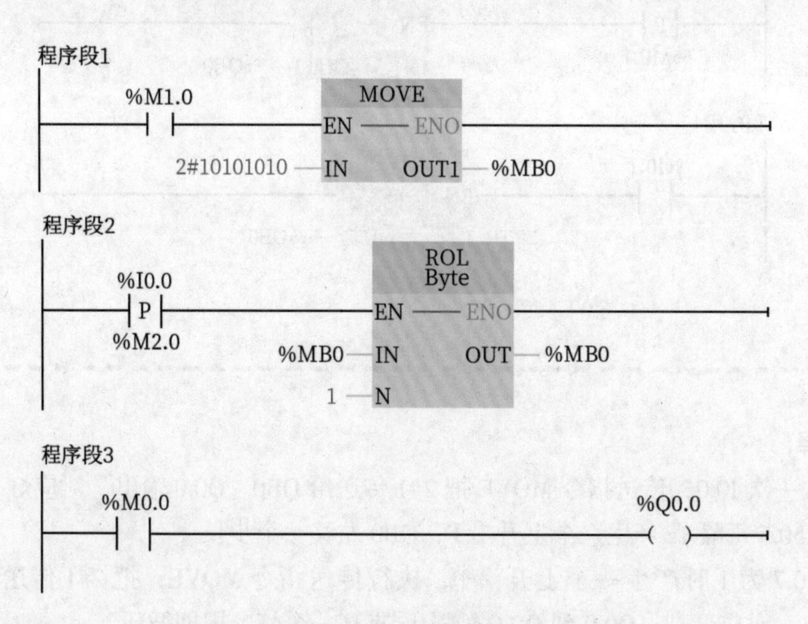

图 5-85 一键启停程序

程序解释：

1. 程序初始化 M1.0，传送指令 MOVE 把 2#10101010 传送给 MB0。

2. 按一次 I0.0 产生一个上升沿 P，MB0 循环左移一个步长。

3. 第一次按下 I0.0，循环左移指令执行后，MB0 为 2#01010101。第二次按下 I0.0，循环左移指令执行后，MB0 为 2#10101010。第三次按下 I0.0，循环左移指令执行后，MB0 为 2#01010101。MB0 在 2#10101010 与 2#01010101 之间循环切换。

4. MB0 中 M0.0 在 0 和 1 之间循环切换。M0.0 接通 Q0.0，Q0.0 会产生亮一次、灭一次的循环，实现一键启停。

5.7 算术运算指令

5.7.1 加法指令

加法指令如图 5-86 所示。

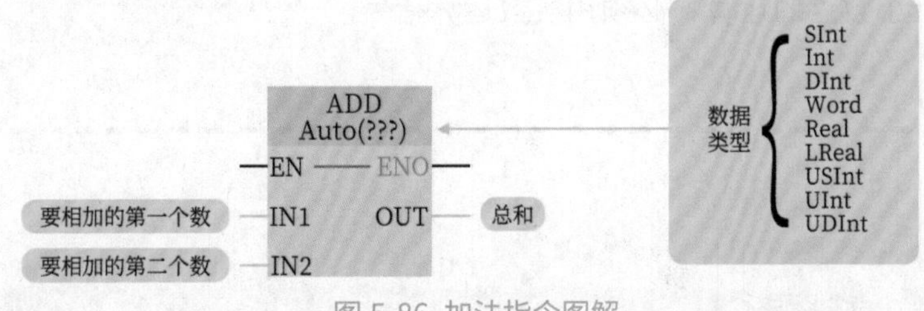

图 5-86 加法指令图解

▶ 指令说明

整数、双整数、实数的加法运算是将 IN1 和 IN2 相加运算后产生的结果，存储在目标操作数（OUT）指定的存储单元中，操作数数据类型不变。

▶ 程序编写

加法指令程序示例如图 5-87 所示。

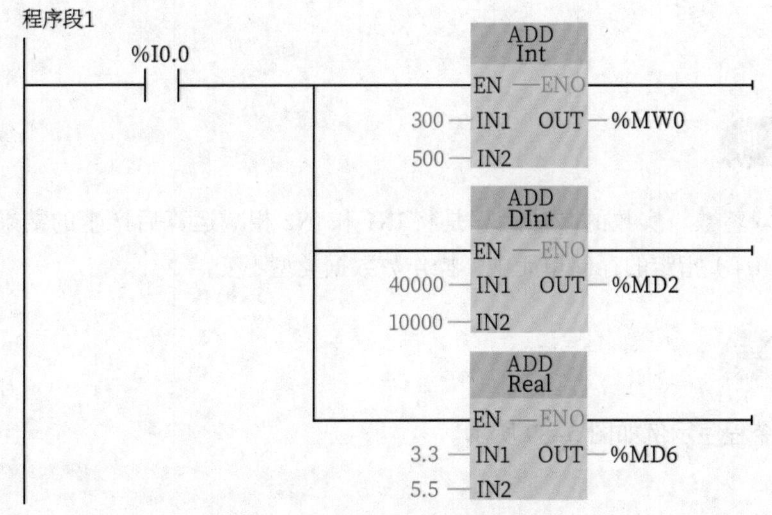

图 5-87 加法指令程序示例

程序解释：

1. 按下 I0.0，执行整数相加指令（ADD_Int），执行以后，MW0 中存储的结果为 800。

2. 按下 I0.0，执行双整数相加指令（ADD_DInt），执行以后，MD2 中存储的结果为 50000。

3. 整数相加指令适用的范围是 -32768~32767，超过范围必须用双整数相加指令，50000 大于 32767，必须用双整数相加指令。

4. 按下 I0.0，执行实数相加指令（ADD_Real），执行以后，MD6 中存储的结果为 8.8。只要是带小数点的运算，必须用实数运算指令。

5.7.2 减法指令

减法指令如图 5-88 所示。

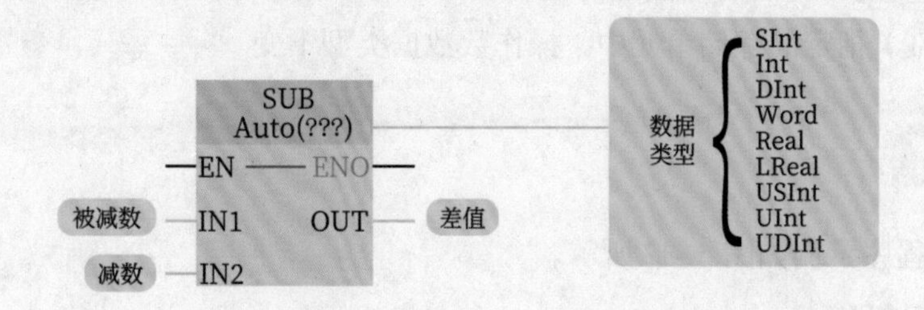

图 5-88 减法指令图解

▶ 指令说明

整数、双整数、实数的减法运算是将 IN1 和 IN2 相减运算后产生的结果，存储在目标操作数（OUT）指定的存储单元中，操作数数据类型不变。

▶ 程序编写

减法指令程序示例如图 5-89 所示。

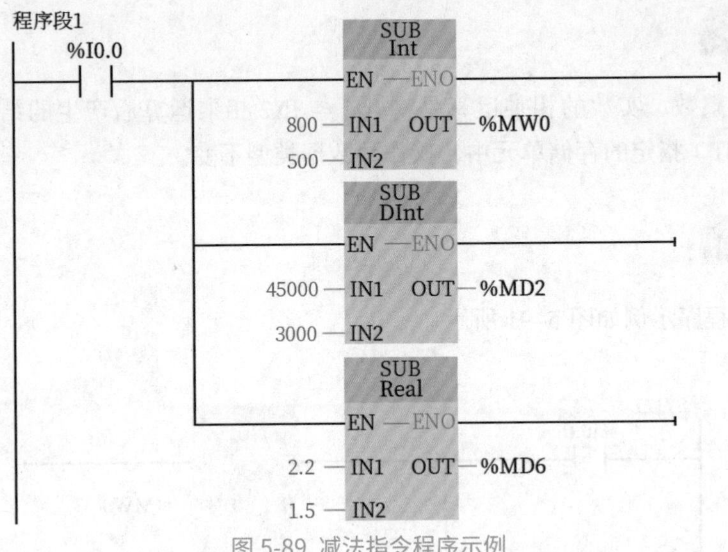

图 5-89 减法指令程序示例

程序解释：

1. 按下 I0.0，执行整数相减指令（SUB_Int），执行以后，MW0 中存储的结果为 300。

2. 按下 I0.0，执行双整数相减指令（SUB_DInt）， 执行以后，MD2 中存储的结果为 42000。

3. 整数相减指令适用的范围是 -32768~32767，超过范围必须用双整数相减指令，42000 大于 32767，必须用双整数相减指令。

4. 按下 I0.0，执行实数相减指令（SUB_Real），执行以后，MD6 中存储的结果为 0.7。只要是带小数点的运算，必须用实数运算指令。

5.7.3 乘法指令

乘法指令如图 5-90 所示。

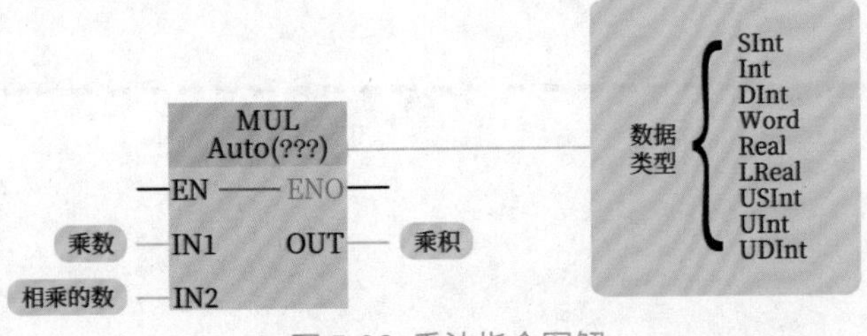

图 5-90 乘法指令图解

▶ 指令说明

整数、双整数、实数的相乘运算是将 IN1 与 IN2 相乘运算后产生的结果，存储在目标操作数（OUT）指定的存储单元中，操作数数据类型不变。

▶ 程序编写

乘法指令程序示例如图 5-91 所示。

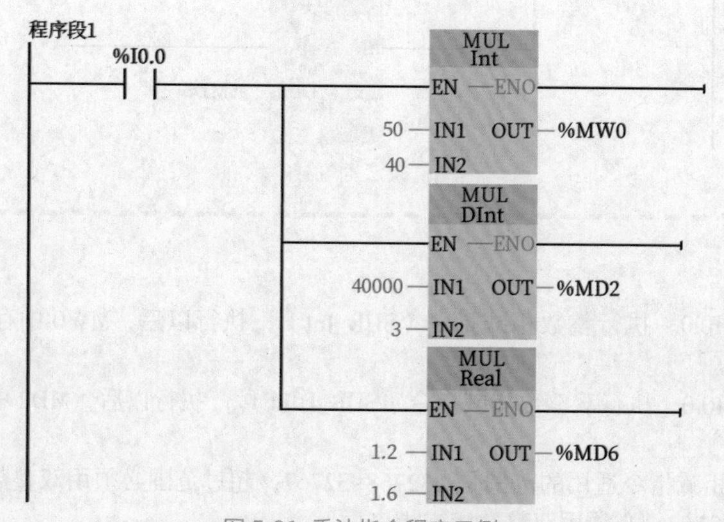

图 5-91 乘法指令程序示例

程序解释：

1. 按下 I0.0，执行整数相乘指令（MUL_Int），执行以后，MW0 中存储的结果为 2000。

2. 按下 I0.0，执行双整数相乘指令（MUL_DInt），执行以后，MD2 中存储的结果为 120000。

3. 按下 I0.0，执行实数相乘指令（MUL_Real），执行以后，MD6 中存储的结果为 1.92。只要是带小数点的运算，必须用实数运算指令。

5.7.4 除法指令

除法指令如图 5-92 所示。

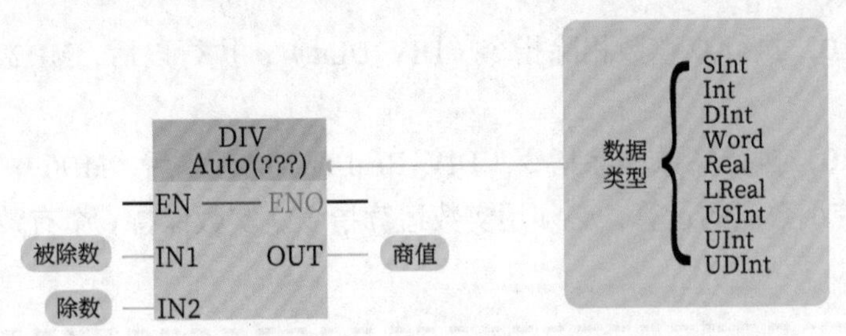

图 5-92 除法指令图解

▶ 指令说明

整数、双整数、实数的相除运算是将 IN1 与 IN2 相除运算后产生的结果，存储在目标操作数（OUT）指定的存储单元中，操作数数据类型不变。整数、双整数除法不保留余数。

▶ 程序编写

除法指令程序示例如图 5-93 所示。

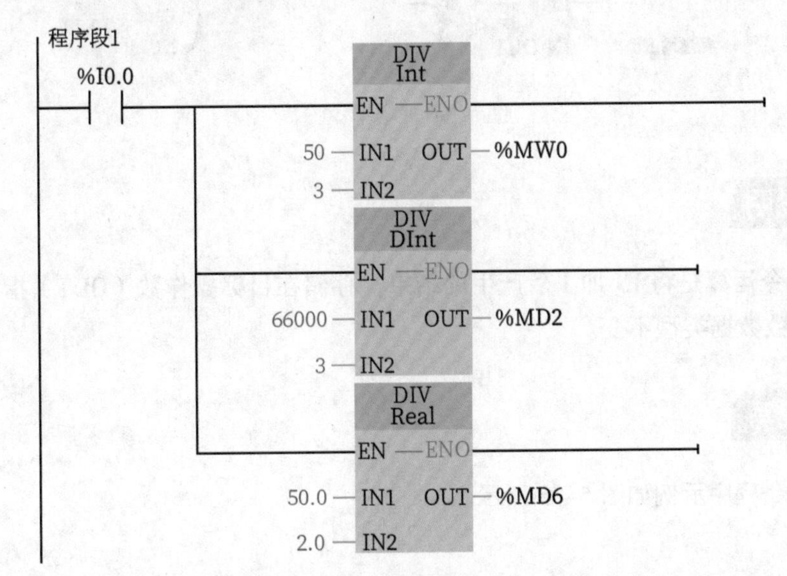

图 5-93 除法指令程序示例

程序解释：

1. 按下 I0.0，执行整数相除指令（DIV_Int），执行以后，MW0 中存储的结果为 16，不保留余数。

2. 按下 I0.0，执行双整数相除指令（DIV_DInt），执行以后，MD2 中存储的结果为 22000。

3. 按下 I0.0，执行实数相除指令（DIV_Real），执行以后，MD6 中存储的结果为 25.0。只要是带小数点的运算，必须用实数运算指令。实数保持 6 个有效字符。

5.7.5 递增指令

递增指令（也称自加 1 指令）如图 5–94 所示。

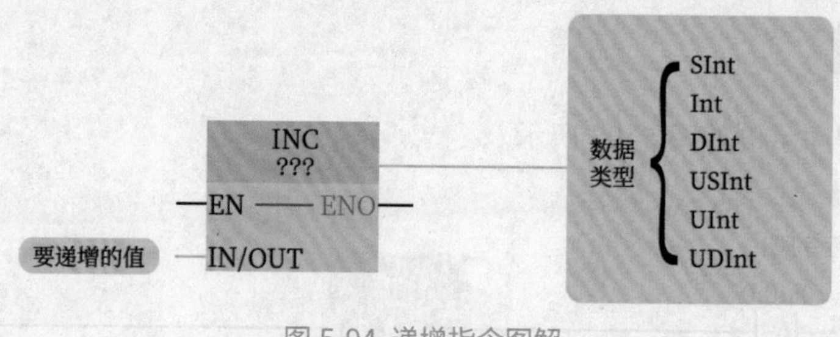

图 5-94 递增指令图解

▶ 指令说明

递增指令运算是将 IN 加 1 后产生的结果，存储在目标操作数（OUT）指定的存储单元中，操作数数据类型不变。

▶ 程序编写

递增指令程序示例如图 5–95 所示。

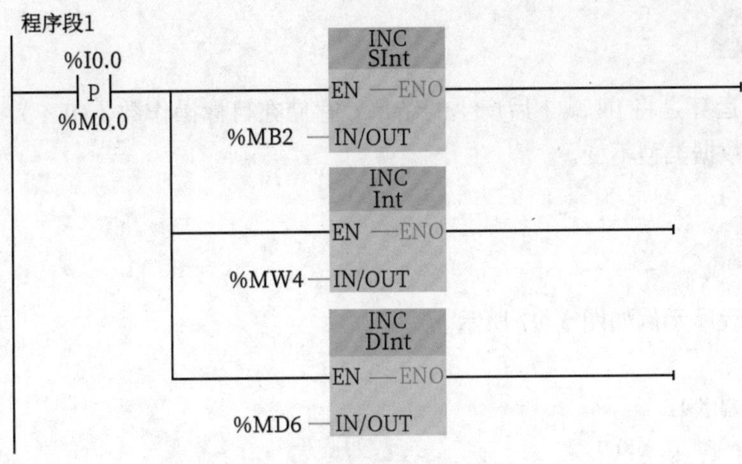

图 5-95 递增指令程序示例

程序解释：

1. 按一次 I0.0 产生一个上升沿，执行字节自加 1 指令（INC_SInt），MB2 中的数据加 1。字节可表示的整数不超过 127。

2. 按一次 I0.0 产生一个上升沿，执行字自加 1 指令（INC_Int），MW4 中的数据加 1。字可表示的整数不超过 32767。

3. 按一次 I0.0 产生一个上升沿，执行双字自加 1 指令（INC_DInt），MD6 中的数据加 1。双字可表示的整数不超过 2147483647。

5.7.6 递减指令

递减指令（也称自减 1 指令）如图 5–96 所示。

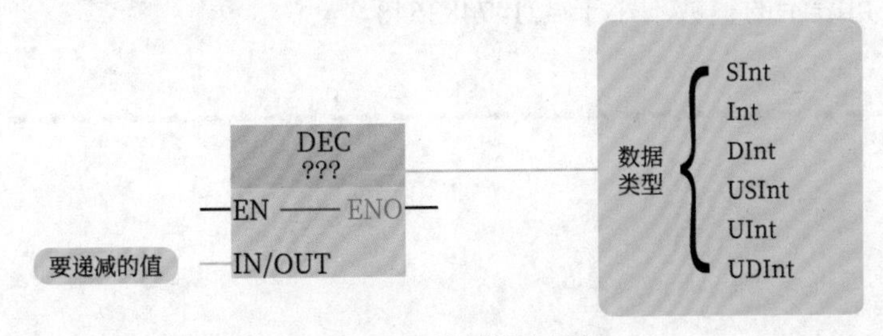

图 5-96 递减指令图解

▶ 指令说明

递减指令运算是将 IN 减 1 后产生的结果，存储在目标操作数（OUT）指定的存储单元中，操作数数据类型不变。

▶ 程序编写

递减指令程序示例如图 5-97 所示。

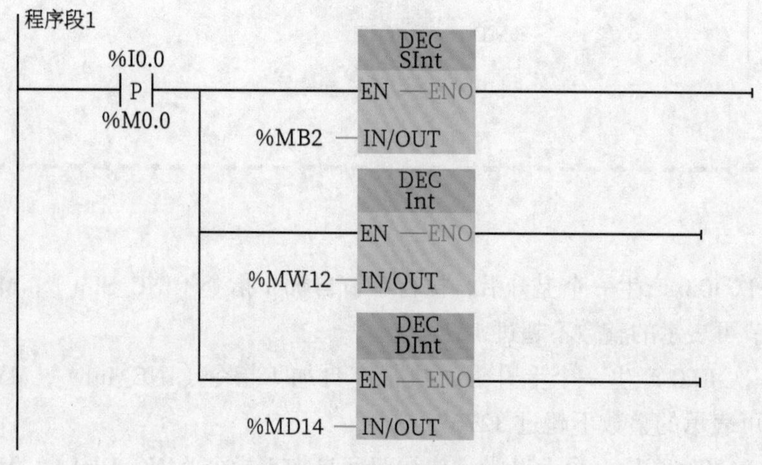

图 5-97 递减指令程序示例

程序解释：

1. 按一次 I0.0 产生一个上升沿，执行字节自减 1 指令（DEC_SInt），MB2 中的数据减 1。字节可表示的整数不小于 –128。

2. 按一次 I0.0 产生一个上升沿，执行字自减 1 指令（DEC_Int），MW12 中的数据减 1。字可表示的整数不小于 –32768。

3. 按一次 I0.0 产生一个上升沿，执行双字自减 1 指令（DEC_DInt），MD14 中的数据减 1。双字可表示的整数不小于 –2147483648。

5.7.7 数学函数运算指令

数学函数运算指令如图 5-98 所示。

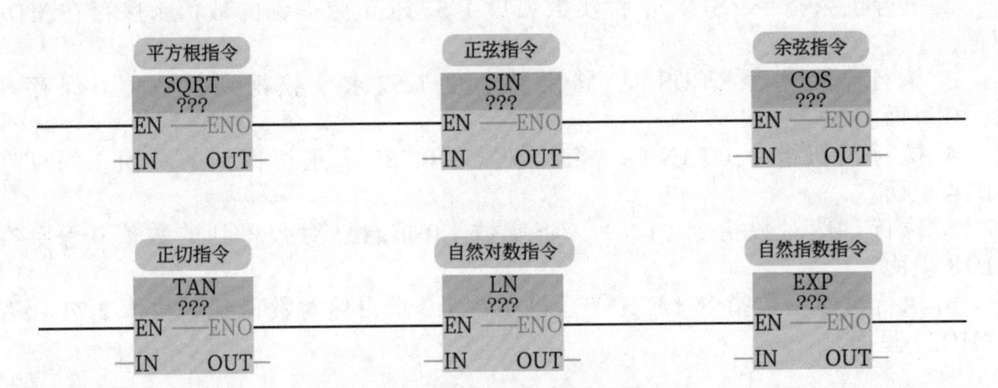

图 5-98 数学函数运算指令图解

▶ 程序编写

数学函数运算指令程序示例如图 5-99 所示。

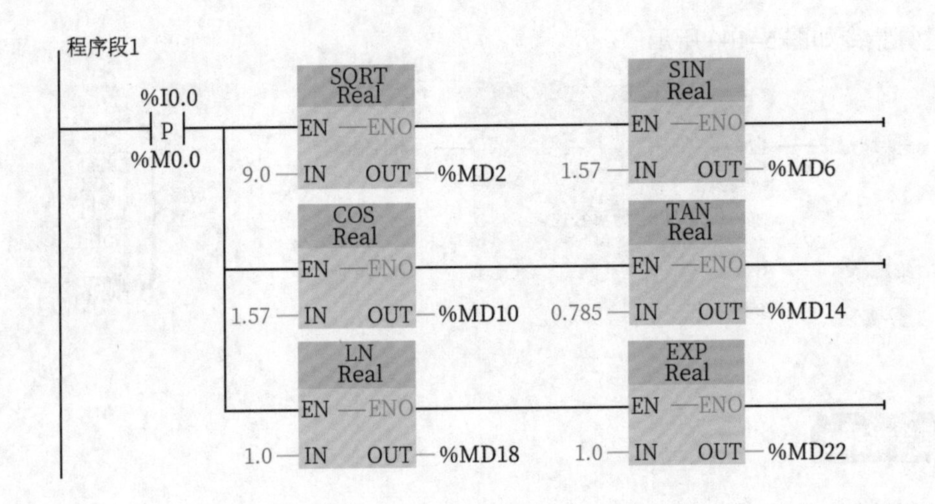

图 5-99 数学函数运算指令程序示例

程序解释：

1. 按下 I0.0，执行平方根指令（SQRT），将实数 9.0 求平方根得到的数值 3.0 保存在 MD2 里面。

2. 执行正弦指令（SIN），将实数弧度 1.57 求正弦得到的数值 1 保存在 MD6 里面。

3. 执行余弦指令（COS），将实数弧度 1.57 求余弦得到的数值 0 保存在 MD10 里面。

4. 执行正切指令（TAN），将实数弧度 0.785 求正切得到的数值 1 保存在 MD14 里面。

5. 执行自然对数指令（LN），将实数 1.0 求自然对数得到的数值 0 保存在 MD18 里面。

6. 执行自然指数指令（EXP），将实数 1.0 求自然对数得到的数值 2.71 保存在 MD22 里面。

5.7.8 计算指令

计算指令如图 5-100 所示。

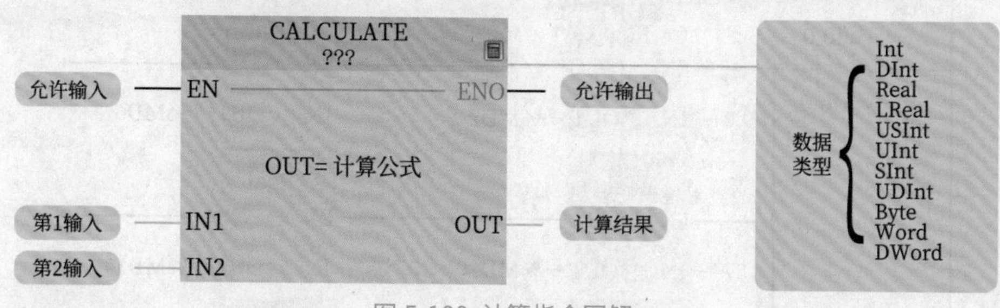

图 5-100 计算指令图解

▶ 指令说明

使用计算指令定义并执行表达式，根据所选数据类型进行数学运算或复杂逻辑运算。

▶ 程序编写

计算指令示例如图 5-101 所示。

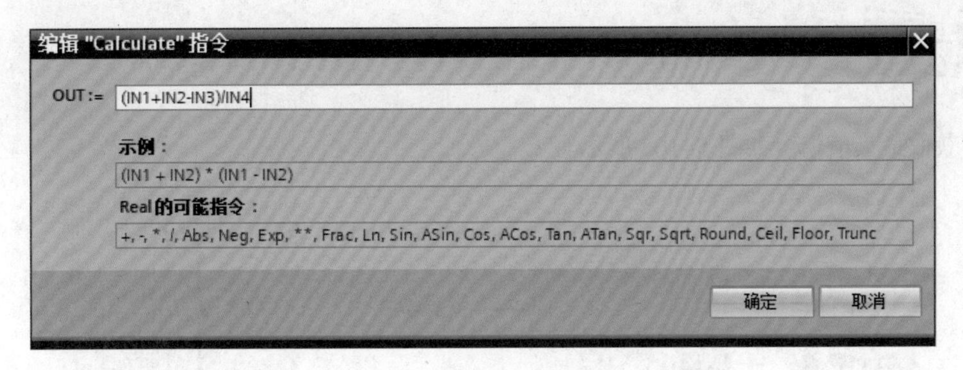

图 5-101 计算指令示例

计算指令程序示例如图 5-102 所示。

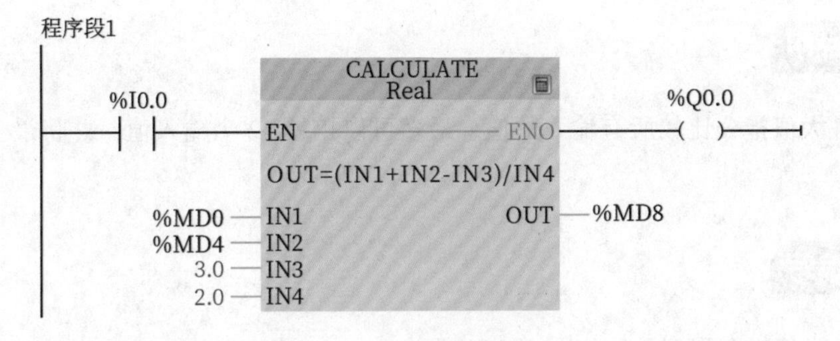

图 5-102 计算指令程序示例

程序解释：

1. 用一个例子来说明计算指令，在梯形图中点击“计算器”图标，弹出如图 5-101 所示界面，输入表达式，本例为：OUT=（IN1+IN2–IN3）/IN4。

2. 当 I0.0 闭合时，激活计算指令，IN1 中的实数存储在 MD0 中，假设这个数为 12.0，IN2 中的实数存储在 MD4 中，假设这个数为 3.0，根据计算公式，存储在 OUT 端的 MD8 中的结果是 6.0。由于没有超出计算范围，因此 Q0.0 输出为“1”。

5.7.9 获取最大值指令

获取最大值指令如图 5-103 所示。

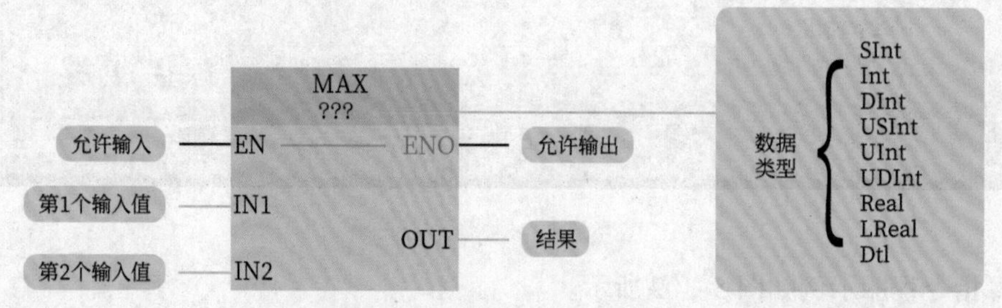

图 5-103 获取最大值指令图解

▶ 指令说明

获取最大值指令比较所有输入的值，最多可以扩展 32 个输入值，并将最大的值写入 OUT 中。

▶ 程序编写

获取最大值指令程序示例如图 5-104 所示。

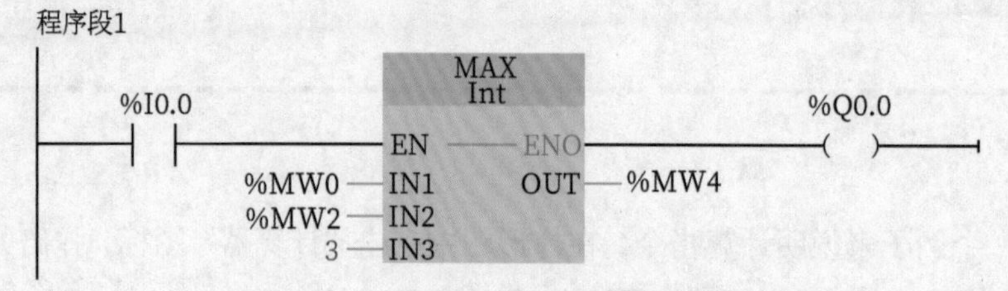

图 5-104 获取最大值指令程序示例

程序解释：

1. 当 I0.0 闭合一次时，激活获取最大值指令，比较输入端的三个值的大小，假设 MW0=1，MW2=2，第三个输入值为 3，显然三个数值中最大的为 3，故运算结果是 MW4=3。

2. 由于没有超过计算范围，因此 Q0.0 输出为“1”。

5.7.10 获取最小值指令

获取最小值指令如图 5–105 所示。

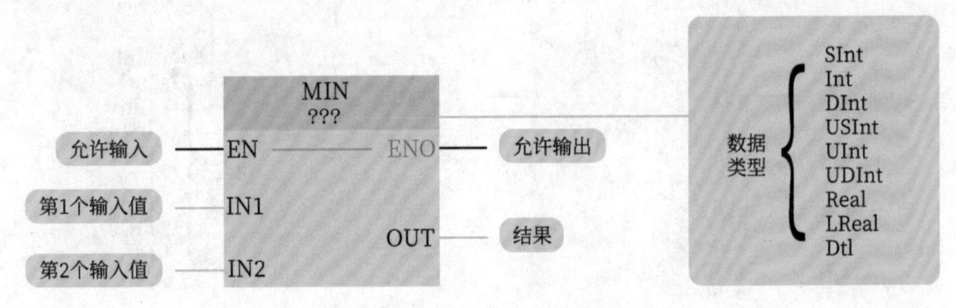

图 5-105 获取最小值指令图解

▶ 指令说明

获取最小值指令比较所有输入的值，最多可以扩展 32 个输入值，并将最小的值写入 OUT 中。

▶ 程序编写

获取最小值指令程序示例如图 5–106 所示。

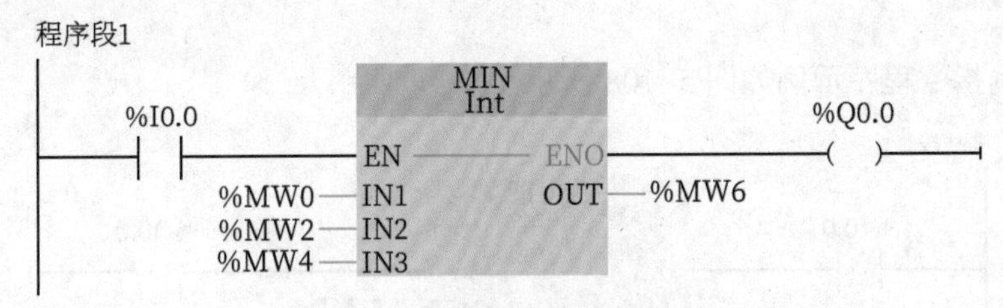

图 5-106 获取最小值指令程序示例

程序解释：

1. 当 I0.0 闭合一次时，激活获取最小值指令，比较输入端的三个值的大小，假设 MW0=1，MW2=2，MW4=3，显然三个数值中最小的为 1，故运算结果是 MW6=1。

2. 由于没有超过计算范围，因此 Q0.0 输出为“1”。

5.7.11 设置限制指令

设置限制指令如图 5-107 所示。

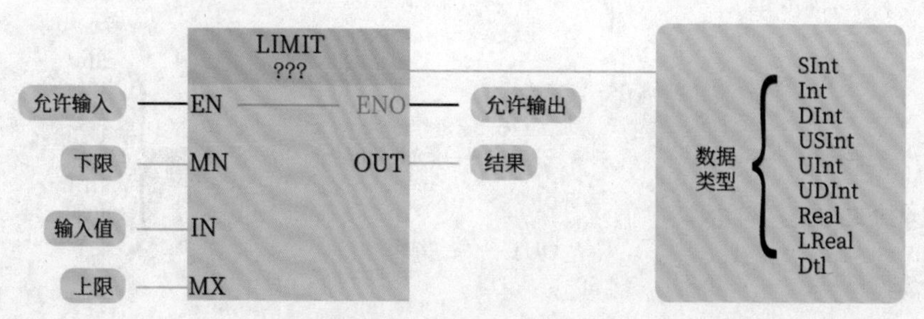

图 5-107 设置限制指令图解

▶ 指令说明

（1）使用设置限值指令，将输入 IN 的值限制在输入下限 MN 与输入上限 MX 之间。如果 IN 输入的值满足条件 MN ≤ IN ≤ MX，则 OUT 以 IN 的值输出。

（2）如果不满足上述条件且输入值 IN 低于下限 MN，则 OUT 以 MN 的值输出。

（3）如果输入值 IN 超出上限 MX，则 OUT 以 MX 的值输出。

▶ 程序编写

设置限制指令程序示例如图 5-108 所示。

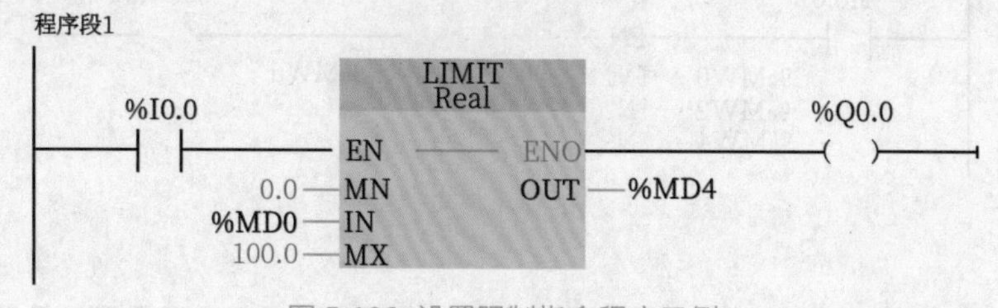

图 5-108 设置限制指令程序示例

程序解释：

当 I0.0 闭合一次时，激活设置限制指令。当 100.0 ≥ MD0 ≥ 0.0 时，MD4=MD0；当 MD0 > 100.0 时，MD4=100.0；当 MD0 < 0.0，MD4=0.0。

5.7.12 计算绝对值指令

计算绝对值指令如图 5–109 所示。

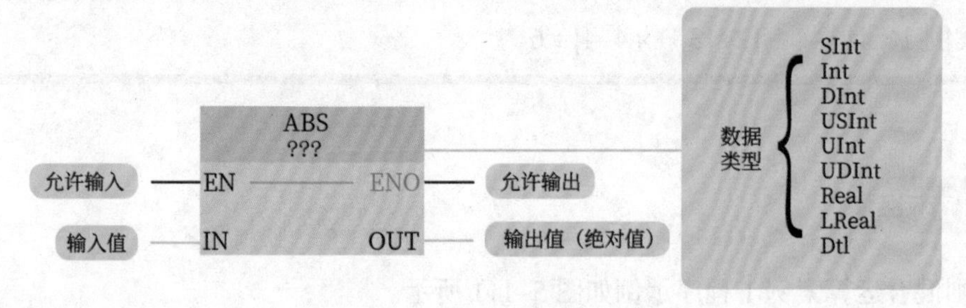

图 5-109 计算绝对值指令图解

▶ 指令说明

当允许输入端 EN 为高电平“1”时，对输入端 IN 求绝对值，结果送入 OUT 中。IN 中的数可以是常数。计算绝对值指令（ABS）的表达式是：OUT= ｜ IN ｜。

▶ 程序编写

计算绝对值指令程序示例如图 5–110 所示。

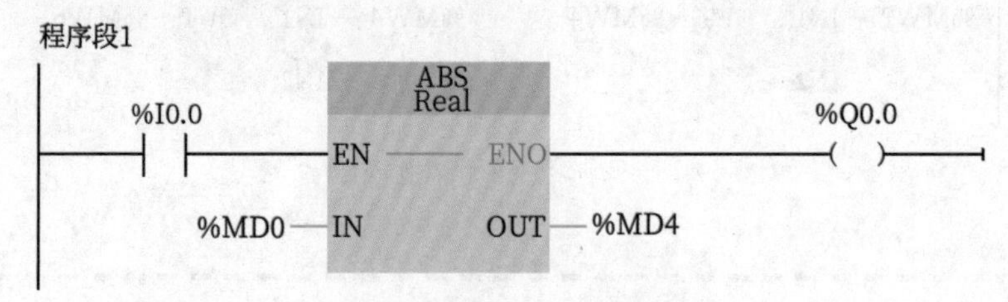

图 5-110 计算绝对值指令程序示例

程序解释：

1. 当 I0.0 闭合时，激活计算绝对值指令，IN 中的实数存储在 MD0 中，假设这个数为 10.1，实数求绝对值的结果存储在 OUT 端的 MD4 中的数是 10.1。

2. 假设 MD0 中的实数为 –10.1，实数求绝对值的结果存储在 OUT 端的 MD4 中的数是 10.1。

5.7.13 算术运算指令应用案例

案例 1：计算 [（12+13）×4–4]÷6。

▶ 程序编写

四则混合运算案例 1 程序示例如图 5–111 所示。

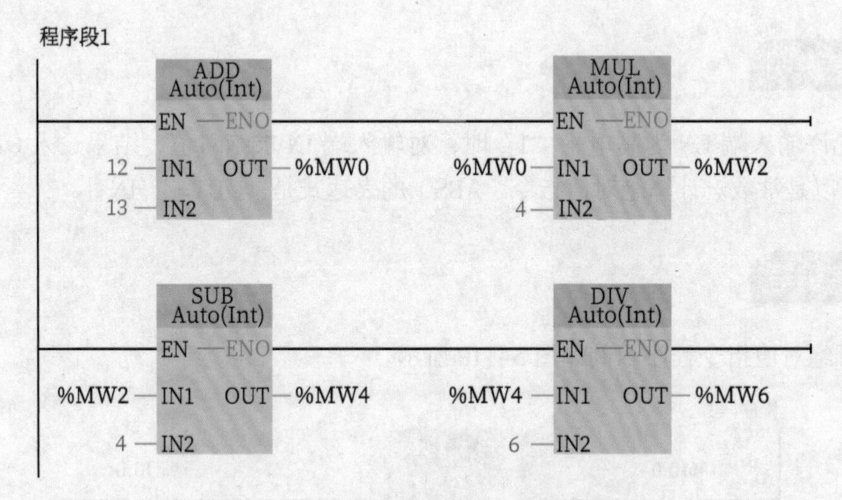

图 5-111 四则混合运算案例 1 程序示例

程序解释：

1. 相加指令（ADD_Int）执行以后，MW0 中存储的结果为 25。
2. 相乘指令（MUL_Int）执行以后，MW2 中存储的结果为 100。
3. 相减指令（SUB_Int）执行以后，MW4 中存储的结果为 96。
4. 相除指令（DIV_Int）执行以后，MW6 中存储的结果为 16。

案例 2：计算 [（7+8）×2−9]÷8。

▶ 程序编写

四则混合运算案例 2 程序示例如图 5-112 所示。

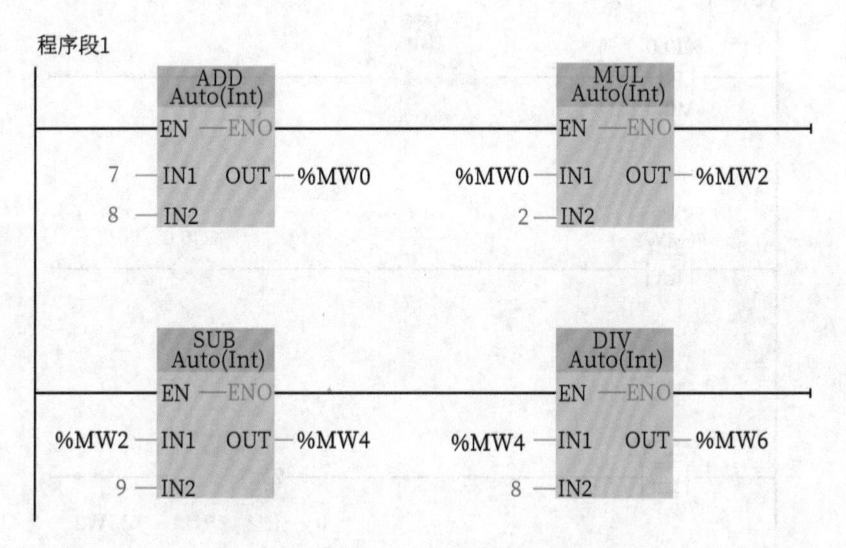

图 5-112 四则混合运算案例 2 程序示例

程序解释：

1. 相加指令（ADD_Int）执行以后，MW0 中存储的结果为 15。
2. 相乘指令（MUL_Int）执行以后，MW2 中存储的结果为 30。
3. 相减指令（SUB_Int）执行以后，MW4 中存储的结果为 21。
4. 相除指令（DIV_Int）执行以后，MW6 中存储的结果为 2。

案例 3：自加 1 指令实现一键启停程序设计。

▶ 程序编写

自加 1 指令实现一键启停程序示例如图 5-113 所示。

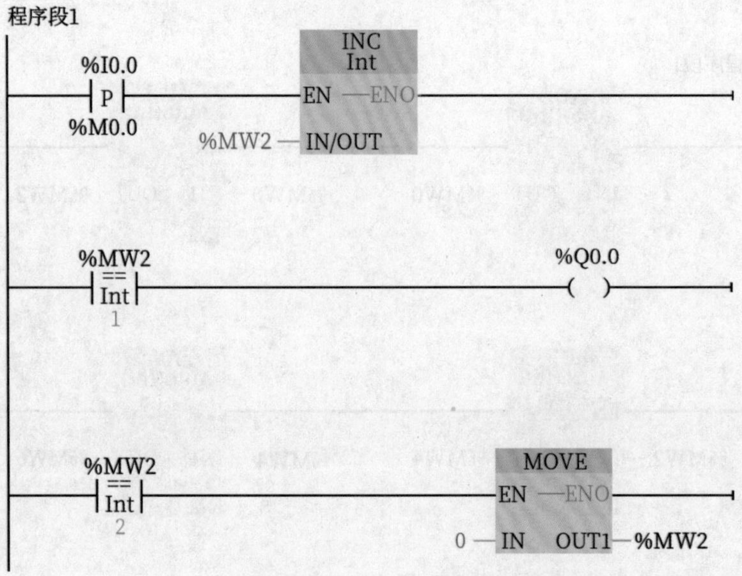

图 5-113 自加 1 指令实现一键启停程序示例

程序解释：

1. 第一次按下 I0.0 产生一个上升沿，执行自加 1 指令（INC_Int），执行以后，MW2 中存储的结果为 1。

2. 第二次按下 I0.0 产生一个上升沿，执行自加 1 指令（INC_Int），执行以后，MW2 中存储的结果为 2。

3. MW2 中的数值为 2 时，执行传送指令（MOVE），0 被传给 MW2。执行以后，MW2 中存储的结果为 0。MW2 开始在 0 和 1 之间循环切换。

4. MW2 中的数值为 1 时接通 Q0.0，实现一键启停。

5.8 转换指令

5.8.1 转换值转换指令

转换值转换指令如图 5-114 所示。

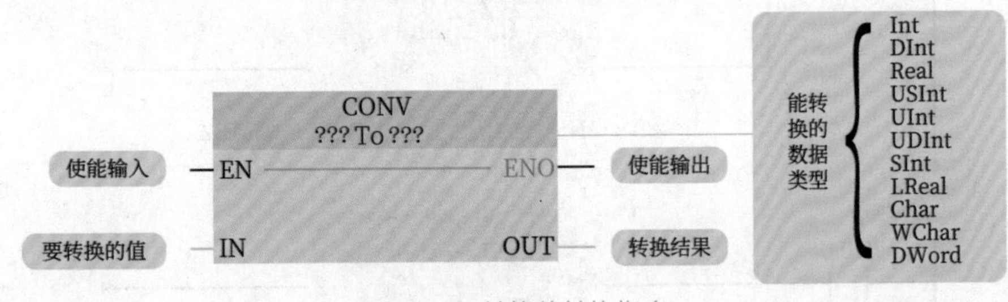

图 5-114 转换值转换指令

▶ 指令说明

1. 可选择字节转整数。将字节数值转换成整数值，并将结果置入 OUT 指定的变量中。

2. 可选择整数转字节。将整数值转换成字节数值，并将结果置入 OUT 指定的变量中。如果选择无符号的 USInt，数值 0~255 被转换，其他的值会溢出，输出不受影响。

3. 可选择整数转双整数。将整数值转换成双整数值，并将结果置入 OUT 指定的变量中。符号被扩展。

4. 可选择双整数转整数。将双整数值转换成整数值，并将结果置入 OUT 指定的变量中。如果转换的值过大，则无法在输出中表示，设置溢出位后，输出不受影响。

5. 可选择 BCD 码转整数。将输入的二进制编码的十进制数值转换成整数值，并将结果载入 OUT 指定的变量中。输入的有效范围是 0~9999 BCD。

6. 可选择整数转 BCD 码。将输入整数值转换成二进制编码的十进制数值，并将结果载入 OUT 指定的变量中。输入的有效范围是 0~9999 Int。

7. 可选择双整数转实数。将 32 位带符号整数值转换成 32 位实数值，并将结果置入 OUT 指定的变量中。

8. 可选择实数转双整数。将 32 位实数值转换成 32 位带符号整数值，并将结果置入 OUT 指定的变量中。

▶ 程序编写

转换值转换指令程序示例如图 5–115 所示。

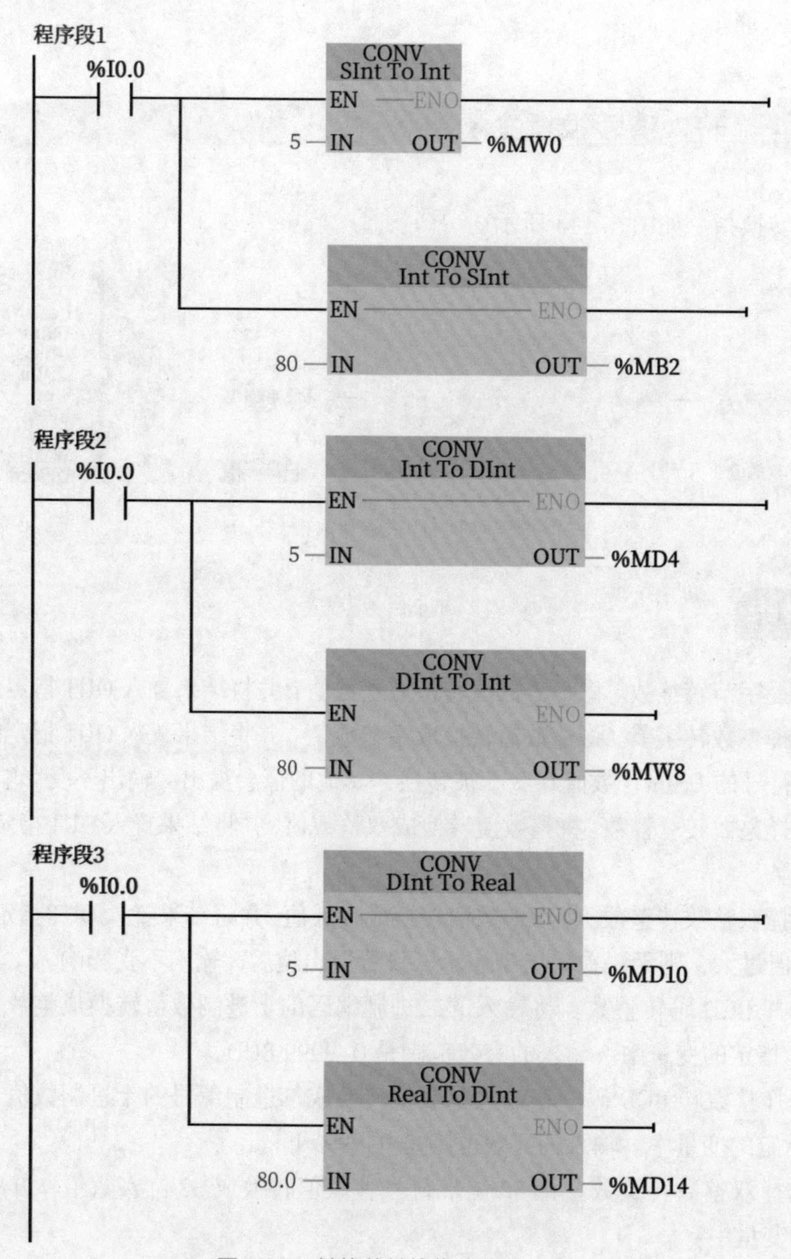

图 5-115 转换值转换指令程序示例

程序解释：

1. 按下 I0.0 后，转换值转换指令把字节输入 5 转换成整数形式存在 MW0 里面。之前 5 以 8 位的字节存储，现在以 16 位的字存储。数值大小不变，存储空间变大了。

2. 转换值转换指令把整数输入 80 转换成字节形式存在 MB2 里面，注意输入的数据不能大于 127。之前 80 以 16 位的整数存储，现在以 8 位的字节存储，存储空间变小了。

3. 按下按钮 I0.0 后，转换值转换指令把整数输入 5 转换成双整数形式存在 MD4 里面。之前 5 以 16 位的整数存储，现在以 32 位的双字存储。数值大小不变，存储空间变了。

4. 转换值转换指令把双整数输入 80 转换成整数形式存在 MW8 里面，注意输入 IN 的数据不能大于 32767。之前 80 以 32 位的双整数存储，现在以 16 位的双整数存储。数值大小不变，存储空间变了。

5. 转换值转换指令把双整数输入 5 转换成实数形式存在 MD10 里面。

6. 转换值转换指令把实数输入 80.0 转换成双整数形式存在 MD14 里面。

5.8.2 双整数与实数转换指令

双整数与实数转换指令如图 5-116 所示。

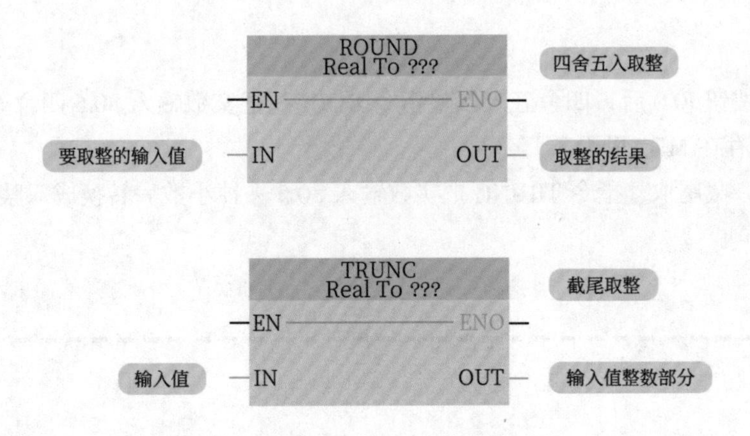

图 5-116 双整数与实数转换指令图解

▶ 指令说明

1. 四舍五入取整指令将实数转换成双整数，并将结果置入 OUT 指定的变量中。如果小数部分等于或大于 0.5，则进位为整数，如果小数部分小于 0.5，则舍去小数部分。

2. 截尾取整指令将 32 位实数转换成 32 位双整数，并将结果的整数部分置入 OUT 指定的变量中。实数的整数部分被转换，小数部分被丢弃。

▶ 程序编写

双整数与实数转换指令程序示例如图 5-117 所示。

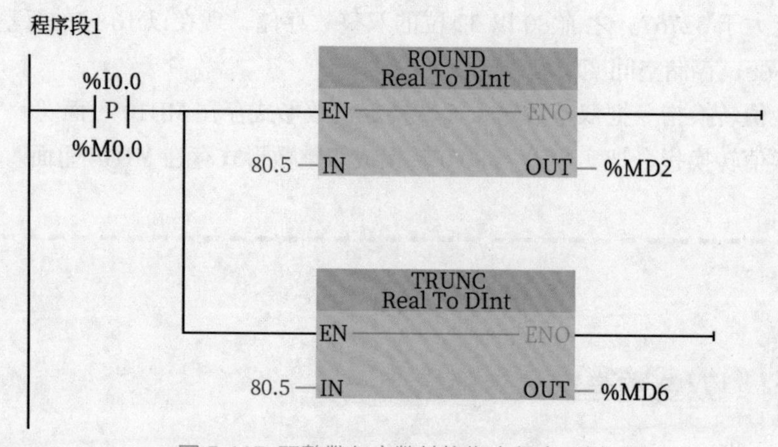

图 5-117 双整数与实数转换指令程序示例

程序解释：

1. 按下按钮 I0.0 后，四舍五入取整指令 ROUND 把实数输入 80.5 四舍五入后转换成双整数 81 存在 MD2 里面。

2. 同时，截尾取整指令 TRUNC 把实数输入 80.5 去掉小数后转换成双整数 80 存在 MD6 里面。

5.8.3 标准化指令

标准化指令如图 5-118 所示。

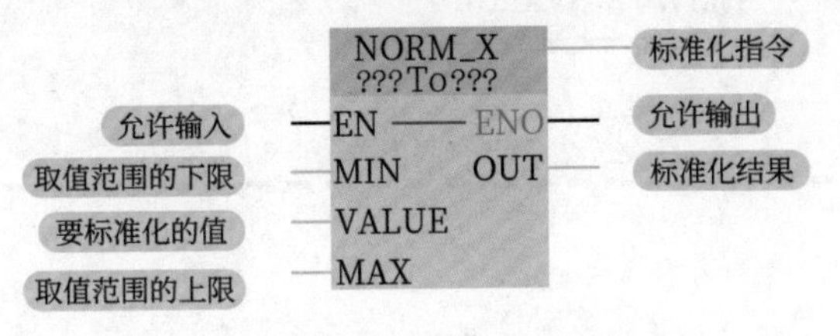

图 5-118 标准化指令图解

▶ 指令说明

1. 标准化指令 NORM_X 的整数输入值 VALUE（MIN ≤ VALUE ≤ MAX）被线性转换（标准化）为 0.0~1.0 之间的浮点数，转换结果用 OUT 指定的地址保存。

2. NORM_X 的输出 OUT 的数据类型可选 Real 或 LReal，单击方框内指令名称下面的问号，用下拉式列表设置输入 VALUE 和输出 OUT 的数据类型。输入、输出之间的线性关系如图 5-119 所示，其表达式为 OUT=（VALUE−MIN）/（MAX−MIN）。

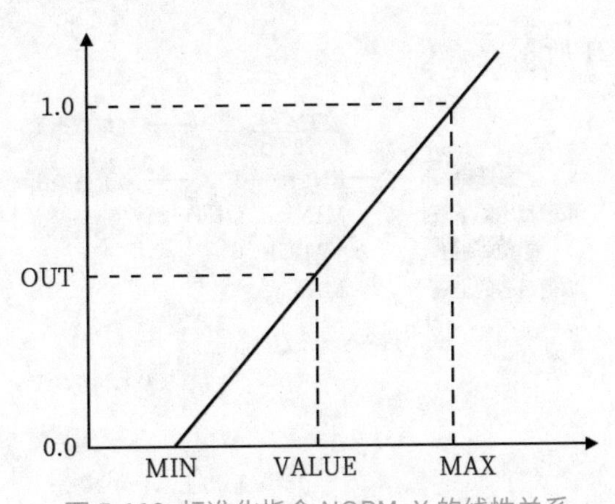

图 5-119 标准化指令 NORM_X 的线性关系

▶ 程序编写

标准化指令程序示例如图 5-120 所示。

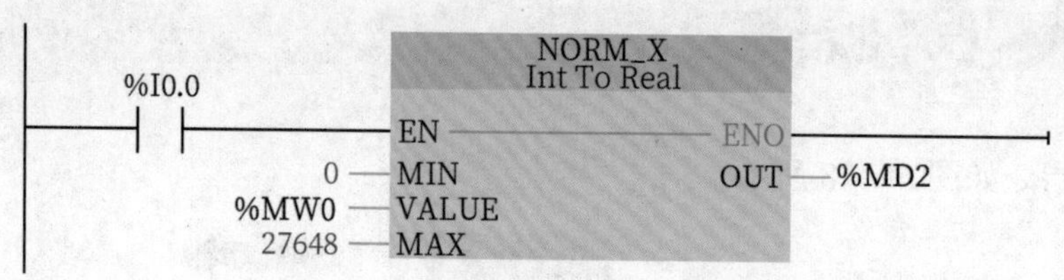

图 5-120 标准化指令程序示例

程序解释：

当 I0.0 闭合时，激活标准化指令，要标准化的 VALUE 存储在 MW0 中，VALUE 的范围是 0~27648，VALUE 标准化的输出范围是 0~1.0。假设 MW0 中是 13824，那么 MD2 中的标准化结果为 0.5。

5.8.4 缩放指令

缩放指令如图 5-121 所示。

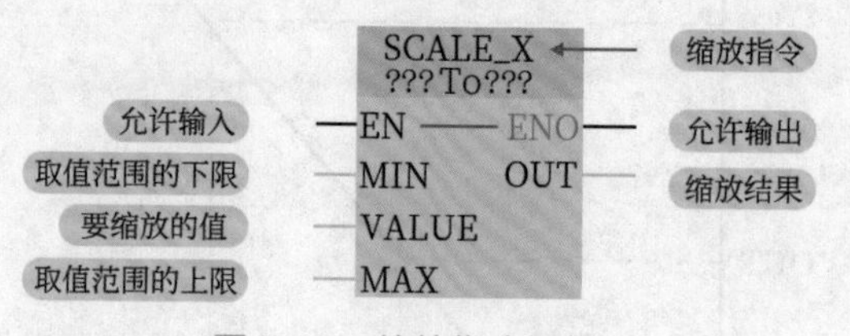

图 5-121 缩放指令图解

▶ 指令说明

1. 缩放（或称标定）指令 SCALE_X 的浮点数输入值 VALUE（0.0 ≤ VALUE ≤ 1.0）被线性转换（映射）为参数 MIN（下限）和 MAX（上限）定义的范围内的数值。转换结果用 OUT 指定的地址保存。

2. 单击方框内指令名称下面的问号，用下拉式列表设置变量的数据类型。参数 MIN、MAX 和 OUT 的数据类型应相同，VALUE、MIN 和 MAX 可以是常数。输入、输出之间的线性关系如图 5-122 所示，其表达式为 OUT=VALUE ×（MAX-MIN）+MIN。

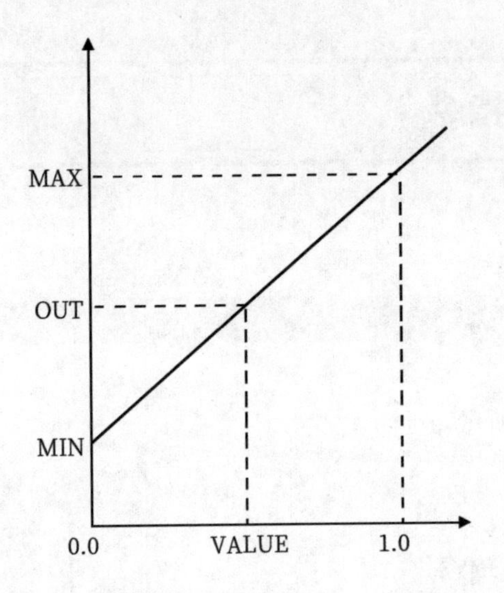

图 5-122 缩放指令 SCALE_X 的线性关系

▶ 程序编写

缩放指令程序示例如图 5–123 所示。

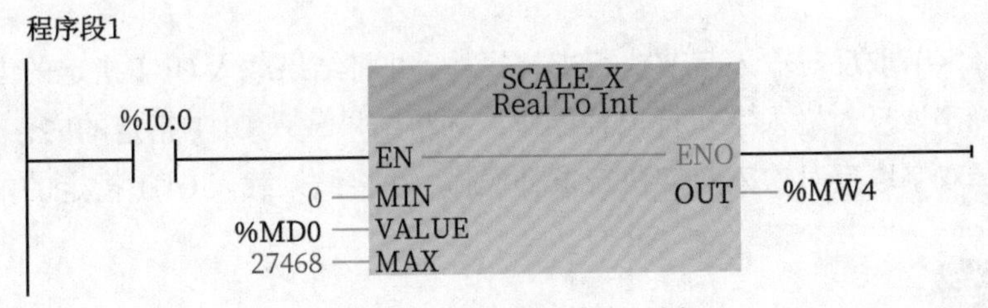

图 5-123 缩放指令程序示例

程序解释：

当 I0.0 闭合时，激活缩放指令，要缩放的 VALUE 存储在 MD0 中，VALUE 的范围是 0~1.0，VALUE 缩放的输出范围 0~27648。假设 MD0 中是 0.5，那么 MW4 中的缩放结果为 13824。

5.9 逻辑运算指令

5.9.1 取反指令

取反指令如图 5–124 所示。

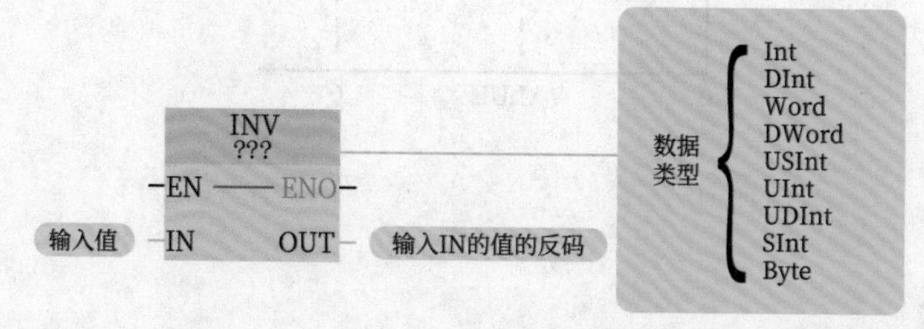

图 5-124 取反指令图解

▶ 指令说明

1. 可选择字节取反对输入字节执行求补操作，并将结果载入 OUT 指定的内存位置中。
2. 可选择字取反对输入字执行求补操作，并将结果载入 OUT 指定的内存位置中。
3. 可选择双字取反对输入双字执行求补操作，并将结果载入 OUT 指定的内存位置中。

▶ 程序编写

取反指令程序设计，首先在硬件组态中启用系统存储器字节，如图 5–125 所示。

图 5-125 在硬件组态中启用系统存储器字节

取反指令程序示例如图 5-126 所示。

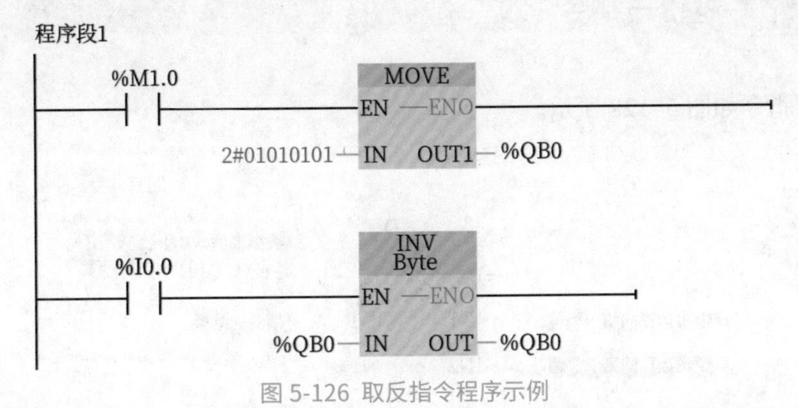

图 5-126 取反指令程序示例

程序解释：

1. 程序初始化 M1.0，传送指令（MOVE）把 2#01010101 传送到 QB0 里面，Q0.0、Q0.2、Q0.4、Q0.6 为 1，Q0.1、Q0.3、Q0.5、Q0.7 为 0。

2. 按一次 I0.0，字节取反指令（INV_Byte）把 QB0 按位取反后保存在 QB0 里面，Q0.0、Q0.2、Q0.4、Q0.6 为 0，Q0.1、Q0.3、Q0.5、Q0.7 为 1。QB0 为 2#10101010，如图 5-127 所示。

3. 再按一次 I0.0，字节取反指令（INV_Byte）把 QB0 按位取反后保存在 QB0 里面，Q0.0、Q0.2、Q0.4、Q0.6 为 1，Q0.1、Q0.3、Q0.5、Q0.7 为 0。QB0 为 2#01010101，如图 5-127 所示。

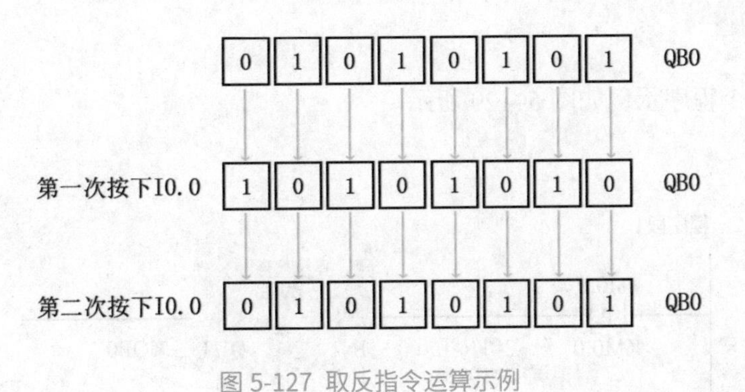

图 5-127 取反指令运算示例

5.9.2 逻辑与指令

逻辑与指令如图 5–128 所示。

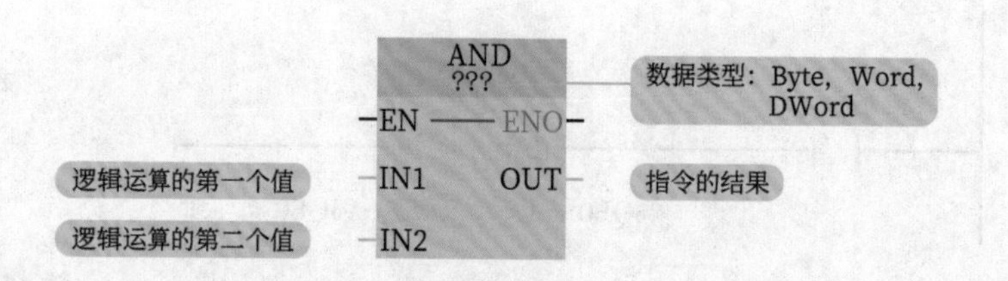

图 5-128 逻辑与指令图解

▶ 指令说明

1. 字节与指令对两个字节输入数值 IN1 和 IN2 的对应位执行 AND（与运算）操作，并在内存位置 OUT 中载入结果。

2. 字与指令对两个字输入数值 IN1 和 IN2 的对应位执行 AND（与运算）操作，并在内存位置 OUT 中载入结果。

3. 双字与指令对两个双字输入数值 IN1 和 IN2 的对应位执行 AND（与运算）操作，并在内存位置 OUT 中载入结果。

▶ 程序编写

逻辑与指令程序示例如图 5–129 所示。

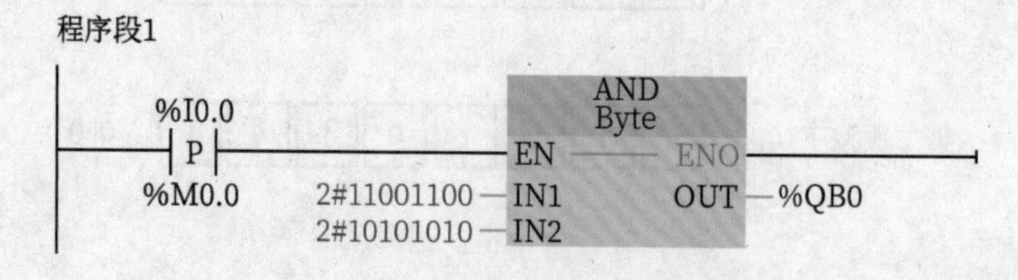

图 5-129 逻辑与指令程序示例

程序解释：

按下按钮 I0.0，字节与指令（AND_Byte）把 IN1 里面的数据和 IN2 里面的数据按位进行逻辑与运算，得到的结果 2#10001000 存到 QB0 里面，如图 5-130 所示。

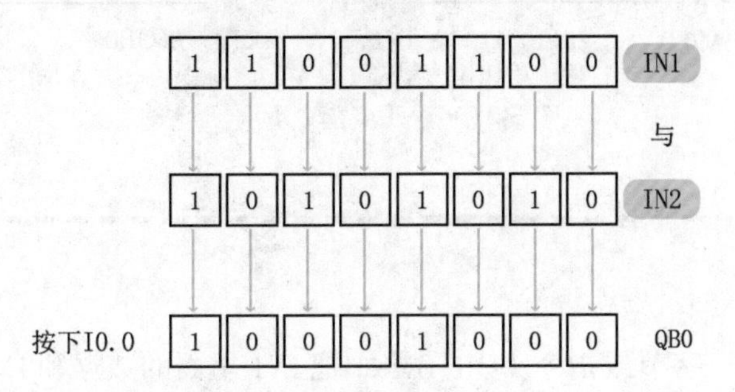

图 5-130 逻辑与指令运算示例

5.9.3 逻辑或指令

逻辑或指令如图 5-131 所示。

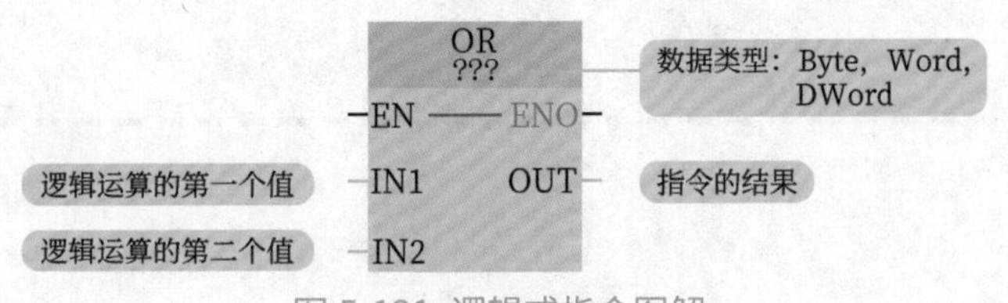

图 5-131 逻辑或指令图解

▶ 指令说明

1. 字节或指令对两个字节输入数值 IN1 和 IN2 的对应位执行 OR（或运算）操作，并在内存位置 OUT 中载入结果。

2. 字或指令对两个字输入数值 IN1 和 IN2 的对应位执行 OR（或运算）操作，并在内存位置 OUT 中载入结果。

3. 双字或指令对两个双字输入数值 IN1 和 IN2 的对应位执行 OR（或运算）操作，并在内存位置 OUT 中载入结果。

▶ 程序编写

逻辑或指令程序示例如图 5-132 所示。

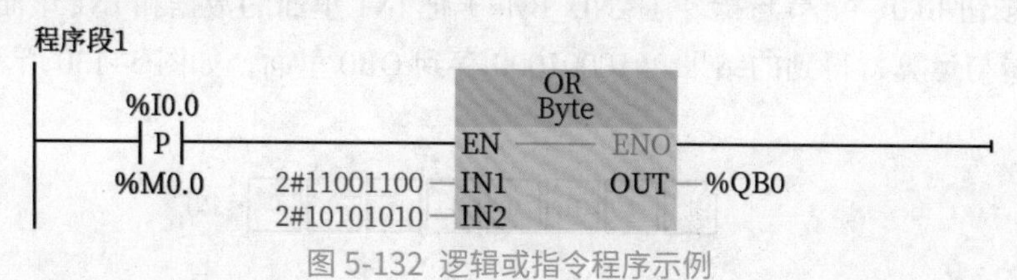

图 5-132 逻辑或指令程序示例

程序解释：

按下按钮 I0.0，字节或指令（OR_Byte）把 IN1 里面的数据和 IN2 里面的数据按位进行逻辑或运算，得到的结果 2#11101110 存到 QB0 里面，如图 5-133 所示。

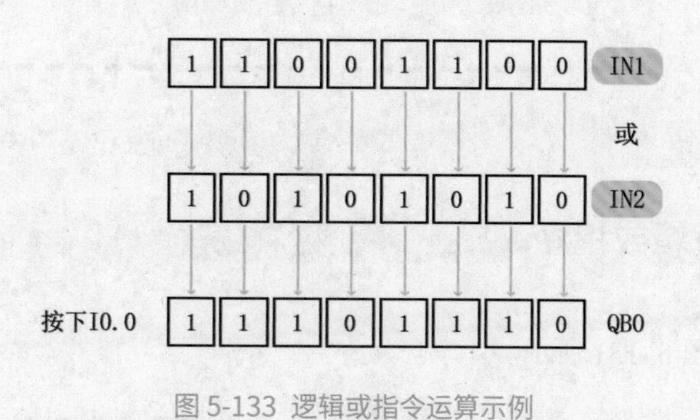

图 5-133 逻辑或指令运算示例

5.9.4 逻辑异或指令

逻辑异或指令如图 5-134 所示。

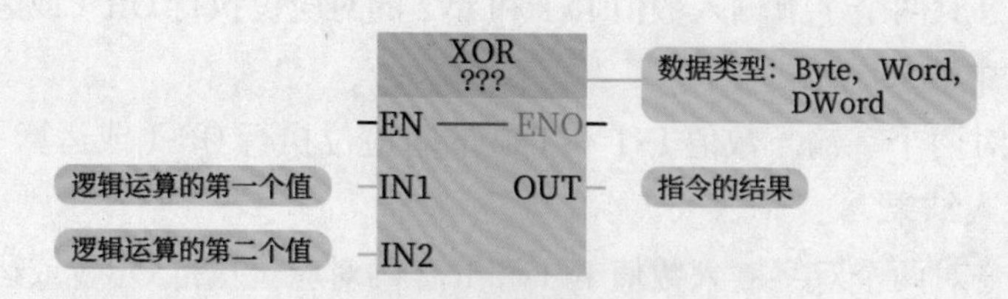

图 5-134 逻辑异或指令图解

▶ 指令说明

1. 字节异或运算指令对两个字节输入数值 IN1 和 IN2 的对应位执行 XOR（异或运算）操作，并在内存位置（OUT）中载入结果。

2. 字异或运算指令对两个字输入数值 IN1 和 IN2 的对应位执行 XOR（异或运算）操作，并在内存位置 OUT 中载入结果。双字异或运算指令对两个双字输入数值 IN1 和 IN2 的对应位执行 XOR（异或运算）操作，并在内存位置 OUT 中载入结果。

▶ 程序编写

逻辑异或指令程序示例如图 5-135 所示。

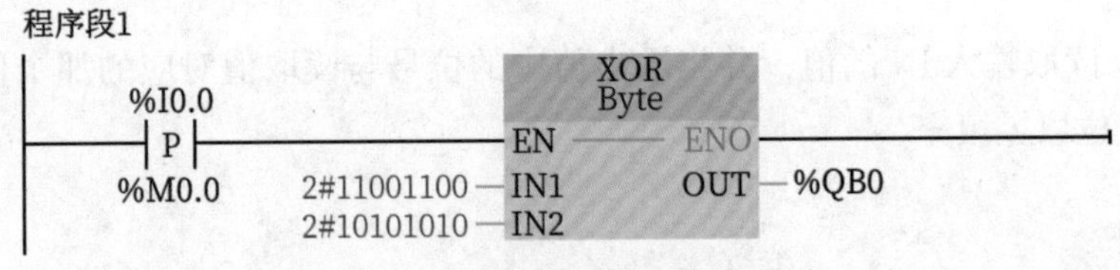

图 5-135 逻辑异或指令程序示例

程序解释：

按下按钮 I0.0，异或指令（XOR_Byte）把 IN1 里面的数据和 IN2 里面的数据按位进行逻辑异或运算，得到的结果 2#01100110 存到 QB0 里面，如图 5-136 所示。

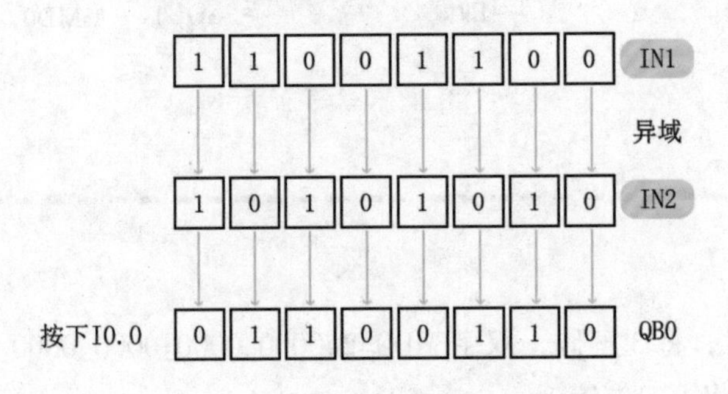

图 5-136 逻辑异或指令运算图例

5.9.5 解码指令

解码（DECO）指令如图 5-137 所示。

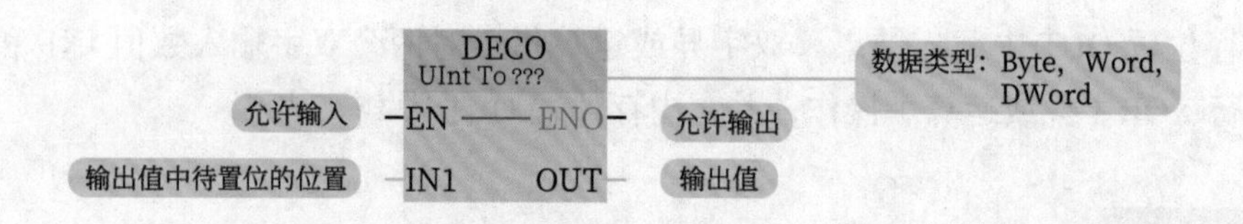

图 5-137 解码指令图解

▶ 指令说明

解码指令读取输入 IN 的值，并将输出值中的位号与读取值对应的那个位，置 1。输出值中的其他位以零填充。

▶ 程序编写

解码指令程序示例如图 5-138 所示。

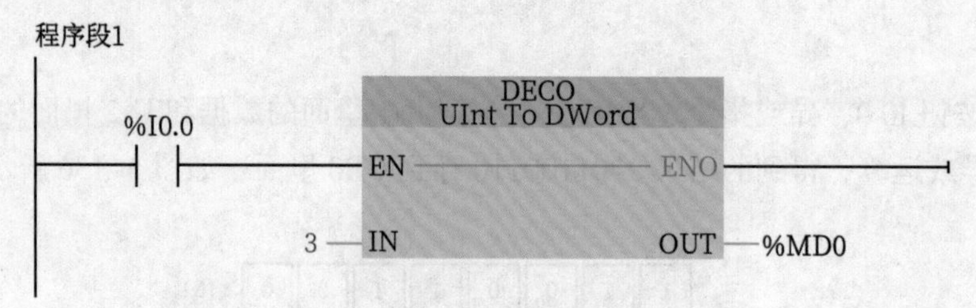

图 5-138 解码指令程序示例

程序解释：

当 I0.0 接通时，将 3 解码，双字 MD0=2#0000_0000_0000_0000_0000_0000_0000_1000（16#8），可将第三位置 1。

5.9.6 编码指令

编码（ENCO）指令如图 5–139 所示。

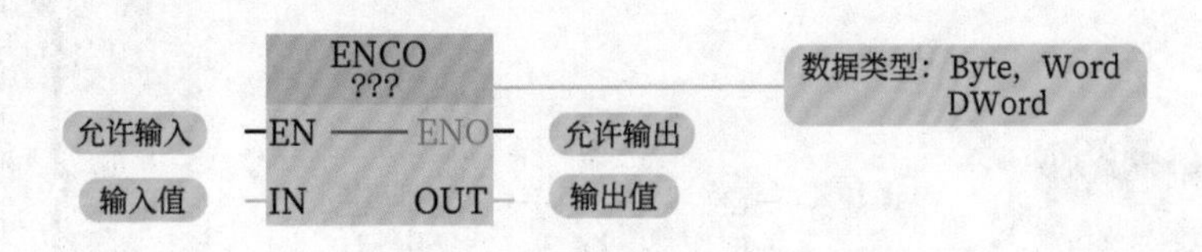

图 5-139 编码指令图解

▶ 指令说明

编码指令选择输入 IN 的值的最低有效位，并将该位号写入输出 OUT 的变量中。

▶ 程序编写

编码指令程序示例如图 5–140 所示。

程序段1

%I0.0

ENCO
DWord

EN ENO

%MD0 IN OUT %MW4

图 5-140 编码指令程序示例

程序解释：

当 I0.0 接通时，假设双字 MD0=2#0001_0001_0001_0001_0000_0000_0000_1000（即 16#11110008），编码的结果输出到 MW4 中，因为 MD0 的最低有效位在第 3 位，所以 MW4=3。

5.9.7 多路复用指令

多路复用（MUX）指令如图 5–141 所示。

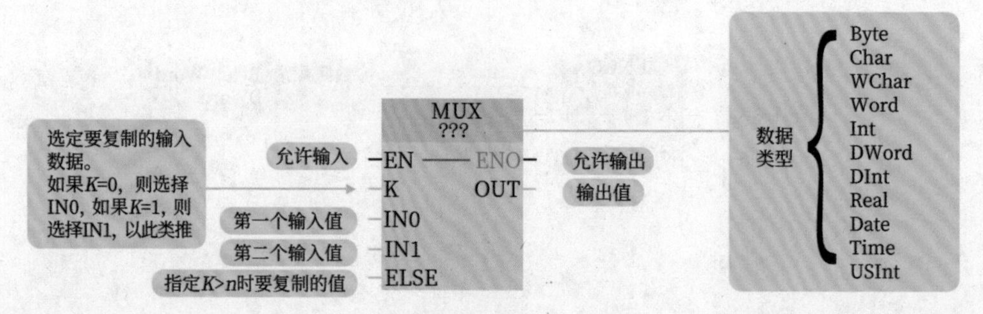

图 5-141 多路复用指令图解

▶ 指令说明

1. 使用多路复用指令将选定要输入的内容复制到输出 OUT。
2. 可以扩展指令框中可选输入的编号，最多可声明 32 个输入。

▶ 程序编写

多路复用指令程序示例如图 5–142 所示。

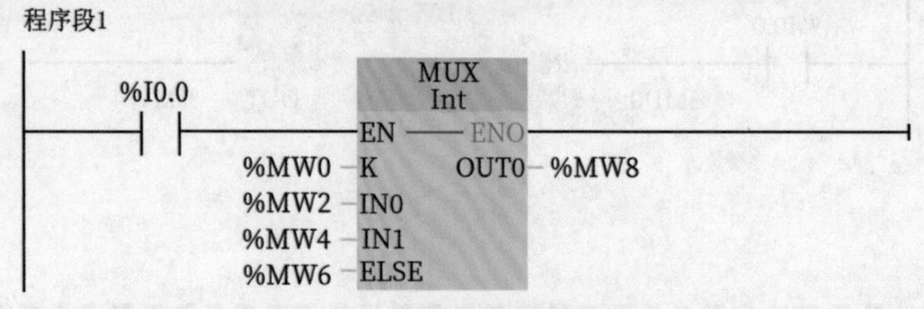

图 5-142 多路复用指令程序示例

程序解释：

当 I0.0 接通时，假设 MW0=1、MW2=12、MW4=14、MW6=16，由于 K=1，因此选择 IN1 的输入值 MW4=14 输出到 MW8 中，所以运算结果为 MW8=14。

5.9.8 多路分用指令

多路分用（DEMUX）指令如图 5-143 所示。

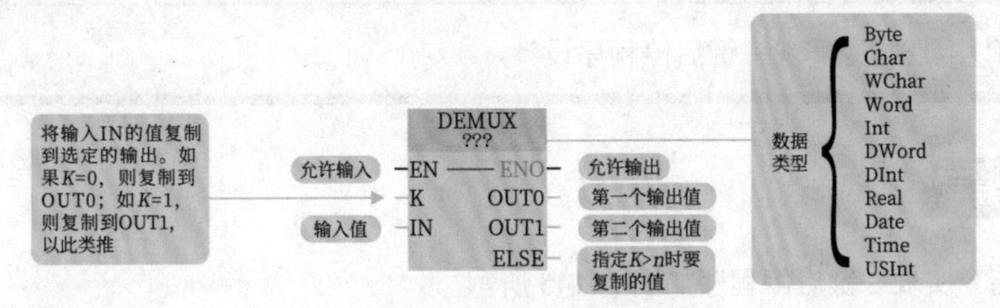

图 5-143 多路分用指令图解

▶ 指令说明

1. 使用多路分用指令将输入 IN 的内容复制到选定的输出。可以在指令框中扩展选定输出的编号。在此框中自动对输出进行编号。输出编号从 OUT0 开始，对于每个新输出，此编号连续递增。

2. 可以使用参数 *K* 定义将输入 IN 的内容复制过来以后输出。其他输出则保持不变。如果参数 *K* 的值大于可用输出数，参数 ELSE 中输入 IN 的内容和使能输出 ENO 的信号状态将被分配为“0”。

▶ 程序编写

多路分用指令程序示例如图 5-144 所示。

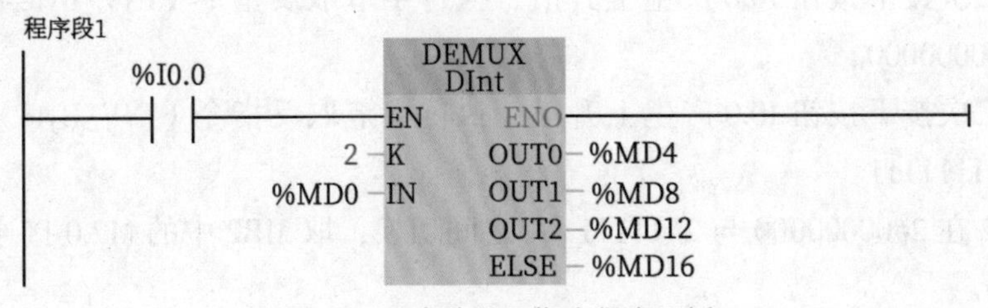

图 5-144 多路分用指令程序示例

程序解释：

当 I0.0 接通时，假设 MD0=10，由于 *K*=2，因此 MD0 的数值 10 选择复制到 OUT2 中，所以运算结果为 MD12=10。而 MD4、MD8、MD16 保持原来的数值不变。

5.9.9 逻辑运算指令应用案例

案例：取反指令实现一键启停程序设计。

▶ 程序编写

取反指令实现一键启停程序如图 5-145 所示。

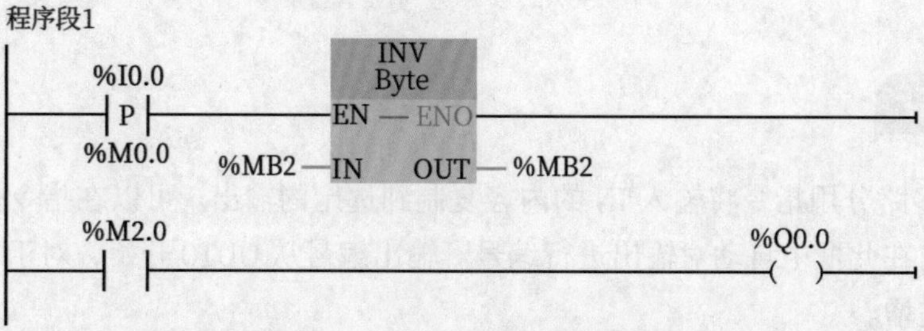

图 5-145 取反指令实现一键启停程序

程序解释：

1. 第一次按下按钮 I0.0 产生上升沿，执行字节取反指令（INV_Byte），执行后 MB2 为 2#11111111。

2. 第二次按下按钮 I0.0 产生上升沿，执行字节取反指令（INV_Byte），执行后 MB2 为 2#00000000。

3. 第三次按下按钮 I0.0 产生上升沿，执行字节取反指令（INV_Byte），执行后 MB2 为 2#11111111。

4. MB2 在 2#00000000 与 2#11111111 之间切换，取 MB2 中的 M2.0 接通 Q0.0，实现一键启停。

第 6 章

S7-1200/1500 PLC 模拟量控制程序设计

6.1 模拟量控制概述

6.1.1 模拟量控制简介

（1）在工业控制中，某些输入量（温度、压力、液位和流量等）是连续变化的模拟量信号，某些被控对象也需要模拟信号控制，因此要求 PLC 有处理模拟信号的能力。PLC 内部执行的均为数字量，因此模拟量处理需要完成两方面的任务：一是将模拟量转换成数字量（A/D 转换）；二是将数字量转换为模拟量（D/A 转换）。

（2）模拟量处理过程如图 6-1 所示。这个过程分为以下几个阶段。

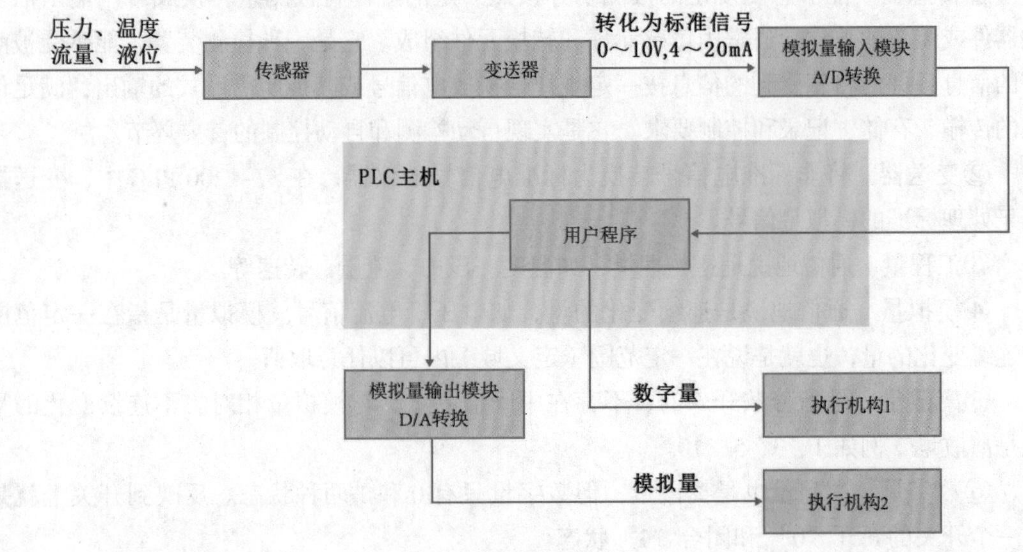

图 6-1 模拟量处理过程

①模拟量信号的采集，由传感器来完成。传感器将非电信号（如温度、压力、液位和流量等）转化为电信号。注意此时的电信号为非标准电信号。

②非标准电信号转化为标准电信号，此项任务由变送器来完成。传感器输出的非标准电信号输送给变送器，经变送器将非标准电信号转化为标准电信号。根据国际标准，标准信号分为电压型和电流型两种类型。电压型的标准信号为 DC 0~10V 和 0~5V 等；电流型的标准信号为 0~20mA 和 4~20mA。

③ A/D 转换和 D/A 转换。变送器将其输出的标准信号传送给模拟量输入扩展模块后，模拟量输入扩展模块将模拟量信号转化为数字量信号，PLC 经过运算，其输出结果或直接驱动输出继电器，从而驱动开关量负载；或经模拟量输出模块实现 D/A 转换后，输出模拟量信号控制模拟量负载。

6.1.2 模拟量检测系统的组成

模拟量检测系统的组成如图 6-2 所示。

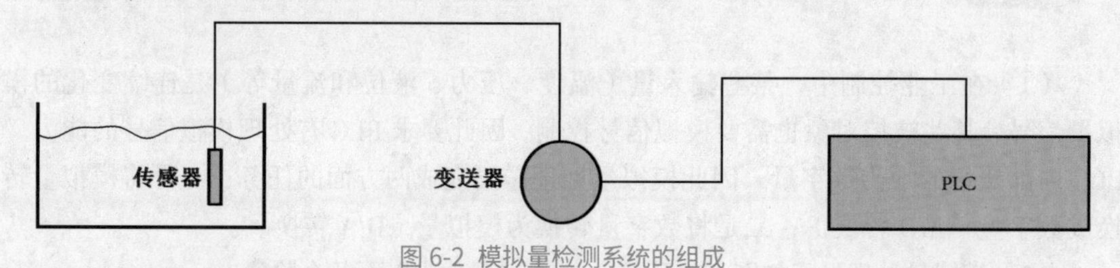

图 6-2 模拟量检测系统的组成

①传感器　能够感受规定的被测物并按照一定的规律将被测量转换成可用输出信号的器件或装置的总称，通常由敏感元件和转换元件组成。它是一种检测装置，能感受被测量的信息，并能将感受到的信息按一定规律变换成电信号或其他所需形式的输出，满足信息的传输、存储、记录和控制要求。它是实现自动检测和自动控制的首要环节。

②变送器　将非标准电信号转换为标准电信号的仪器，在 S7-1200 PLC 中，变送器用于处理标准的模拟量信号。

③工程量　通俗地说是指物理量，如温度、压力、流量、转速等。

④模拟量　通俗地说是连续变化的量，如电压、电流信号。模拟量是指在一定范围内连续变化的量，也就是说在一定范围（定义域）内可以任意取值。

⑤离散量　是指分散开来的、不存在中间值的量，与模拟量相对。不连续变化的量就是离散量，例如 1、3、5、10。

⑥数字量　数字量也是离散量，但数字量只有 0 和 1 两种状态。反映到开关上就是指一个开关的断开“0” 和闭合“1”状态。

6.2 变送器信号的选择

电压信号的选用

早期的变送器大多为电压输出型，即将测量信号转换为 0~5V 或 0~10V 电压输出。这是运算放大器直接输出，信号功率小于 0.05W，通过 A/D 转换电路转换成数字信号供 S7-1200 PLC 读取、控制。但在信号需要远距离传输或使用环境中电网干扰较大的场合，电压输出型变送器的使用受到了极大限制，暴露了抗干扰能力较差、线路损耗导致精度降低等缺点，所以电压信号一般只适用于短距离传送。

电流信号的选用

当现场与控制室之间的距离较远，连接电线的电阻较大时，如果用电压信号传送，电线电阻与接收仪表输入电阻的分压，将产生较大的误差，而用恒电流信号传送，只要传送回路不出现分支，回路中的电流就不会随电线长短而改变，从而保证了传送的精度，所以一般远距离传输用的都是电流信号，而电流信号用得最多的是 4~20mA 信号。

信号最大电流选择 20mA 的原因

最大电流选择 20mA 是基于安全、实用、功耗、成本的考虑。安全火花仪表只能采用低电压、低电流类型，20mA 的电流通断引起的火花能量不足以引燃瓦斯，非常安全。综合考虑生产现场仪表之间的连接距离、所带负载等因素，以及功耗及成本问题、对电子元件的要求、供电功率的要求等因素选择最大电流 20mA。

信号起点电流选择 4mA 的原因

变送器电路没有静态工作电流将无法工作，4mA 的信号起点电流就是变送器的静态工作电流；同时仪表电气零点为 4mA，不与机械零点重合，这种“活零点”有利于识别断电和断线等故障。

5 变送器信号之间的转换

在工作过程中经常会碰到变送器输出的模拟量信号与控制器（S7–1200 PLC）接收口信号不一致的情况，需要怎样处理呢？

①电流转电压：标准电流信号 4~20mA 是变送器输出信号，相当于一个受输入信号控制的电流源，如在实际中需要的是电压信号而不是电流信号，则转换一下即可。转换的方式是加 500Ω 电阻，则转换的电压为 2~10V。为何是 500Ω 的电阻呢？因为最大模拟量电压是 10V，最大模拟量电流是 20mA，那么 10V/20mA=500Ω。

②电压转电流：标准电压信号 0~10V 变送器输出信号，相当于一个受输入信号控制的电压源，如在实际中需要的是电流信号而不是电压信号，也需转换一下。电压信号转换成电流信号，在输出端之间串联电阻即可。转换的方式是加 500Ω 负载电阻，转换的电流则为 0~20mA。

6.3 实际物理量转换

6.3.1 模拟量输入输出混合模块 SM 1234

模拟量输入输出混合模块 SM 1234 有四路模拟量输入和二路模拟量输出。

1 模拟量输入输出混合模块 SM 1234 的输入接线

模拟量输入输出混合模块 SM 1234 与电流型压力传感器的输入接线，如图 6–3 所示。

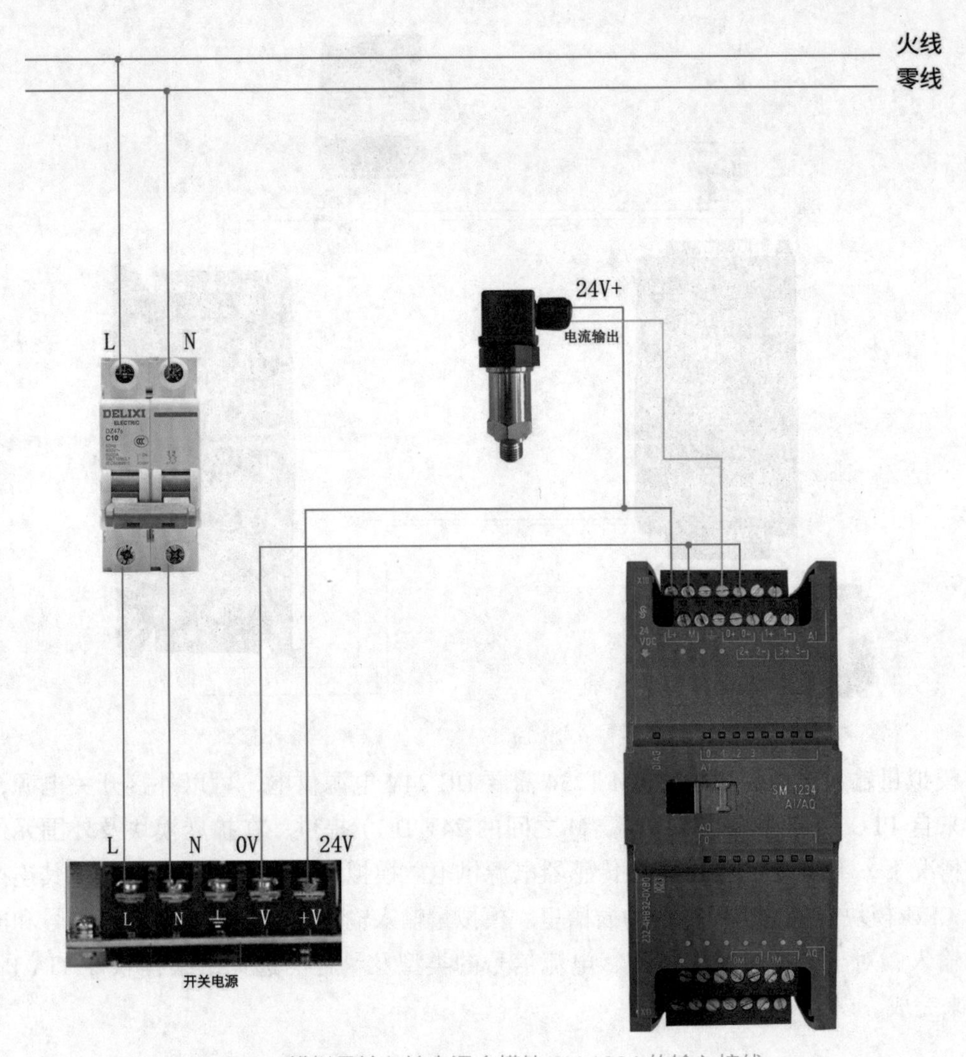

图 6-3 模拟量输入输出混合模块 SM 1234 的输入接线

模拟量输入输出混合模块 SM 1234 需要 DC 24V 电源供电，可以外接开关电源，也可由来自 PLC 的传感器电源（L+，M 之间的 24V DC）供电；在扩展模块及外围元件较多的情况下，不建议使用 PLC 的传感器电源供电。模拟量输入模块安装时，将其连接器插入 CPU 模块或其他扩展模块的插槽里。模拟量输入输出混合模块支持电压信号和电流信号输入，对于模拟量电压信号、电流信号的类型及量程的选择由编程软件 TIA Portal V15 来完成。

2 模拟量输入输出混合模块 SM 1234 的输出接线

模拟量输入输出混合模块 SM 1234 与西门子 V20 变频器的接线，如图 6-4 所示。

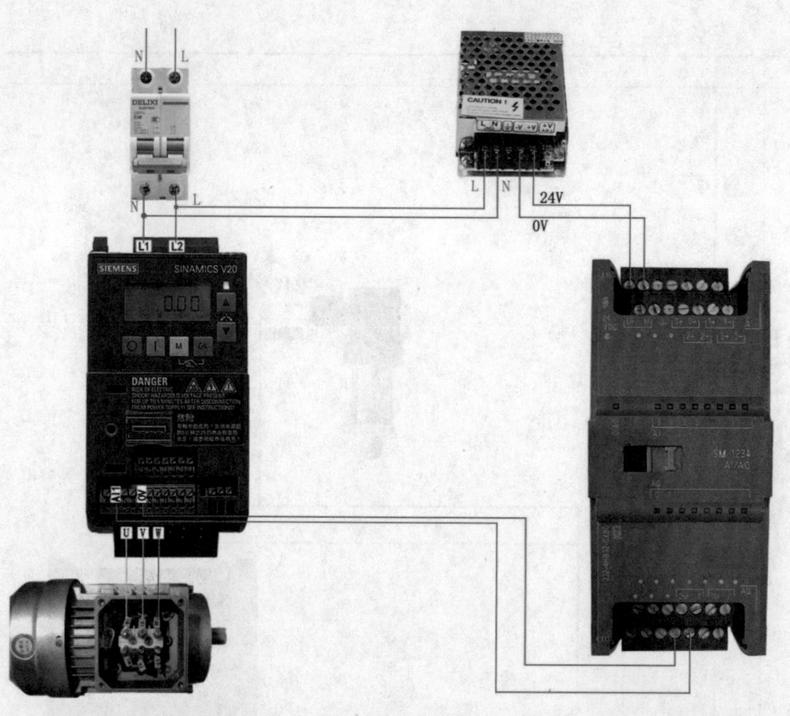

图 6-4 模拟量输入输出混合模块 SM 1234 的输出接线

模拟量输入输出混合模块 SM 1234 需要 DC 24V 电源供电，可以外接开关电源，也可由来自 PLC 的传感器电源（L+，M 之间的 24V DC）提供；在扩展模块及外围元件较多的情况下，不建议使用 PLC 的传感器电源供电。模拟量输入模块安装时，将其连接器插入 CPU 模块或其他扩展模块的插槽里。模拟量输入输出混合模块支持电压信号和电流信号输入，对于模拟量电压信号、电流信号的类型及量程的选择由编程软件 TIA Portal V15 来完成。

6.3.2 模拟量与实际物理量的转换

在实际的工程项目中，读者往往要采集温度、压力、流量等信号，那么在程序中如何处理这些模拟量信号呢？换句话说，编写模拟量程序的目的是什么呢？编写模拟量程序的目的是将模拟量转换成对应的数字量，最终将数字量转换成工程量（物理量），即完成模拟量到工程量的转换。

模拟量如何转换为工程量呢？

模拟量转换为工程量分为单极性和双极性两种。双极性模拟量 –27648 对应工程量的最小值，27648 对应工程量的最大值。

单极性模拟量分为两种，即 4~20mA 和 0~10V、0~20mA。

第一种为 4~20mA，是带有偏移量的

因为 4mA 为总量的 20%，而 20mA 转换为数字量为 27648，所以 4mA 对应的数字量为 5530。模拟量转换为数字量是由 S7-1200 PLC 完成的，读者要在程序中将这些数值转换为工程量。

第二种是没有偏移量的

没有偏移量的是 0~10V、0~20mA 等模拟量，27648 对应工程量的最大值，0 对应工程量的最小值。

6.3.3 模拟量与数字量的对应关系

数字量与实际物理量的转换问题属于实际物理量与模拟量模块内部数字量对应关系问题，转换时，应考虑变送器输出量程和模拟量输入模块的量程，找出被测量与 A/D 转换后的数字量之间的比例关系。

模拟量（0~10V、0~5V 或 0~20mA）在 S7-1200 PLC CPU 内部用 0~27648 的数值表示（4~20mA 对应 5530~27648），这两者之间有一定的数学关系，如图 6-5 所示。

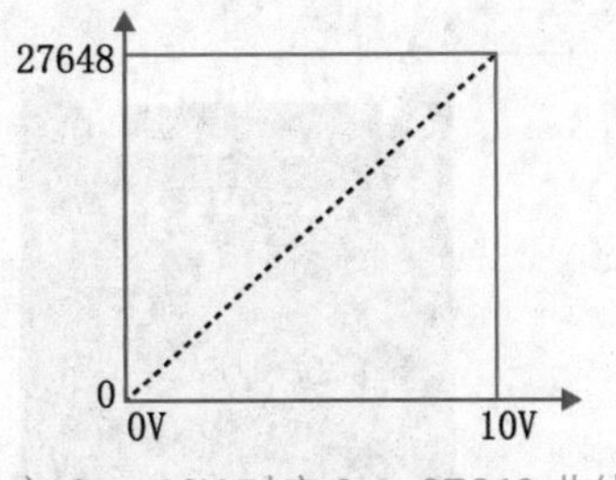

（a）0 ～ 10V 对应 0 ～ 27648 曲线

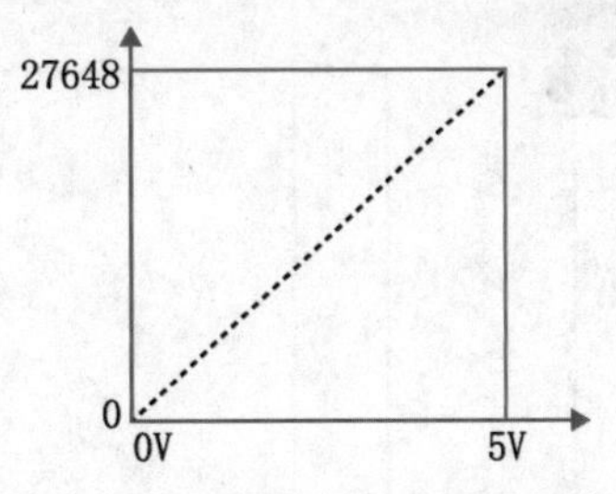

（b）0 ～ 5V 对应 0 ～ 27648 曲线

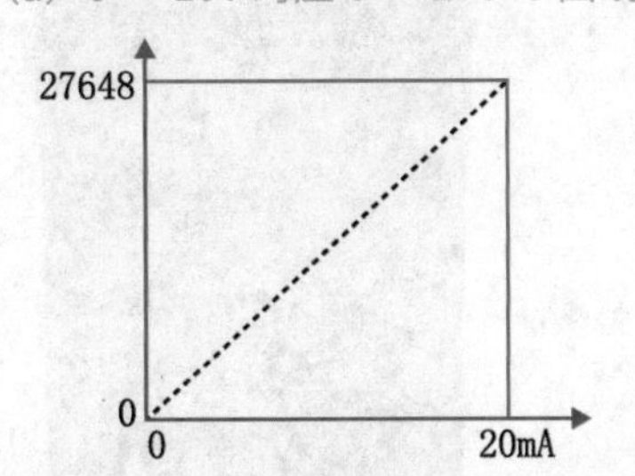

（c）0 ～ 20mA 对应 0 ～ 27648 曲线

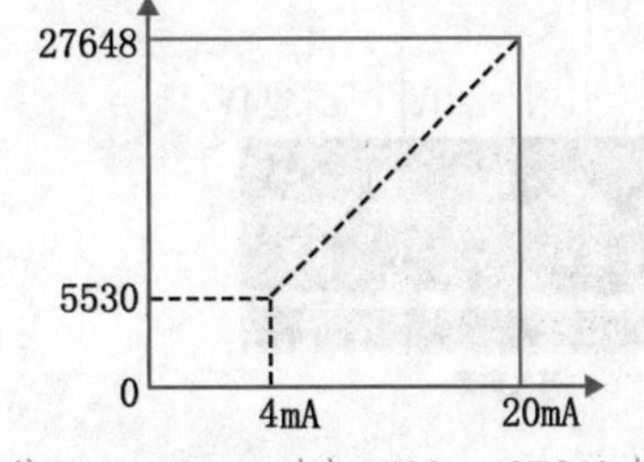

（d）4 ～ 20mA 对应 5530 ～ 27648 曲线

图 6-5 模拟量与数字量的对应关系

6.3.4 模拟量应用案例

案例 1：某压力变送器量程为 0~20MPa，输出信号为 0~10V，模拟量输入模块 SM 1234 量程为 -10~10V，转换后数字量范围为 -27648~27648，设转换后的数字量为 Y，试编程求压力值。

压力变送器与 SM 1234 模块接线

压力变送器与 SM 1234 模块接线如图 6-6 所示。

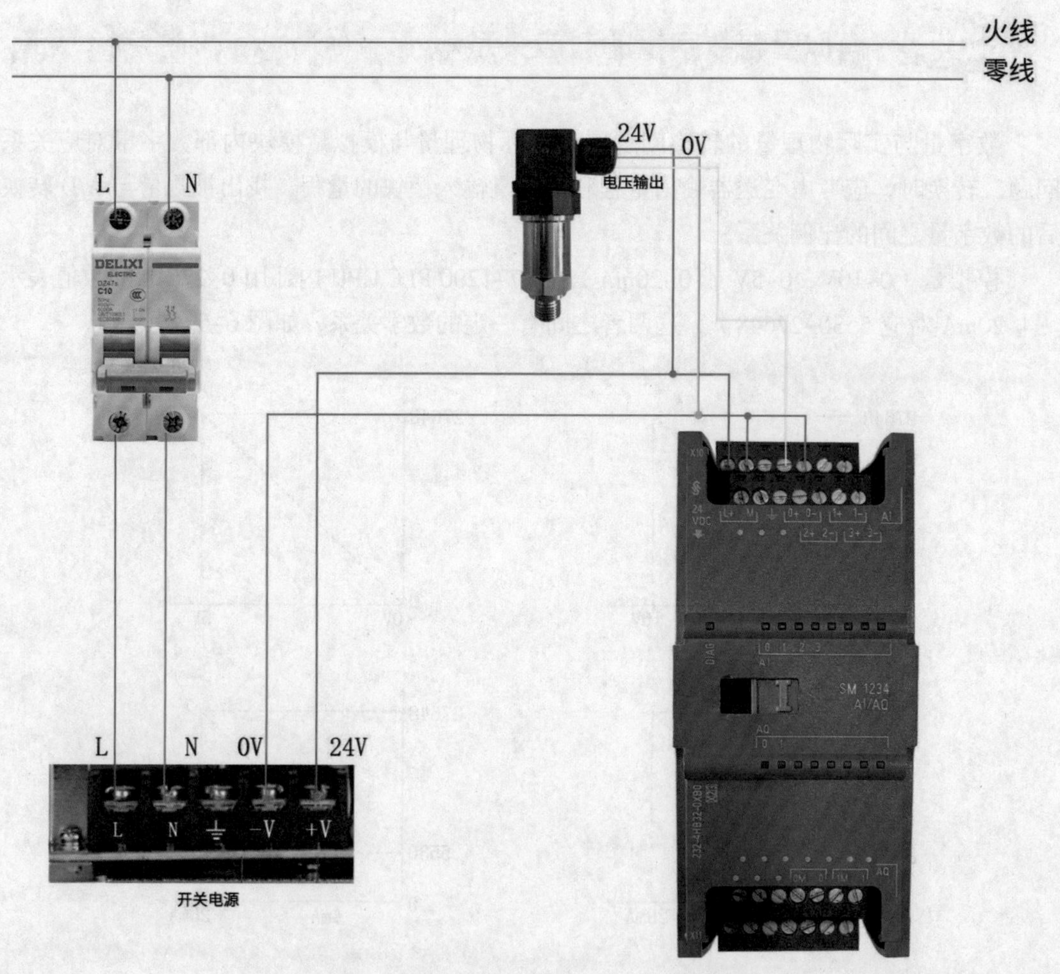

图 6-6 压力变送器与 SM 1234 模块接线

2 程序设计

找到实际物理量与模拟量输入模块内部数字量的比例关系。此例中，压力变送器的输出信号的量程 0~10V 恰好和模拟量输入模块 SM 1234 量程的一半（0~10V）一一对应，因此对应关系为正比例，实际物理量 0MPa 对应模拟量模块内部数字量为 0，实际物理量 20MPa 对应模拟量模块内部的数字量为 27648。具体如图 6-7 所示。

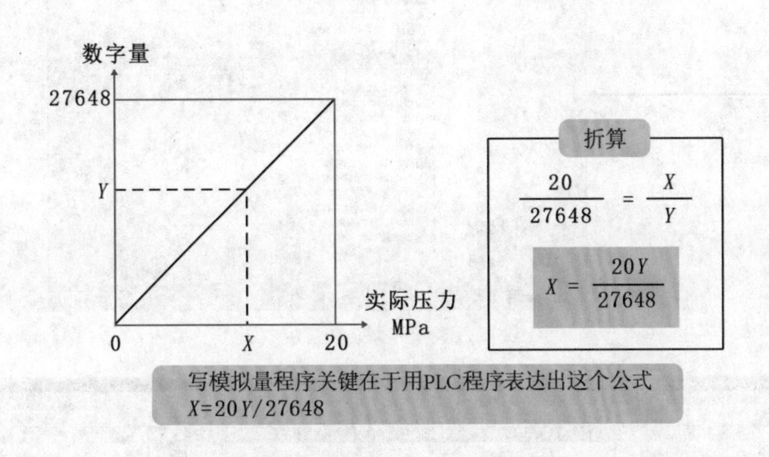

图 6-7 实际物理量与数字量的对应关系

3 硬件组态

（1）添加 PLC 和模块。

使用 TIA 博途软件创建新项目，将 CPU（CPU 1214C）作为新设备添加到项目中，如图 6-8 所示。

在 TIA 博途软件的“设备视图”中，选择“2”号位，双击“SM1234”模块，如图 6-9 所示。

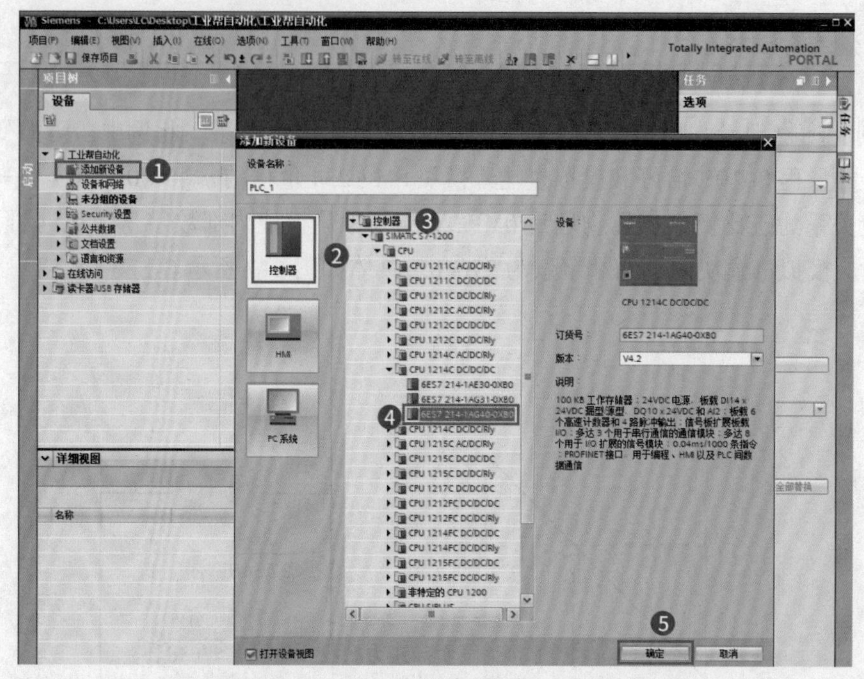

图 6-8 添加 PLC

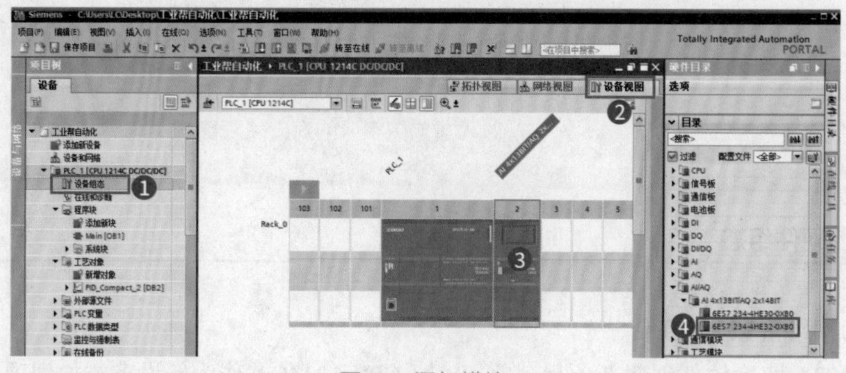

图 6-9 添加模块

（2）硬件组态。

双击“SM1234”模块，在“属性”“常规”里面，将模拟量输入“通道 0”的测量类型设为“电压”，电流范围设为“+/−10V”，如图 6–10 所示。

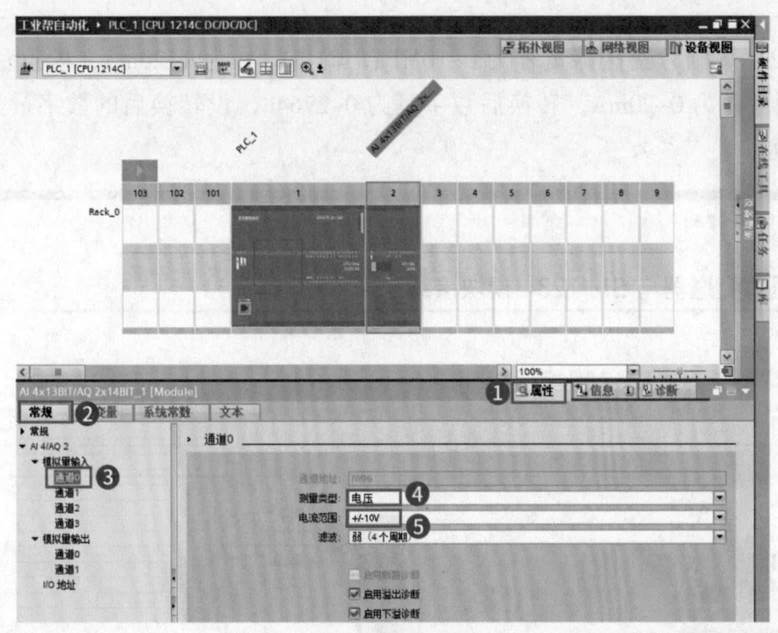

图 6-10 输入组态

程序编写

通过上述步骤找到比例关系后，就可以进行模拟量程序的编写了，编写的关键在于用 PLC 语言表达出 X=20Y/27648 的关系。转换程序如图 6–11 所示。

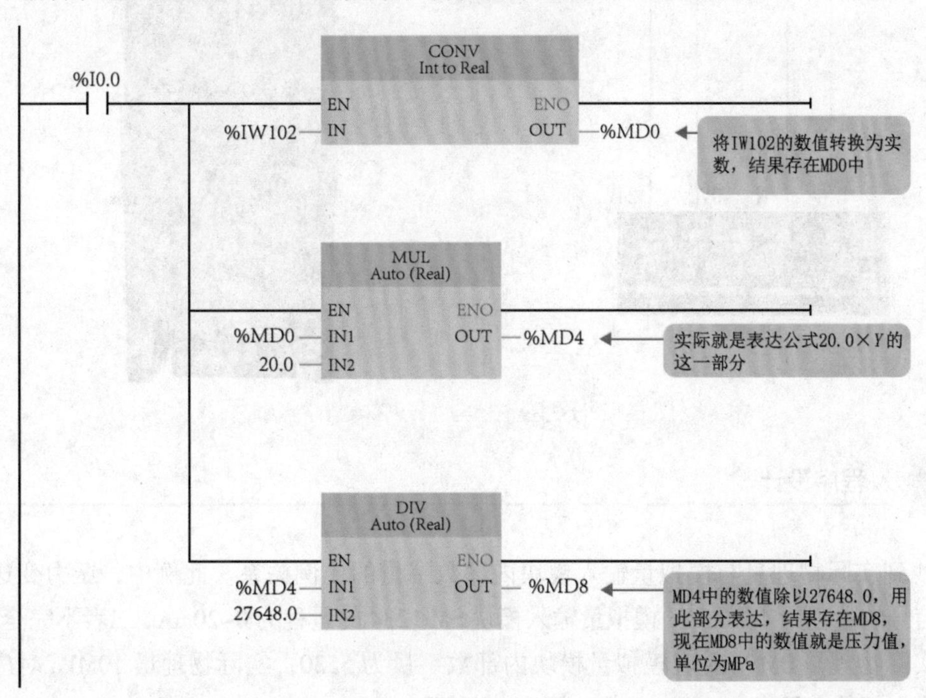

图 6-11 转换程序

案例 2：某压力变送器量程为 0~10MPa，输出信号为 4~20mA，模拟量输入模块 SM 1234 的量程为 0~20mA，转换后数字量为 0~27648，设转换后的数字量为 *Y*，试编程求压力值。

压力变送器与 SM 1234 模块接线

压力变送器与 SM 1234 模块接线如图 6-12 所示。

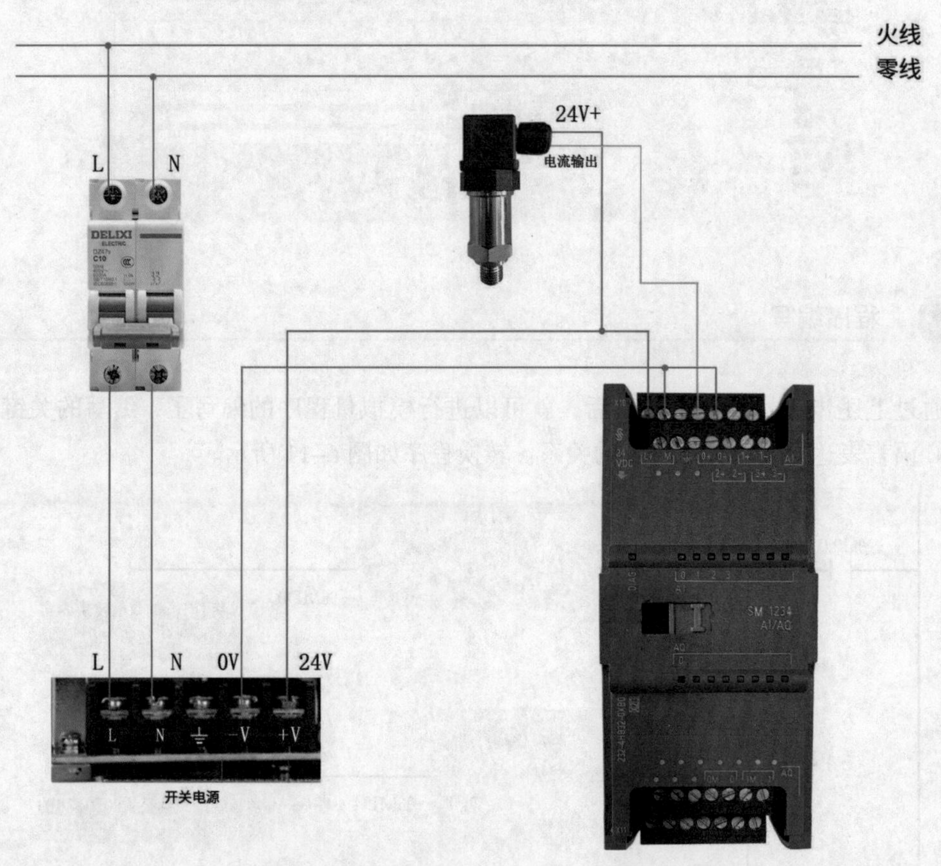

图 6-12 压力变送器与 SM 1234 模块接线

程序设计

找到实际物理量与模拟量输入模块内部数字量的比例关系。此例中，压力变送器的输出信号的量程为 4~20mA，模拟量输入模块 SM 1234 的量程为 0~20mA，二者不完全对应，因此实际物理量 0MPa 对应模拟量模块内部数字量为 5530，实际物理量 10MPa 对应模拟量模块内部数字量为 27648。具体如图 6-13 所示。

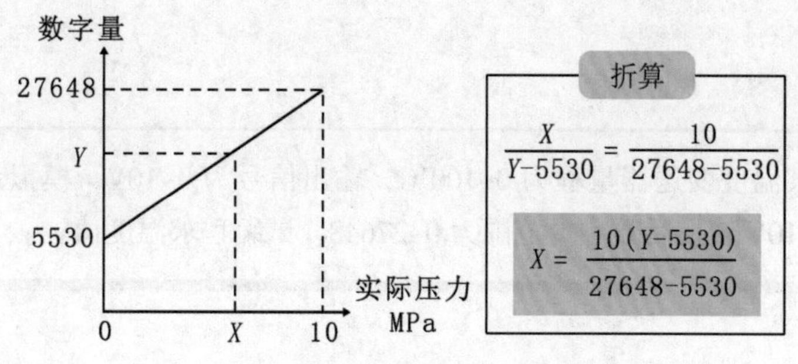

图 6-13 实际物理量与数字量的对应关系

3 硬件组态

参考前述。将模拟量输入“通道 0”测量类型设为“电流”。

4 程序编写

通过上述步骤找到比例关系后，可以进行模拟量程序的编写了，编写的关键在于用 PLC 语言表达出 X=10（Y–5530）/（27648–5530）的关系。转换程序如图 6-14 所示。

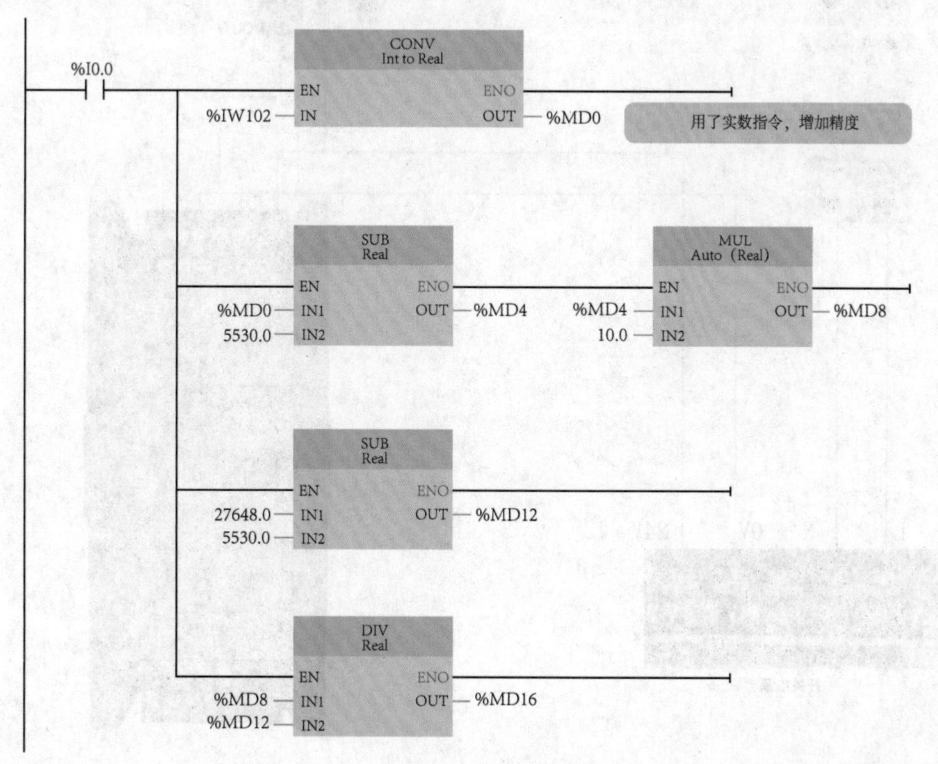

图 6-14 转换程序

重点提示：读者应细细品味以上两个例子的异同点，真正理解内码与实际物理量的对应关系，才是掌握模拟量编程的关键；一些初学者不会模拟量编程，原因就在于此。

案例 3：某温度变送器量程为 0~100℃，输出信号为 0~10V，模拟量输入模块 SM 1234 量程为 0-10V 转换后数字量范围为 0~27648，试编程求温度值。

1 温度变送器与 SM 1234 模块接线

温度变送器与 SM 1234 模块接线如图 6-15 所示。

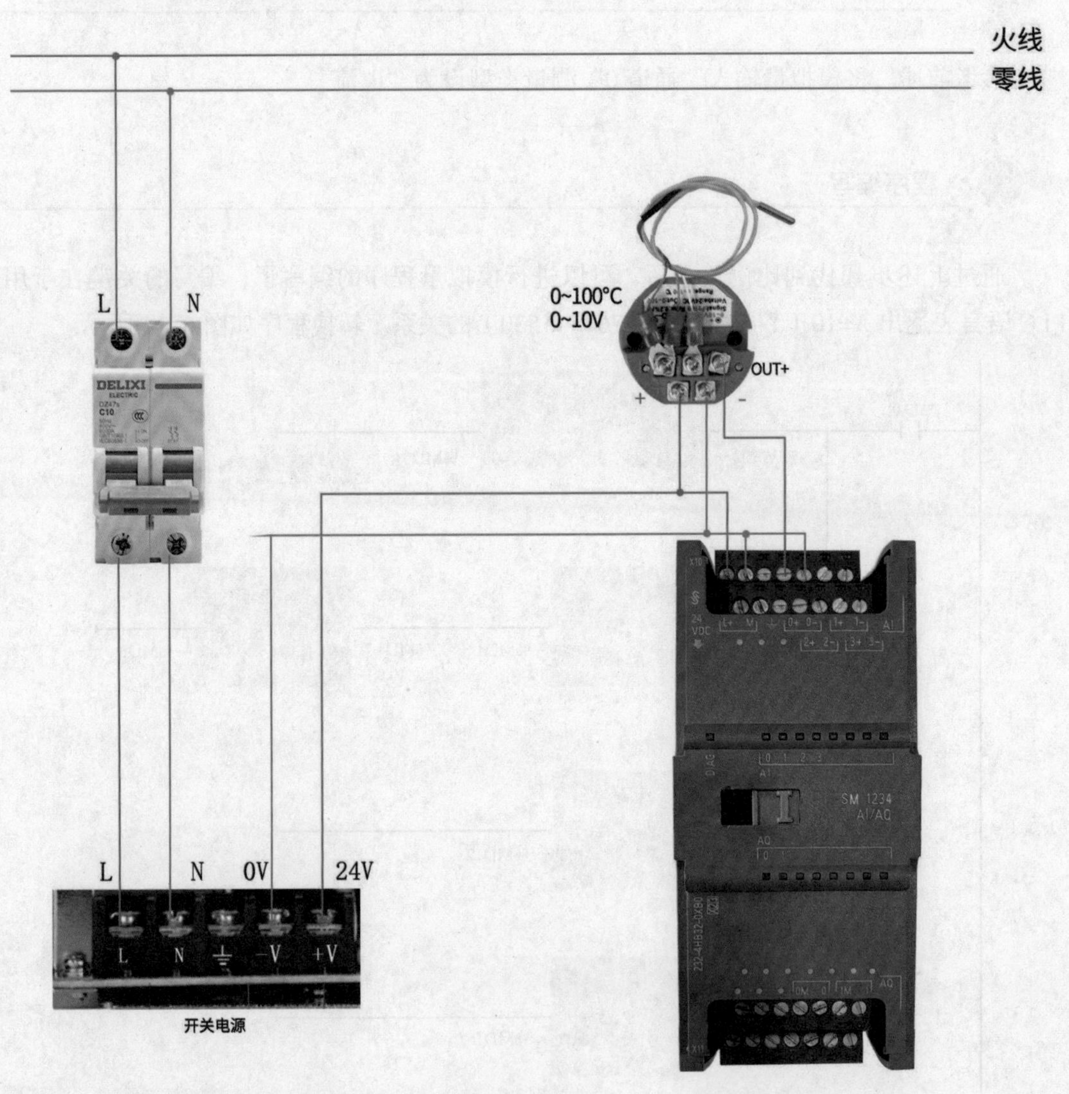

图 6-15 温度变送器与 SM 1234 模块接线

2 程序设计

找到实际物理量与模拟量输入模块内部数字量的比例关系。此例中，温度变送器的输出信号的量程为 0~10V，因此实际温度 0℃对应模拟量模块内部数字量为 0，实际温度 100℃对应模拟量模块内部数字量为 27648。具体如图 6-16 所示。

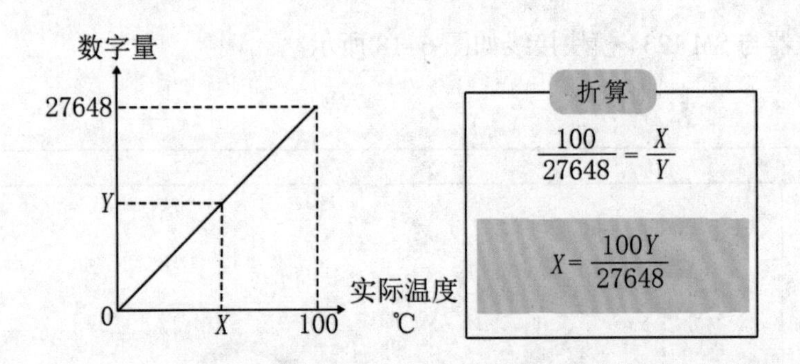

图 6-16 实际物理量与数字量的对应关系

3 硬件组态

参考前述。

4 程序编写

转换程序如图 6-17 所示。

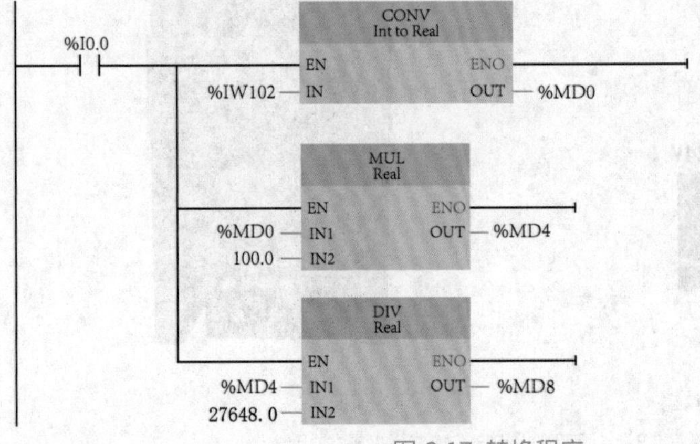

图 6-17 转换程序

案例 4： 某温度变送器量程为 0~100℃，输出信号为 4~20mA，模拟量输入模块 SM 1234 的量程为 0~20mA 转换后数字量范围为 0~27648，试编程求温度值。

温度变送器与 SM 1234 模块接线

温度变送器与 SM 1234 模块接线如图 6-18 所示。

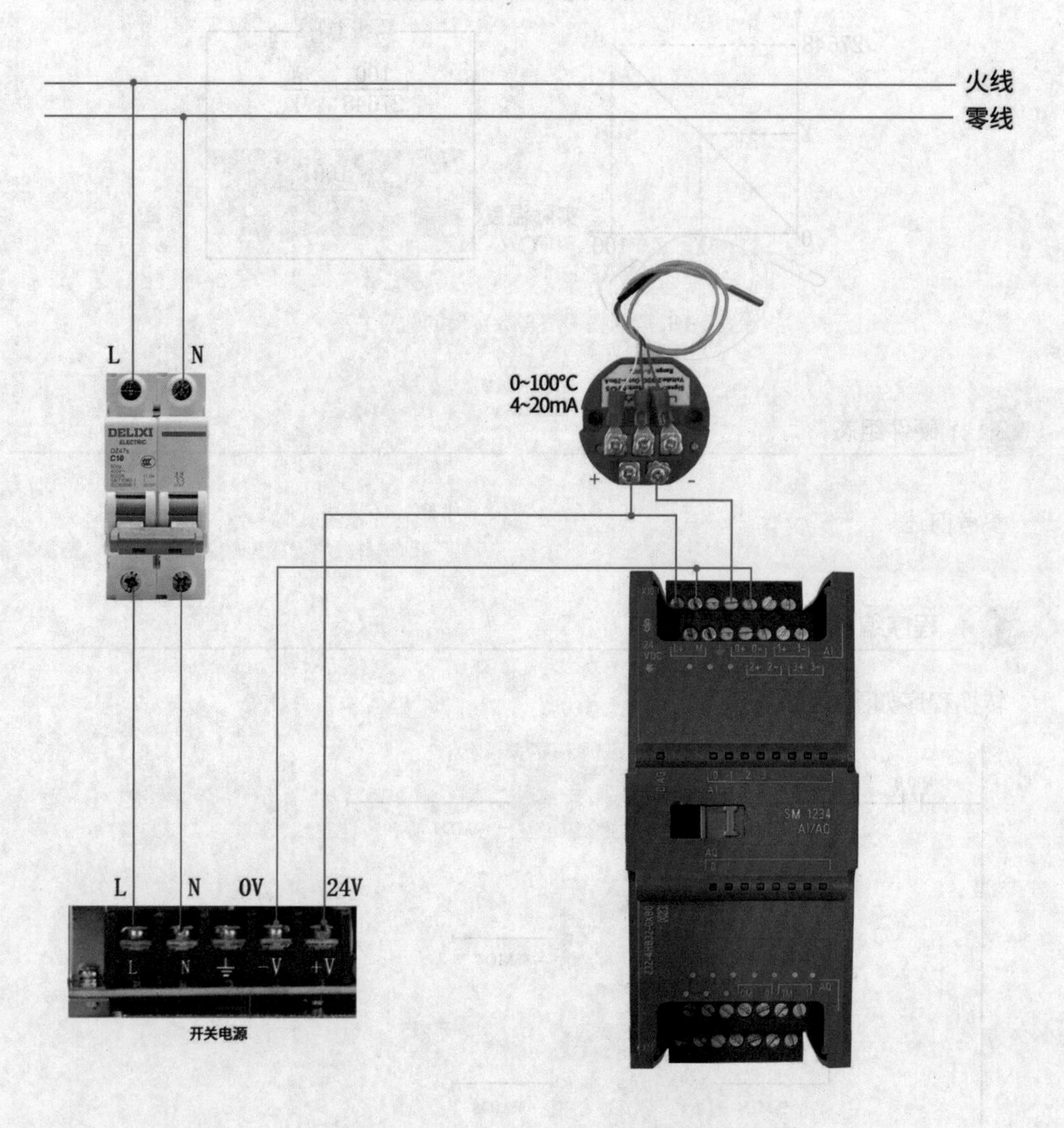

图 6-18 温度变送器与 SM 1234 模块接线

2 程序设计

找到实际物理量与模拟量输入模块内部数字量的比例关系。此例中，温度变送器的输出信号的量程为 4~20mA，模拟量输入模块 SM 1234 的量程为 0~20mA，二者不完全对应，因此实际温度 0℃对应模拟量模块内部数字量为 5530，实际温度 100℃对应模拟量模块内部数字量为 27648。具体如图 6-19 所示。

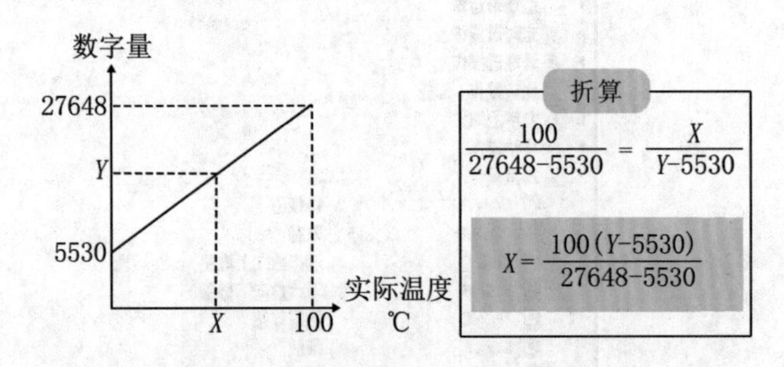

图 6-19 实际物理量与数字量的对应关系

3 硬件组态

参考前述。

4 程序编写

转换程序如图 6-20 所示。

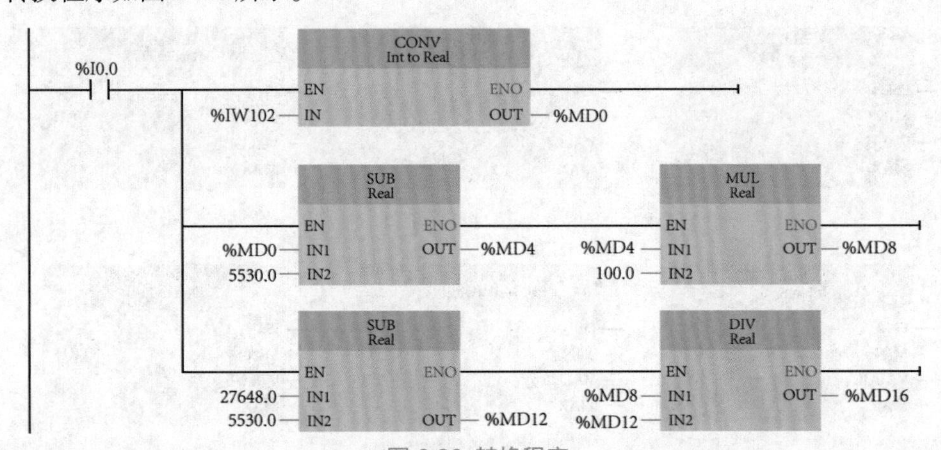

图 6-20 转换程序

6.4 西门子标准模拟量转换指令的使用

指令在程序中的位置如图 6–21 所示。其中，缩放和标准化指令的使用如下所述。

图 6-21 指令在程序中的位置

缩放指令如图 6–22 所示。

（1）图中 EN 为使能；MIN 为取值范围下限；MAX 为取值范围上限；VALUE 为要缩放的值；OUT 为缩放结果。

（2）标准化指令如图 6–23 所示。

图中 EN 为使能；MIN 为取值范围下限；MAX 为取值范围上限；VALUE 为要标准化的值；OUT 为标准化结果。

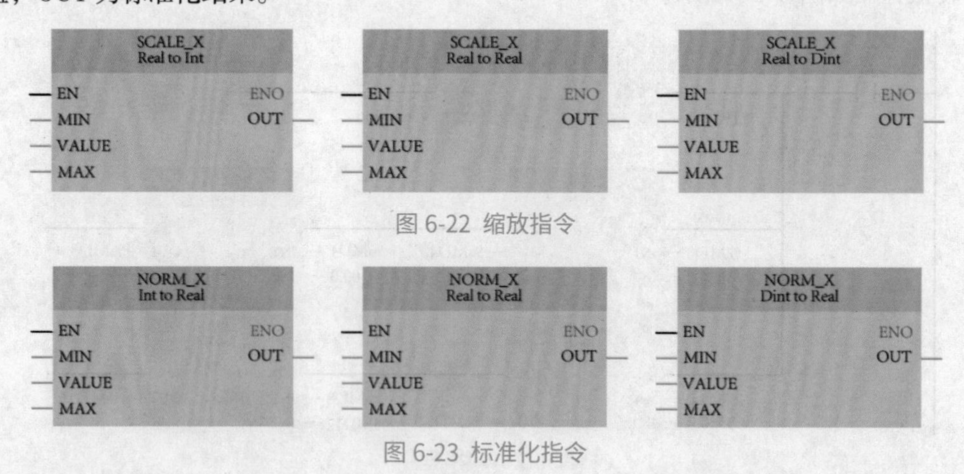

图 6-22 缩放指令

图 6-23 标准化指令

案例 1：某压力变送器量程为 0~20MPa，输出信号为 0~10V，模拟量输入模块 SM 1234 量程为 –10~10V，转换后的数字量范围为 –27648~27648，设转换后的数字量为 *Y*，试编程求压力值。

1 压力变送器与 SM 1234 模块接线

参考前述。

2 硬件组态

参考前述。

3 程序编写

转换程序如图 6-24 所示。

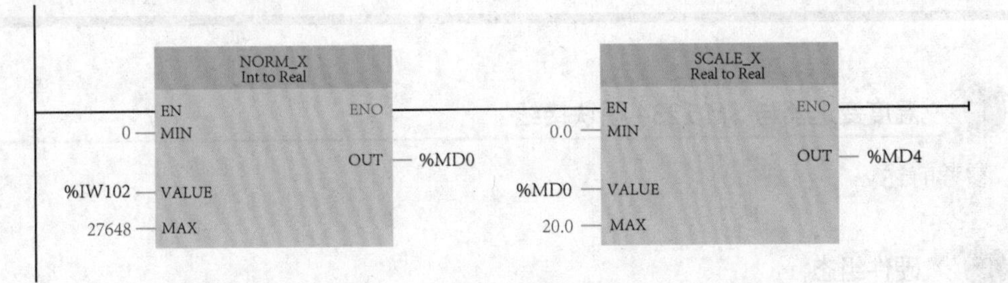

图 6-24 案例 1 转换程序

案例 2：某压力变送器量程为 0~10MPa，输出信号为 4~20mA，模拟量输入模块 SM 1234 量程为 0~20mA，转换后的数字量范围为 0~27648，设转换后的数字量为 *Y*，试编程求压力值。

1 压力变送器与 SM 1234 模块接线

参考前述。

2 硬件组态

参考前述。

3 程序编写

转换程序如图 6-25 所示。

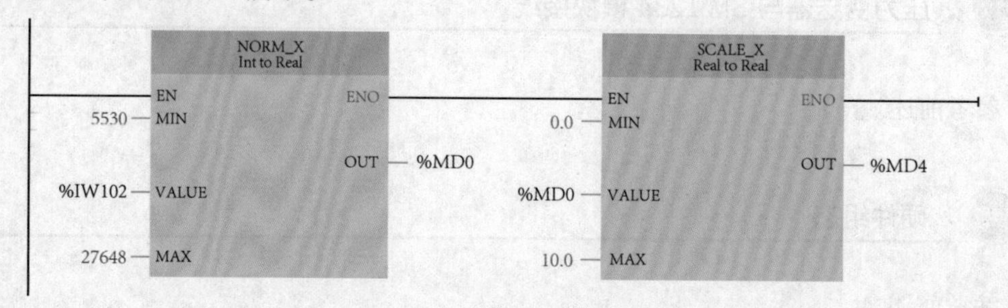

图 6-25 案例 2 转换程序

案例 3：某温度变送器量程为 0~100℃，输出信号为 0~10V，模拟量输入模块 SM 1234 量程为 0~10V，转换后的数字量范围为 0~27648，试编程求温度值。

1 温度变送器与 SM 1234 模块接线

参考前述。

2 硬件组态

参考前述。

3 程序编写

转换程序如图 6-26 所示。

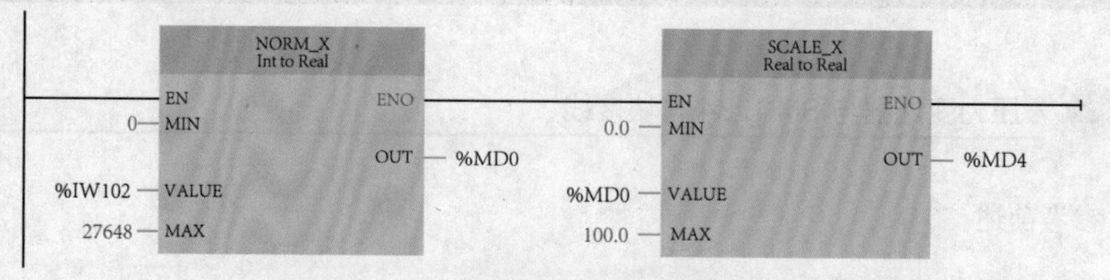

图 6-26 案例 3 转换程序

案例 4： 某温度变送器量程为 0~100℃，输出信号为 4~20mA，模拟量输入模块 SM 1234 量程为 0~20mA，转换后的数字量范围为 0~27648，试编程求温度值。

1 温度变送器与 SM 1234 模块接线

参考前述。

2 硬件组态

参考前述。

3 程序编写

转换程序如图 6-27 所示。

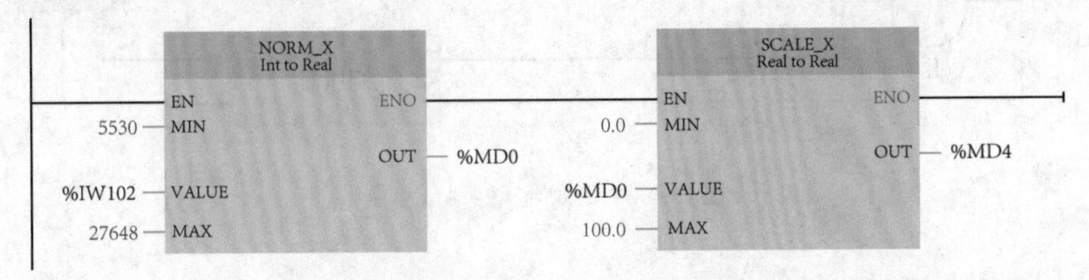

图 6-27 案例 4 转换程序

6.5 PID 控制介绍

S7-1200 PLC 能够进行 PID 控制。S7-1200 PLC 的 CPU 最多可以支持 16 个 PID 控制回路（16 个 PID 指令功能块）。

PID 是闭环控制系统的比例—积分—微分控制算法。

PID 控制器根据设定值（给定）与被控对象的实际值（反馈）的差值，按照 PID 算法计算出控制器的输出量，控制执行机构去影响被控对象的变化，其闭环控制原理如图 6-28 所示。

PID 控制器调节输出，保证偏差（e）为零，使系统达到稳定状态，偏差（e）是给定值（SP）和过程变量（PV）的差。PID 控制的原理基于下面的算式，其输出 [MV（t）] 是比例项、积分项和微分项的函数。

输出 = 比例项 + 积分项 + 微分项

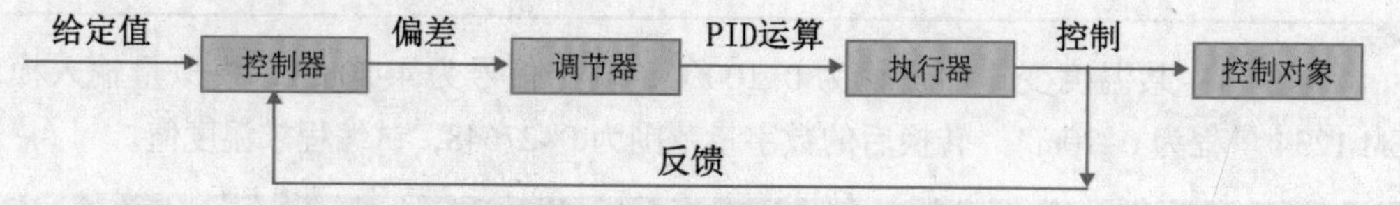

图 6-28 PID 闭环控制原理

对于用户来讲，主要掌握 PID 闭环回路，及时对比 PID（比例、积分、微分）等参数的调整。图 6–29 所示为 PID 闭环实物组成示例。

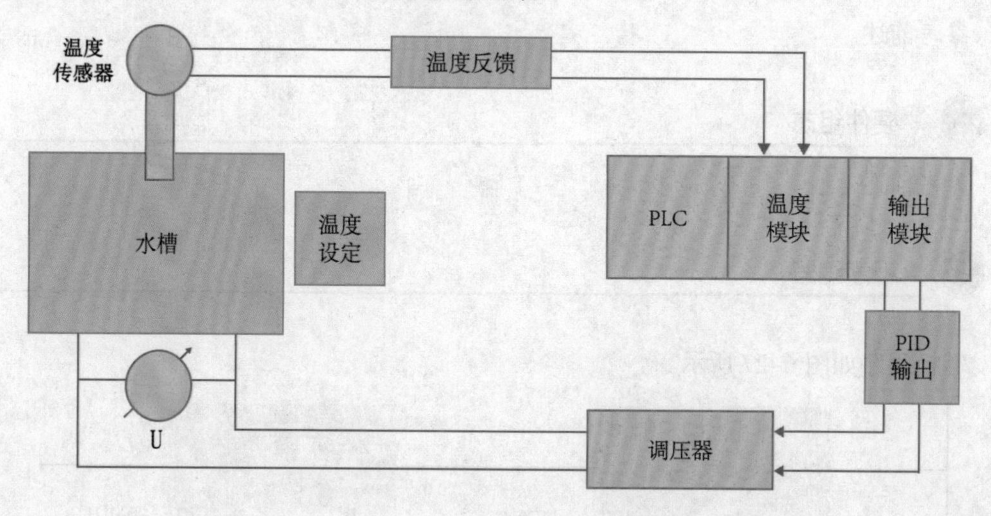

图 6-29 PID 闭环实物组成示例

6.5.1 比例调节作用

系统一旦出现了偏差，比例调节立即产生作用以减少偏差。比例调节作用大，可以加快调节速度，减少误差，但是比例调节过大，会降低系统的稳定性，甚至造成系统的振荡。

6.5.2 积分调节作用

积分调节能消除系统稳态误差，提高无差度。只要有误差，积分调节就会进行，直至无误差后，积分调节停止，并输出一常值。积分调节作用的强弱取决于积分时间常数：积分时间常数越小，积分调节作用就越强；反之，积分时间常数大则积分调节作用弱。积分调节可使系统稳定性下降，动态响应变慢。积分调节作用常与另外两种调节规律结合，组成 PI 调节器或 PID 调节器。

6.5.3 微分调节作用

微分调节作用反映系统偏差信号的变化率，具有预见性，能预见偏差变化的趋势，因此能产生超前的控制作用，偏差还没有形成之前，就被微分调节作用消除，起到改善系统动态性能的作用。在微分时间选择合适的情况下，可以减少超调，减少调节时间。微分调节作用对噪声干扰有放大作用，因此过强的微分调节对系统的抗干扰性能不利。此外，微分反映的是变化率，当输入没有变化时，微分调节作用输出为零。微分调节作用不能单独使用，需要与另外两种调节规律相结合，组成 PD 调节器或 PID 调节器。

PID 调节器是比例（P）、积分（I）、微分（D）调节器的总称。

比例调节器：用于提高系统的响应速度，快速消除偏差，其数值越大，响应越快，但存在静态误差。

积分调节器：用于消除系统静态误差，即无静差，但系统的响应滞后。

微分调节器：用于提前预知系统的变化趋势，提前作用，减少超调，减少调节时间。

三种调节器相结合，可以取长补短。

PID 调节器控制的效果就是看反馈，也就是看控制对象是否跟随设定值给定，是否响应快速、稳定，是否能够抑制闭环中的各种扰动。

要衡量 PID 调节器参数是否合适，必须连续观察反馈波形；实际上 PID 调节器参数也就是通过反馈波形进行调试的。

根据具体项目要求，在实际应用中有可能只用到其中的一部分，比如常用的 PI 调节器就只有比例 + 积分控制部分，没有微分控制部分。

6.6 PID 算法在 S7-1200/1500 中的实现

PID 控制最初在模拟量控制系统中实现，随着离散控制理论的发展，PID 控制也在计算机化控制系统中实现。

计算机化的 PID 控制算法有几个关键的参数：

Kc：Gain，增益。

Ti：积分时间常数。

Td：微分时间常数。

Ts：采样时间。

在 S7–1200 PLC 中，PID 功能是通过 PID 指令功能块实现的。通过定时（按照采样时间）执行 PID 功能块，按照 PID 运算规律，根据当时的给定、反馈、比例—积分—微分数据，计算出控制量。

PID 参数的取值，以及它们之间的配合，对 PID 控制是否稳定具有重要的意义。PID 控制中的主要参数如下所述。

1 采样时间

计算机必须按照一定的时间间隔对反馈进行采样，才能进行 PID 控制的计算。采样时间就是对反馈进行采样的间隔。短于采样时间的信号变化是测量不到的。过短的采样时间没有必要，过长的采样时间显然不能满足扰动变化快，或者速度响应要求高的场合。

编程时指定的 PID 控制器采样时间必须与实际的采样时间一致。S7-1200 PLC 中 PID 的采样时间精度用定时中断来保证。

2 增益（Gain，放大系数，比例常数）

增益与偏差（给定与反馈的差值）的乘积作为控制器输出中的比例部分。过大的增益会造成反馈的振荡。

3 积分时间（Integral Time）

偏差值恒定时，积分时间决定了控制器输出的变化速率。积分时间越短，偏差得到的修正越快。但过短的积分时间有可能造成不稳定。积分时间的长度相当于在阶跃给定下，增益为“1”的时候，输出的变化量与偏差值相等所需要的时间，也就是输出变化到二倍于初始阶跃偏差的时间。如果将积分时间设为最大值，则相当于没有积分作用。

在积分控制中，控制器的输出量是输入量对时间的积累。对一个自动控制系统，如果在进入稳态后存在稳态误差，则称这个控制系统是有稳态误差的或简称有差系统（system withsteady-state error）。为了消除稳态误差，在控制器中必须引入“积分项”。积分项对误差的运算取决于时间的积分，随着时间的增加，积分项会增大。所以即便误差很小，积分项也会随着时间的增加而加大，它推动控制器的输出增大，使稳态误差进一步减小，直到等于零。因此，采用 PI（比例+积分）控制器，可以使系统在进入稳态后无稳态误差。

4 微分时间（Derivative Time）

偏差值发生改变时，微分作用将增加一个尖峰到输出中，并且随着时间的流逝而减小。微分时间越长，输出的变化越大。微分使控制对扰动的敏感度增加，也就是偏差的变化率越大，微分控制作用越强。微分相当于反馈变化趋势的预测性调整。如果将微分时间设置为 0，微分控制就不起作用，控制器将作为 PI 调节器工作。

在微分控制中，控制器的输出与输入误差信号的微分（即误差的变化率）成正比关系。自动控制系统在克服误差的调节过程中可能会出现振荡甚至失稳。其原因是存在较大的惯性组件或滞后组件，具有抑制误差的作用，其变化总是落后于误差的变化。解决的办法是使抑制误差作用的变化“超前”，即在误差接近零时，微分作用就已经使误差为零。这就是说，在控制器中仅引入“比例”项往往是不够的，比例项的作用仅是放大误差的幅值，因而需要增加的是“微分项”，它能预测误差变化的趋势，这样，具有比例＋微分的控制器就能够提前使误差等于零，甚至为负值，从而避免被控量的严重超调。所以对有较大惯性或滞后的被控对象，比例＋微分（PD）控制器能改善系统在调节过程中的动态特性。

6.7 PID 调试一般步骤

1 确定比例增益 P

确定比例增益 P 时，首先去掉 PID 的积分项和微分项，一般是令 Ti=0、Td=0（具体见 PID 的参数设定说明），使 PID 为纯比例调节。输入设定为系统允许的最大值的 60%~70%，由 0 逐渐加大比例增益 P，直至系统出现振荡；然后，此时的比例增益 P 逐渐减小，直至系统振荡消失，记录此时的比例增益 P，设定 PID 的比例增益 P 为当前值的 60%~70%。比例增益 P 调试完成。

2 确定积分时间常数 Ti

比例增益 P 确定后，设定一个较大的积分时间常数 Ti 的初值，然后逐渐减小 Ti，直至系统出现振荡；然后，逐渐加大 Ti，直至系统振荡消失。记录此时的 Ti，设定 PID 的积分时间常数 Ti 为当前值的 150%~180%。积分时间常数 Ti 调试完成。

3 确定微分时间常数 Td

微分时间常数 Td 一般不用设定，为 0 即可。若要设定，与确定 P 和 Ti 的方法相同，取系统不振荡时微分时间常数的 30%。

4 系统空载、带载联调，再对 PID 参数进行微调，直至满足要求

变速积分的基本思想是设法改变积分项的累加速度，使其与偏差大小相对应：偏差越大，积分越慢；反之，偏差越小，积分越快，有利于提高系统品质。

6.8 PID 测温案例

利用 PID 算法来实现对水的恒温闭环控制。

1 设备明细表（见表 6-1）

表 6-1 设备明细表

元件名称	数量
PLC 试验箱（S7–1200）	1 个
模拟量输入 / 输出模块（SM1234）	1 个
温度变送器（0~100℃，4~20mA）	1 个
功率可调控制器（0~10V）	1 个
加热器	1 个

2 单相可控硅调压模块接线

有关模块接线与恒温箱内置元件如图 6–30 至图 6–32 所示。

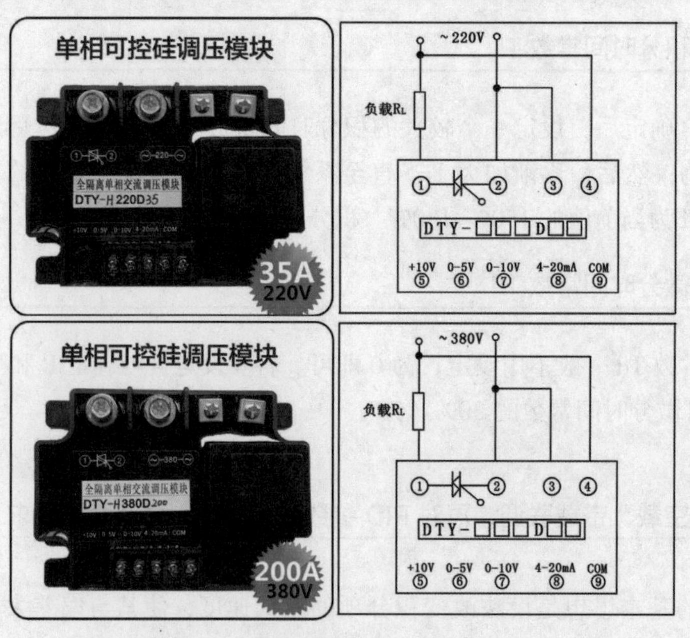

图 6-30 可控硅调压模块实物与接线

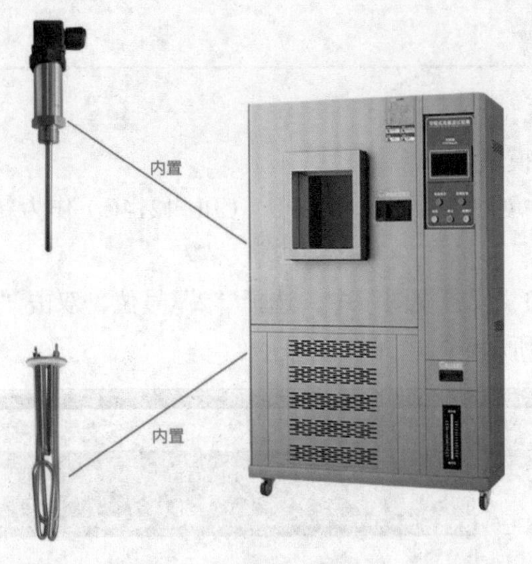

图 6-31 恒温箱内置元件

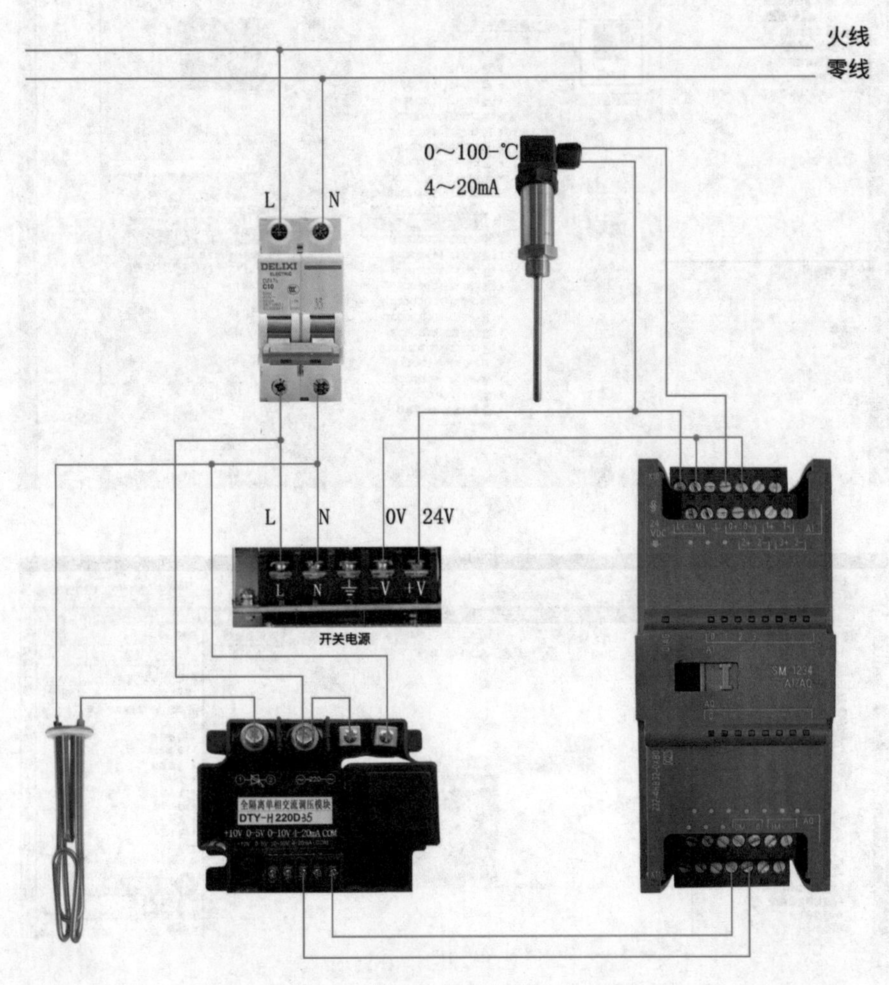

图 6-32 模拟量模块输入输出接线

3 PID 编程步骤

第一步：硬件组态

（1）添加 PLC 和模块。

使用 TIA 博途软件创建新项目，将 CPU（CPU 1214C）作为新设备添加到项目中，如图 6–33（a）所示。

在 TIA 博途软件的“设备视图”中，选择“2”号位，双击“SM1234”模块进行模块添加，如图 6–33（b）所示。

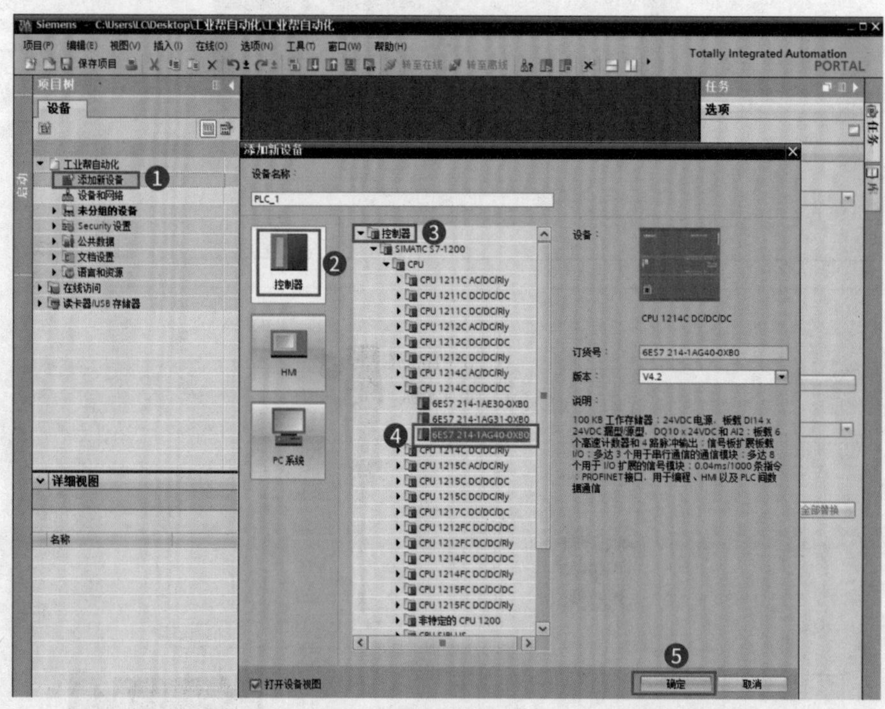

（a）添加 PLC

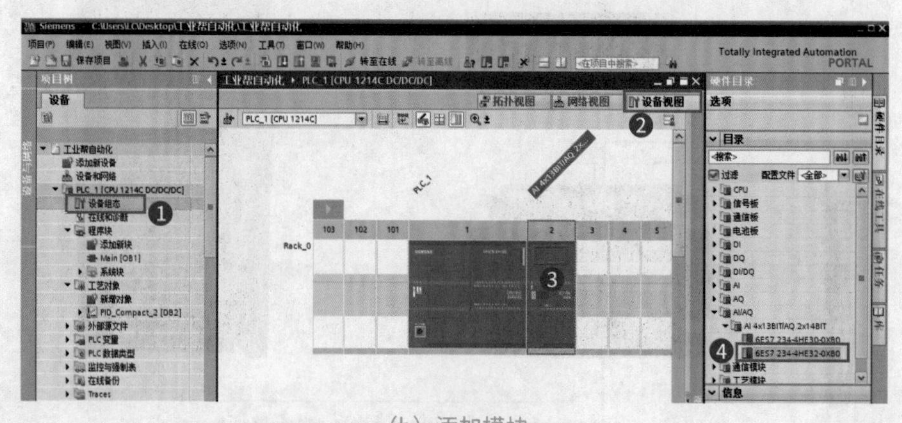

（b）添加模块

图 6-33 添加 PLC 和模块

（2）硬件组态。

双击“SM1234”模块，在“属性”“常规”里面，模拟量输入选择“通道 0”，测量类型设为“电流”，电流范围设为“0–20mA”，如图 6–34 所示。

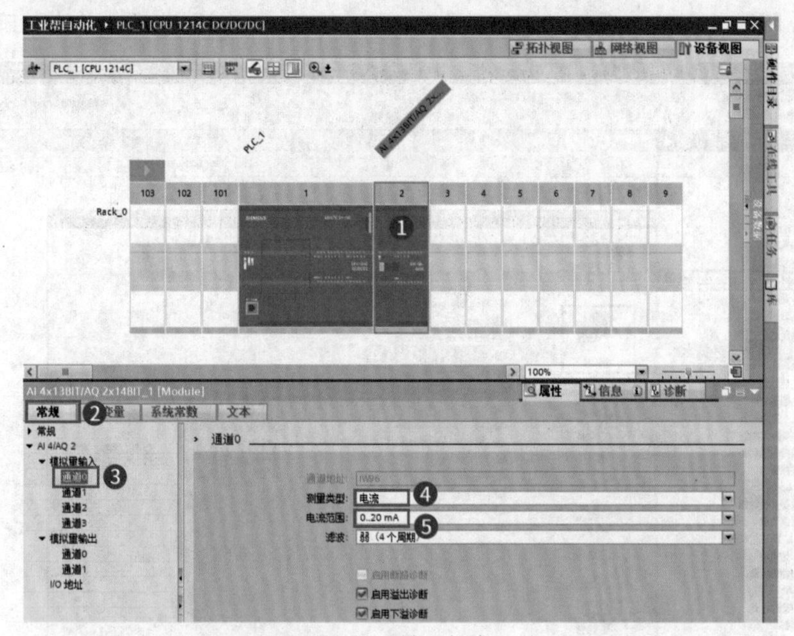

图 6-34 输入组态

模拟量输出选择“通道 0”，模拟量输出类型设为“电压”，电压范围设为“–/+10V”，如图 6–35 所示。

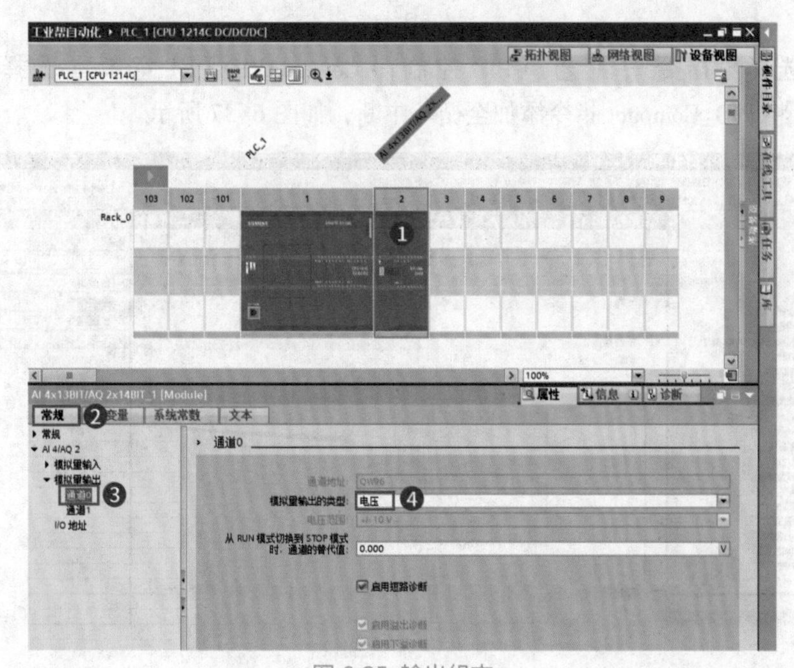

图 6-35 输出组态

第二步：参数组态

（1）添加循环中断组织块。PID 指令只能在循环中断中运行。在 TIA 博途软件的项目树中，选择“PLC_1”→“程序块”→“添加程序块”选项，双击“添加程序块”，弹出如图 6–36 所示的界面，选择“组织块”→“Cyclic interrupt”选项，单击“确定”按钮。

图 6-36 添加循环组织块

（2）选择“指令→工艺→PID 控制→CompactPID（注意版本选择）→PID_Compact”，将 PID_Compact 指令添加至循环中断，如图 6–37 所示。

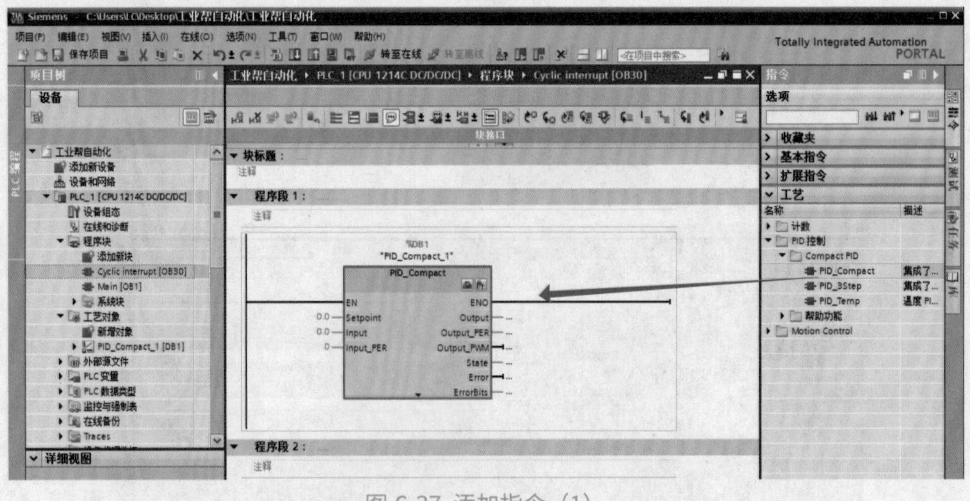

图 6-37 添加指令（1）

（3）当添加完 PID_Compact 指令后，在“项目树”→“工艺对象”文件夹中，会自动关联出“PID Compact_1【DB1】”包含其组态界面和调试功能，如图 6–38 所示。

图 6-38 添加指令（2）

第三步：PID 组态

双击“组态”，打开组态界面，如图 6–39 所示。

图 6-39 打开组态界面

（1）基本设置。如图 6–40 和图 6–41 所示。

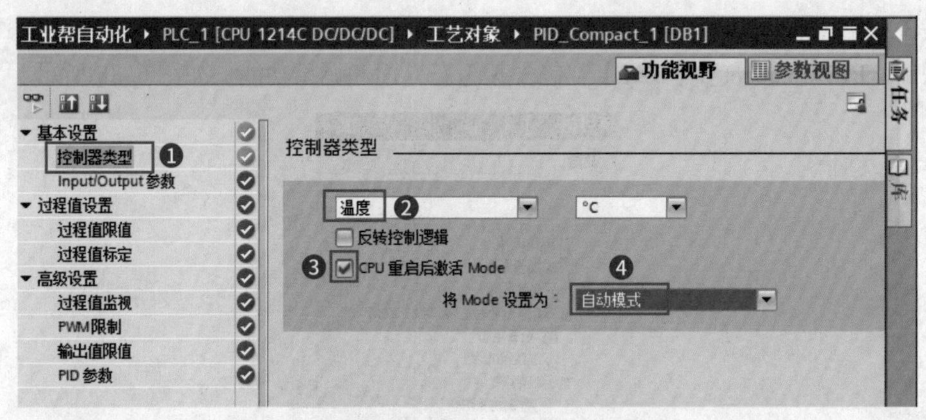

图 6-40 基本设置（1）

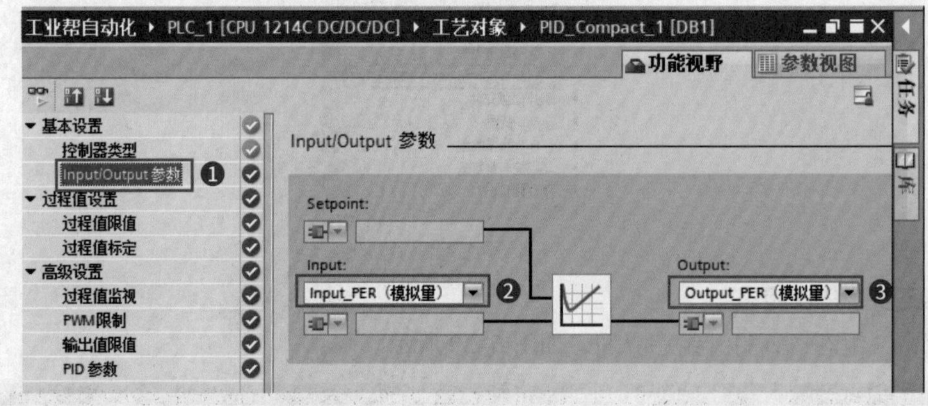

图 6-41 基本设置（2）

（2）过程值设置。

过程值限值设置如图 6–42 所示。

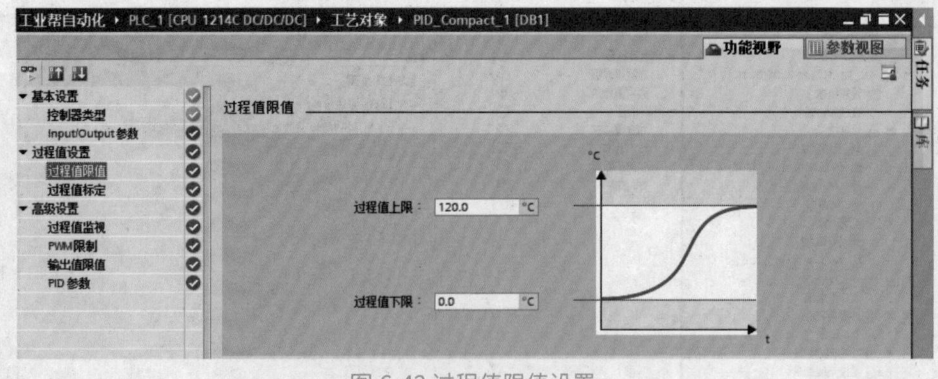

图 6-42 过程值限值设置

在进行过程值标定设置时，电流型变送器输出信号为 0~100℃（4~20mA），对应的数值范围为 5530~27648，如图 6–43 所示。

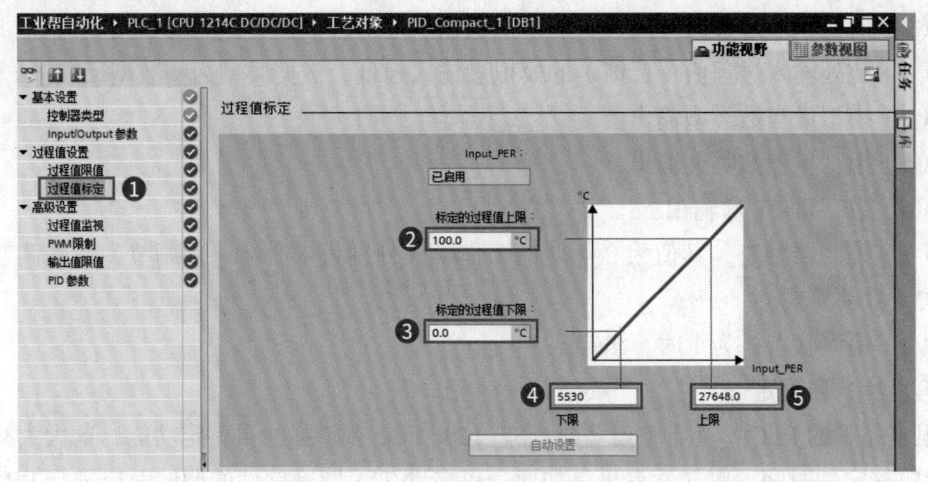

图 6-43 过程值标定设置

第四步：高级设置

过程值监视：当测量值高于此数值会报警，但不会改变工作模式，如图 6–44 所示。

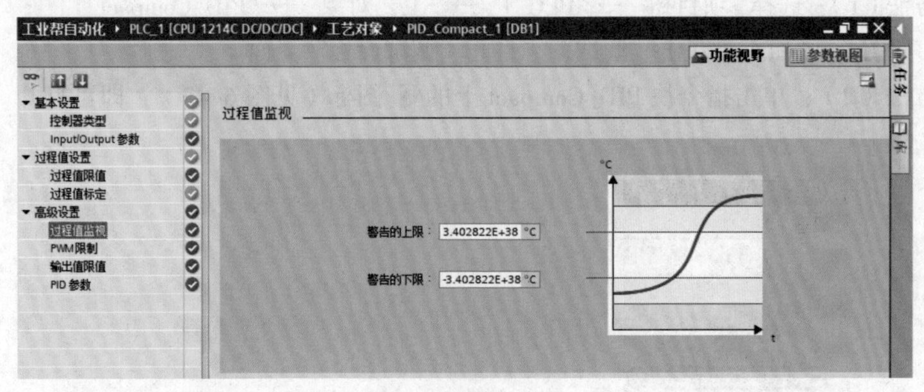

图 6-44 过程值监视

第五步：程序编写

在循环中断组织块中调用 PID 程序，编写 LAD 程序，如图 6–45 所示。有关参数的解释和取值范围如下。

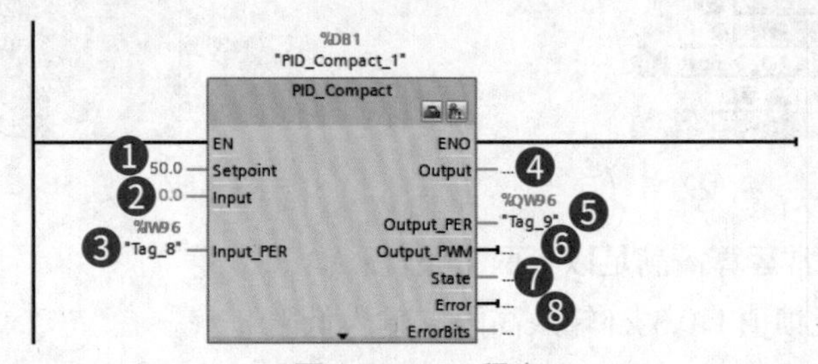

图 6-45 LAD 程序

（1）自动模式下的设置值，或者直接输入设定值常数，取值范围为 +1.175495E–38~+3.402823E+38（正数），–1.175495E–38~–3.402823E+38（负数）。

（2）此处输入过程值（反馈）的模拟量输入地址，数据类型为实数型反馈。

（3）此处输入过程值（反馈）的模拟量输入地址，数据类型为整数型反馈。

（4）模拟量实数类型输出。

（5）模拟量整数类型输出。

（6）数字量 PWM 输出。

（7）控制器状态，其值为 0~4 时的工作模式分别为未激活、预调节、精确调节、自动模式、手动模式。

（8）错误状态：为 1 时，出错。

第六步：自整定

很多品牌的 PLC 都有自整定功能。S7-1200 PLC 有较强的自整定功能，这大大减少了 PID 参数整定的时间，对初学者更是如此，可借助 TIA 博途软件的调试面板进行 PID 参数的自整定。

（1）打开 S7-1200 PLC 调试面板的方法有两种。

方法（1）：选择“项目树”→“PLC_1”→“工艺对象”→“PID_Compact_1”→“调试”选项，如图 6-46 所示，双击“调试”，打开“调试面板”界面。

方法（2）：单击指令块 PID_Compact 上的 图标（见图 6-47），即可打开“调试面板”。

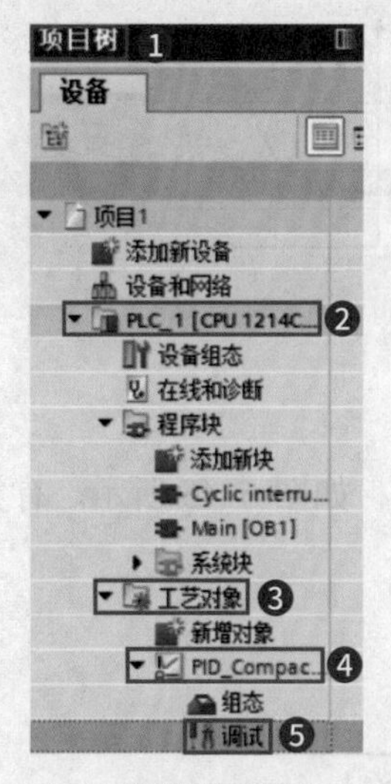

图 6-46 打开调试面板方法（1）

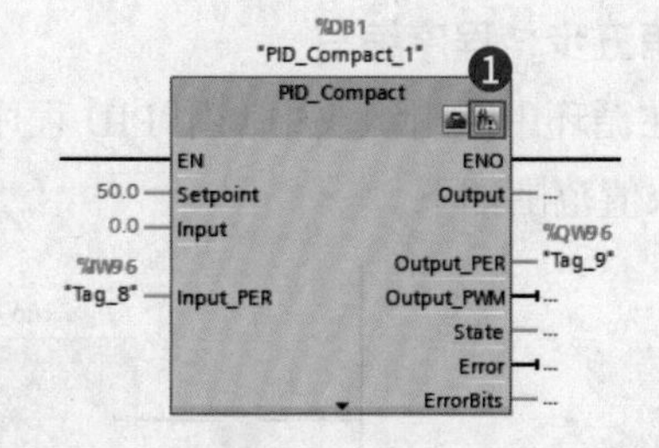

图 6-47 打开调试面板方法（2）

（2）自整定正常运算需满足以下两个条件：

①|设定值 – 反馈值|>0.3×|输入高限 – 输入低限|。

②|设定值 – 反馈值|>0.5×|设定值|。

自整定时，有时会弹出“启动预调节出错。过程值过于接近设定值”信息，这意味着自整定条件不符合以上两个条件。

（3）调试面板如图 6-48 所示，包括四个区域，分别介绍如下。

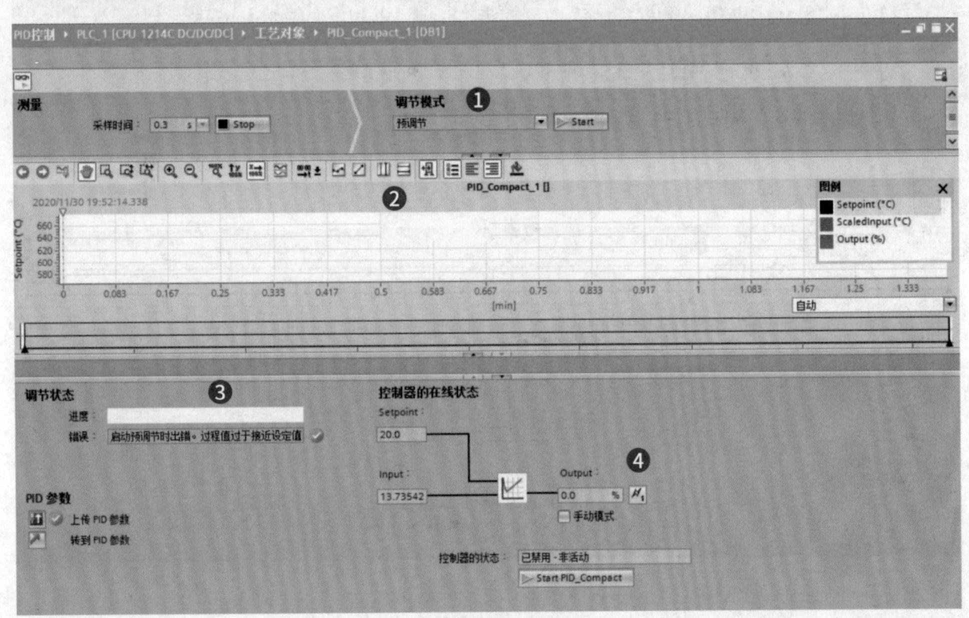

图 6-48 调试面板

①调试模式区：启动和停止测量功能、采样时间以及调试模式的选择。

②趋势显示区：以曲线的形式显示设定值、测量值和输出值。这个区域非常重要。

③调节状态区：包括显示 PID 调节的进度、错误、上传 PID 参数到项目和转到 PID 参数。

④控制器的在线状态区：用户可以在此区域监视给定值、反馈值和输出值，并可以手动强制输出值，勾选“手动模式”前方的方框，用户在“Output”栏内输入百分比形式的输出值，并单击“修改”按钮 即可。

（4）自整定过程：单击如图 6-49 所示界面中“1”处的“Start”按钮（按钮变为“Stop”），开始测量在线值，在“调节模式”下面选择“预调节”，再单击“2”处的“Start”按钮（按钮变为“Stop”），预调节开始。当预调节完成后，在“调节模式”下面选择“精确调节”，再单击“2”处的“Start”按钮（按钮变为“Stop”），精确调节开始。

预调节和精确调节都需要消耗一定的运算时间，用户需要等待。

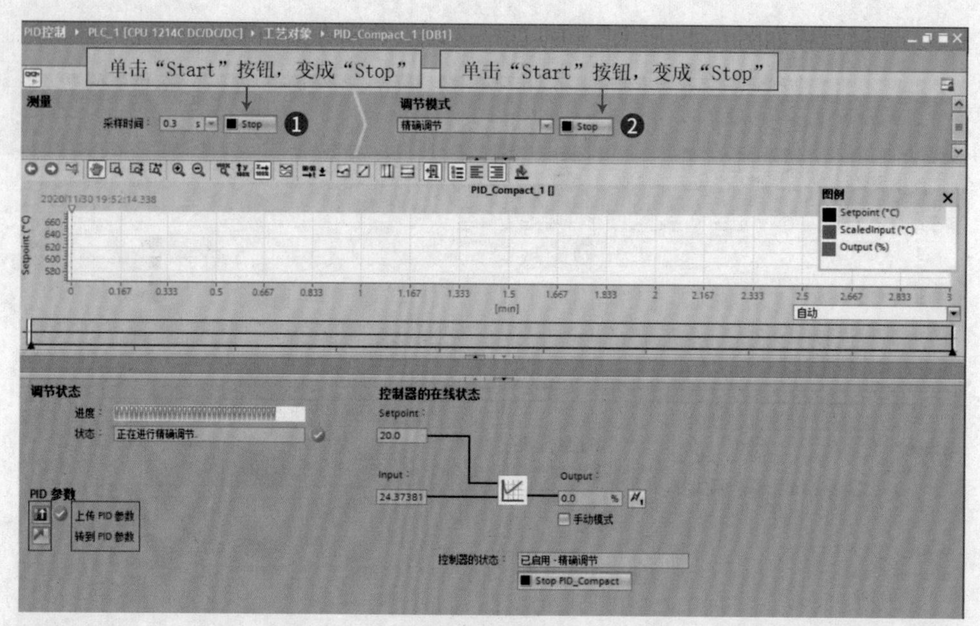
PID控制 ▸ PLC_1 [CPU 1214C DC/DC/DC] ▸ 工艺对象 ▸ PID_Compact_1 [DB1]
单击“Start”按钮，变成“Stop”
单击“Start”按钮，变成“Stop”
测量
采样时间：0.3 s
Stop
调节模式
精确调节
Stop
PID_Compact_1 []
图例
Setpoint (°C)
ScaledInput (°C)
Output (%)
自动
调节状态
进度：
状态：正在进行精确调节.
PID 参数
上传 PID 参数
转到 PID 参数
控制器的在线状态
Setpoint：
20.0
Input：
24.37381
Output：
0.0
手动模式
控制器的状态：已启用 - 精确调节
Stop PID_Compact

图 6-49 自整定

第 7 章

S7-1200/1500 PLC 程序结构

7.1 TIA 博途软件编程方法简介

TIA 博途软件编程方法有三种：线性化编程、模块化编程和结构化编程。以下对这三种方法分别进行简要介绍。

1 线性化编程

线性化编程就是将整个程序放在循环控制组织块 OB1 中，CPU 循环扫描执行 OB1 中的全部指令。其特点是结构简单、概念简单，但由于所有指令都在一个块中，程序的某些部分可能不需要多次执行，而扫描时，重复扫描所有的指令，会造成资源浪费、执行效率低。对于大型的程序要避免线性化编程。

2 模块化编程

模块化编程就是将程序根据功能分为不同的逻辑块，每个逻辑块完成不同的功能。在 OB1 中可以根据条件调用不同的功能或者函数块。其特点是易于分工合作，调试方便。由于逻辑块是有条件调用，所以提高了 CPU 的效率。

3 结构化编程

结构化编程就是将过程要求中类似或者相关的任务归类，在函数或者函数块中编程，形成通用的解决方案，通过不同的参数调用相同的函数或者通过不同的背景数据块调用相同的函数块。一般而言，工程上用 S7-1200 PLC 编写的程序都不是小型程序，所以通常采用结构化编程方法。

结构化编程具有如下一些优点。

①各单个任务块的创建和测试可以相互独立地进行。

②通过使用参数，可将块设计得十分灵活。比如，可以创建一个钻孔循环，其坐标和钻孔深度可以通过参数传递进来。

③块可以根据需要在不同的地方以不同的参数记录进行调用，也就是说，这些块能够被再利用。

④预先设计的库能够提供用于特殊任务的“可重用”块。

7.2 函数、数据块和函数块

7.2.1 块概述

1 块的简介

在操作系统中包含了用户程序和系统程序，操作系统已经固化在 CPU，它提供 CPU 运行和调试的机制。CPU 的操作系统是按照事件驱动扫描用户程序的。用户程序写在不同的块中，CPU 按照执行的条件成立与否执行相应的程序块或者访问对应的数据块。用户程序则是为了完成特定的控制任务，由用户编写的程序。用户程序通常包括组织块（OB）、函数块（FB）、函数（FC）和数据块（DB）。用户程序中块的说明见表 7-1。

表 7-1 用户程序中块的说明

块的类型	属性
组织块（OB）	①用户程序接口 ②优先级（0~27） ③在局部数据堆栈中指定开始信息
函数块（FB）	①参数可分配（可以在调用时分配参数） ②具有（收回）存储空间（静态变量）
函数（FC）	①参数可分配（必须在调用时分配参数） ②没有存储空间（只有临时变量）
数据块（DB）	①结构化的局部数据存储（背景数据块 DB） ②结构化的全局数据存储（在整个程序中有效）

2 块的结构

块由变量声明表和程序组成。每个逻辑块都有变量声明表，变量声明表是用来说明块的局部数据。而局部数据包括参数和局部变量两大类。在不同的块中可以重复声明和使用同一局部变量，因为它们在每个块中仅有效一次。

局部变量包括两种：静态变量和临时变量。

参数是在调用块与被调用块之间传递的数据，包括输入、输出和输入 / 输出变量。表 7–2 为局部数据声明类型。

表 7-2 局部数据声明类型

变量名称	变量类型	说明
输入	Input	为调用模块提供数据，输入给逻辑模块
输出	Output	从逻辑模块输出数据结果
输入 / 输出	InOut	参数值既可以输入，也可以输出
静态变量	Static	静态变量存储在背景数据块中，块调用结束后，变量被保留
临时变量	Temp	临时变量存储在 L 堆栈中，块执行结束后，变量消失

图 7–1 所示为块调用的分层结构的一个例子：组织块 OB1（主程序）调用函数块 FBl，FBl 调用函数块 FB10；组织块 OB1（主程序）调用函数块 FB2，函数块 FB2 调用函数 FC5，函数 FC5 调用函数 FC10。

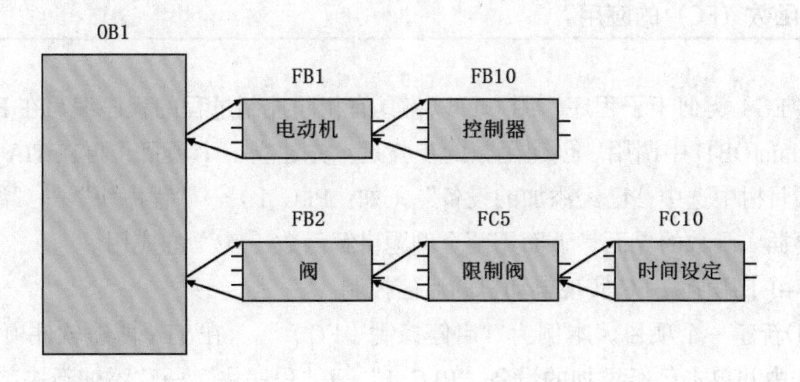

图 7-1 块调用的分层结构

7.2.2 函数（FC）及其应用

1 函数（FC）简介

（1）函数（FC）是用户编写的程序块，是不带存储区的代码块。功能没有固定的存储区，功能执行结束后，其局部变量中的临时数据就丢失了。可以用全局变量来存储那些在功能执行结束后需要保存的数据。

（2）在界面区中生成局部变量，并只能在它所在的块中使用。局部变量的名称由字符（包括汉字）和数字组成。

① Input（输入参数）：由调用它的块提供输入数据。

② Output（输出参数）：返回给调用它的块的程序执行结果。

③ InOut（输入 / 输出参数）：初值由调用它的块提供，块执行后将它的返回值返回给调用它的块。

④ Temp（临时数据）：暂时保存在局部数据堆栈中的数据。只是在执行块时使用临时数据，执行完后，不再保存临时数据的数值，它可能被别的块的临时数据覆盖。

⑤ Constant（常量）：常量是具有固定值的数据，其值在程序运行期间不能更改。常量在程序执行期间可由各种程序元素读取，但不能被覆盖。不同的常量值通常会指定相应的表示方式，具体取决于数据类型和数据格式。

⑥ Return 中的 Ret_Val（返回值）：属于输出参数。

2 函数（FC）的应用

函数（FC）类似于子程序，用户可以将具有相同控制过程的程序编写在 FC 中，然后在主程序 Main[OB1] 中调用。创建函数的步骤是：先建立一个项目，再在 TIA 博途软件项目视图的项目树中选中“已经添加的设备”（如：PLC_1）→“程序块”→“添加新块”，即可弹出要插入函数的界面。下面用两个例题讲解函数（FC）的应用。

【例 7-1】用函数 FC 实现电动机的启停控制。

解 ①新建一个项目，本例为“启停控制（FC）”。在 TIA 博途软件项目视图的项目树中，选中并单击已经添加的设备“PLC_1”→“程序块”→“添加新块”，如图 7-2 所示，弹出“添加新块”界面。

②如图 7-3 所示，在“添加新块”界面中，选择创建块的类型为“函数”，再输入函数的名称（本例为启停控制），之后选择编程语言（本例为 LAD），最后单击“确定”按钮，弹出函数（FC）的程序编辑器界面。

③在 FC“程序编辑器”中，输入如图 7-4 所示的程序，此程序能实现启停控制。

④在 TIA 博途软件项目视图的项目树中，双击“Main[OB1]”，打开主程序块，选中新创建的函数“启停控制 [FCl]”，并将其拖拽到程序编辑器中，如图 7-5 所示。至此，项目创建完成。

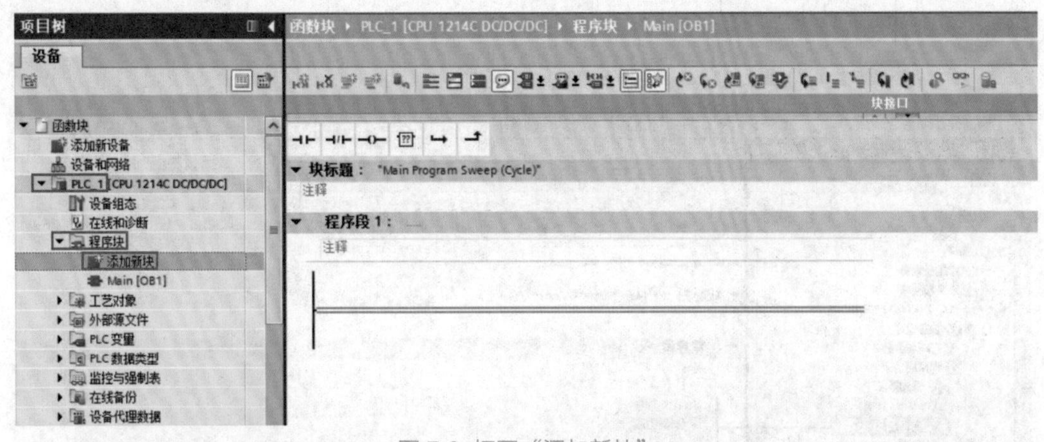

图 7-2 打开“添加新块”

图 7-3 “添加新块”界面

程序段1

%I0.0 “启动”　%I0.1 “停止”　%Q0.0 “电动机”

%Q0.0 “电动机”

图 7-4 函数 FC1 中的程序

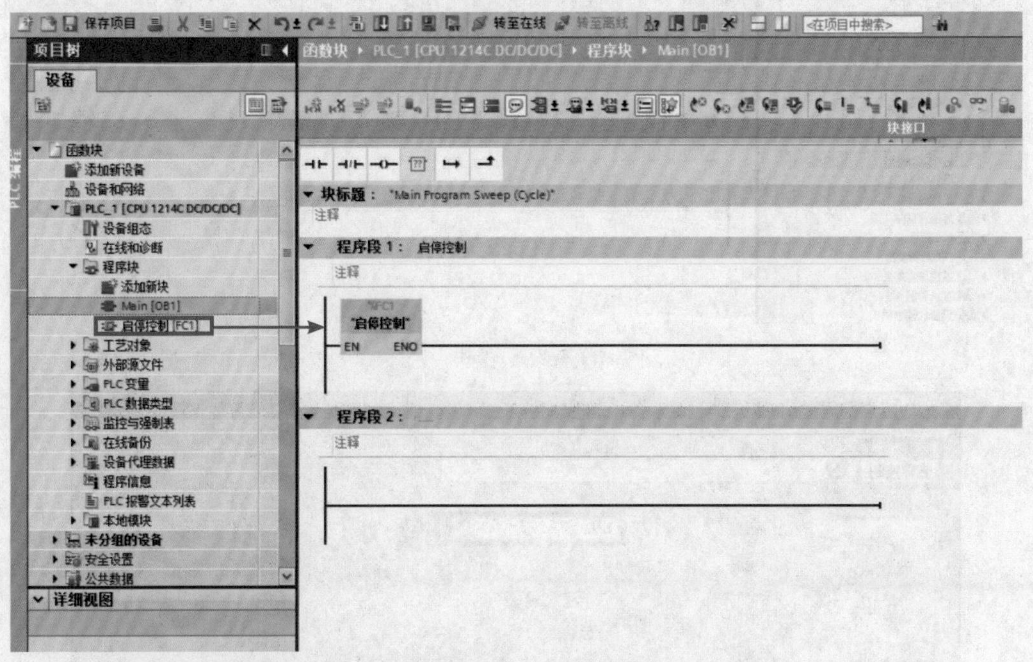

图 7-5 在主程序中调用功能

【例 7-2】用函数实现电动机的启停控制。

解 本例的①、②步与例 7-1 的相同，在此不再重复讲解。

③在 TIA 博途软件项目视图的项目树中，双击函数块“启停控制 [FC1]”，打开函数，弹出“程序编辑器”界面，先选中 Input（输入参数），新建参数“Start”和“Stop”，数据类型为“Bool”。再选中 InOut（输入/输出参数），新建参数“Motor”，数据类型为“Bool”，如图 7-6 所示。最后在程序段 1 中输入程序，如图 7-7 所示，注意参数前都要加“#”。

④在 TIA 博途软件项目视图的项目树中，双击“Main[OB1]”，打开主程序块，选中新创建的函数“启停控制 [FC1]”，并将其拖拽到程序编辑器中，如图 7-8 所示。如果将整个项目下载到 PLC 中，就可以实现“启停控制”。这个程序的函数“FC1”的调用比较灵活，与例 7-1 不同，启动不只限于 I0.0，停止不只限于 I0.1，在编写程序时，可以灵活分配应用。

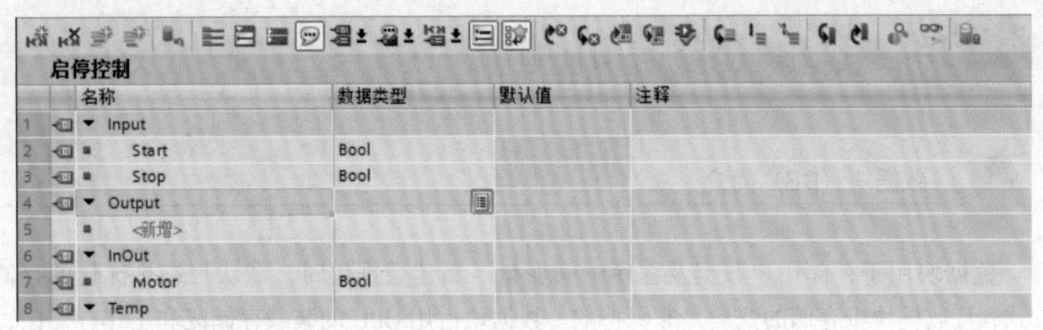

启停控制

	名称	数据类型	默认值	注释
1	▼ Input			
2	Start	Bool		
3	Stop	Bool		
4	▼ Output			
5	<新增>			
6	▼ InOut			
7	Motor	Bool		
8	▼ Temp			

图 7-6 新建输入 / 输出参数

程序段1

#Start #Stop #Motor

#Motor

图 7-7 函数 FC1

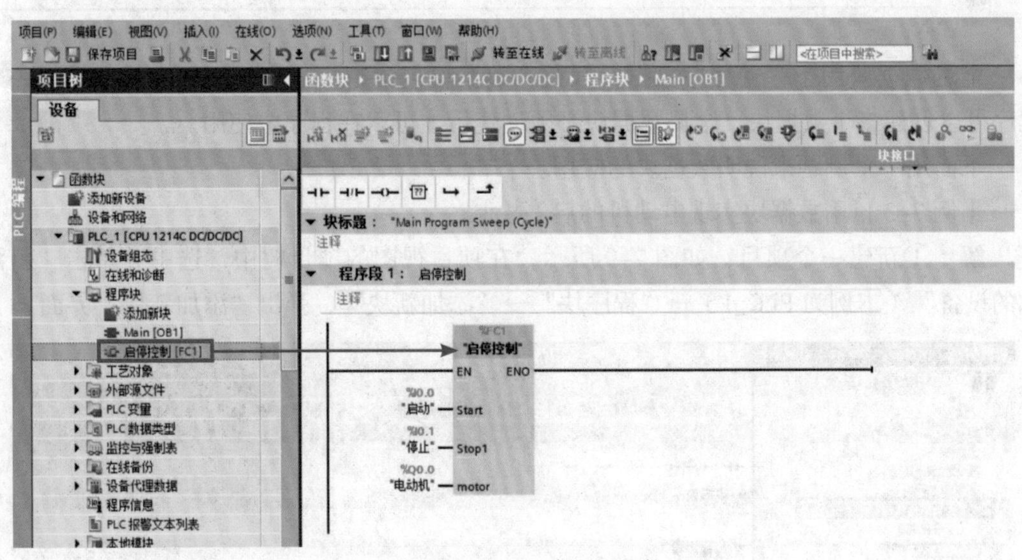

图 7-8 在 Main[OB1] 中调用函数 FC1

7.2.3 数据块（DB）及其应用

1 数据块（DB）简介

数据块用于存储用户数据及程序中间变量。新建数据块时，默认状态是优化的存储方式，且数据块中存储的变量是非保持的。数据块占用 CPU 的装载存储区和工作存储区，与标识存储器的功能类似，都是全局变量，不同的是，M 数据区的大小在 CPU 技术规范中已经定义，且不可扩展，而数据块存储区由用户定义，最大不能超过工作存储区或装载存储区。S7–1200 PLC 的非优化数据最大数据空间为 64KB。而优化的数据块的存储空间要大得多，但其存储空间与 CPU 的类型有关。

在有的程序（如有的通信程序）中，只能使用非优化数据块，多数的情形可以使用优化和非优化数据块，但应优先使用优化数据块。

按照功能分，数据块 DB 可以分为全局数据块、背景数据块和基于数据类型（用户定义数据类型、系统数据类型和数组类型）的数据块。

2 全局数据块（DB）及其应用

全局数据块用于存储程序数据，因此，数据块包含用户程序使用的变量数据。一个程序可以创建多个数据块。全局数据块必须创建后才可以在程序中使用。

下面用一个例题来说明数据块的应用。

【例 7–3】用数据块实现电动机的启停控制。

解　①新建一个项目，如图 7–9 所示，在项目视图的项目树中，选中并单击“新添加的设备”（本例为 PLC_1）→“程序块”→“添加新块”，弹出“添加新块”界面。

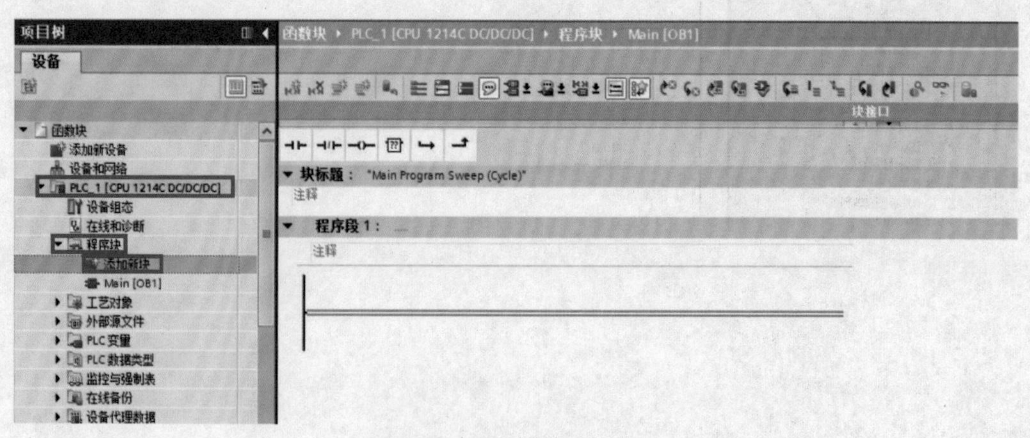

图 7-9 打开“添加新块”

②如图 7–10 所示，在“添加新块”界面中，选中“类型”为“全局 DB”，输入数据块的名称，再单击“确定”按钮，即可添加一个新的数据块，但此数据块中没有数据。

③打开“数据块 _1”，如图 7–11 所示，在“数据块 _1”中，新建一个变量“Start”，如果是非优化访问数据块，其地址实际就是 DB1.DBX0.0。

④在 Main[OB1]“程序编辑器”中，输入如图 7–12 所示的程序，此程序能实现启停控制，最后保存程序。

数据块创建后，在全局数据块的属性中可以切换存储方式。在项目视图的项目树中，选中并单击“数据块 _1”，单击鼠标右键，在弹出的快捷菜单中，单击“属性”选项，弹出如图 7–13 所示的界面，选中“属性”，如果不勾选“优化的块访问”，则切换到“非优化存储方式”，这种存储方式与 S7–300/400 PLC 兼容。

如果是“非优化存储方式”，可以使用绝对方式访问该数据块（如 DB1.DBX0.0）；如果是“优化存储方式”，就只能采用符号方式访问该数据块（如“数据块 _1”.Start）。

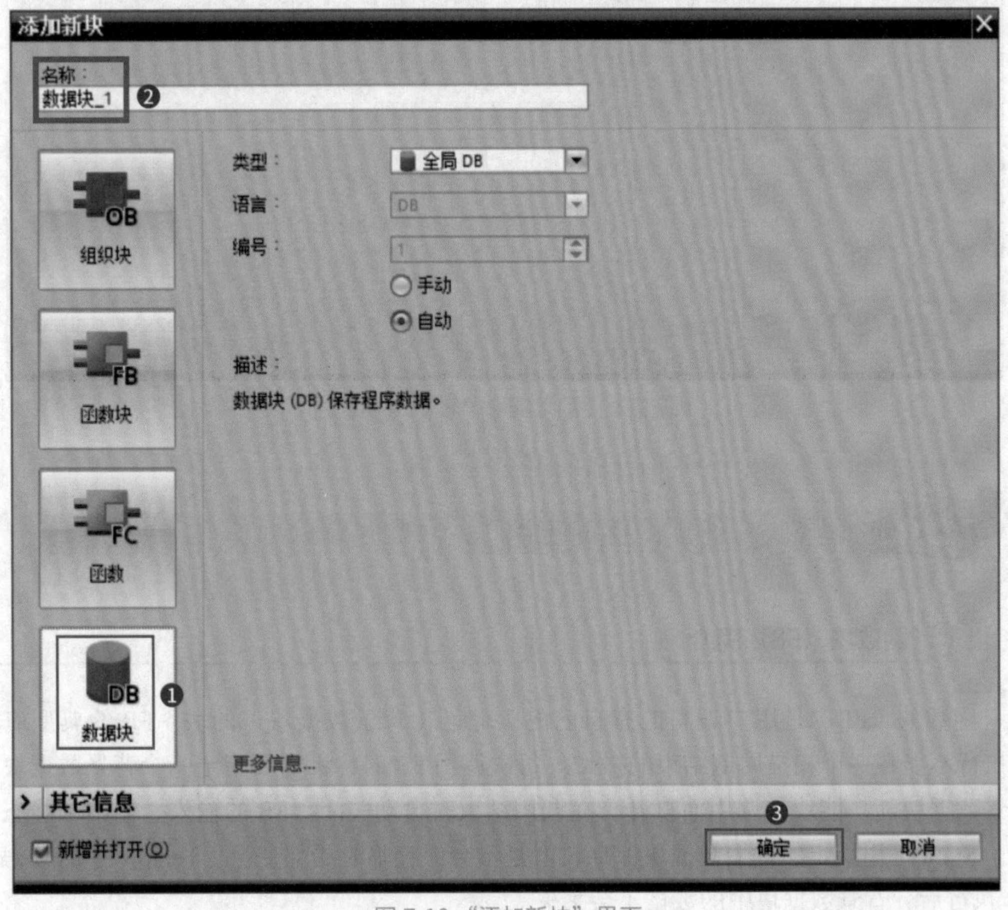

图 7-10 “添加新块”界面

数据块_1

	名称	数据类型	起始值	保持	可从 HMI/...	从 H...	在 HMI ...	设定值	注释
1	▼ Static								
2	▪ Start	Bool	false	☐	☑	☑	☑	☐	

图 7-11 新建变量

程序段1

"数据块_1".Start　　　%Q0.0

图 7-12 在 Main[OB1] 中的梯形图

图 7-13 全局数据块存储方式的切换

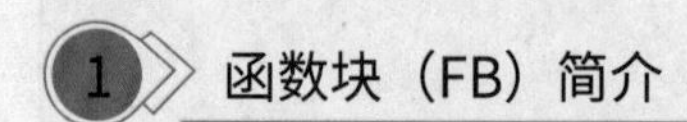

7.2.4 函数块（FB）及其应用

1 函数块（FB）简介

函数块（FB）是用户编写的有自己的存储区（背景数据块）的块。FB 的典型应用是执行不能在一个扫描周期结束的操作。每次调用 FB 时，都需要指定一个背景数据块，背景数据块随功能块的调用而打开，在调用结束时自动关闭。FB 的输入、输出和静态变量（Static）用指定的背景数据块保存，但是不会保存临时局部变量（Temp）中的数据。FB 执行后，背景数据块中的数据不会丢失。

FB 的数据永久性地保存在它的背景数据块中，在 FB 执行完后也不会丢失，以供下次执行时使用。

其他代码块可以访问背景数据块中的变量，但不能直接删除和修改背景数据块中的变量，只能在它的 FB 的界面区中删除和修改这些变量。生成 FB 的输入、输出参数和静态变量时，它们被自动指定为默认值，这些默认值可以修改。变量的默认值被传送给 FB 的背景数据块，作为同一个变量的初始值。变量的初始值可以在背景数据块中修改。调用 FB 时没有指定实参的形参使用背景数据块中的初始值。

2 函数块（FB）的应用

下面用一个例题来说明函数块的应用。

【例 7–4】用函数块实现对一台电动机的星三角启动控制。

解　星三角启动电气原理图如图 7–14 和图 7–15 所示，注意停止按钮接常闭触点。星三角启动的项目创建如下。

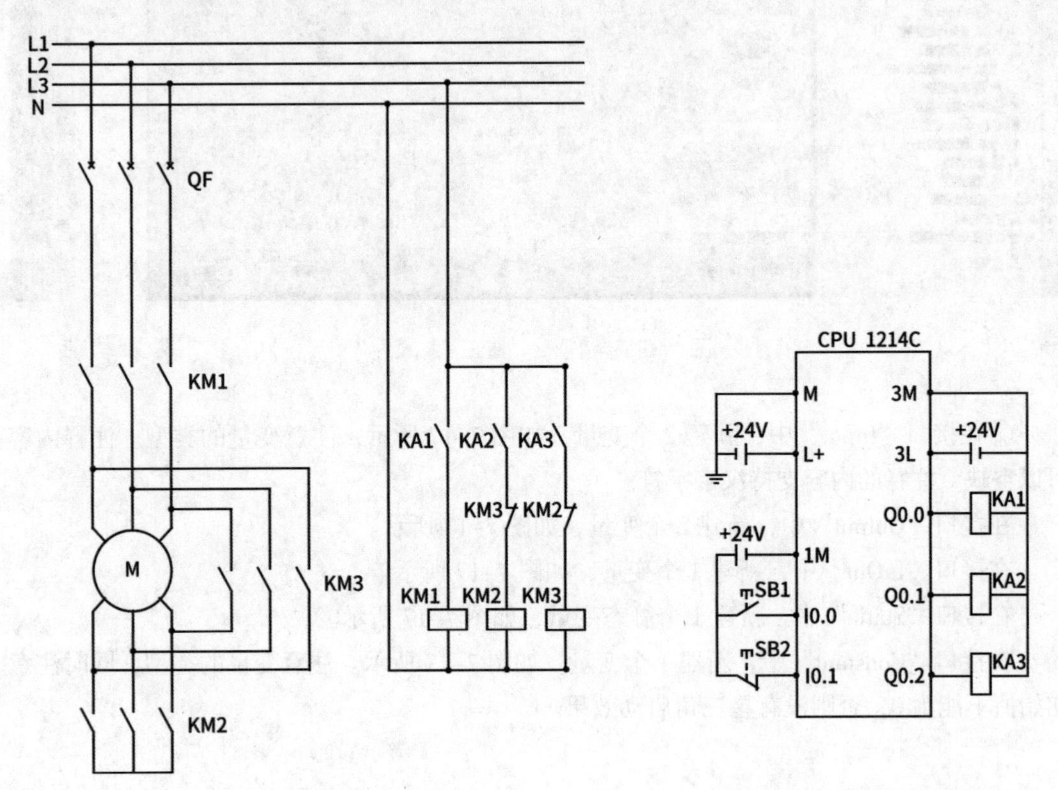

图 7-14　主回路原理图　　图 7-15　控制回路原理图

①新建一个项目，本例为“星三角启动”，如图 7-16 所示，在项目视图的项目树中，选中并单击新添加的设备（本例为 PLC_1）→“程序块”→“添加新块”，弹出界面“添加新块”。选择“函数块”，在名称处输入“星三角启动”，点击“确定”。

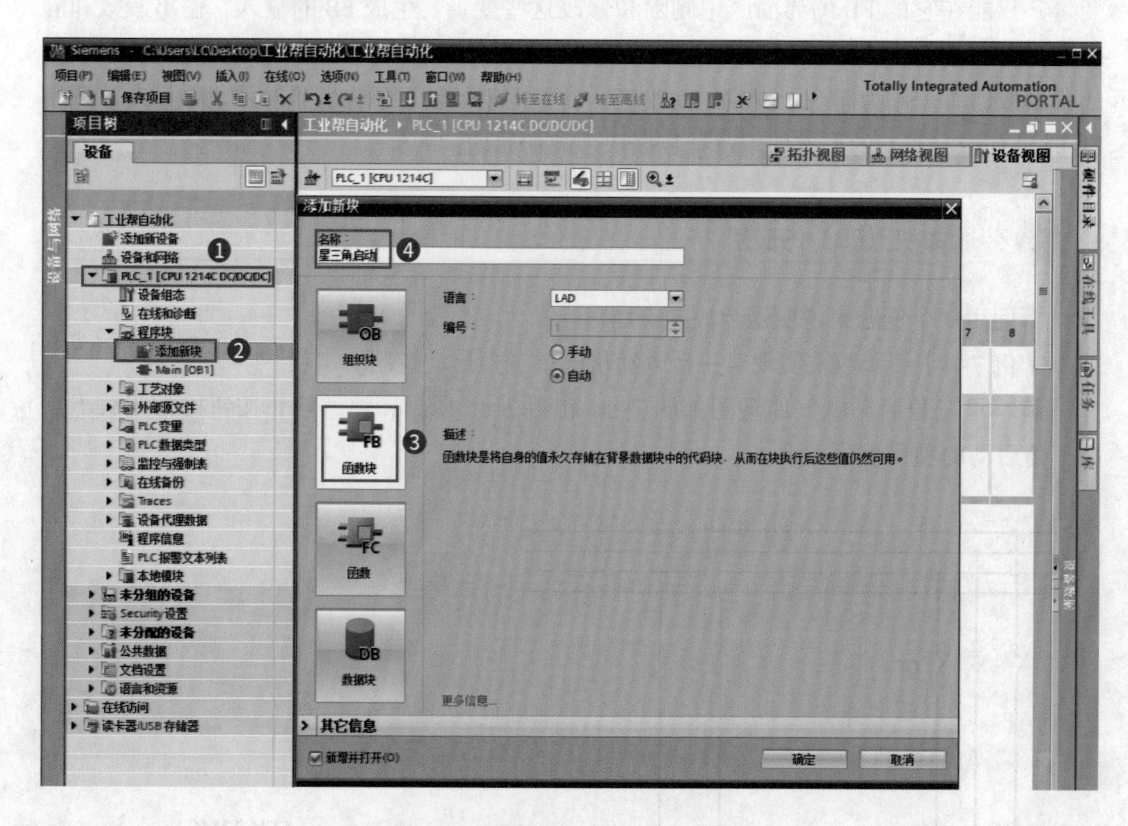

图 7-16 新建项目“星三角启动”

②在接口“Input”中，新建 2 个变量，如图 7-17 所示，注意变量的类型。注释内容可以空缺，注释的内容支持汉字字符。

在接口“Output”中，新建 2 个变量，如图 7-17 所示。

在接口“InOut”中，新建 1 个变量，如图 7-17 所示。

在接口“Static”中，新建 1 个静态变量，如图 7-17 所示。

在接口“Constant”中，新建 1 个变量，如图 7-17 所示。注意变量的类型，同时注意初始值不能为 0，否则没有星三角启动效果。

星三角启动

	名称	数据类型	默认值	保持	可从 HMI/...	从 H...	在 HMI ...	设定值	注释
1	▼ Input				☐	☐	☐	☐	
2	Start	Bool	false	非保持	☑	☑	☑	☐	
3	Stop	Bool	false	非保持	☑	☑	☑	☐	
4	<新增>				☐	☐	☐	☐	
5	▼ Output				☐	☐	☐	☐	
6	KM2	Bool	false	非保持	☑	☑	☑	☐	
7	KM3	Bool	false	非保持	☑	☑	☑	☐	
8	<新增>				☐	☐	☐	☐	
9	▼ InOut				☐	☐	☐	☐	
10	KM1	Bool	false	非保持	☑	☑	☑	☐	
11	<新增>				☐	☐	☐	☐	
12	▼ Static				☐	☐	☐	☐	
13	▶ T1	IEC_TIMER		非保持	☑	☑	☑	☐	
14	<新增>				☐	☐	☐	☐	
15	▼ Temp				☐	☐	☐	☐	
16	<新增>				☐	☐	☐	☐	
17	▼ Constant				☐	☐	☐	☐	
18	Txing	Time	T#5S		☐	☐	☐	☐	

图 7-17 在接口处，新建变量

③在 FB1 的程序编辑区编写程序，梯形图如图 7–18 所示。

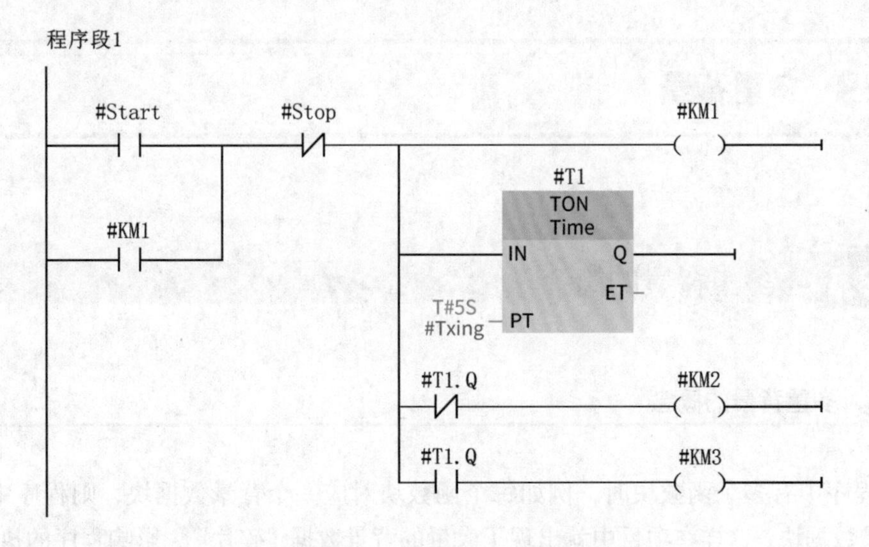

图 7-18 FB1 中的梯形图

④在项目视图的项目树中，双击“Main[OB1]”，打开主程序块，将函数块“FB1”拖拽到程序段 1，会生成一个背景数据块，梯形图如图 7–19 所示，将整个项目下载到 PLC 中，即可实现电动机星三角启动控制。

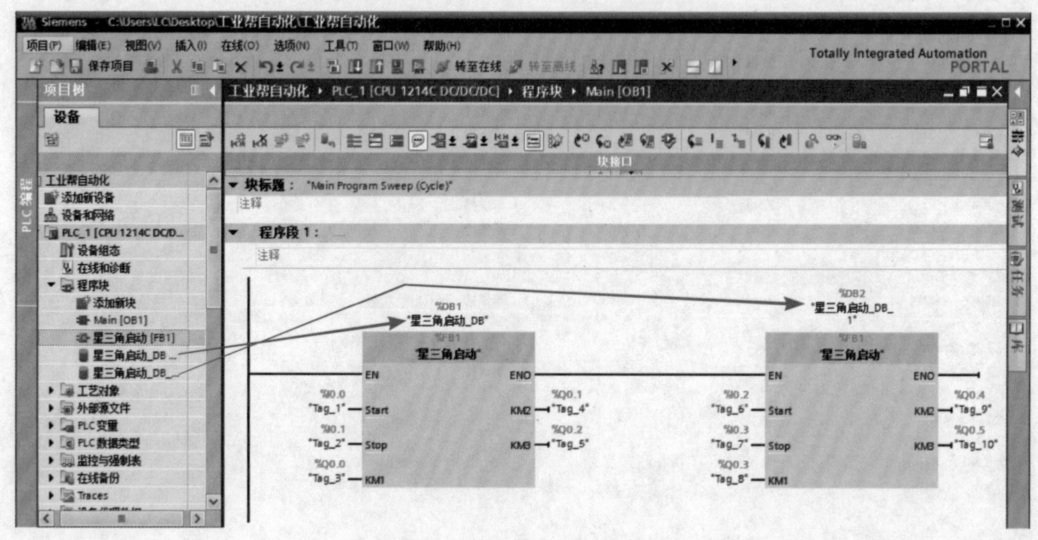

图 7-19 主程序块中的梯形图

7.3 多重背景

7.3.1 多重背景的简介

1 多重背景的概念

当程序中有多个函数块时，例如每个函数块对应一个背景数据块，则程序中需要较多的背景数据块，这样在项目中就出现了大量的背景数据“碎片”，影响程序的执行效率。使用多重背景，可以让几个函数块共用一个背景数据块，这样可以减少背景数据块的个数，提高程序的执行效率。

多重背景数据块是数据块的一种特殊形式，如图 7–20 所示。在 OB1 中调用 FB10，在 FB10 中又调用 FB1 和 FB2，则只要 FB10 的背景数据块为多重背景数据块就可以了，FB1 和 FB2 不需要建立背景数据块，其接口参数都保存在 FB10 的多重背景数据块中。

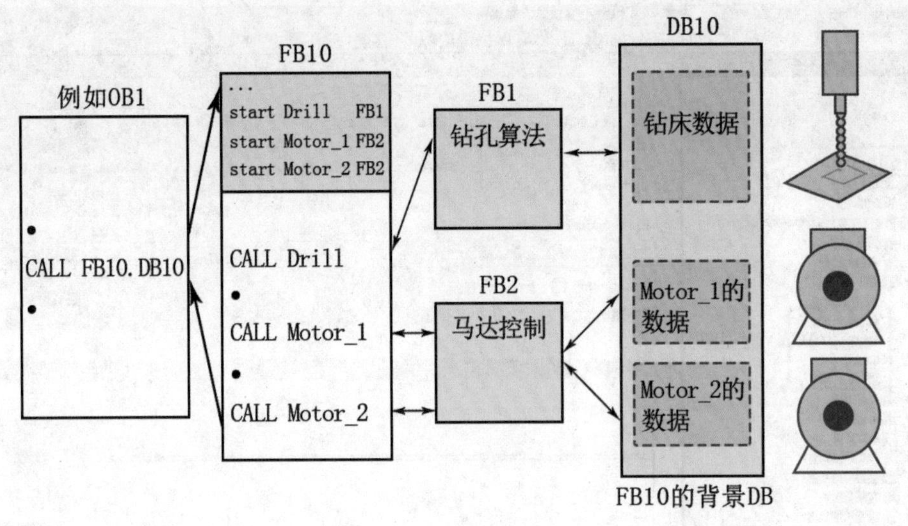

图 7-20 多重背景的结构

2 多重背景的优点

①多个实例只需要一个 DB。

②在为各个实例创建"私有"数据区时，无须任何额外的管理工作。

③多重背景模型使得"面向对象的编程风格"成为可能（通过"集合"的方式实现可重用性）。

7.3.2 多重背景的应用

下面用两个例子介绍多重背景的应用。

【例 7–5】使用多重背景实现功能：电动机的启停控制和水位 A/D 转换数值高于 3000 时，报警输出。

解 ①新建项目和 3 个空的函数块如图 7–21 所示，双击并打开 FB1，并在 FB1 中创建启停控制功能的程序，如图 7–22 所示。

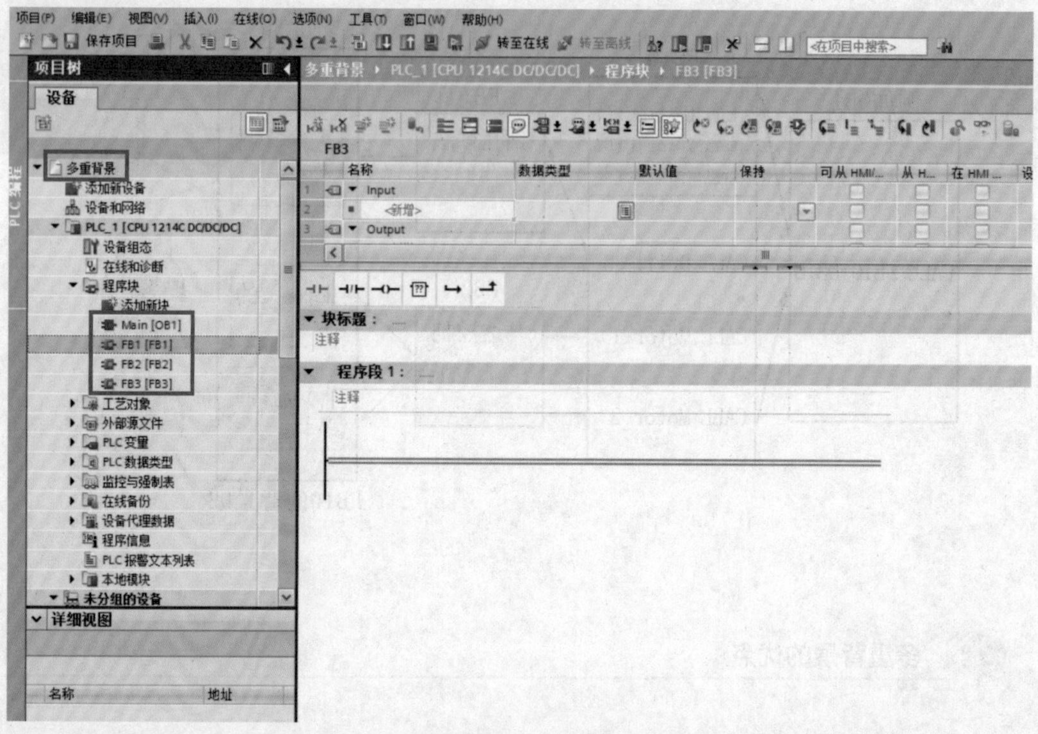

图 7-21 新建项目和 3 个空的函数块

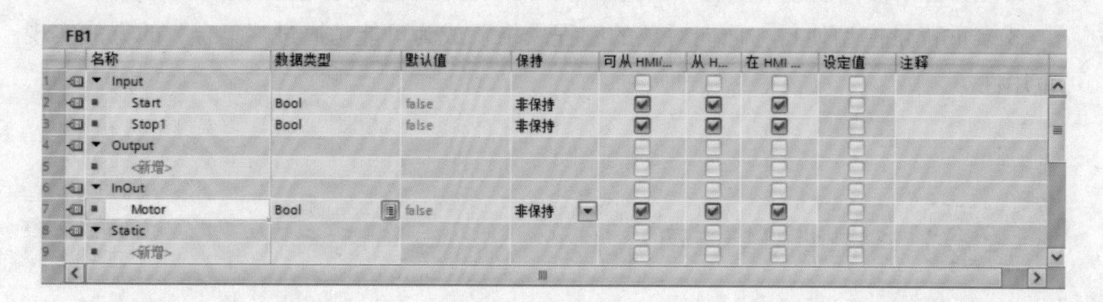

FB1

	名称	数据类型	默认值	保持	可从 HMI/...	从 H...	在 HMI ...	设定值	注释
1	▼ Input								
2	Start	Bool	false	非保持	☑	☑	☑	☐	
3	Stop1	Bool	false	非保持	☑	☑	☑	☐	
4	▼ Output								
5	<新增>								
6	▼ InOut								
7	Motor	Bool	false	非保持	☑	☑	☑	☐	
8	▼ Static								
9	<新增>								

程序段1

#Start #Stop1 #Motor

#Motor

图 7-22 函数块 FB1

②双击打开函数块 FB2，如图 7–23 所示，FB2 能实现输入超过 3000 时报警的功能。

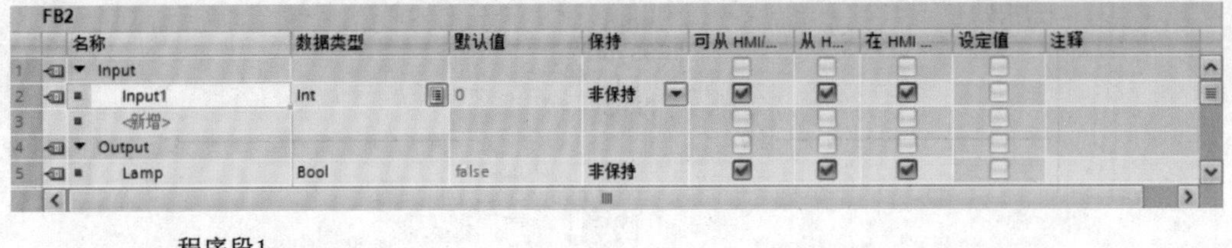

FB2

	名称	数据类型	默认值	保持	可从 HMI/...	从 H...	在 HMI ...	设定值	注释
1	▼ Input								
2	Input1	Int	0	非保持	☑	☑	☑	☐	
3	<新增>								
4	▼ Output								
5	Lamp	Bool	false	非保持	☑	☑	☑	☐	

程序段1

#Input1
>=
Int
3000
#Lamp

图 7-23 函数块 FB2

③双击打开函数块 FB3，如图 7–24 所示，再展开静态变量“Static”，并创建两个静态变量：静态变量“Qiting”的数据类型为“FB1”，静态变量“Baojing”的数据类型为“FB2”。FB3 中的梯形图如图 7–25 所示。

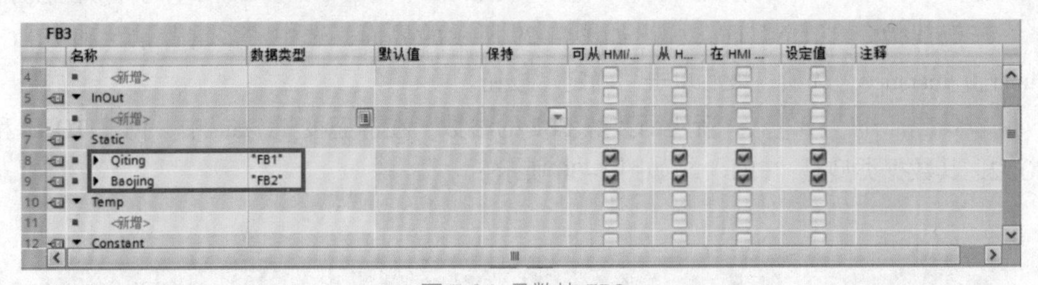

FB3

	名称	数据类型	默认值	保持	可从 HMI/...	从 H...	在 HMI ...	设定值	注释
4	<新增>								
5	▼ InOut								
6	<新增>								
7	▼ Static								
8	▸ Qiting	"FB1"			☑	☑	☑	☑	
9	▸ Baojing	"FB2"			☑	☑	☑	☑	
10	▼ Temp								
11	<新增>								
12	▼ Constant								

图 7-24 函数块 FB3

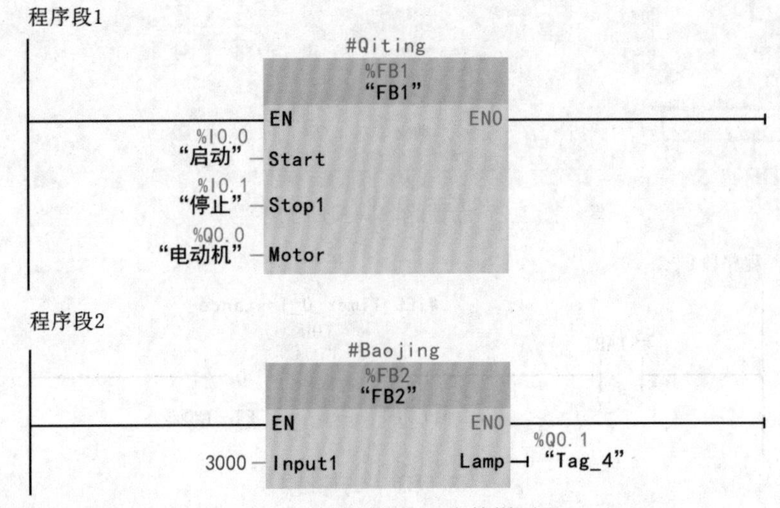

图 7-25 函数块 FB3 中的梯形图

④双击打开组织块 Main[OB1]。Main[OB1] 中的梯形图如图 7–26 所示。

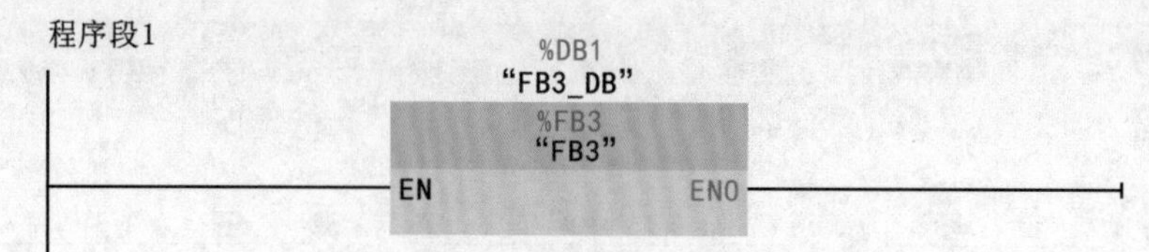

图 7-26 Main [OB1] 中的梯形图

当 PLC 的定时器不够用时，可用 IEC 定时器。IEC 定时器（如 TON）虽然可以多次调用，但如果多次调用则需要消耗较多的数据块，而使用多重背景则可减少 DB 的使用数量。

【例 7–6】编写程序实现，当 I0.0 闭合 2 秒后，Q0.0 线圈得电，当 I0.1 闭合 2 秒后，Q0.1 线圈得电，要求用 TON 定时器。

解 为节省 DB，可使用多重背景，步骤如下。

①新建项目和 2 个空的函数块 FB1 和 FB2，双击并打开 FB1，并在输入参数“Input”中创建“START”和“TT”，如图 7–27 所示。再在 FB1 中编写如图 7–28 所示的梯形图程序。

在拖拽指令“TON”时，弹出如图 7–29 所示的界面，选中“多重背景”和“IEC_Timer_0_Instance”选项，最后单击“确定”按钮。

②双击打开“FB2”， 新建函数块 FB2 的参数，在静态变量 Staic 中，创建 TON1 和 TON2，其数据类型是“FB1”，如图 7–30 所示。

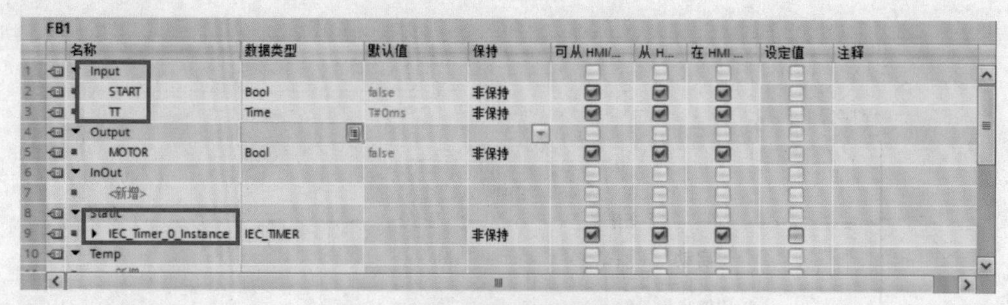
FB1

	名称	数据类型	默认值	保持	可从 HMI/...	从 H...	在 HMI ...	设定值	注释
1	▼ Input								
2	START	Bool	false	非保持	✓	✓	✓		
3	TT	Time	T#0ms	非保持	✓	✓	✓		
4	▼ Output								
5	MOTOR	Bool	false	非保持	✓	✓	✓		
6	▼ InOut								
7	<新增>								
8	▼ Static								
9	▶ IEC_Timer_0_Instance	IEC_TIMER		非保持	✓	✓	✓		
10	▼ Temp								

图 7-27 新建函数块 FB1 的参数

程序段1

#IEC_Timer_0_Instance
TON
Time
#START
IN
Q
#TT-PT
ET-T#0ms

图 7-28 FB1 中的梯形图

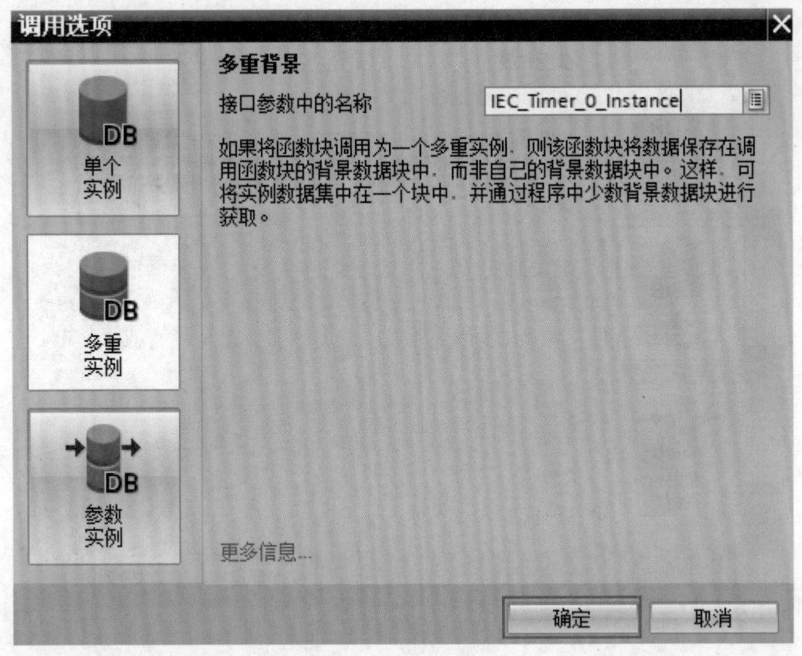

图 7-29 调用块选项

FB2

	名称	数据类型	默认值	保持	可从 HMI/...	从 H...	在 HMI ...	设定值	注释
7	▼ Static				☐	☐	☐	☐	
8	▸ TON1	"FB1"			☑	☑	☑	☑	
9	▸ TON2	"FB1"			☑	☑	☑	☑	

图 7-30 新建函数块 FB2 的参数

FB2 中的梯形图如图 7-31 所示。将 FB1 拖拽到程序编辑器中的程序段 1，弹出如图 7-32 所示的界面，选中“多重背景”和“TON1”选项，最后单击“确定”按钮。将 FB1 拖拽到程序编辑器中的程序段 2，弹出如图 7-33 所示的界面，选中“多重背景”和“TON2”选项，最后单击“确定”按钮。

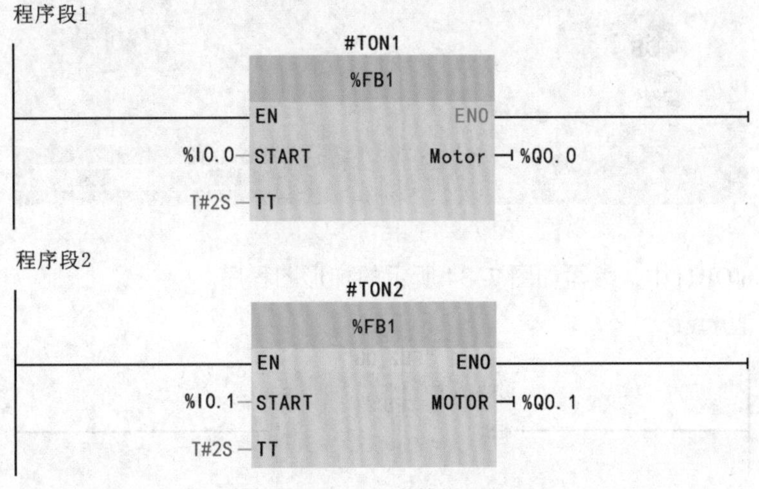

图 7-31 FB2 中的梯形图

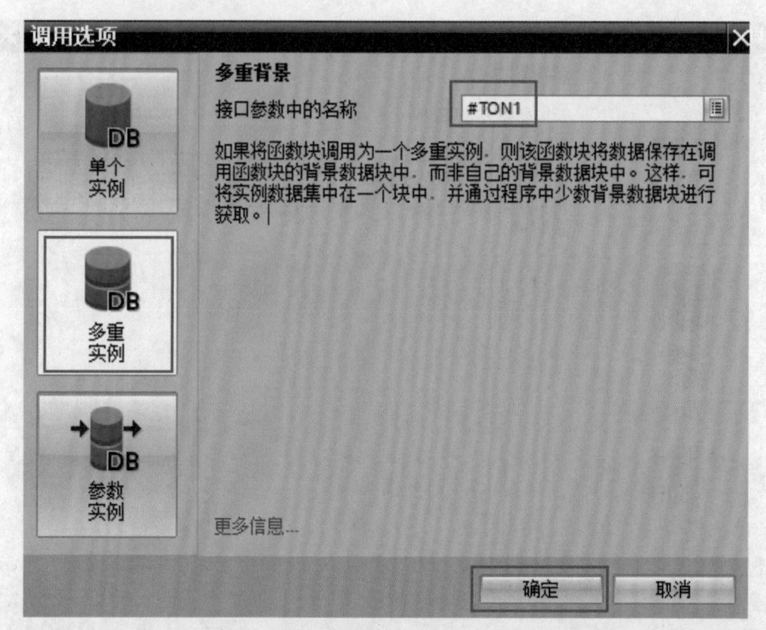

图 7-32 调用块选项（1）

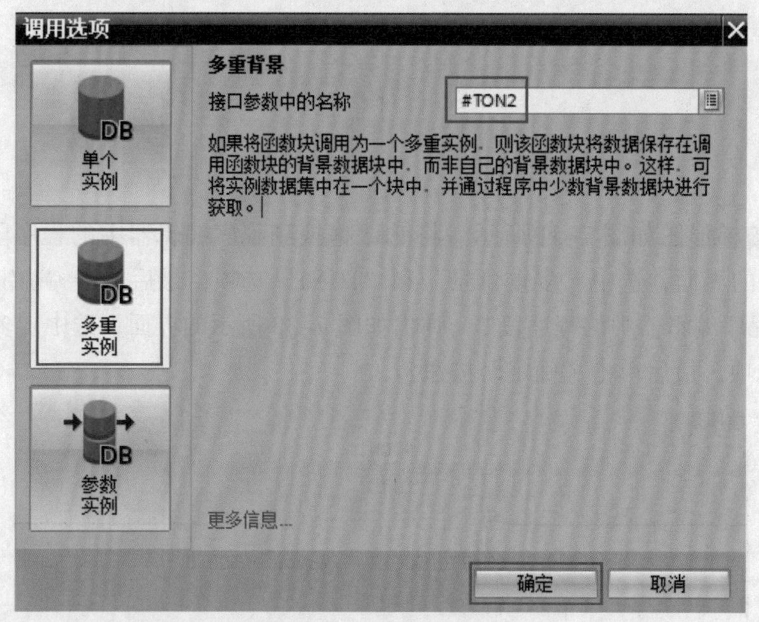

图 7-33 调用块选项（2）

③在 Main[OB1] 中，编写如图 7–34 所示的梯形图程序。

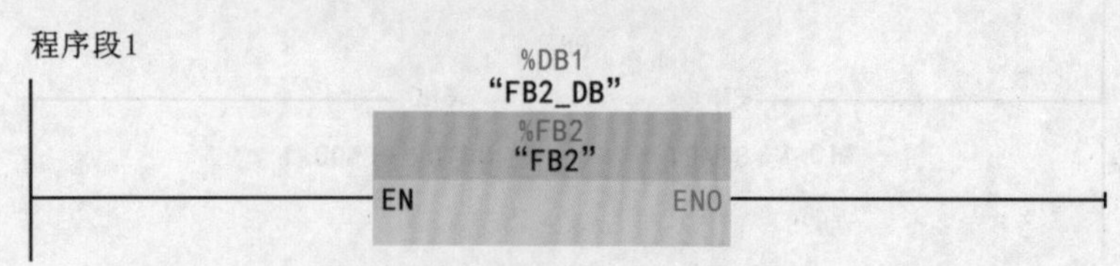

图 7-34 Main[OB1] 中的梯形图

7.4 事件

7.4.1 事件概述

组织块（OB）是操作系统与用户程序的接口，当出现启动组织块的事件时，由操作系统调用对应的组织块。如果当前不能调用 OB，则按照事件的优先级将其保存到队列。如果没有为该事件分配 OB，则会触发默认的系统响应。启动组织块的事件的属性见表 7–3，OB 优先级为 1 的优先级最低。

表 7-3 启动 OB 的事件

事件类型	OB 编号	OB 个数	启动事件	OB 优先级
程序循环	1 或≥ 123	≥ 1	启动或结束前一个程序循环 OB	1
启动	100 或≥ 123	≥ 0	从 STOP 切换到 RUN 模式	1
时间中断	≥ 10	最多 2 个	已达到启动时间	2
延时中断	≥ 20	最多 4 个	延时时间结束	3
循环中断	≥ 30		固定的循环时间结束	8
硬件中断	40 ~ 47 或≥ 123	≤ 50	上升沿（≤ 16 个）、下降沿（≤ 16 个） HSC 计数值 = 设定值，计数方向变化，外部复位，最多各 6 次	18
状态中断	55	0 或 1	CPU 接收到状态中断，例如从站中的模块更改了操作模式	4
更新中断	56	0 或 1	CPU 接收到更新中断，例如更改了从站或设备的插槽参数	4
制造商中断	57	0 或 1	CPU 接收到制造商或配置文件特定的中断	4
诊断错误中断	82	0 或 1	模块检测到错误	5
拔出 / 插入中断	83	0 或 1	拔出 / 插入分布式 I/O 模块	6
机架错误	86	0 或 1	分布式 I/O 系统错误	6
时间错误	80	0 或 1	超过最大循环时间，调用的 OB 仍在执行，错过时间中断，STOP 期间错过时间中断，中断队列溢出，因为中断负荷过大丢失中断	22

7.4.2 事件执行的优先级与中断队列

优先级、优先级组和队列用来决定事件服务程序的处理顺序。每个 CPU 事件都有它的优先级，表 7-3 给出了各类事件的优先级。优先级的数字越大，优先级越高。时间错误中断具有最高的优先级。

一般先处理高优先级的事件。优先级相同的事件按“先来先服务”的原则处理。S7-1200 PLC 从 V4.0 开始，可以用 CPU 的“启动”属性中的复选框“OB 应该可中断”（见图 7-35）设置 OB 是否可以被中断。

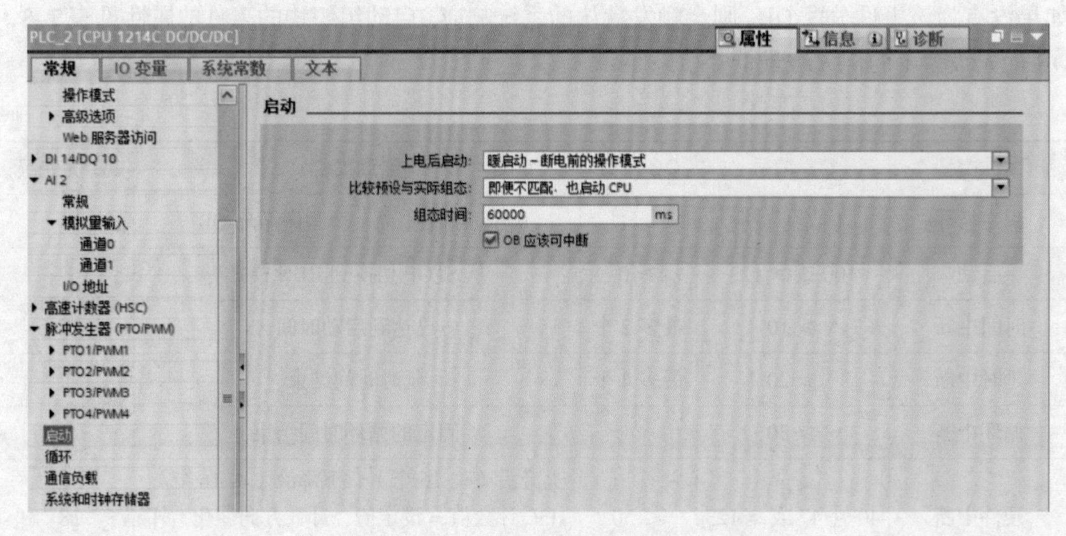

图 7-35 设置启动方式

优先级大于等于 2 的 OB 将中断循环程序的执行。如果设置为可中断模式，优先级为 2 到 25 的 OB 可被优先级高于当前运行的 OB 的任何事件中断，优先级为 26 的时间错误会中断其他所有的 OB。如果未设置可中断模式，优先级为 2 到 25 的 OB 不能被任何事件中断。

如果执行可中断 OB 时发生多个事件，CPU 将按照优先级顺序处理这些事件。

7.5 组织块

7.5.1 程序循环 OB 的功能

程序循环 OB 在 CPU 处于 RUN 模式时，周期性地循环执行。可在程序循环 OB 中放置控制程序的指令或调用其他功能块（FC 或 FB）。主程序（Main）为程序循环 OB，要启动程序执行，项目中至少有一个程序循环 OB。操作系统每个周期调用该程序循环 OB 一次，从而启动用户程序的执行。

S7-1200 PLC 允许使用多个程序循环 OB，按 OB 的编号顺序执行。OB1 是默认设置，其他程序循环 OB 的编号必须大于等于 123。程序循环 OB 的优先级为 1，可被高优先级的组织块中断；程序循环执行一次需要的时间即程序的循环扫描周期时间。最长循环时间缺省设置为 150ms。如果程序超过了最长循环时间，操作系统将调用 OB80（时间故障 OB）；如果 OB80 不存在，则 CPU 停机。

7.5.2 启动组织块及其应用

启动组织块（Startup）在 PLC 的工作模式从 STOP 切换到 RUN 时执行一次。完成启动组织块扫描后，将执行主程序循环组织块（如 OB1）。下面用一个例子说明启动组织块的应用。

【例 7-7】编写一段初始化程序，将 CPU1214C 的 MB20~MB23 单元清零。

解　一般初始化程序在 CPU 一启动后就运行，所以可以使用 OB100 组织块。在 TIA 博途软件项目视图的项目树中，双击“添加新块”，弹出如图 7-36 所示的界面，选中“组织块”和“Startup”选项，再单击“确定”按钮，即可添加启动组织块。

MB20~MB23 实际上就是 MD20，其程序如图 7-37 所示。

图 7-36 添加启动组织块 OB100

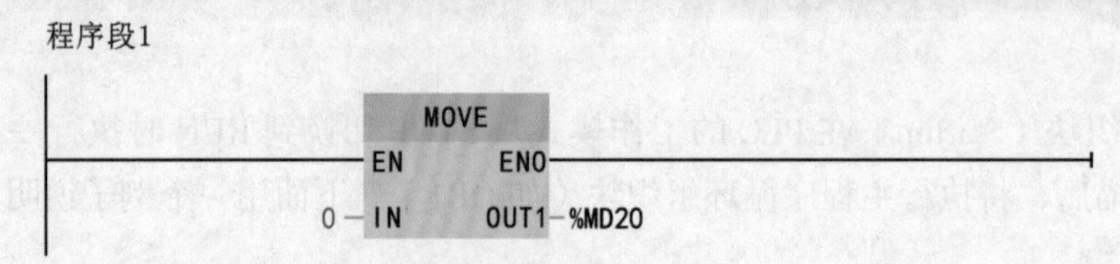

图 7-37 OB100 中的程序

7.5.3 延时中断组织块及其应用

延时中断 OB 在经过一段指定的时间（延时）后，才执行相应的 OB 的程序。

S7-1200 PLC 最多支持 4 个延时中断 OB，通过调用“SRT_DINT”指令启动延时中断 OB。在使用“SRT_DINT”指令编程时，需要提供 OB 号、延时时间，当到达设定的延时时间，操作系统将启动相应的延时中断 OB；尚未启动的延时中断 OB 也可以通过“CAN_DINT”指令取消执行，同时还可以使用“QRY_DINT”指令查询延时中断的状态。延时中断 OB 的编号应为 20~23，或大于等于 123（见表 7-4）。

1 相关的指令功能

表 7-4 相关指令的功能

指令名称	功能说明
SRT_DINT	当指令的使能输入 EN 上生成下降沿时，开始延时时间，超出参数 DTIME 中指定的延时时间之后，执行相应的延时中断 OB
CAN_DINT	使用该指令取消已启动的延时中断（由 OB_NR 参数指定的 OB 编号）
QRY_DINT	使用该指令查询延时中断的状态

2 延时中断 OB 的执行过程

延时中断 OB 的执行过程如图 7-38 所示。

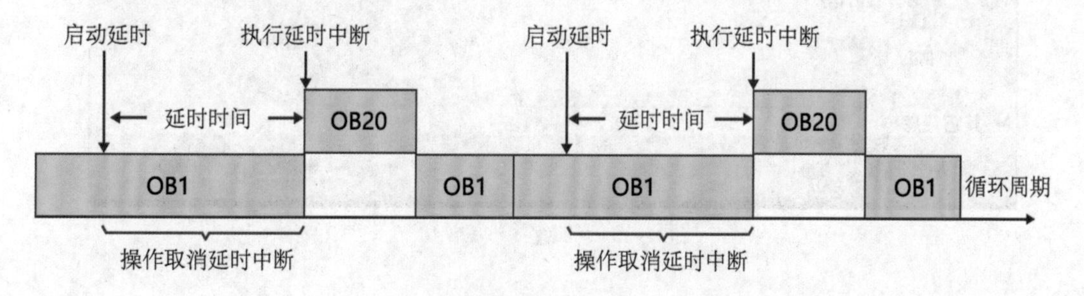

图 7-38 延时中断 OB 的执行过程

①调用“SRT_DINT”指令启动延时中断。

②当到达设定的延时时间，操作系统将启动相应的延时中断 OB。

③图 7-38 中，延时中断 OB20 中断程序循环 OB1 优先执行。

④当启动延时中断后，在延时时间到达之前，调用“CAN_DINT”指令可取消已启动的延时中断。

3 延时中断组织块的应用

【例 7-8】当 I0.0 为上升沿时，延时 5s 将 Q0.0 置位；当 I0.1 为上升沿时，Q0.0 复位。

解 在 TIA 博途软件项目视图的项目树中，双击“添加新块”，弹出如图 7-39 所示的界面，选中“组织块”和“Time delay interrupt”，单击“确定”按钮。

图 7-39 添加组织块 OB20

打开 OB20，在 OB20 中编程，当延时中断执行时，置位 Q0.0，如图 7–40 所示。

图 7-40 OB20 中的程序

在 OB1 中编程调用“SRT_DINT”指令启动延时中断；调用“CAN_DINT”指令取消延时中断；调用“QRY_DINT”指令查询中断状态。在“指令→扩展指令→中断→延时中断”中可以查找相关指令（见图 7–41）。

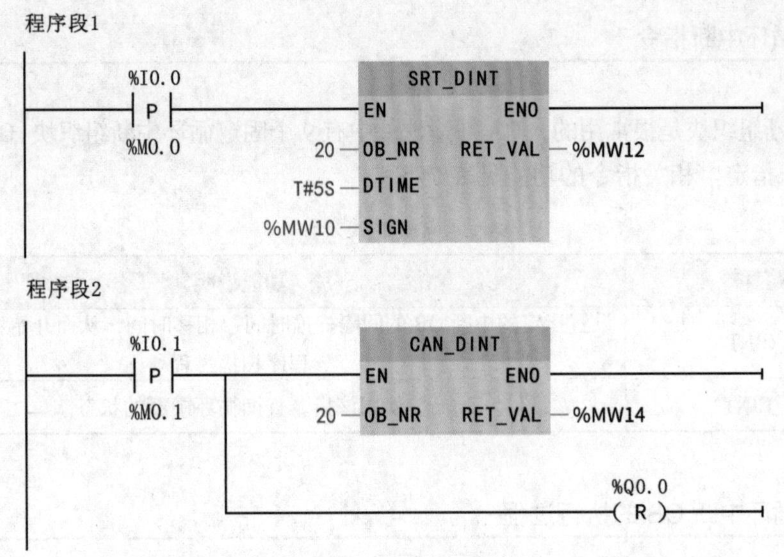

图 7-41 OB1 中的程序

测试结果：当 I0.0 由 0 变 1 时，延时 5s 后执行延时中断，可看到 CPU 的输出 Q0.0 指示灯亮；当 I0.0 由 0 变 1 时，在延时的 5s 到达之前，如果 I0.1 由 0 变 1 则取消延时中断，OB20 将不会执行。

4 使用延时中断的注意事项

①（延时中断＋循环中断数量）≤ 4；

②延时时间为 1~60000ms，若设置错误的时间，状态返回值 RET_VAL 将报错 16#8091；

③延时中断必须通过“SRT_DINT”指令设置参数，使能输入 EN 下降沿开始计时；

④使用“CAN_DINT”指令取消已启动的延时中断；

⑤启动延时中断的间隔时间必须大于延时时间与延时中断执行时间之和，否则会导致时间错误。

7.5.4 循环中断组织块及其应用

循环中断是指经过一段固定的时间间隔后中断用户程序。循环中断很常用。

1 循环中断指令

循环中断组织块是很常用的，TIA 博途软件中有 9 个固定循环中断组织块（OB30~OB38），另有 11 个未指定。相关指令的功能见表 7–5。

表 7-5 相关指令的功能

指令名称	功能说明
SET_CINT	设置指定的中断 OB 的间隔扫描时间、相移时间，从而开始新的循环中断程序扫描过程
QRY_CINT	使用该指令查询循环中断的状态

2 循环中断 OB 的执行过程

循环中断 OB 的执行过程如图 7–42 所示。

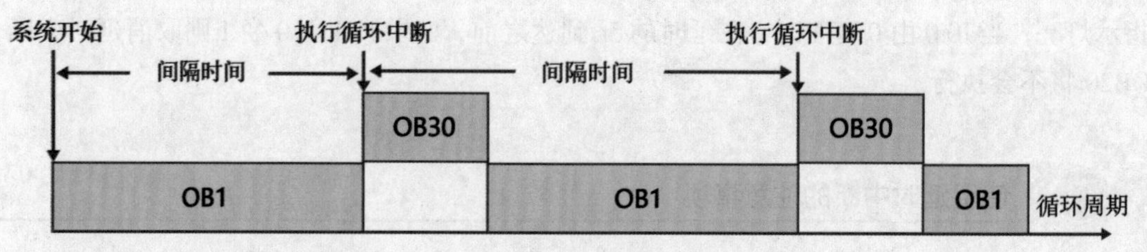

图 7-42 循环中断 OB 的执行过程

① PLC 启动后开始计时；

②当到达固定的时间间隔后，操作系统将启动相应的循环中断 OB；

③当到达固定的时间间隔后，循环中断 OB30 中断程序循环 OB1 优先执行。

3 循环中断组织块的应用

【例 7–9】运用循环中断，使 Q0.0 500ms 输出为 1，500ms 输出为 0，即实现周期为 1s 的方波输出。

解 在 TIA 博途软件项目视图的项目树中，双击“添加新块”，弹出如图 7–43 所示的界面，选中“组织块”和“Cyclic interrupt”，循环时间定为“500ms”，单击“确定”按钮。这个步骤的含义是：设置组织块 OB30 的循环时间是 500ms，再将组态完成的硬件下载到 CPU 中。

图 7-43 添加组织块 OB30

打开 OB30，在程序编辑器中输入程序，如图 7–44 所示，当循环中断执行时，Q0.0 以方波形式输出。

主程序在 OB1 中，如图 7–45 所示。在 OB1 中编程调用“SET_CINT”指令，当 I0.0 接通时，可以重新设置循环中断时间，例如 CYCLE=1s（即周期为 2s）；调用“QRY_CINT”指令可以查询中断状态。

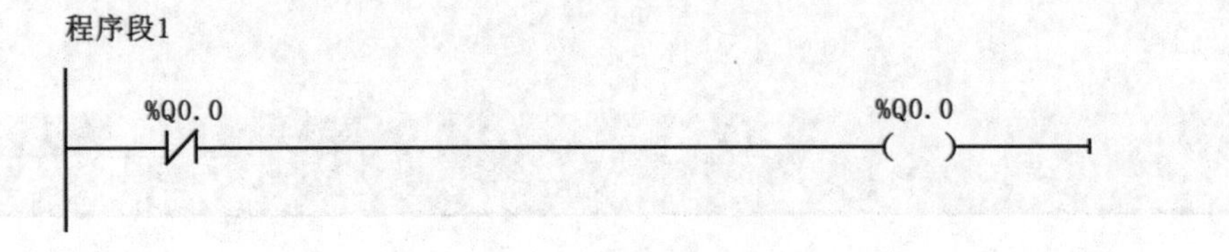

图 7-44 OB30 中的程序

程序段1
%I0.0
P
%M0.0
SET_CINT
EN ENO
30 — OB_NR RET_VAL — %MW20
1000000 — CYCLE
0 — PHASE

图 7-45 OB1 中的程序

相移（phase shift）时间功能

当使用多个时间间隔相同的循环中断事件时，设置相移时间可在执行时间间隔相同的循环中断事件时彼此错开一定的相移时间。

如何设置相移的时间

选中 OB31，单击鼠标右键选择属性，可弹出图 7–46 所示的对话框。（请注意，如果程序中调用“SET_CINT”指令设置相移时间，则以程序中设定的时间为准。）

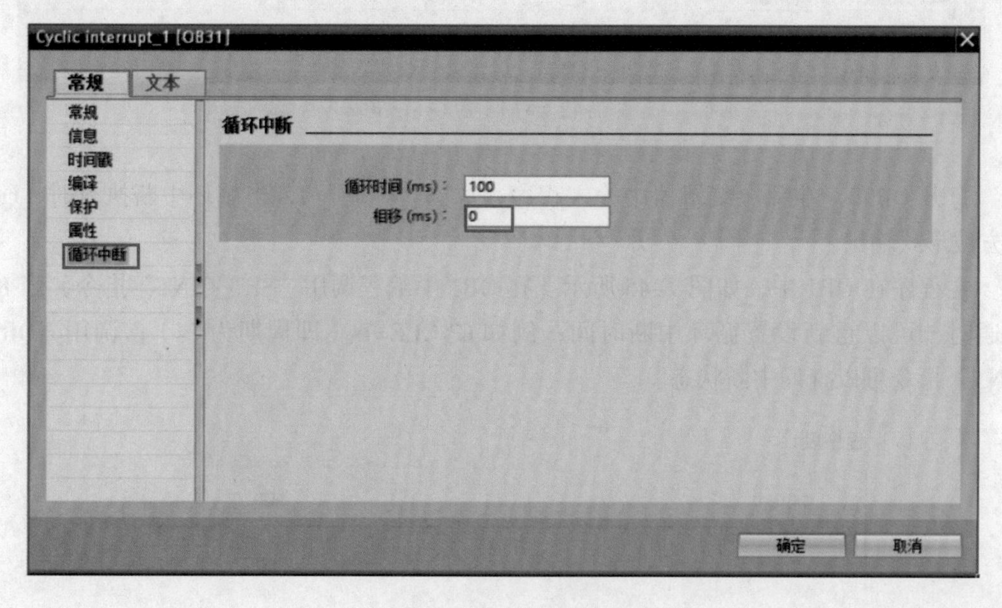

图 7-46 相移时间的设置

6 使用循环中断的注意事项

①（循环中断＋延时中断数量）≤ 4；

②循环间隔时间为 1~60000ms，如果通过指令“SET_CINT”设置错误的时间将报错 16#8091；

③ CPU 运行期间，可通过“SET_CINT”指令设置循环中断间隔时间、相移时间；

④如果“SET_CINT”指令的使能端 EN 为脉冲信号触发，则 CPU 的操作模式从 STOP 切换到 RUN 时执行一次，包括启动模式处于 RUN 模式时上电和执行 STOP 到 RUN 命令切换，循环中断间隔时间将复位为 OB 块属性中设置的数值；

⑤如果循环中断执行时间大于间隔时间，将会导致时间错误。

7.5.5 硬件中断组织块及其应用

硬件中断 OB 在发生相关硬件事件时执行，可以快速地响应并执行硬件中断 OB 中的程序（例如立即停止某些关键设备）。

硬件中断事件包括内置数字输入端的上升沿和下降沿事件以及 HSC（高速计数器）事件。当发生硬件中断事件时，硬件中断 OB 将中断正常的循环程序而优先执行中断事件。S7-1200 PLC 可以在硬件配置的属性中预先定义硬件中断事件，一个硬件中断事件只允许对应一个硬件中断 OB，而一个硬件中断 OB 可以分配给多个硬件中断事件。在 CPU 运行期间，可使用“ATTACH”附加指令和“DETACH”分离指令对中断事件重新分配，相关指令的功能见表 7-6。硬件中断 OB 的编号应为 40~47，或大于等于 123。

表 7-6 相关指令的功能

指令名称	功能说明
ATTACH	将硬件中断事件和硬件中断 OB 进行关联
DETACH	将硬件中断事件和硬件中断 OB 进行分离

硬件中断组织块的应用

【例 7-10】当硬件输入 I0.0 上升沿时，触发硬件中断 OB40（执行累加程序）；当硬件输入 I0.1 上升沿时，触发硬件中断 OB41（执行递减程序）。

解 硬件中断事件和硬件中断 OB 的关系如图 7-47 所示。

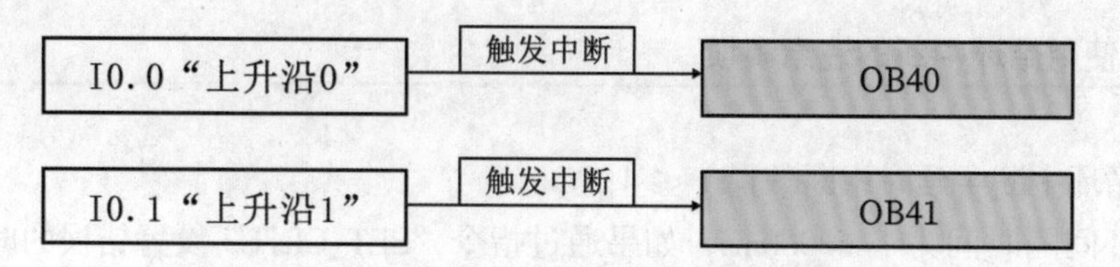

图 7-47 硬件中断事件和硬件中断 OB 的关系图（1）

在 TIA 博途软件项目视图的项目树中，双击“添加新块”，弹出如图 7-48 所示的界面，选中“组织块”和“Hardware interrupt”，单击“确定”按钮，完成 OB40 的创建。可用同样的方法创建 OB41。

图 7-48 添加组织块 OB40

打开 OB40，在程序编辑器中输入程序，如图 7-49 所示，当硬件输入 I0.0 上升沿时，触发硬件中断执行 MW200 加 1。

打开 OB41，在程序编辑器中输入程序，如图 7-50 所示，当硬件输入 I0.1 上升沿时，触发硬件中断执行 MW200 减 1。

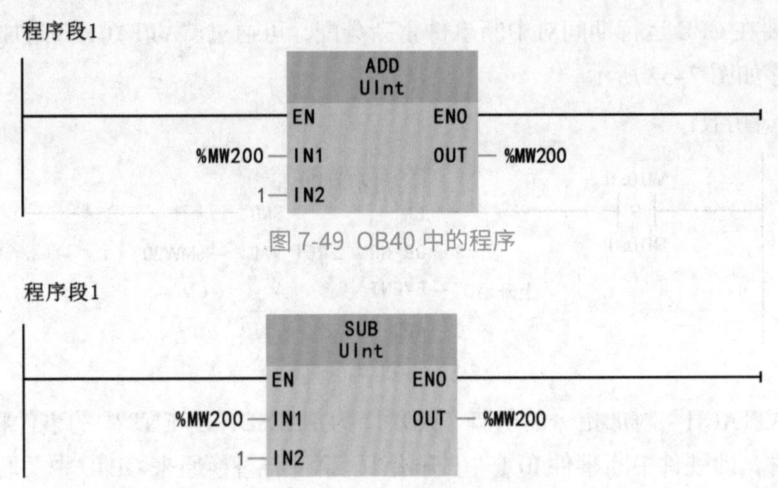

图 7-49 OB40 中的程序

图 7-50 OB41 中的程序

在 CPU 属性窗口中关联硬件中断事件，如图 7–51 所示，分别将 I0.0 和 OB40 关联，将 I0.1 和 OB41 关联。

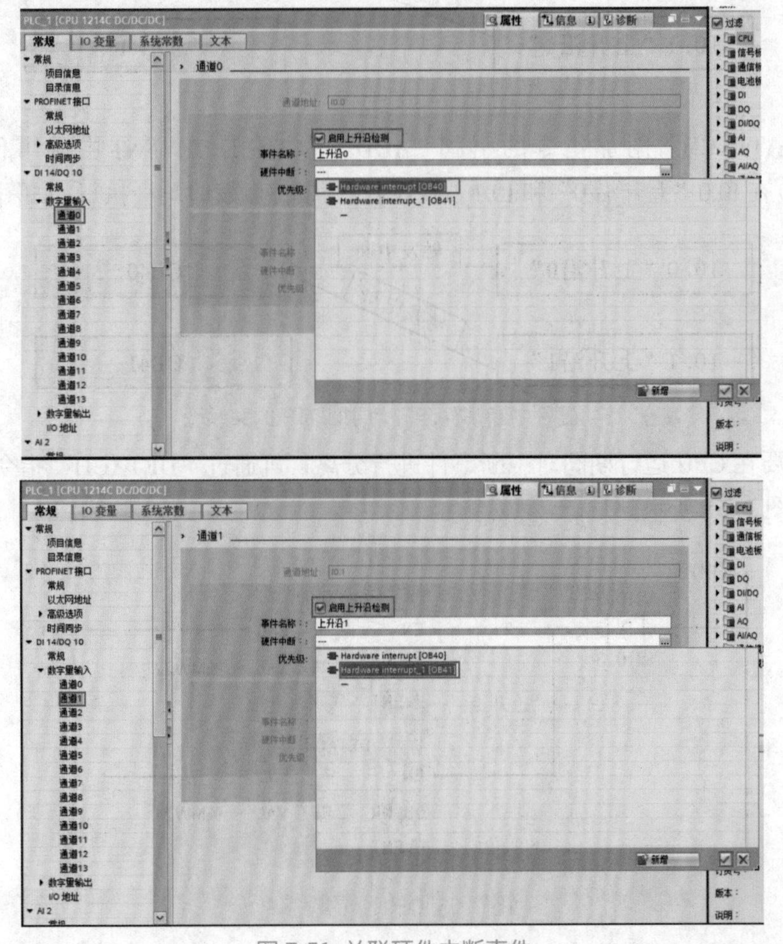

图 7-51 关联硬件中断事件

如果需要在 CPU 运行期间对中断事件重新分配，可通过“ATTACH”附加指令实现，OB1 中的程序如图 7–52 所示。

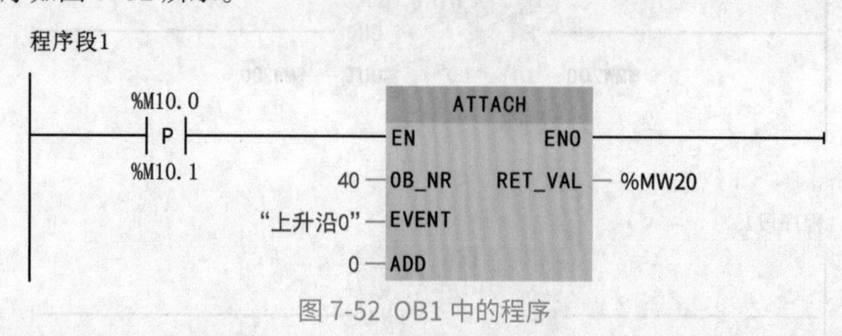

图 7-52 OB1 中的程序

如果“ATTACH”附加指令的引脚“ADD”为 FALSE，EVENT 中的事件将替换 OB40 中的原有事件，即硬件中断事件 I0.1“上升沿 1”事件将替换原来 OB40 中关联的 I0.0“上升沿 0”事件，如图 7–53 所示。

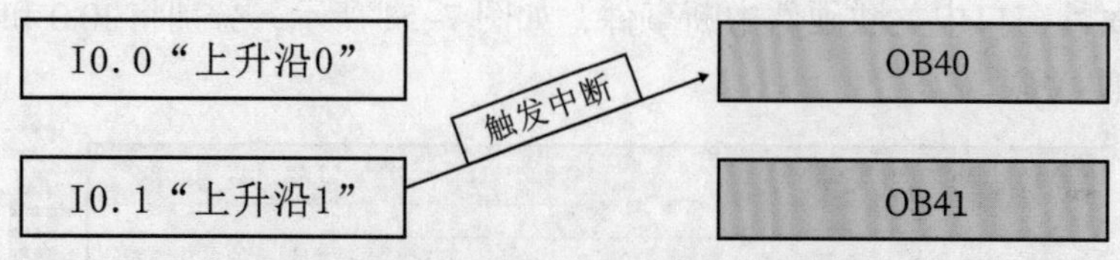

图 7-53 硬件中断事件和硬件中断 OB 的关系图（2）

如果“ATTACH”附加指令的引脚“ADD”为 TRUE，EVENT 中的事件将添加至 OB40，OB40 在 I0.0“上升沿 0”和 I0.1“上升沿 1”事件触发时均会执行，如图 7–54 所示。

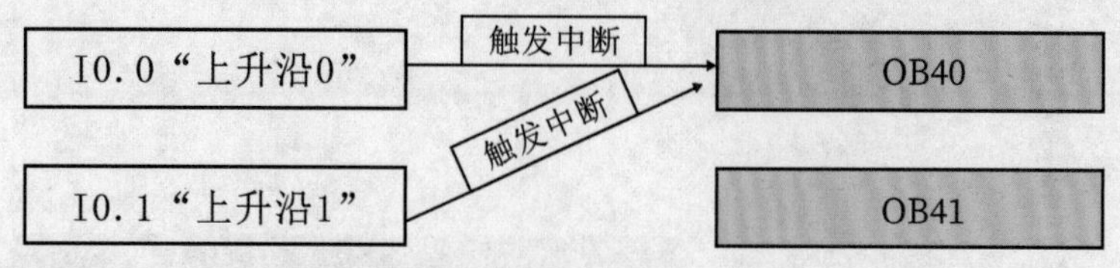

图 7-54 硬件中断事件和硬件中断 OB 的关系图（3）

如果需要在 CPU 运行期间对中断事件进行分离，可通过“DETACH”指令实现，OB1 中的程序如图 7–55 所示。

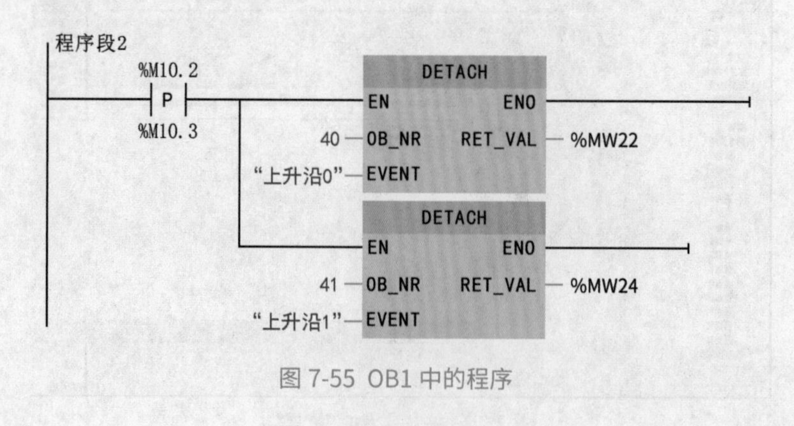

图 7-55 OB1 中的程序

当 M10.2 置 1 使能指令 DETACH 后，硬件中断事件和硬件中断 OB 的关系如图 7–56 所示。

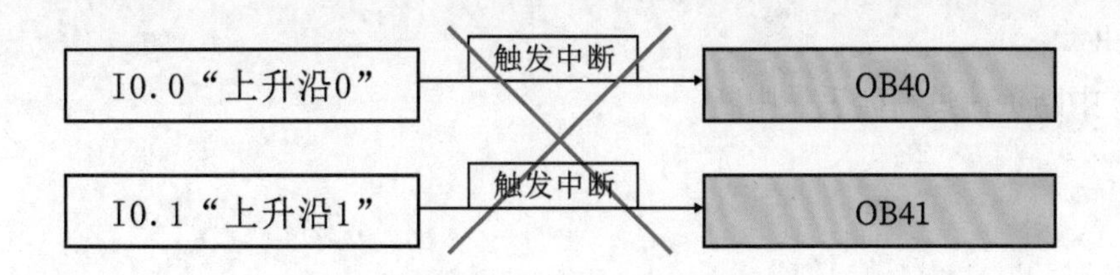

图 7-56 硬件中断事件和硬件中断 OB 的关系图（4）

2 使用硬件中断的注意事项

①一个硬件中断事件只能分配给一个硬件中断 OB，而一个硬件中断 OB 可以分配给多个硬件中断事件。

②用户程序中最多可使用 50 个互相独立的硬件中断 OB；数字量输入和高速计数器均可触发硬件中断。

③中断 OB 和中断事件在硬件组态中定义：在 CPU 运行时可通过“ATTACH”和“DETACH”指令进行中断事件重新分配。

④如果“ATTACH”指令的使能端 EN 为脉冲信号触发，在使用“ATTACH”指令进行中断事件重新分配后：若 CPU 的操作模式从 STOP 切换到 RUN 时执行一次，包括启动模式处于 RUN 模式时上电和执行 STOP 到 RUN 命令切换，则硬件中断 OB 和硬件中断事件将恢复为在硬件组态中定义的分配关系。

⑤如果一个中断事件发生，在该中断 OB 执行期间，同一个中断事件再次发生，则新发生的中断事件丢失。

⑥如果一个中断事件发生，在该中断 OB 执行期间，又发生多个不同的中断事件，则新发生的中断事件进入排队状态，等待第一个中断 OB 执行完毕后依次执行。

7.5.6 时间错误中断组织块

超出最大循环时间后，时间错误中断组织块（Time error interrupt OB）将中断程序的循环执行。最大循环时间在 PLC 的属性中定义。在用户程序中只能使用一个时间错误中断 OB（OB80）。

如果发生以下事件，系统将调用时间错误中断组织块：

（1）实际的扫描循环时间超过设置的最大循环时间。

（2）请求执行循环中断或时间延迟中断，但是被请求的 OB 已经在执行。

（3）中断事件出现的速度比处理它们的速度还要快，对应的中断队列已满，导致中断队列溢出。

（4）中断负荷过高而丢失中断。

7.5.7 诊断错误组织块

S7-1200 PLC 支持诊断错误中断，为具有诊断功能的模块启用诊断错误中断功能来检测模块状态。

OB82 是唯一支持诊断错误事件的 OB，出现故障（进入事件）、故障解除（离开事件）均会触发诊断错误中断 OB82。当模块检测到故障并且在软件中使用了诊断错误中断时，操作系统将启动诊断错误中断，诊断错误中断 OB82 将中断正常的循环程序优先执行。此时无论程序中有没有诊断中断 OB82，CPU 都会保持 RUN 模式，同时 CPU 的 ERROR 指示灯闪烁。如果希望 CPU 在接收到该类型错误时进入 STOP 模式，可以在 OB82 中加入 STP 指令使 CPU 进入 STOP 模式。

OB82 相关的信息

当触发诊断错误中断时，通过 OB82 的接口变量可以读取相应的启动信息，可以帮助确定事件发生的设备、通道和错误原因。OB82 的接口变量及启动信息参考图 7-57 和表 7-7。

OB ▸ PLC_1 [CPU 1214C DC/DC/DC] ▸ 程序块 ▸ Diagnostic error interrupt [OB82]

Diagnostic error interrupt

	名称	数据类型	默认值	注释
1	▼ Input			
2	IO_State	Word		IO state of the HW object
3	LADDR	HW_ANY		Hardware identifier
4	Channel	UInt		Channel number
5	MultiError	Bool		=true if more than one error is present

图 7-57 OB82 的接口变量

表 7-7 OB82 输入接口说明

输入	数据类型	说明
IO_state	Word	设备的 IO 状态： 如果组态正确，则位 0=1；不正确，则位 0=0 出现错误（如断线），则位 4=1；没错误，则位 4=0 如果组态不正确，则位 5=1；组态正确，则位 5=0 如出现 IO 访问错误，参考 laddr（无错误，则位 6=0）
LADDR	HW_Any	报告错误的设备或功能单元的硬件标识符
Channel	UInt	通道号
MultiError	Bool	如果存在多个错误，参考值为 TRUE

诊断错误组织块的应用

【例 7-11】模拟量输出模块 SM1232 的电压输出通道，对于通道 1 使能短路诊断，当通道 1 出现短路错误时，随即触发诊断错误 OB82，此时可从 OB82 的启动参数中读取诊断信息。

解 需要使用诊断错误组织块，在 TIA 博途软件项目视图的项目树中，双击“添加新块”，弹出如图 7-58 所示的界面，选中“组织块”和“Diagnostic error interrupt”，单击“确定”按钮。

图 7-58 添加组织块 OB82

打开 OB82，在程序编辑器中，创建地址为 MW100、MW102、MW104 的变量用于存储出现诊断错误时读取到的启动信息，输入程序如图 7–59 所示。

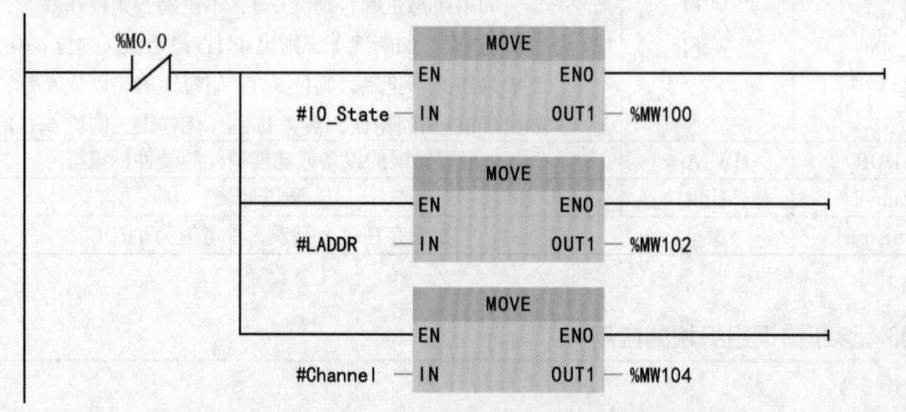

图 7-59 OB82 中的程序

在硬件组态窗口中，选中模拟量输出模块，选择模拟量输出通道 1 的“启用短路诊断”功能，如图 7–60 所示。

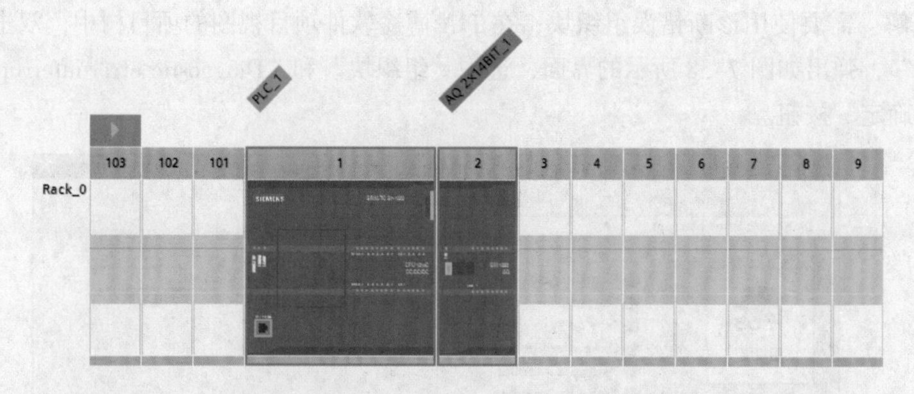

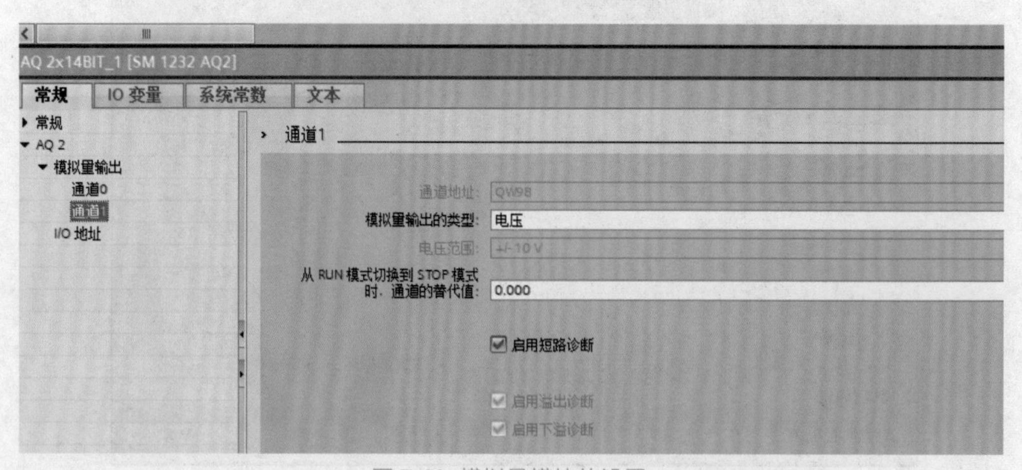

图 7-60 模拟量模块的设置

测试结果：程序下载后，在如图 7–61 所示的监控表中给“channel1”设置输出值 5000，如果此时出现了短路故障，则将立即触发诊断错误功能，如图 7–62 所示。

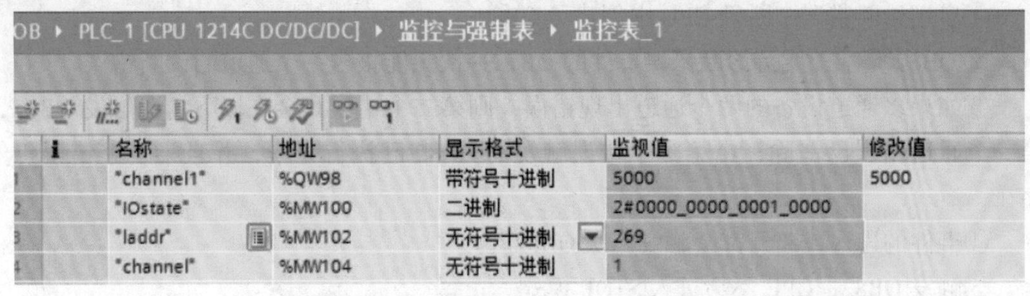

图 7-61 监控表

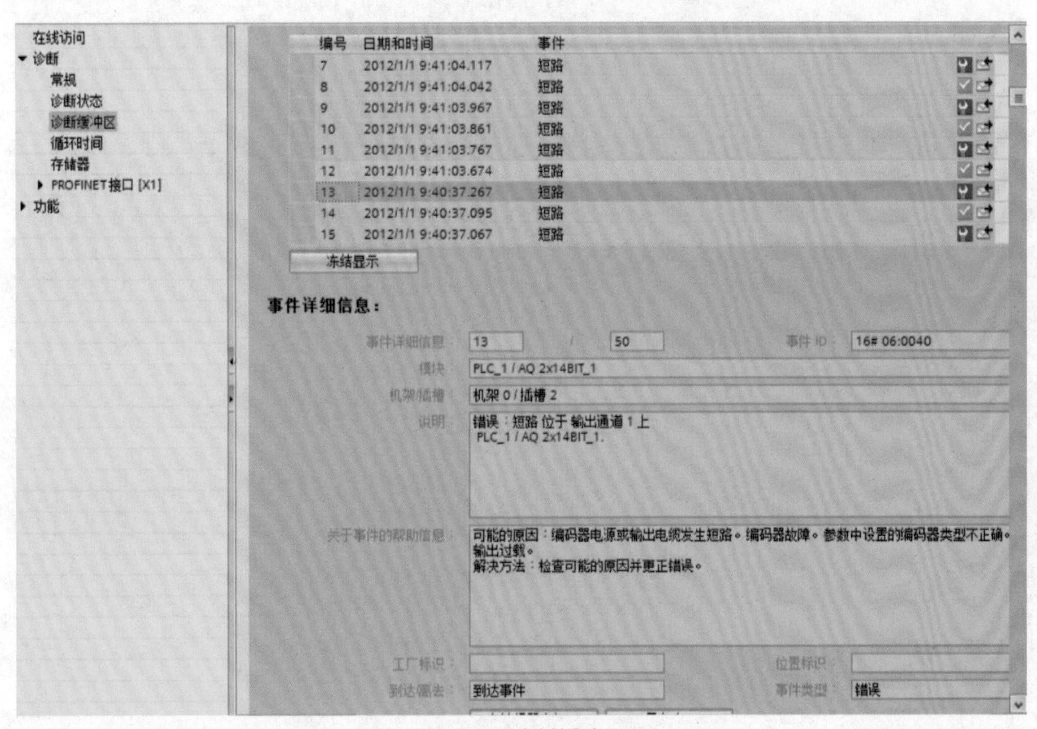

图 7-62 诊断缓冲区

3 诊断错误中断的产生和 PLC 的响应

如下错误将触发诊断错误中断 OB82：

①无用户电源；

②超出上限；

③超出下限；

④断路（电流输出、电流输入 4~20mA、RTD、TC）；

⑤短路（电压输出）。

PLC 对诊断错误中断的响应如下：

①启用诊断错误中断且 CPU 中创建了 OB82。

② OB82 是唯一支持诊断错误事件的 OB，一次只能报告一个通道的诊断错误。

③如果多通道设备的两个通道出现错误，则第二个错误只会在以下情况触发 OB82，第一个通道错误已清除；由第一个错误触发的 OB82 已执行完毕，并且第二个错误仍然存在。

④事件的进入或离开都会触发一次 OB82。

⑤触发 OB82，CPU 不会进入 STOP 模式。

第 8 章

S7-1200/1500 PLC 通信

8.1 通信概述

8.1.1 串行通信接口标准

串行接口技术简单成熟，性能可靠，价格低廉，对软硬件条件要求都很低，广泛应用于计算单片机及相关领域，遍及调制解调器、各种监控模块、PLC、摄像头平台、数控机床、单片机及相关智能设备。常用的几种接口都是美国电子工业协会（Electronic Industry Association，EIA）公布的，有 EIA-232、EIA-422、EIA-485 等，它们的前身是以字头 RS（Recommended Standard）（即推荐标准）开始的标准，虽然经过修改，但差别不大。现在的串行通信接口标准在大多数情况下，仍然使用 RS-232、RS-422、RS-485 等。

RS-232 标准

RS-232 标准既是一种协议标准，又是一种电气标准。它规定了终端和通信设备之间信息交换的方式和功能。RS-232 接口是工控计算机普遍配备的接口，具有使用简单、方便的特点。它采用按位串行的方式，单端发送、单端接收，所以数据传输速率低，抗干扰能力差，传输波特率为 300bps、600bps、1200bps、4800bps、9600bps、19200bps 等。它的电路如图 8-1 所示。在通信距离近、传输速率低和环境要求不高的场合应用较广泛。

RS-422 标准

RS-422 由 RS-232 发展而来，它是为了弥补 RS-232 之不足而提出的。为改进 RS-

232 通信距离短、速率低的缺点，RS-422 定义了一种平衡通信接口，将传输速率提高到 10Mbps，传输距离延长到 4000 in（1211.2m）（速率低于 100Kbps 时），允许在一条平衡总线上连接最多 10 个接收器。RS-422 是一种单机发送、多机接收的单向和平衡传输规范。

RS-485 标准

RS-485 是一种最常用的串行通信协议。它使用双绞线作为传输介质，具有设备简单、成本低等特点。如图 8-2 所示，RS-485 接口采用二线差分平衡传输方式，其一根导线上的电压值与另一根上的电压值相反，接收端的输入电压为这两根导线电压值的差值。

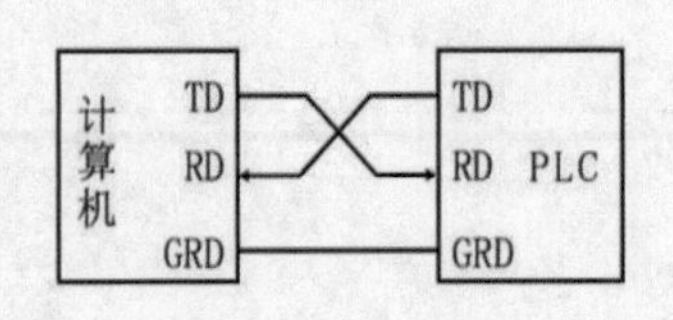

图 8-1 RS-232 接口电路

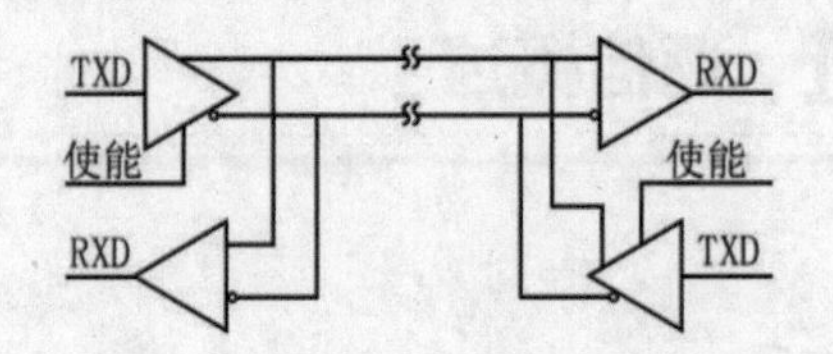

图 8-2 RS-485 接口电路

因为噪声一般会同时出现在两根导线上，RS-485 的一根导线上的噪声电压会被另一根导线上出现的噪声电压抵消，所以可以极大地削弱噪声对信号的影响。另外，在非差分（即单端）电路中，多个信号共用一根接地线，长距离传送时，不同节点接地线的电平差异可能相差数伏，有时甚至会引起信号的误读，但差分电路则完全不会受到接地电平差异的影响。由于采用差动接收和平衡发送的方式传送数据，RS-485 接口有较高的通信速率（波特率可达 10Mbps 以上）和较强的抑制共模干扰能力。

RS-485 总线工业应用成熟，而且大量的已有工业设备均提供 RS-485 接口。目前 RS-485 总线仍在工业应用中具有十分重要的地位。西门子 PLC 的 PPI 通信、MPI 通信和 PROFIBUS-DP 现场总线通信的物理层都采用 RS-485 协议，而且都采用相同的通信线缆和专用网络接头。西门子提供两种网络接头，即标准网络接头和编程端口接头，可方便地将多台设备与网络连接，编程端口允许用户将编程站或 HMI 设备与网络连接，而不会干扰任何现有网络连接。S7-1200 PLC 硬件组态的串口只能作为连接上位机端口，不能下载程序，标准网络接头和编程端口接头均有两套终端螺钉，用于连接输入和输出网络电缆。这两种接头还配有开关，可选择 网络偏流和终端。

西门子的专用 PROFIBUS 电缆中有两根线：一根为红色，上标有“B”；一根为绿色，上面标有“A”。这两根线只要与网络接头相对应的“A”和“B”接线端子相连即可（如与 PLC 上的端口相连即可，不需要其他设备。“A”线与“A”接线端子相连）。注意：三菱的 FX 系列 PLC 要加 RS-485 专用通信模块和终端电阻。

 8.1.2 并行通信与串行通信

终端与其他设备（例如其他终端、计算机和外部设备）通过数据传输进行通信。数据传输可以通过并行通信和串行通信两种方式进行。

1 并行通信

在计算机和终端之间的数据传输通常是靠电缆或信道上的电流或电压变化实现的。如果一组数据的各数据位在多条线上同时被传送，这种方式称为并行通信方式，如图 8–3 所示。

并行数据传送时，所有数据位是同时传送的，以字或字节为单位。除了 8 根或 16 根数据线、一根公共线外，还需要通信双方联络用的控制线。

并行数据传送的特点是：并行传输速率快，但通信线路多、成本高，适合近距离数据高速传送。PLC 通信系统中，并行通信方式一般发生在内部各元件之间、基本单元与扩展模块或近距离智能模板的处理器之间。

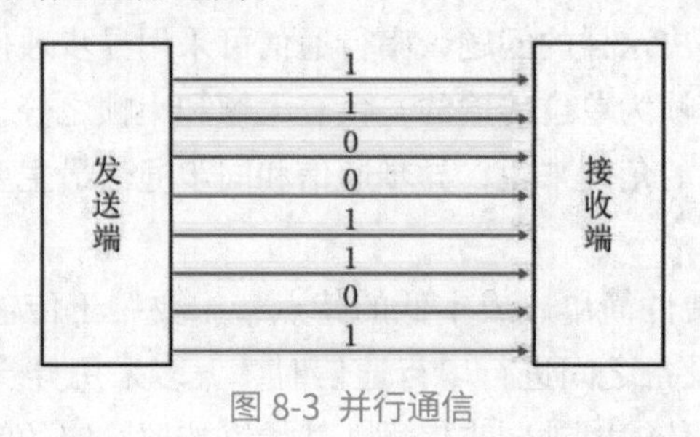

图 8-3 并行通信

2 串行通信

串行通信是指通信的发送端和接收端使用一根数据信号线（另外需要地线，可能还需要控制线），数据在一根数据信号线上一位一位地进行传输，每一位数据都占据一个固定的时间长度，如图 8–4 所示。

与并行通信相比，串行数据传送的优点是：数据传输按位顺序进行，仅需一根传输线即可完成，传输距离远，可以从几米到几千米；串行通信的通信时钟频率容易提高；抗干扰能力十分强，其信号间的相互干扰完全可以忽略。缺点是串行通信的传输速率比并行通信的慢得多。

由于串行通信的接线少、成本低，因此它在数据采集和控制系统中应用广泛，产品也多种多样。随着串行通信速率的提高，以前使用并行通信的场合，现在也完全或部分被

串行通信取代，如打印机的通信，现在基本被串行通信取代，再如个人计算机硬盘的数据通信，现在已经被串行通信取代，计算机和 PLC 间均采用串行通信方式。

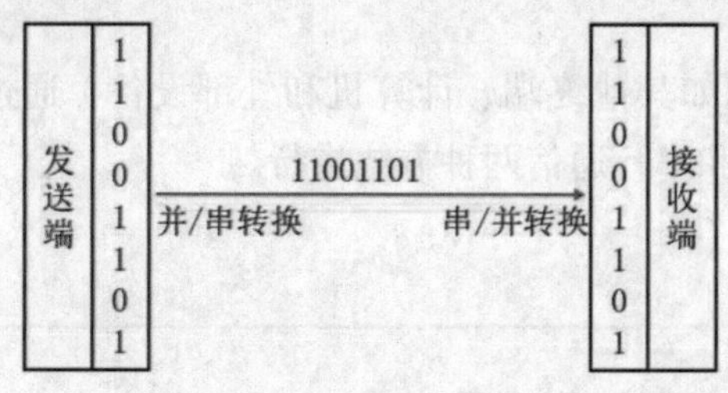

图 8-4 串行通信

8.1.3 异步通信和同步通信

串行通信中，数据是一位一位按照到达的顺序依次传输的，每位数据的发送和接收都需要时钟来控制。发送端通过发送时钟确定数据位的开始和结束，接收端需要适当的时间间隔对数据流进行采样来正确识别数据。接收端和发送端必须保持步调一致，否则数据传输就会出现差错。为解决这样的问题，串行通信可采用异步通信和同步通信两种方法。在串行通信中，数据是以帧为单位传输的，帧有大帧和小帧之分，小帧包含一个字符，大帧包含多个字符。从用户的角度来说，异步通信和同步通信最主要的区别在于通信方式的帧不同。

异步通信方式具有硬件简单、成本低的特点，主要用于传输速率低于 192Kbps 的数据通信。在 PLC 与其他设备之间进行串行通信时，大多采用异步通信方式。这种通信方式在传输数据的同时，也传输时钟同步信号，并始终按照给定的时刻采集数据。其数据传输效率高，硬件复杂，成本高，一般用于传输速率高于 20Kbps 的数据。

异步通信

异步通信方式也称起止方式，数据传输单位是字符。发送字符时，要先发送起始位，然后是字符本身，最后是停止位，字符后面还可以加入奇偶校验位。

在通信的数据流中，字符间异步，字符内部各位间同步。异步通信方式的“异步”主要体现在字符与字符之间的传输没有严格的定时要求。异步传送中，字符可以是连续地、一个个地发送，也可以是不连续地、随机地进行单独发送。在停止位之后，立即发送下一个字符的起始位，开始一个新的字符的传输，这叫做连续的串行数据发送，即帧与帧之间是连续的。断续的串行数据传送是指在一帧结束之后维持数据线的“空闲”状态，新的起始位可在任何时刻开始传送。一旦传送开始，组成这个字符的各个数据位将被连续发送，并且每个数据位持续的时间是相等的。接收端根据这个特点与数据发送端保持同步，从而正确地恢复数据。收、发双方则以预先约定的传输速率，在时钟的作用下，传送这个字符中的每一位。

异步通信采用小帧传输。一帧中有 10 ~12 个二进制数据位，每一帧由 1 个起始位、7~8 个数据位、1 个奇偶校验位（可以没有）和停止位（1 位或 2 位）组成，被传送的一组数据的相邻两个字符停顿时间不一致。串行异步数据传输示意图如图 8-5 所示。

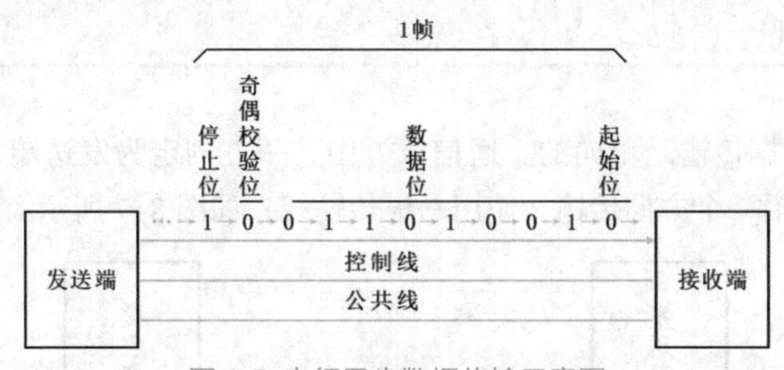

图 8-5 串行异步数据传输示意图

2 同步通信

在同步通信方式中，数据被封装成更大的传输单位，称为帧。每个帧中含有多个字符代码， 而且字符代码之间没有间隙以及起始位和停止位。和异步通信相比，数据传输单位的加长容易引起时钟漂移。为了保证接收端能够正确地区分数据流中的每个数据位，收发双方必须通过某种方法建立起同步的时钟。一种方法是可以在发送端和接收端之间建立一条独立的时钟线路，由线路的一端（发送端或者接收端）定期地在每个比特时间中向线路发送短脉冲信号，另一端则将这些有规律的脉冲作为时钟。这种技术在短距离传输时表现良好，但在长距离传输中，定时脉冲可能会和信息信号一样受到破坏，从而出现定时误差。另一种方法是采用嵌有时钟信息的数据编码位向接收端提供同步信息。

同步通信采用大帧传输数据。同步通信的多种格式中，常用的为高级数据链路控制（HDLC）帧格式，其每一帧中有 1 个字节的起始标志位、2 个字节的收发方地址位、2 个字节的通信状态位、多个字符的数据位和 2 个字节的循环冗余校验位。串行同步数据传输示意图如图 8-6 所示。

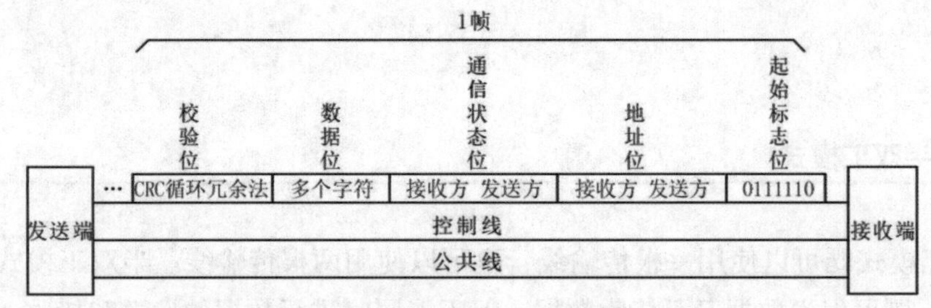

图 8-6 串行同步数据传输

8.1.4 串行通信工作方式

通过单线传输信息是串行数据通信的基础。数据通常在两个站（点对点）之间进行传送，按照数据流的方向可分成单工、全双工、半双工三种传送模式。

1 单工模式

单工模式的数据传输是单向的。通信双方中，一方固定为发送端，另一方则固定为接收端。信息只能沿一个方向传输，使用一根传输线，如图 8–7 所示。

图 8-7 单工模式

单工模式一般用在数据只往一个方向传输的场合。例如计算机与打印机之间的通信是单工模式，因为只有计算机向打印机传输数据，而没有相反方向的数据传输。

2 全双工模式

在全双工模式下，数据由两根可以在两个不同的站点同时发送和接收信息的传输线进行传输，通信双方都能在同一时刻进行发送和接收操作。在全双工模式中，每一端都有发送器和接收器，两条传输线可在交互式应用和远程监控系统中使用，信息传输效率较高，如图 8–8 所示。

图 8-8 全双工模式

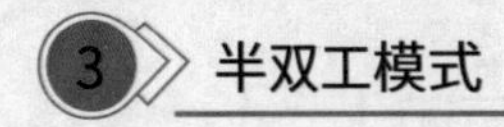

3 半双工模式

半双工模式既可以使用一根传输线，也可以使用两根传输线。半双工模式使用一根传输线时， 既可发送数据又可接收数据，但不能同时进行数据的发送和接收。在任何时刻只能由其中的一方发送数据，另一方接收数据。在半双工通信中，每一端需有一个收发切换电子开关，通过切换来确定数据的传输方向。因为有切换，所以会产生时间延迟，信息传输效率会低一些，如图 8-9 所示。

图 8-9 半双工模式

8.2 S7-1200/1500 PLC S7 通信

8.2.1 S7 通信概述

S7 协议是专门为西门子控制产品优化设计的通信协议，它是面向连接的协议，在进行数据交换之前，必须与通信伙伴建立连接。面向连接的协议具有较高的安全性。

连接是指两个通信伙伴之间为了执行通信服务建立的逻辑链路，而不是指两个站之间用物理媒体（例如电缆）实现的连接。S7 连接是需要组态的静态连接，静态连接要占用 CPU 的连接资源。基于连接的通信分为单向连接和双向连接，S7-1200 PLC 仅支持 S7 单向连接。

单向连接中的客户机（Client）是向服务器（Server）请求服务的设备，客户机调用 GET/PUT 指令读、写服务器的存储区。服务器是通信中的被动方，用户不用编写服务器的 S7 通信程序，S7 通信是由服务器的操作系统完成的。因为客户机可以读、写服务器的存储区，单向连接实际上可以双向传输数据。V2.0 及以上版本的 S7-1200 PLC 的 CPU 的 PROFINET 通信口可以作 S7 通信的服务器或客户机。

S7-1200 PLC 自带网口，支持以太网 GET/PUT 通信编程，下面一起来完成两个简单的 S7 通信案例。

8.2.2 案例 1：两台 S7-1200 PLC 之间的 S7 通信

两台 S7–1200 PLC 中的一台做主机（分配 IP 地址为 192.168.0.1），一台做从机（分配 IP 地址为 192.168.0.2）。

要求：主机的 8 个按钮控制从机的 8 个灯，从机的 8 个按钮控制主机的 8 个灯。

主机组态好网络，并调用对应的功能块。而从机只要设置好 IP 地址即可，一般无须编程。步骤如下所示：

1 CPU1 编程组态

（1）在 TIA 博途软件项目视图的项目树中，双击“添加新设备”按钮，先添加 PLC_1 CPU 模块“CPU1214C”，并启用时钟存储器字节，如图 8–10 所示。

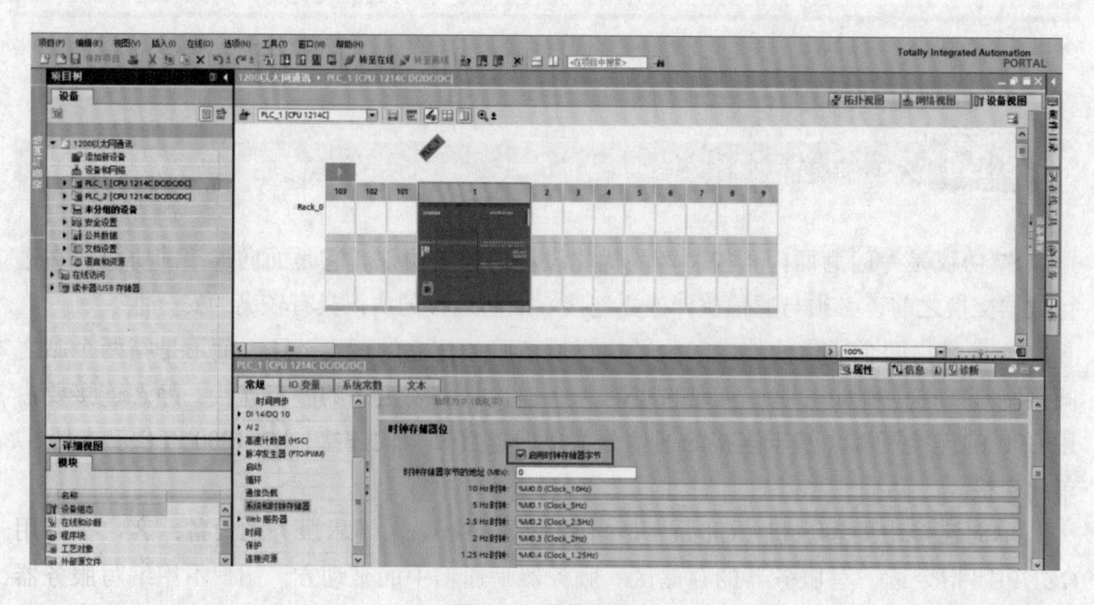

图 8-10 硬件配置

（2）如图 8–11 所示，先选中 PLC_1 的“设备视图”选项卡（标号 1 处），再选中 CPU1214C 模块绿色的 PN 接口（标号 2 处），选中“属性”（标号 3 处）选项卡，再选中“以太网地址”（标号 4 处）选项，“添加新子网”（标号 5 处）再设置 IP 地址（标号 6 处）。

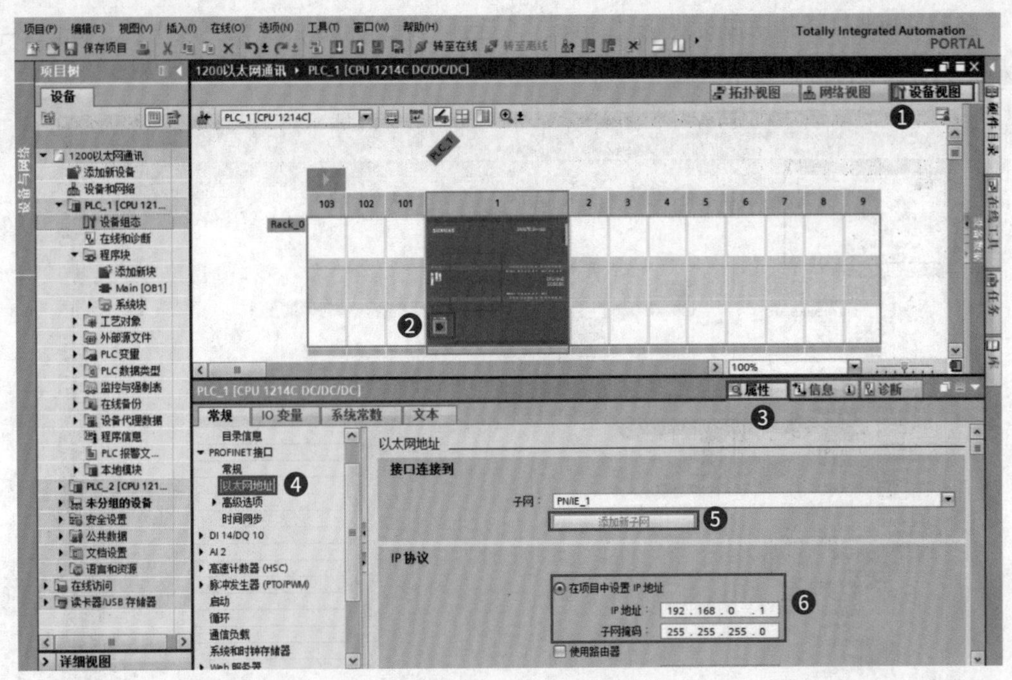

图 8-11 配置 IP 地址（客户端）

在“防护与安全”中，勾选“允许来自远程对象的 PUT/GET 通信访问”，如图 8–12 所示。

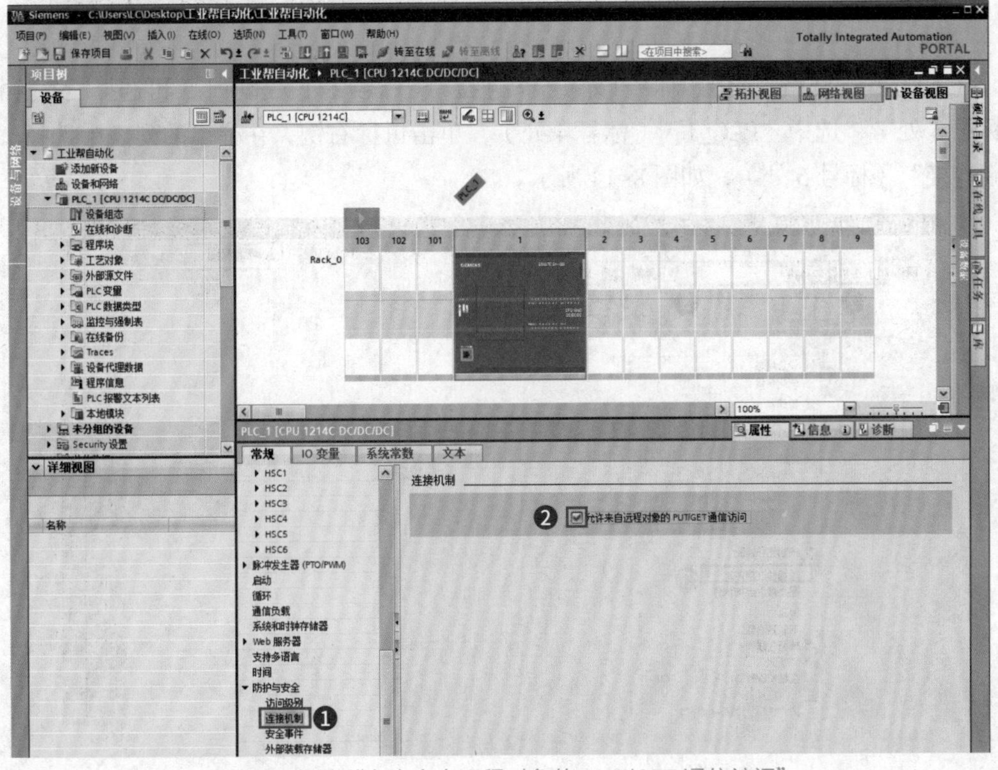

图 8-12 勾选“允许来自远程对象的 PUT/GET 通信访问”

选择“PLC_1”，用鼠标点击“编译”，选择“硬件和软件（仅更改）”，如图 8-13 所示。

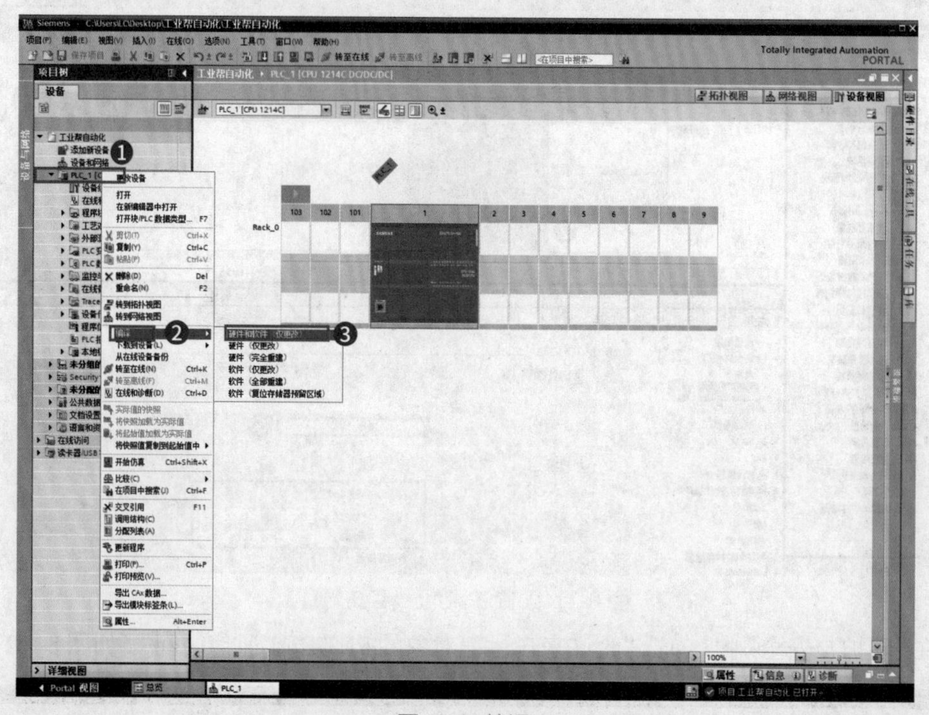

图 8-13 编译

（3）选中“网络视图”（标号 1 处）→“连接”（标号 2 处）选项卡，再选择“S7 连接”（标号 3 处），选中“PLC_1”（标号 4 处），单击鼠标右键，在弹出的列表中选择“添加新连接”（标号 5 处），如图 8-14 所示。

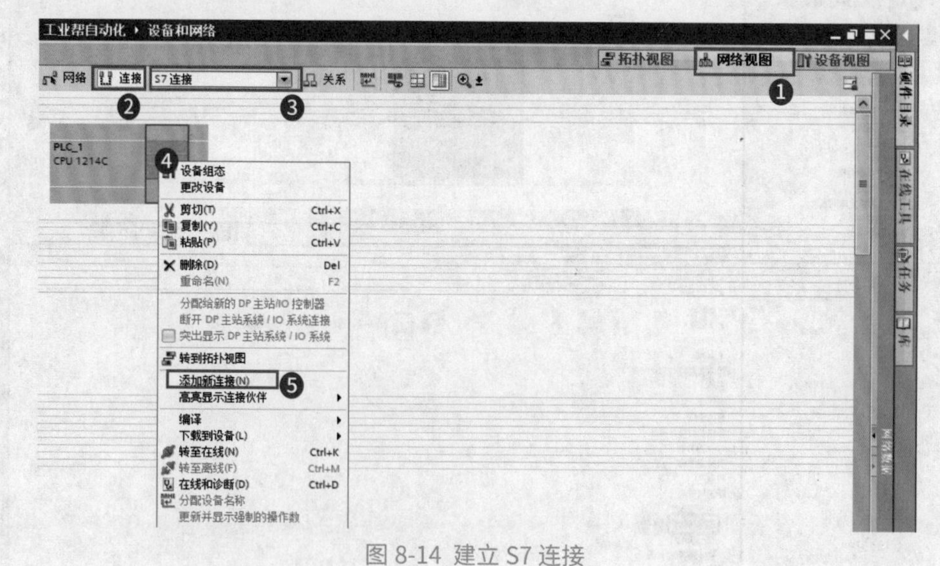

图 8-14 建立 S7 连接

在弹出“创建新连接”对话框中，选择“未指定”（标号 1 处）点击“添加”（标号 2 处），如图 8–15 所示。

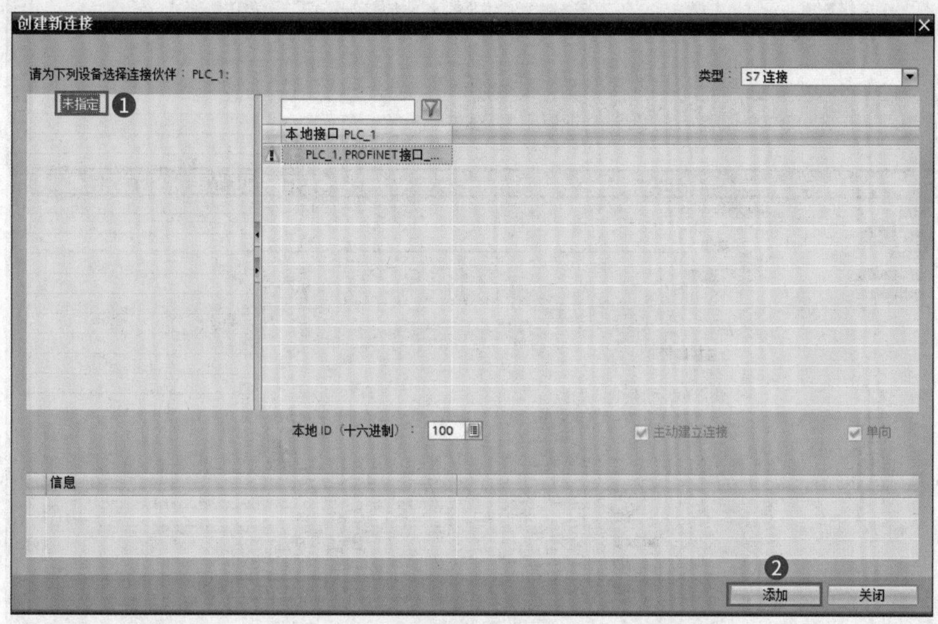

图 8-15 添加未指定 S7

创建的 S7 连接将显示在网络视图右侧“连接表”中（标号 1 处），如图 8–16 所示。在巡视窗口中，需要在新创建的 S7 连接属性中设置伙伴 CPU 的 IP 地址，如图 8–17 所示。在 S7 连接属性“本地 ID”中，可以查询到本地连接 ID（十六进制数值），如图 8–18 所示。该 ID 用于表示网络连接，需要与 PUT/GET 指令中的“ID”参数保持一致。

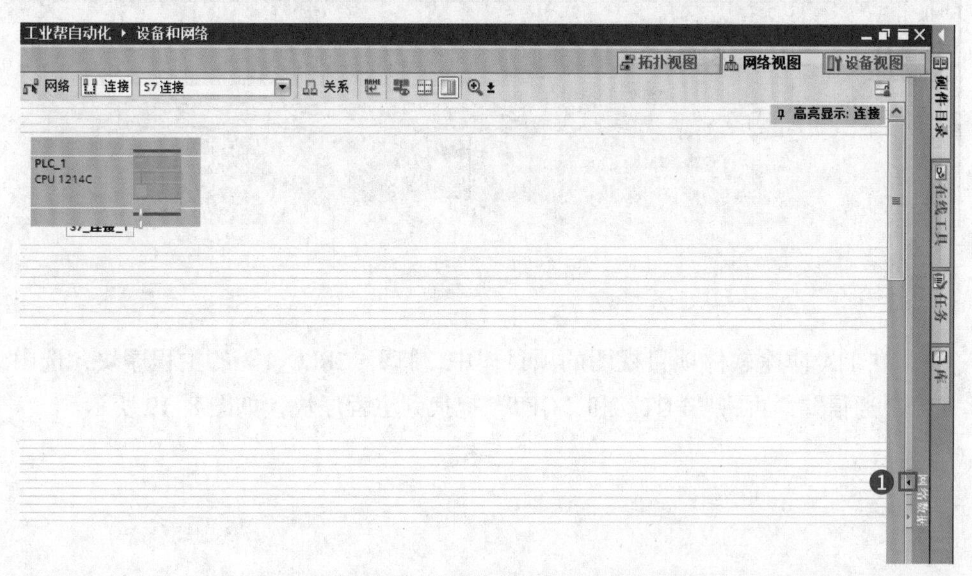

图 8-16 设置伙伴的 IP 地址 1

图 8-17 设置伙伴的 IP 地址 2

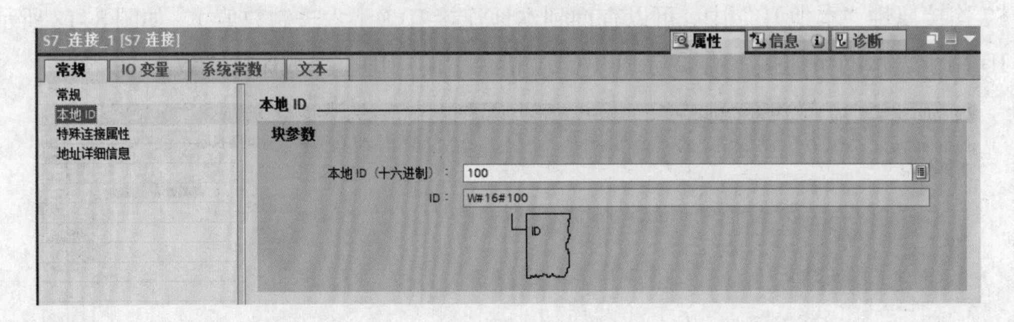

图 8-18 S7 连接 ID

（4）在 TIA 博途软件项目视图的项目树中，打开“PLC_1”的主程序块，选中“指令”→“S7 通信”，再将“PUT”和“GET”拖拽到主程序块，如图 8-19 所示。

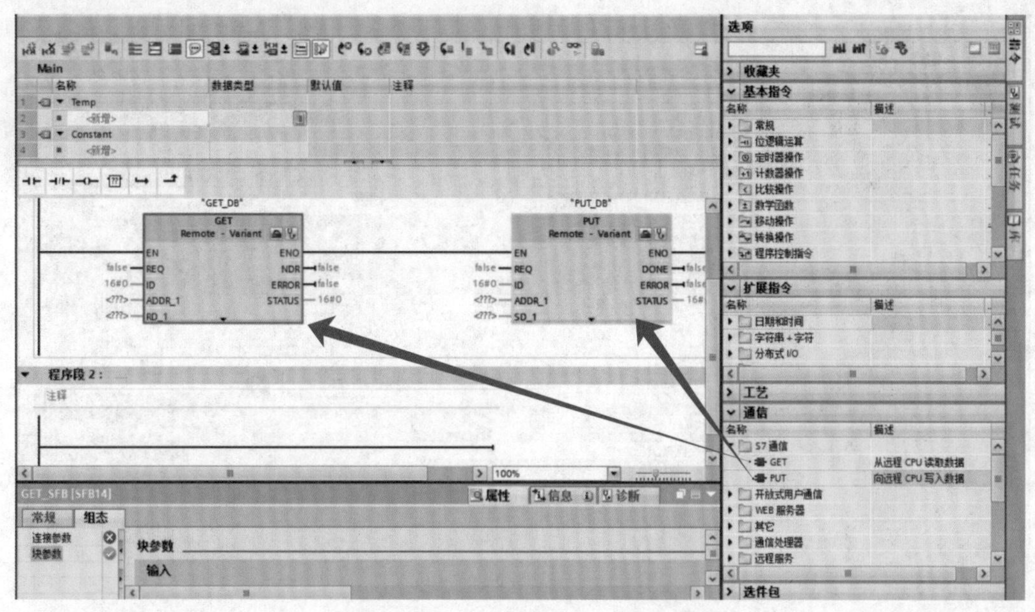

图 8-19 调用函数块 PUT 和 GET

（5）选中并单击标号 1 处图标，选择“组态”→“连接参数”，如图 8-20 所示。设置 IP 地址为“192.168.0.2”，其余参数选择默认生成的参数，如图 8-21 所示。

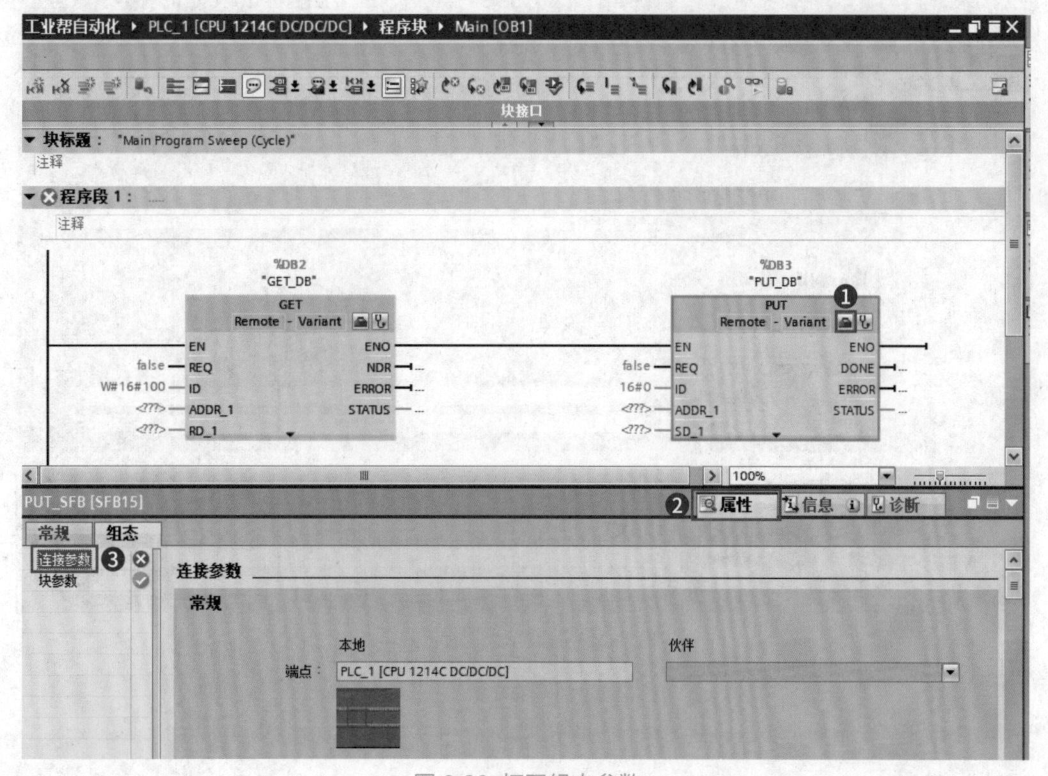

图 8-20 打开组态参数

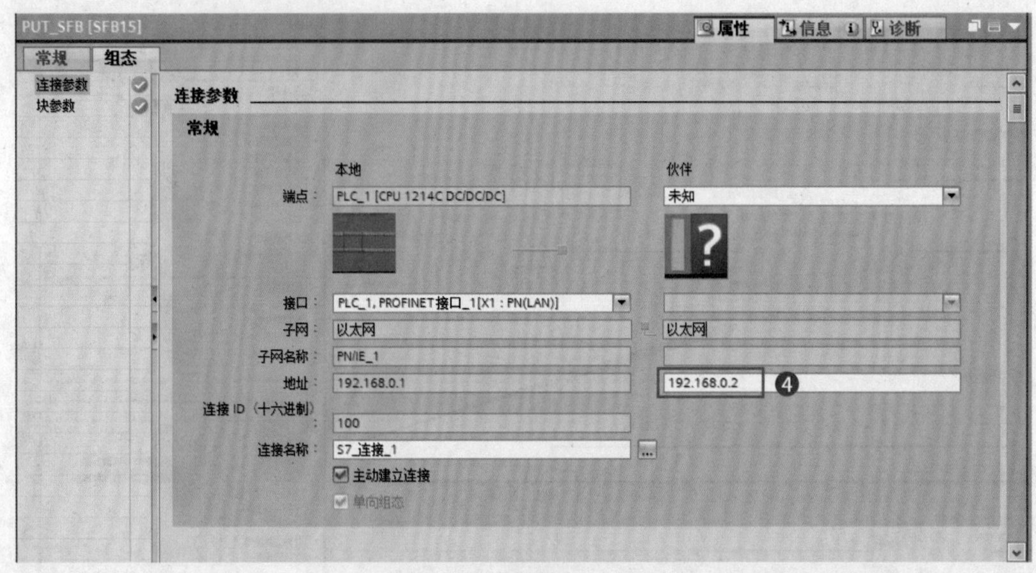

图 8-21 配置连接参数

（6）发送函数块 PUT 按照如图 8-22 所示配置参数。每一秒激活一次发送操作，每次将客户端 IB0 数据发送到伙伴站 QB0 中，接收函数块 GET 按照如图 8-23 所示配置参数。每一秒激活一次接收操作，每次将伙伴站 IB0 发送来的数据存储在客户端 QB0 中。

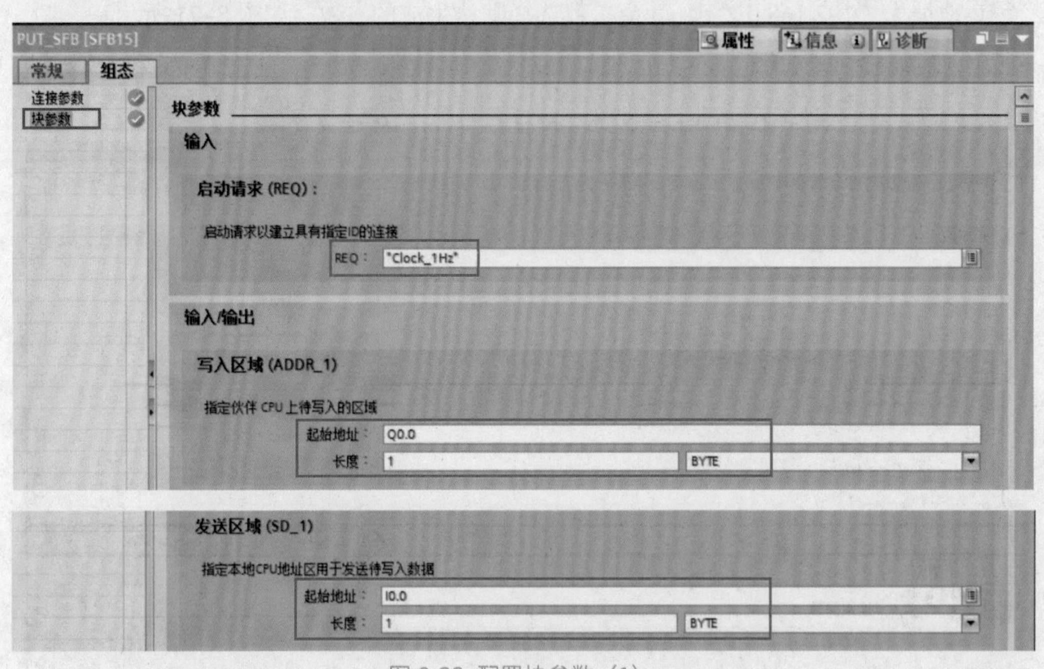

图 8-22 配置块参数（1）

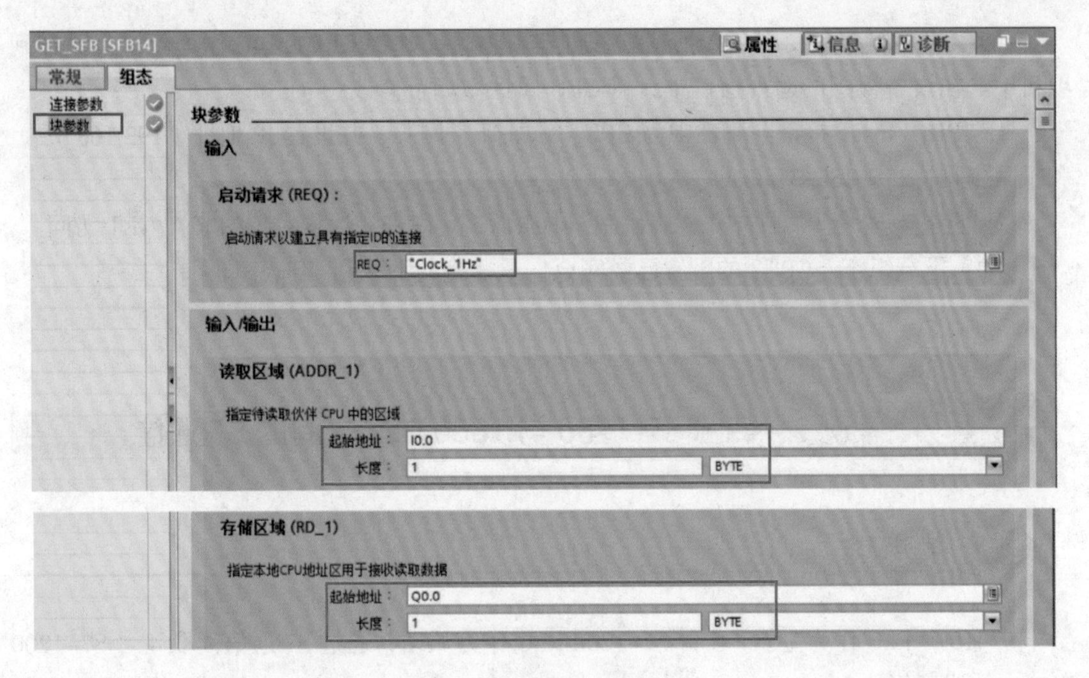

图 8-23 配置块参数（2）

（7）客户端的程序如图 8-24 所示，服务端无须编写程序。

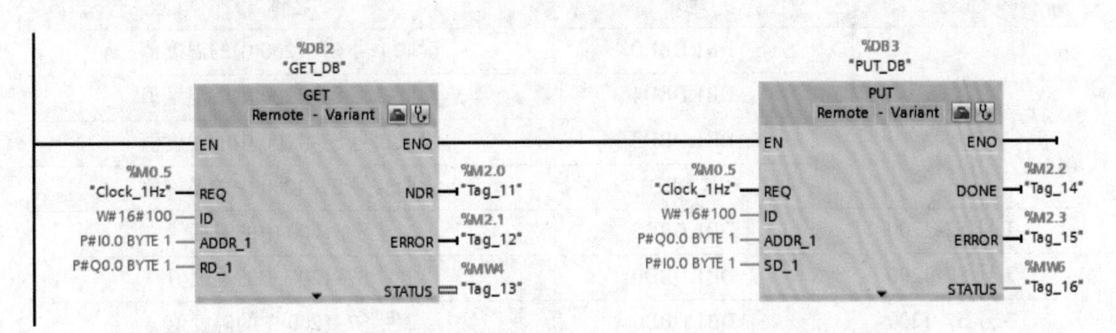

图 8-24 客户端的程序

（8）下载组态。CPU1 的配置已经完成，只需将其下载到 CPU 中即可。

CPU2 编程组态

单端组态的 S7 连接通信中，S7 通信服务器侧无须组态 S7 连接，也无须调用 PUT/GET 指令，所以本例中的 CPU2 只需进行设备组态，而无须在主程序 OB1 中进行相关通信编程。

（1）设备组态。使用 TIA 博途软件创建新项目，并将 CPU1214C 作为新设备添加到项目中。在设备视图的巡视窗口中，将 CPU 属性做如下修改：

①“PROFINET 接口”属性中为 CPU“添加新子网”，并设置 IP 地址（192.168.0.2）和子网掩码（255. 255. 255.0）。

②“防护与安全”属性中“连接机制”中激活“允许来自远程对象的 PUT/GET 访问”。

（2）下载组态。CPU2 的配置已经完成，只需将其下载到 CPU 中即可。

8.2.3 案例 2：四台 S7-1200 与 1500 PLC 之间的 S7 通信

案例要求

S7-1500 PLC 作为主站，4 台 S7-1200 PLC 作为从站，通过 S7 通信读取 4 台 S7-1200 PLC 中的温度值。

地址分配如表 8-1 所示。

表 8-1 地址分配

设备	地址	名称
S7-1500	DB1.DBD0	读取 1 号 S7-1200 中的温度值
	DB1.DBD4	读取 2 号 S7-1200 中的温度值
	DB1.DBD8	读取 3 号 S7-1200 中的温度值
	DB1.DBD12	读取 4 号 S7-1200 中的温度值
1 号 S7-1200	DB1.DBD0	1 号 S7-1200 中的温度值
2 号 S7-1200	DB1.DBD0	2 号 S7-1200 中的温度值
3 号 S7-1200	DB1.DBD0	3 号 S7-1200 中的温度值
4 号 S7-1200	DB1.DBD0	4 号 S7-1200 中的温度值

硬件配置

（1）S7-1500C CPU 1 个。

（2）S7-1200 CPU（1214C 带两路模拟量电压输入）4 个。

（3）PC（带以太网卡）1 个。

（4）以太网电缆。

（5）交换机 1 个。

西门子 S7-1500 PLC 与 4 台 S7-1200 PLC 的通信接线

西门子 S7–1500 PLC 与 4 台 S7–1200 PLC 的通信接线如图 8–25 所示。

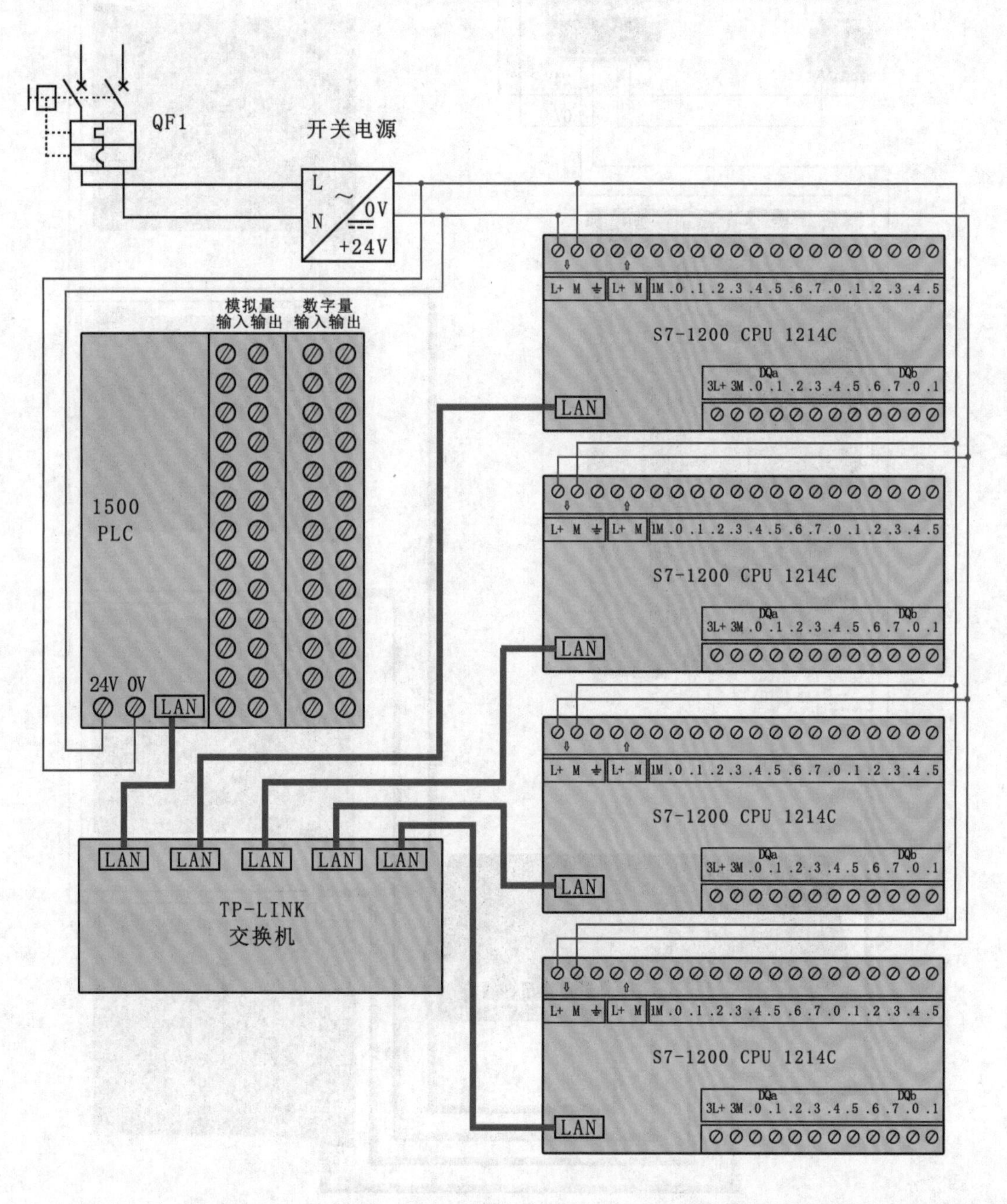

图 8-25 西门子 S7-1500 PLC 与 4 台 S7-1200 PLC 的通信接线

西门子 S7–1500 PLC 与 4 台 S7–1200 PLC 的通信接线实物如图 8–26 所示。

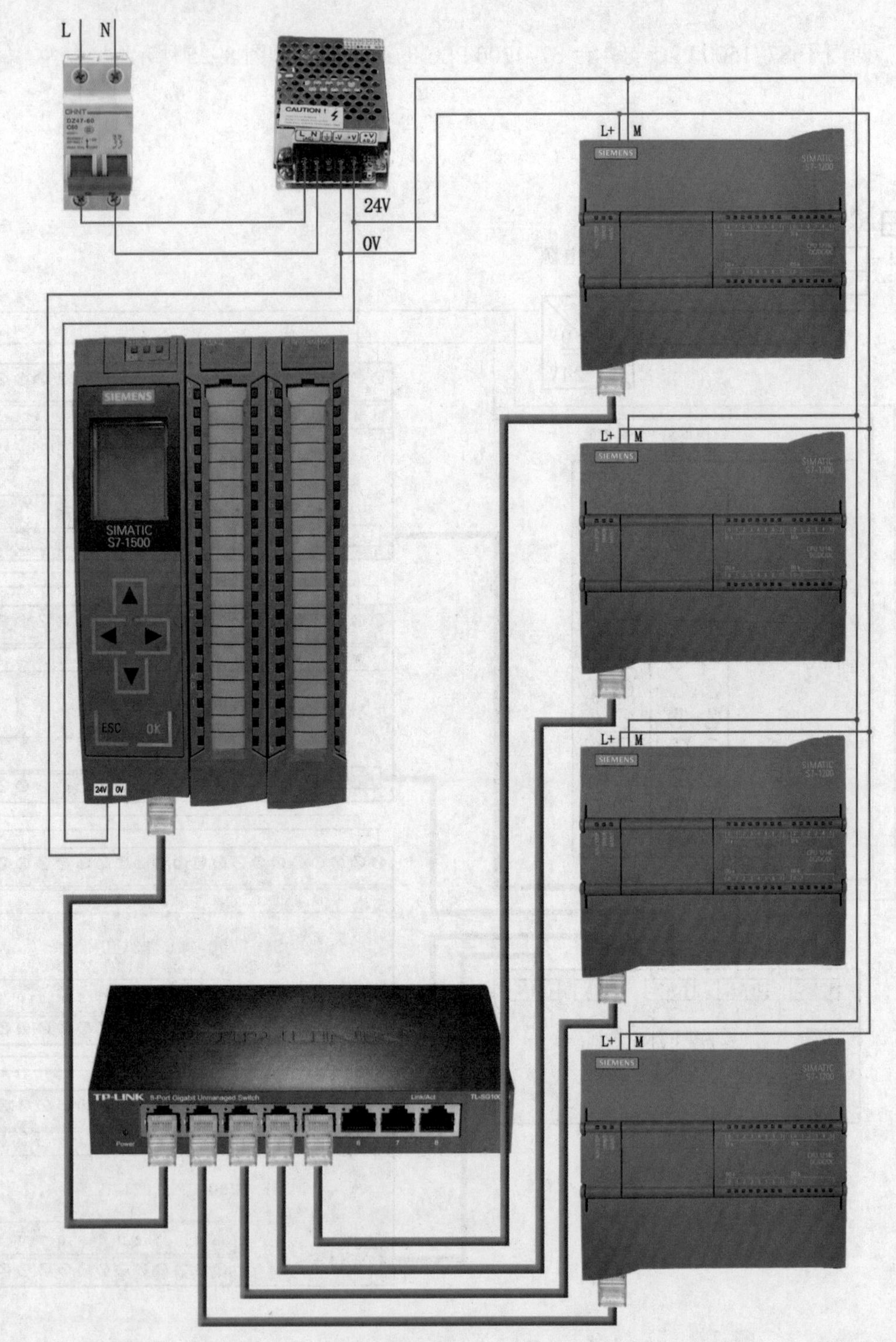

图 8-26 西门子 S7-1500 PLC 与 4 台 S7-1200 PLC 的通信接线实物

1 号 S7–1200 PLC 与温度变送器的实物接线如图 8–27 所示。

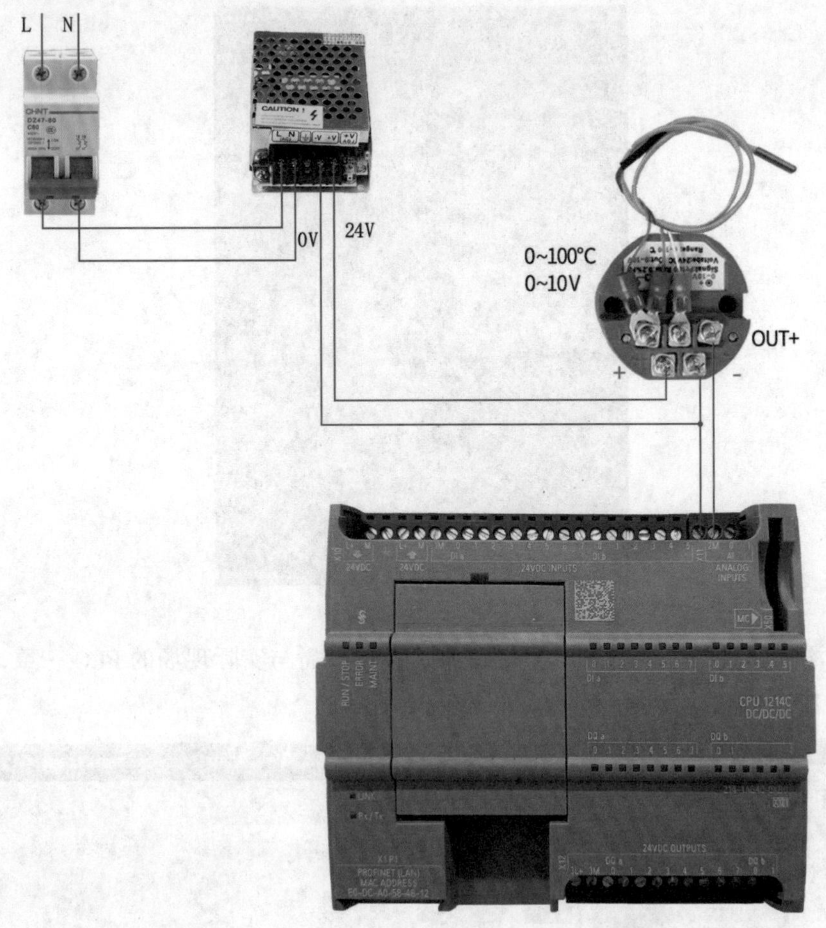

图 8-27 1 号 S7-1200 PLC 与温度变送器的实物接线

2 号、3 号、4 号 S7–1200 PLC 与温度变送器的实物接线请参考 1 号 S7–1200 PLC。

4 西门子 S7-1500 PLC 与 4 台 S7-1200 PLC 的 S7 通信的组态

（1）打开软件并新建项目，如图 8–28 所示。

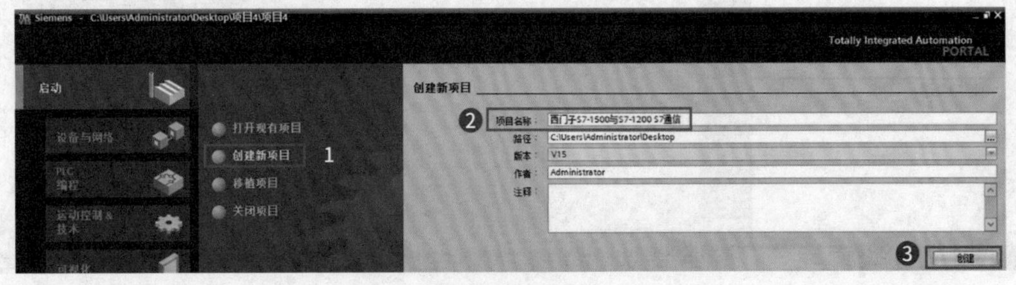

图 8-28 新建项目

（2）打开项目视图，如图 8–29 所示。

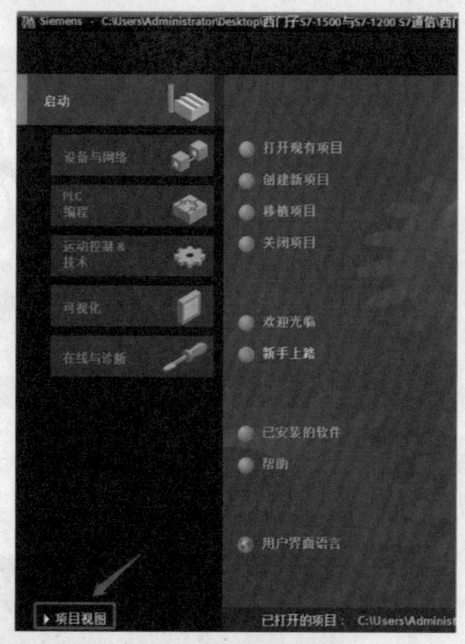

图 8-29 打开项目视图

（3）添加新设备。组态 PLC（此处选择的 PLC 需与实际现场的 PLC 一致，S7–1500 PLC 和 S7–1200 PLC 的方法一致），如图 8–30 所示。

图 8-30 添加新设备

（4）根据上面的方法依次添加 4 台 S7–1200 PLC，如图 8–31 所示。

图 8-31 添加 4 台 S7-1200 PLC 设备

（5）设置 S7–1500 PLC 的 IP 地址。并添加子网设备，步骤如图 8–32 所示（此处 IP 地址为 192.168.0.10）。

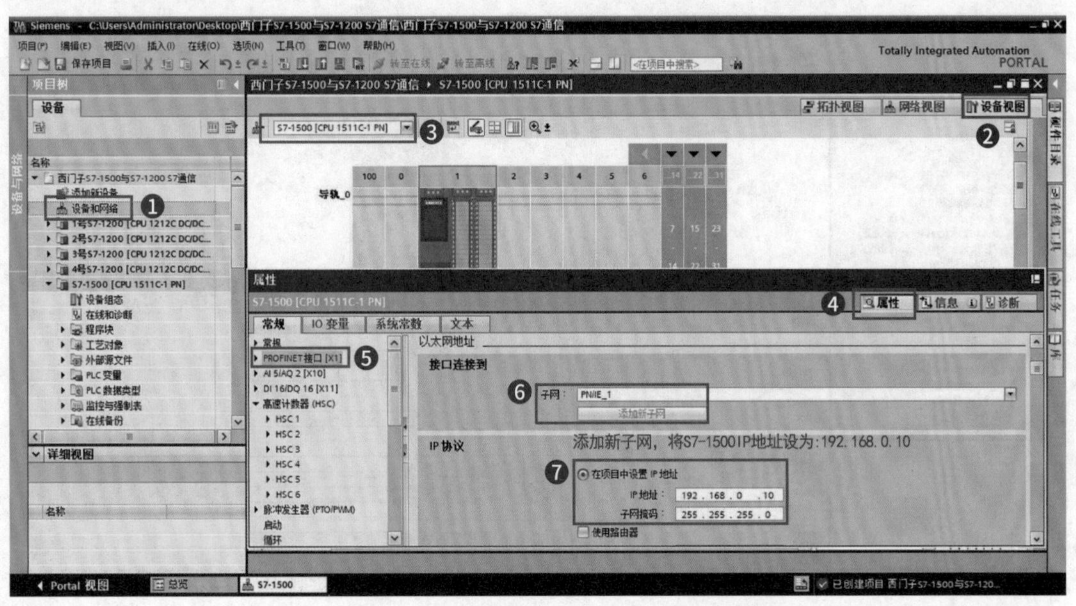

图 8-32 设置 S7-1500 PLC 的 IP 地址并设置子网设备

（6）设置系统和时钟存储器，如图 8–33 所示。

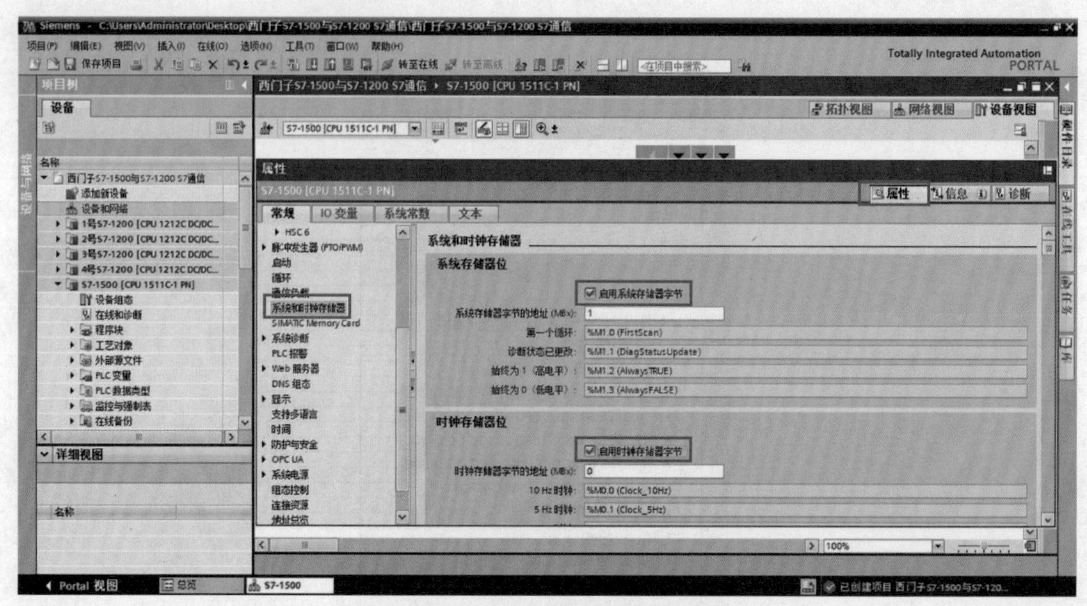

图 8-33 设置系统和时钟存储器

（7）允许来自远程对象的 PUT/GET 通信访问，如图 8–34 所示，并编译工程如图 8–35 所示。

图 8-34 允许来自远程对象的 PUT/GET 通信访问

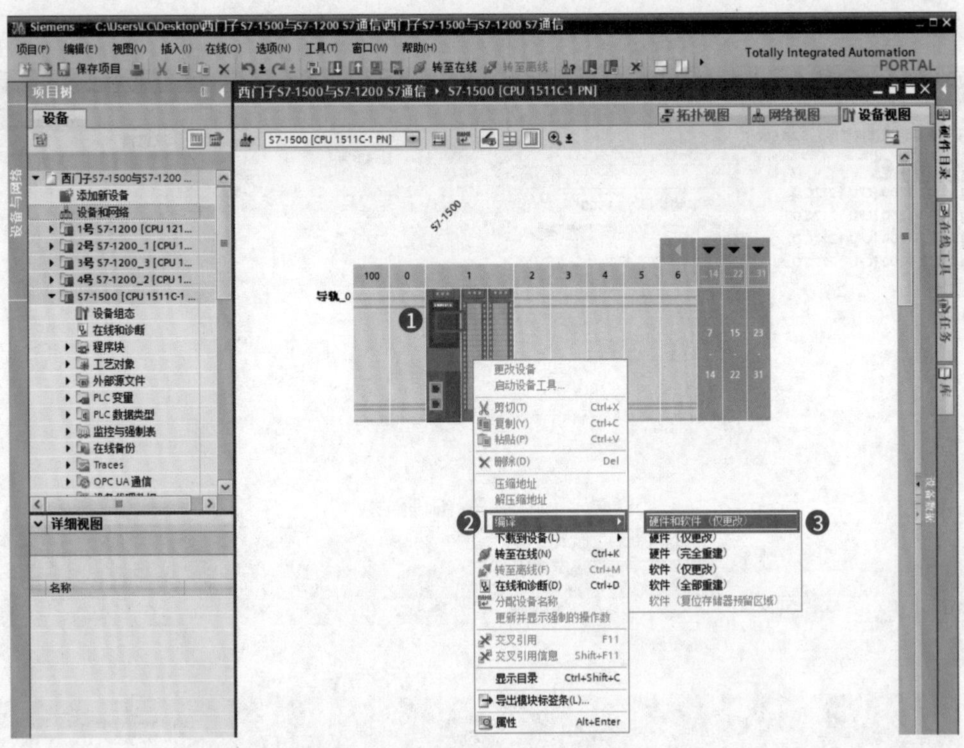

图 8-35 编译工程

（8）添加 1 号 S7-1200 PLC，步骤如图 8-36 所示。

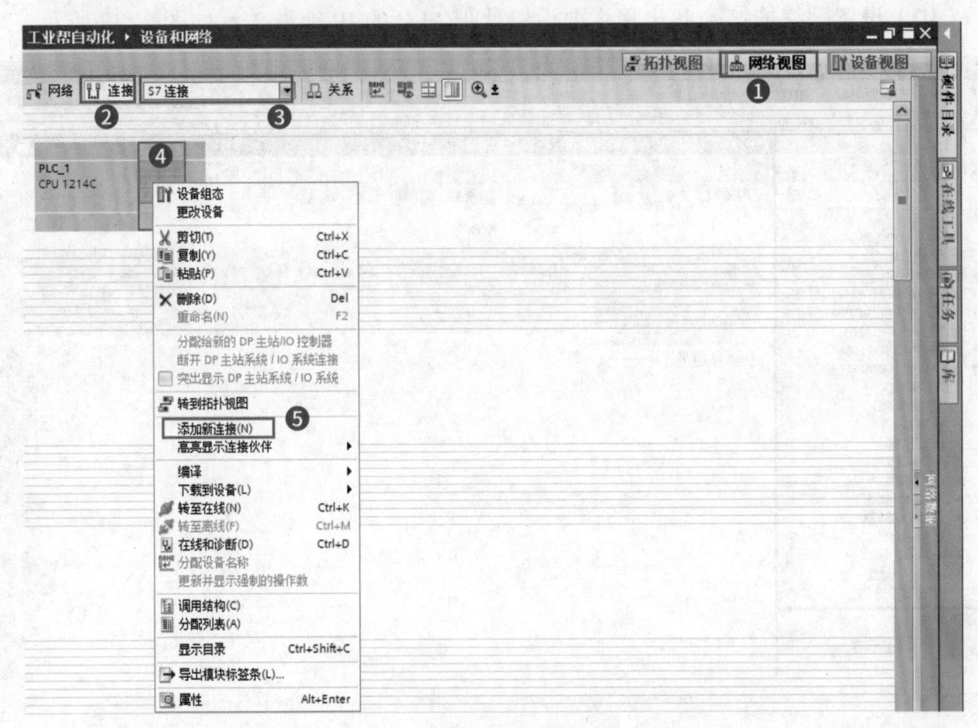

图 8-36 添加 1 号 S7-1200 PLC

（9）创建新连接，如图 8–37 所示。

图 8-37 创建新连接

（10）设置网络连接（此步骤主要设置伙伴 PLC 的 IP 地址），如图 8–38 所示。

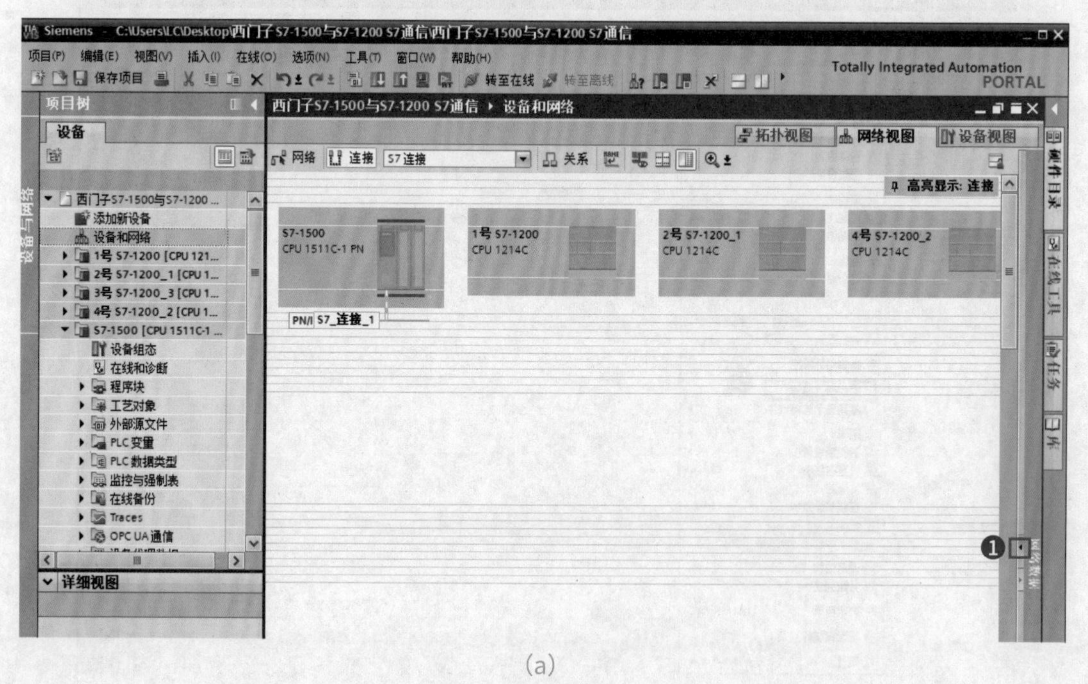

(a)

图 8-38 设置网络连接（1）

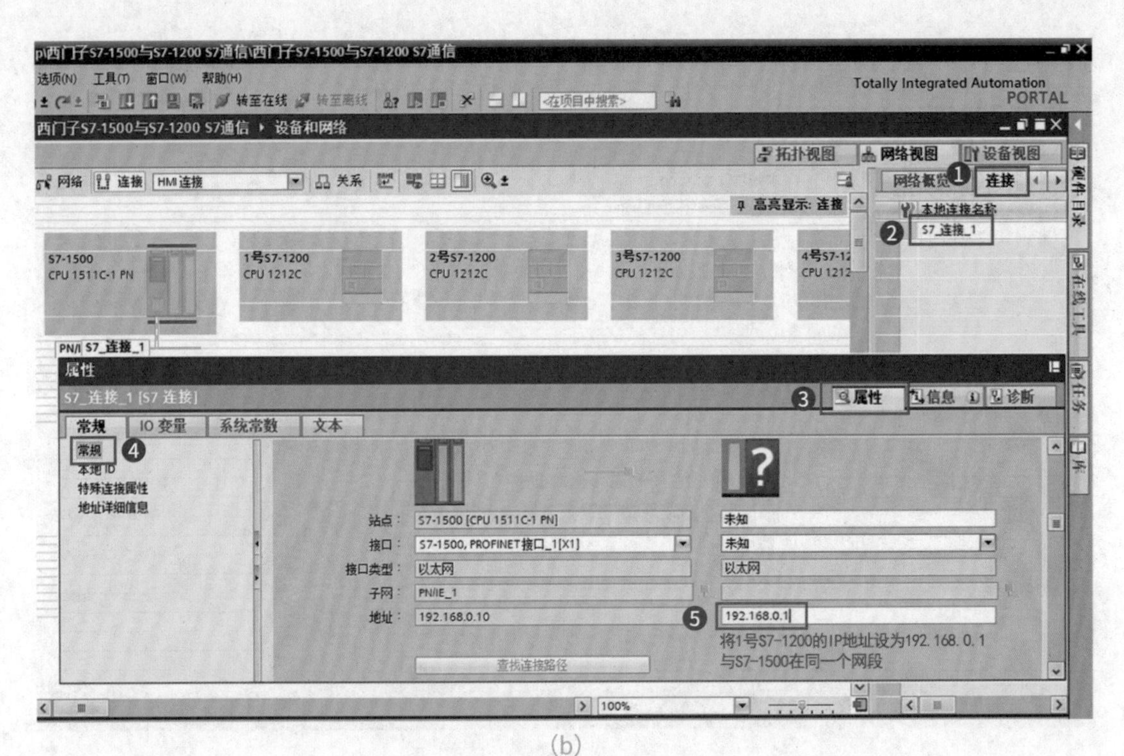

(b)

续图 8-38

（11）添加 2 号 S7-1200 PLC，步骤如图 8-39 所示。

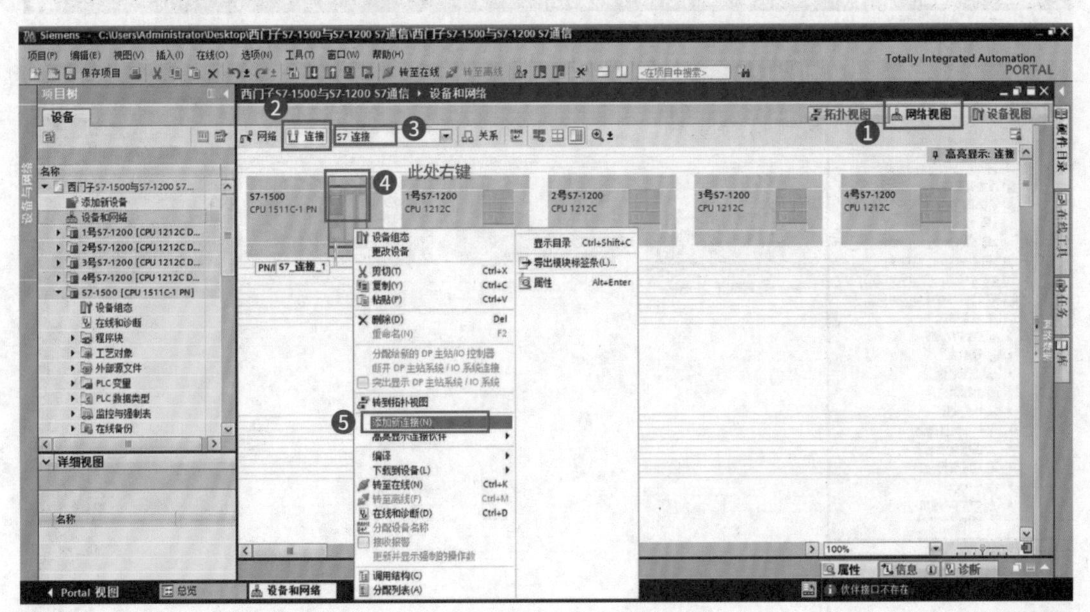

图 8-39　添加 2 号 S7-1200 PLC

（12）创建新连接，如图 8-40 所示。

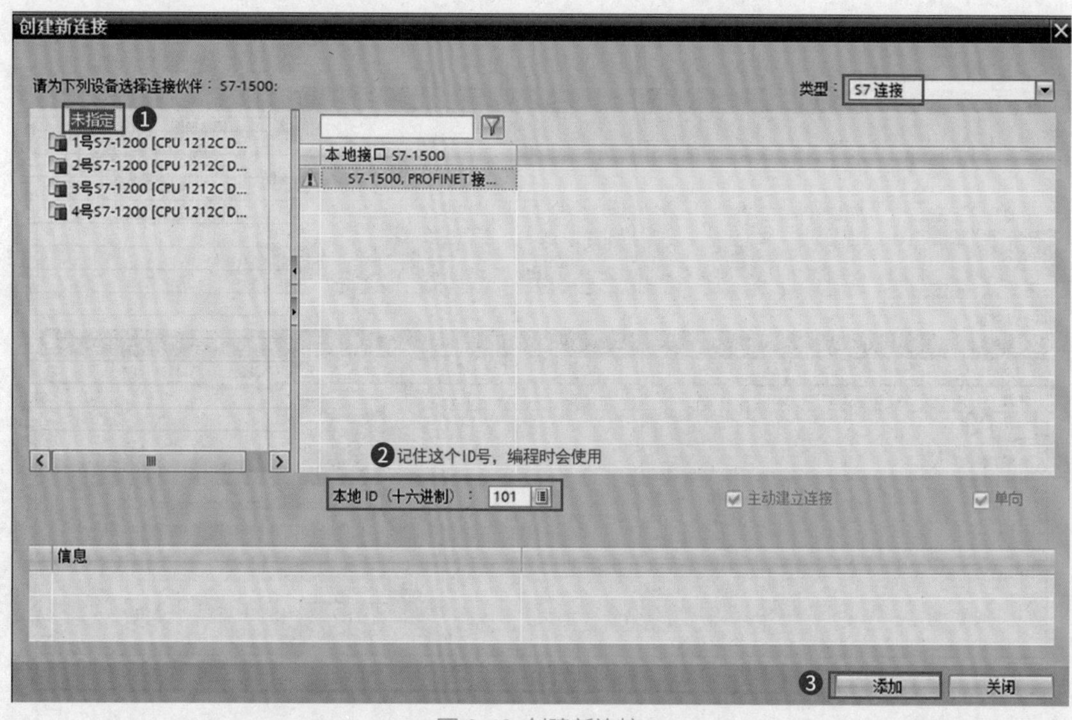

图 8-40 创建新连接

（13）设置网络连接（此步骤主要设置伙伴 PLC 的 IP 地址），如图 8-41 所示。

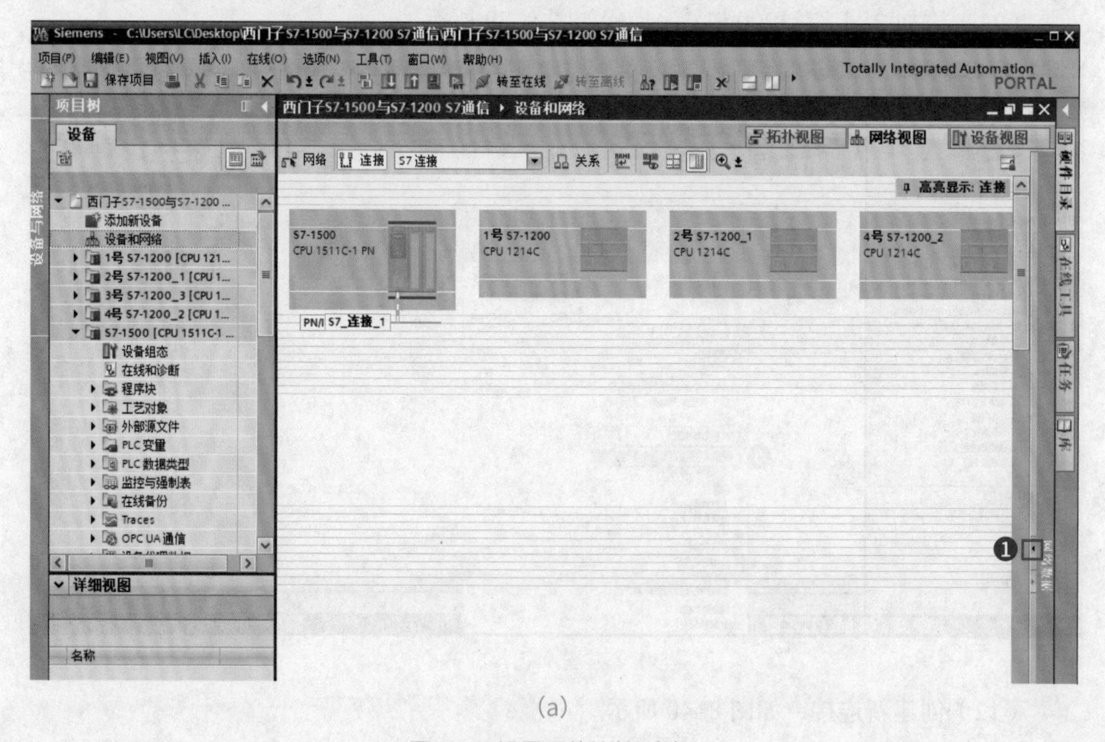

(a)

图 8-41 设置网络连接（2）

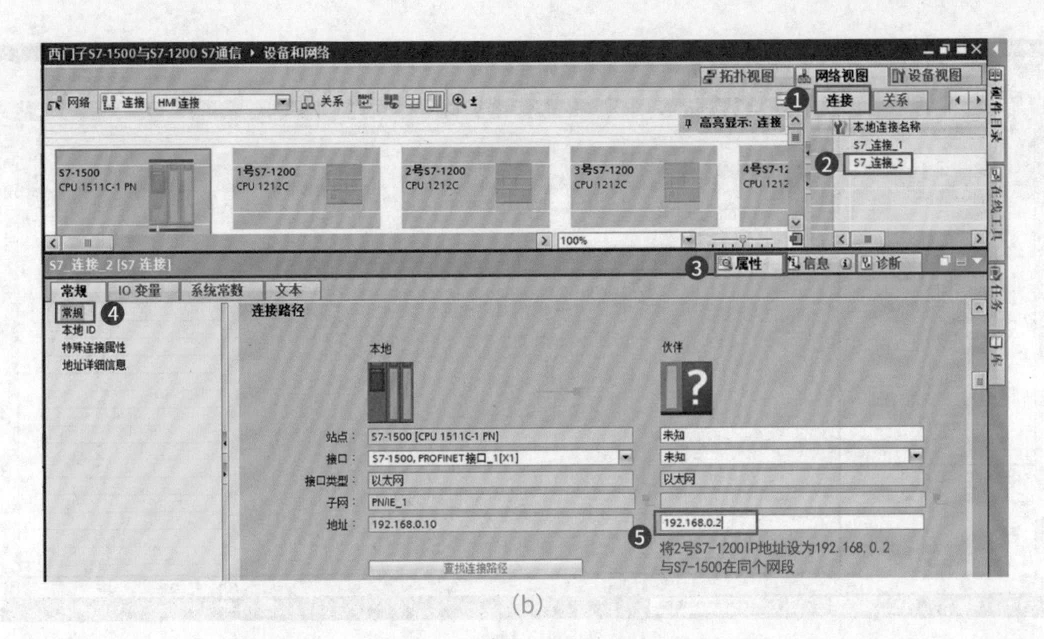

(b)

续图 8-41

（14）3 号 S7–1200 PLC 与 4 号 S7–1200 PLC 的添加请参考 1 号 S7–1200 PLC 与 2 号 S7–1200 PLC 的添加方法。将 3 号 S7–1200 PLC 的 IP 地址设为 192.168.0.3，将 4 号 S7–1200 PLC 的 IP 地址设为 192.168.0.4。

（15）定义通信数据。创建 S7–1500 端接收数据，建立数据块，如图 8–42 所示。

(a)

图 8-42 创建 S7-1500 端接收数据，建立数据块

S7-1500端接收数据
Static
来自1号1200的温度 Real 0.0
来自2号1200的温度 Real 0.0
来自3号1200的温度 Real 0.0
来自4号1200的温度 Real 0.0
❷ 建立4个实数来接收4台S7-1200 PLC的温度
❶ S7-1500端接收数据...

(b)

打开
剪切(T) Ctrl+X
复制(Y) Ctrl+C
粘贴(P) Ctrl+V
复制为文本格式 (X)
删除(D) Del
重命名(N) F2
编译
下载到设备(L)
转至在线(N) Ctrl+K
转至离线(F) Ctrl+M
实际值的快照
将快照加载为实际值
将起始值加载为实际值
将快照值复制到起始值中
快速比较
在项目中搜索(J) Ctrl+F
从块生成源(G)
交叉引用 F11
交叉引用信息 Shift+F11
调用结构(C)
分配列表(A)
切换编程语言
专有技术保护(W)
打印(P)... Ctrl+P
打印预览(V)...
属性... Alt+Enter
❷
软件（仅更改）
❶ S7-1500端接收数据...

(c)

续图 8-42

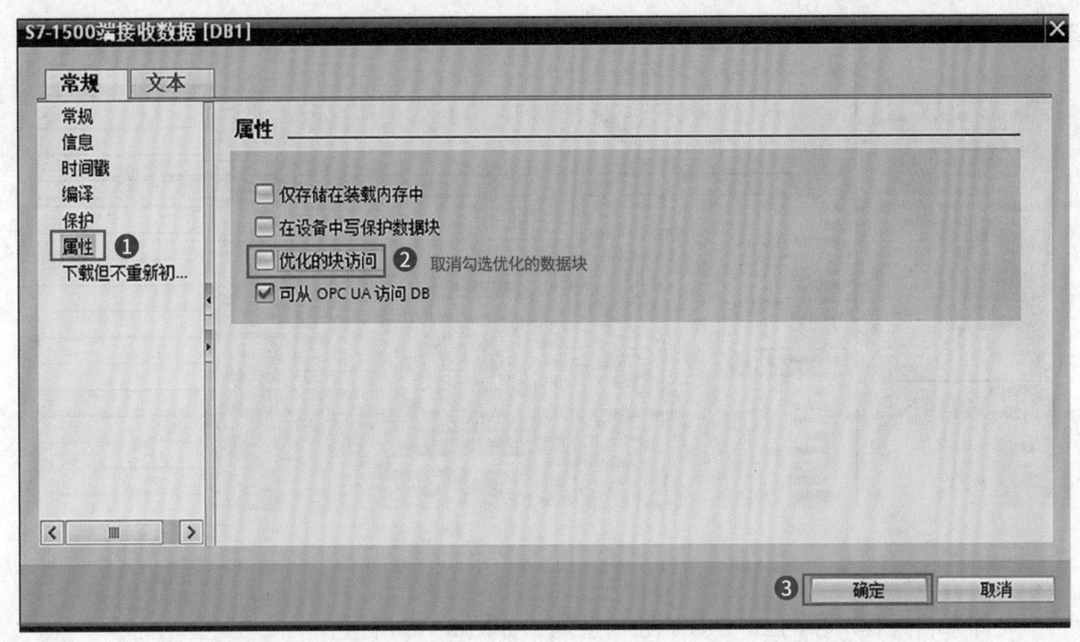

(d)

续图 8-42

设置 1 号 S7-1200 PLC 的 IP 地址。步骤如图 8-43 所示（此处 IP 地址为 192.168.0.1）。

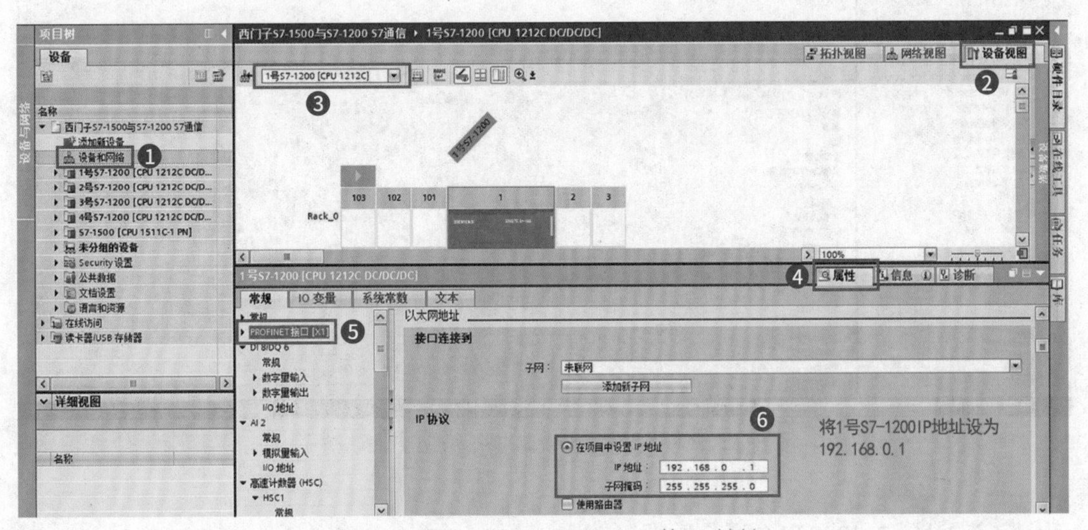

图 8-43 设置 1 号 S7-1200 PLC 的 IP 地址

设置系统和时钟存储器，如图 8-44 所示。

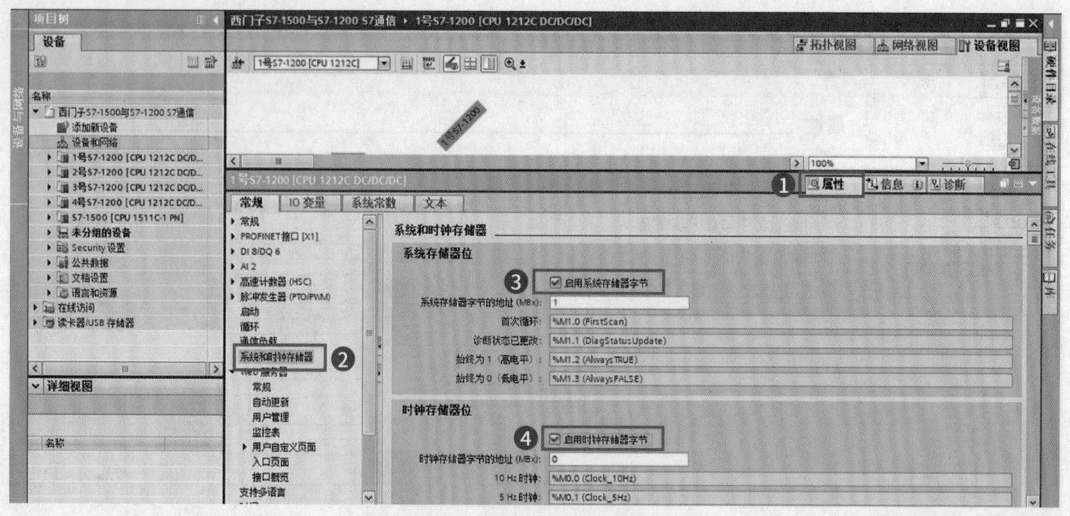

图 8-44 设置系统和时钟存储器

允许来自远程对象的 PUT/GET 通信访问，如图 8-45 所示。

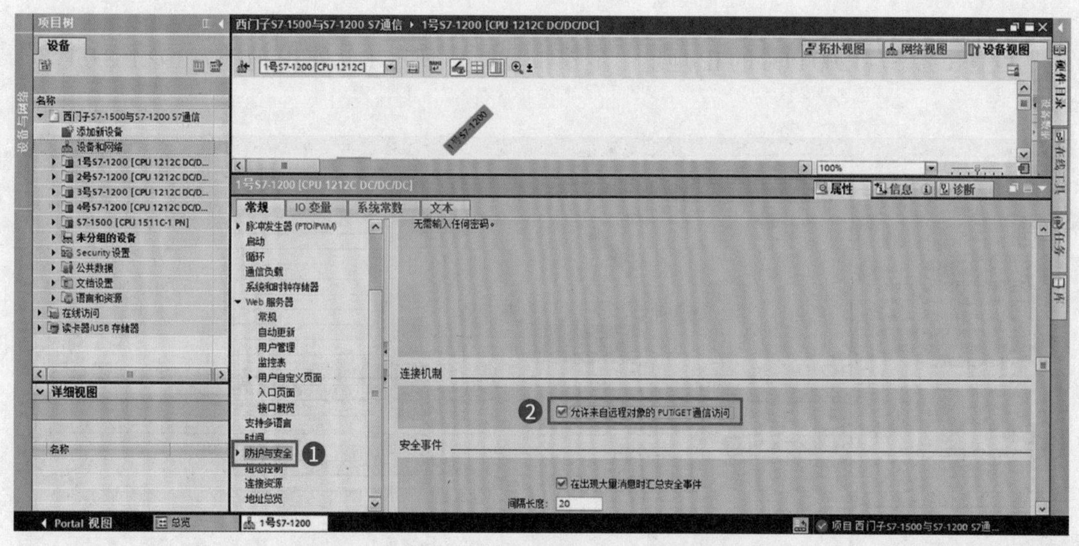

图 8-45 允许来自远程对象的 PUT/GET 通信访问

定义 1 号 S7–1200 PLC 通信数据。

创建 S7–1200 端数据，建立数据块，如图 8–46 所示。

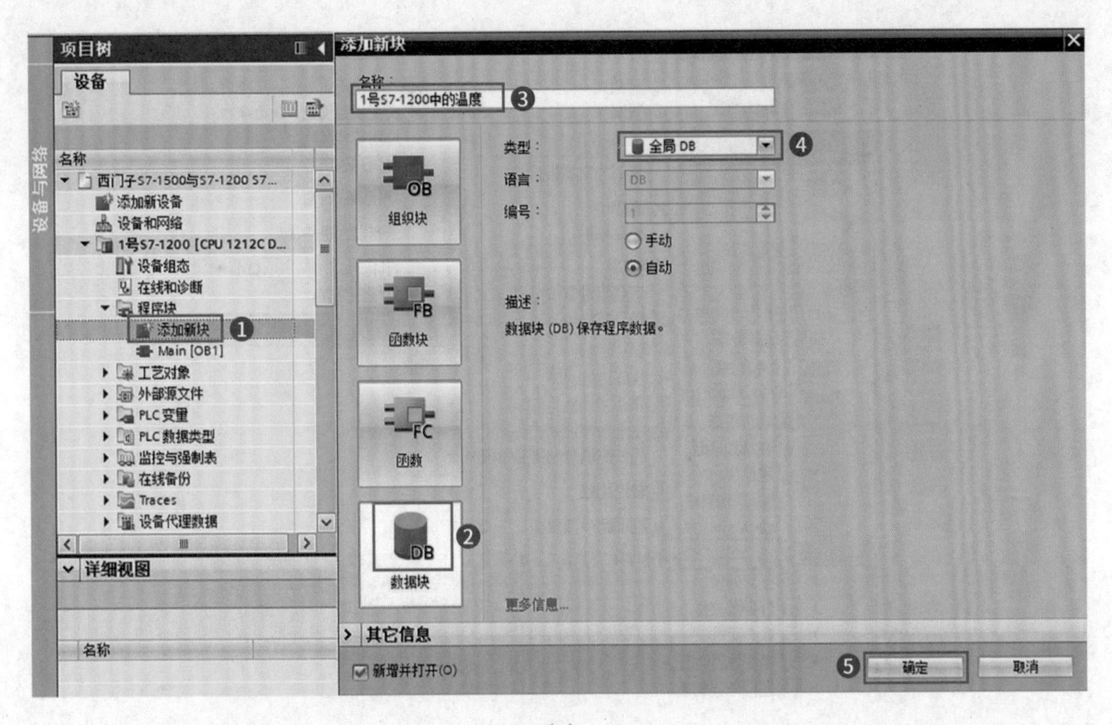

(a)

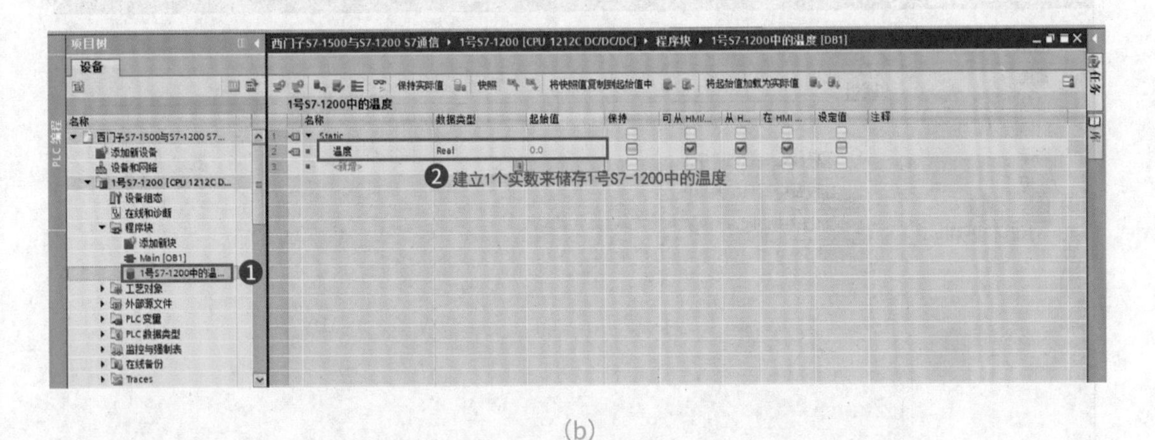

(b)

图 8-46 创建 S7-1200 端数据，建立数据块

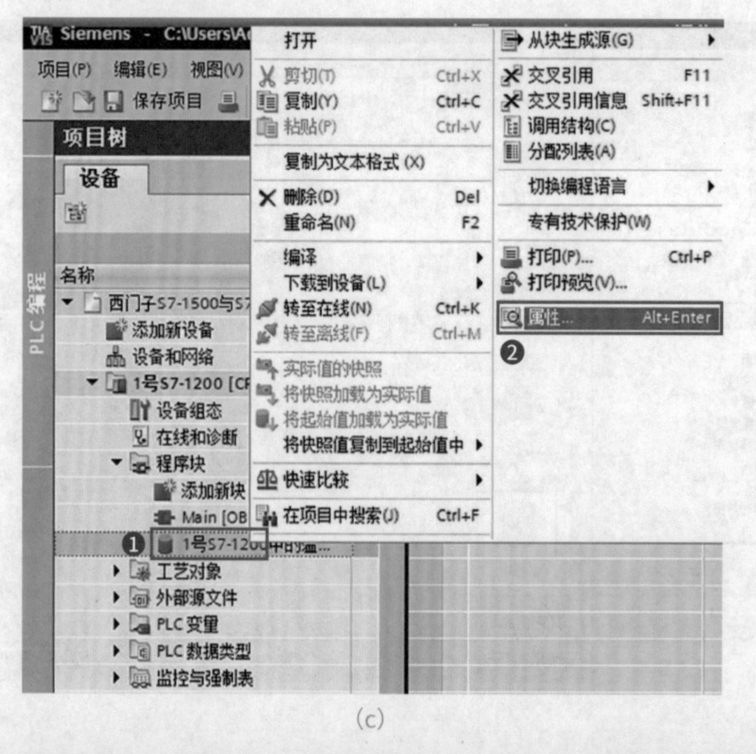

(c)

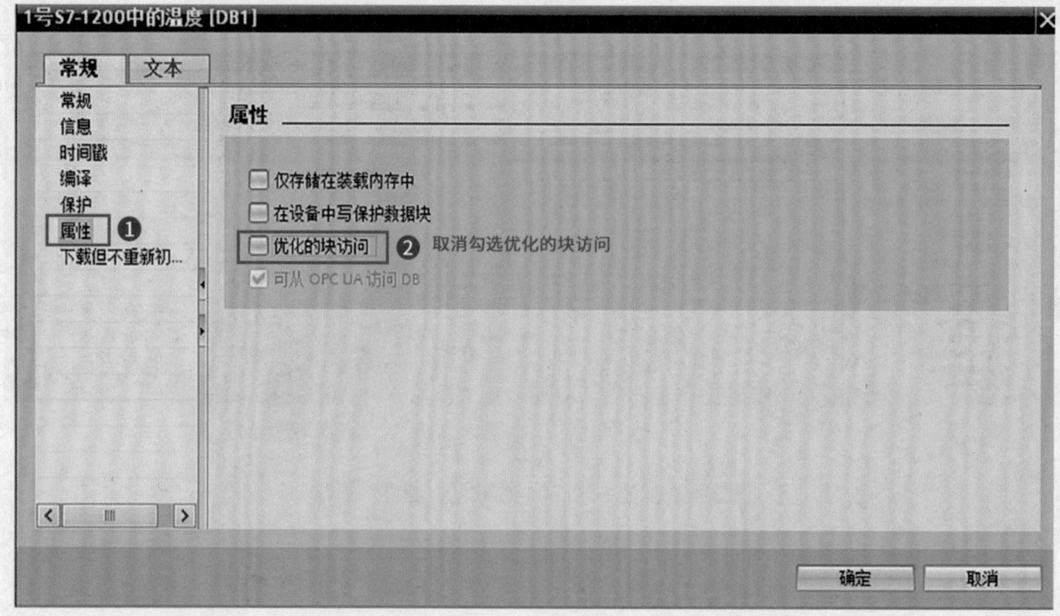

(d)

续图 8-46

2 号、3 号、4 号 S7-1200 PLC 的设置参考 1 号 S7-1200 PLC 的设置。将 2 号 S7-1200 PLC 的 IP 地址改为 192.168.0.2；将 3 号 S7-1200 PLC 的 IP 地址改为 192.168.0.3；将 4 号 S7-1200 PLC 的 IP 地址改为 192.168.0.4。

西门子 S7-1500 PLC 程序设计如图 8-47 所示。

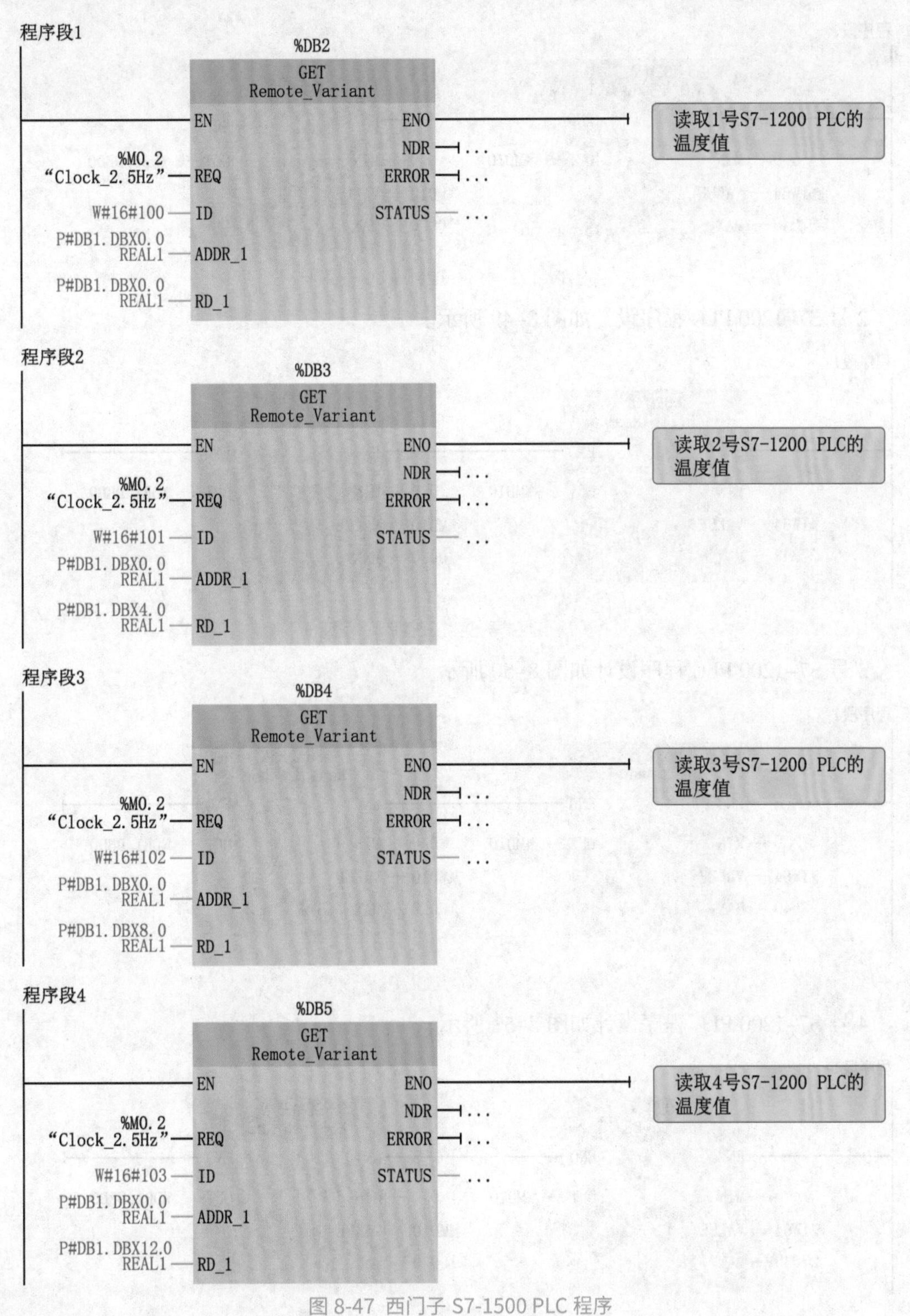

图 8-47 西门子 S7-1500 PLC 程序

1 号 S7-1200 PLC 程序设计如图 8-48 所示。

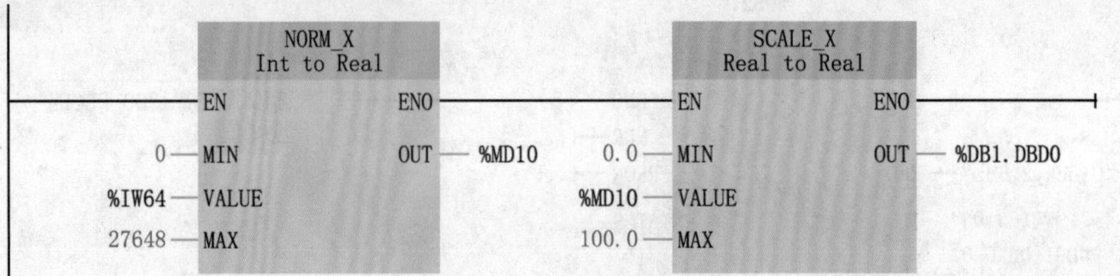

图 8-48 1 号 S7-1200 PLC 程序

2 号 S7-1200 PLC 程序设计如图 8-49 所示。

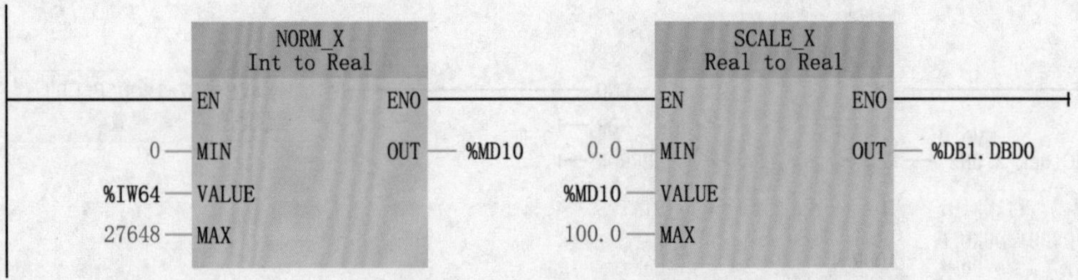

图 8-49 2 号 S7-1200 PLC 程序

3 号 S7-1200 PLC 程序设计如图 8-50 所示。

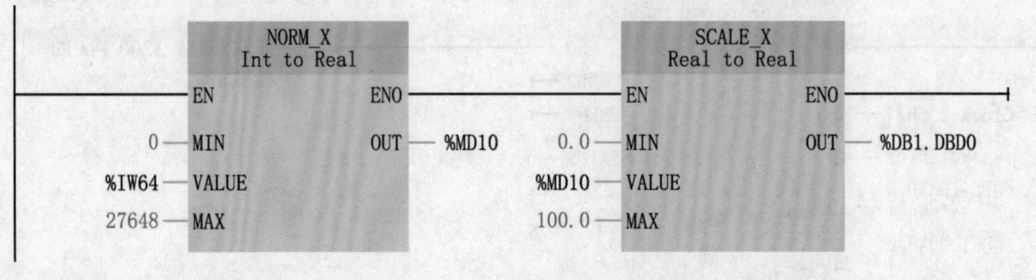

图 8-50 3 号 S7-1200 PLC 程序

4 号 S7-1200 PLC 程序设计如图 8-51 所示。

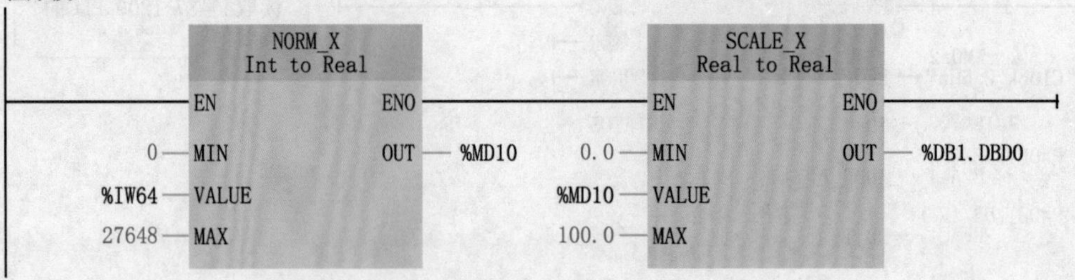

图 8-51 4 号 S7-1200 PLC 程序

8.3 西门子 S7-1200 PLC 与西门子 MM440 的 USS 通信

通用串行接口协议（universal serial interface protocol，USS 协议）是西门子公司传动产品的通用通信协议，它是一种基于串行总线进行数据通信的协议。西门子 MM420/430/440 变频器支持基于 RS-485 和 RS-232 的 USS 通信。RS-485 接口为 MM4 系列变频器标配接口，RS-232 接口通过 PC 连接组件扩展。由于 RS-485 有着良好的抗干扰能力和传输距离远以及支持多点通信等特点，实际应用中使用基于 RS-485 的 USS 通信居多，通常 RS-232 接口只用来调试变频器。

8.3.1 USS 协议简介

USS 协议是主 - 从结构的协议，规定了在 USS 总线上可以有 1 个主站和最多 31 个从站；总线上的每个从站都有一个站地址（在从站参数中设定），主站依靠它识别每个从站；每个从站也只对主站发来的报文做出响应并回送报文，从站之间不能直接进行数据通信。另外，还有一种广播通信方式，主站可以同时给所有从站发送报文，从站在接收到报文并作出相应的响应后，可不回送报文。

1 使用 USS 协议的优点

①对硬件设备要求低，减少了设备之间的布线。

②无须重新连线就可以改变控制功能。

③可通过串行接口设置或改变传动装置的参数。

④可实时监控传动系统。

2 USS 通信硬件连接注意要点

①条件许可的情况下，USS 主站应尽量选用直流型的 CPU（针对 S7-1200 系列）。

②一般情况下，USS 通信电缆采用双绞线即可，如果干扰比较大，可采用屏蔽双绞线。

③在采用屏蔽双绞线作为通信电缆时，把具有不同电位参考点的设备互连，在互连电缆中会产生不应有的电流，从而造成通信口的损坏。所以要确保通信电缆连接的所有设备共用一个公共电路参考点，或这些设备是相互隔离的，以防止产生不应有的电流。屏蔽

线必须连接到机箱接地点或 9 针连接插头的插针 1。建议将传动装置上的 0V 端子连接到机箱接地点。

④尽量采用较高的波特率，通信速率只与通信距离有关，与干扰没有直接关系。

⑤终端电阻的作用是用来防止信号反射的，并不是用来抗干扰的。如果在通信距离很近、波特率较低或点对点的通信的情况下，可不用终端电阻。多点通信的情况下，一般也只需在 USS 主站上加终端电阻就可以取得较好的通信效果。

当使用交流型的 CPU 和单相变频器进行 USS 通信时，CPU 和变频器的电源必须接成同相位。

不要带电插拔 USS 通信电缆，尤其是正在通信过程中，这样极易损坏传动装置和 PLC 的通信端口。如果使用大功率传动装置，即使传动装置掉电后，也要等几分钟，让电容放电后，再去插拔通信电缆。

8.3.2 USS 指令介绍

1 USS 通信库指令

USS 通信库指令如图 8-52 所示。

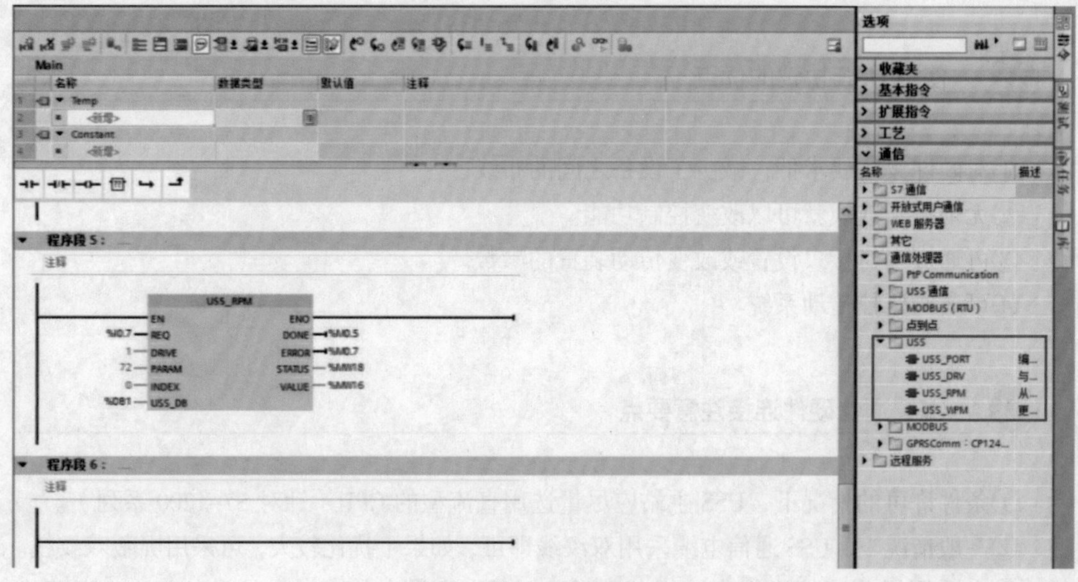

图 8-52 USS 通信库指令

2 USS_PORT 指令

USS_PORT 指令如表 8–2 所示。

表 8-2 USS_PORT 参数表

LAD	输入 / 输出	说明	数据类型
USS_PORT EN ENO PORT ERROR BAUD STATUS USS_DB	EN	使能	Bool
	PORT	通过哪个通信模块进行 USS 通信	Port
	BAUD	通信波特率	DInt
	USS_DB	和变频器通信时的 USS 数据块	USS_Base
	ERROR	输出是否错误：0 – 无错误， 1– 有错误	Bool
	STATUS	扫描或初始化的状态	Word

USS_PORT 指令详细介绍如下。

EN：初始化程序。USS_PORT 只需在程序中执行一个周期就能改变通信口的功能，以及进行其他一些必要的初始设置，因此要使用 OB35 循环中断组织块调用 USS_PORT 指令。

PORT：是通信端口的硬件标识符，输入该参数时两次单击地址域的 <???>，再单击出现的按钮，选中列表中的“Local ~ CM_1241_（RS422_485）_1”，其值为 270。

BAUD：USS 通信波特率。此参数要和变频器的参数设置一致。

USS_DB：实参是函数块 USS_DRV 的背景数据块中的静态变量。

ERROR：当状态为 1 时表示检测到错误，ERROR 在参数 STATUS 中是故障的代码。

3 USS_DRV 指令

驱动装置控制功能块 USS_DRV 如表 8-3 所示。

表 8-3 USS_DRV 指令格式

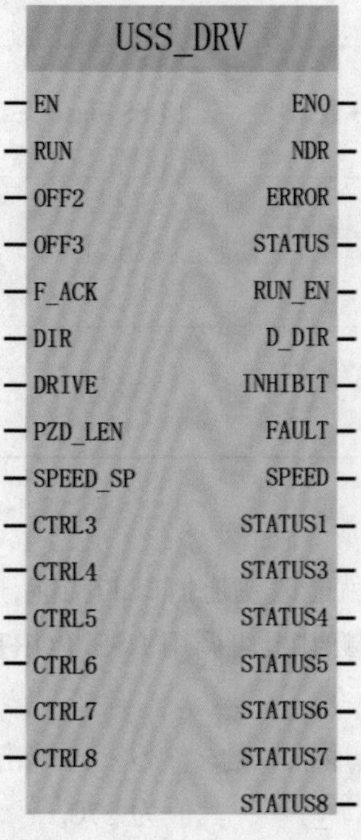

子程序	输入 / 输出	说明	数据类型
USS_DRV EN ENO RUN NDR OFF2 ERROR OFF3 STATUS F_ACK RUN_EN DIR D_DIR DRIVE INHIBIT PZD_LEN FAULT SPEED_SP SPEED CTRL3 STATUS1 CTRL4 STATUS3 CTRL5 STATUS4 CTRL6 STATUS5 CTRL7 STATUS6 CTRL8 STATUS7 STATUS8	EN	使能	Bool
	RUN	驱动器起始位：该输入为真时，将使驱动器以预设速度运行	Bool
	OFF2	自由停车	Bool
	OFF3	快速停车	Bool
	F_ACK	变频器故障确认	Bool
	DIR	变频器控制电机的转向	Bool
	DRIVE	变频器的 USS 站地址	USInt
	PZD_LEN	PZD 字长	USInt
	SPEED_SP	变频器的速度设定值，用百分比表示	Real
	CTRL3~8	控制字 3~8：写入驱动器上用户可组态参数的值，必须在驱动器上组态该参数	Word
	NDR	新数据到达	Bool
	ERROR	出现故障	Bool
	STATUS	扫描或初始化的状态	Word
	RUN_EN	运行状态，运行 =1，停止 =0	Bool
	D_DIR	电机运转方向反馈，状态 1 表示反向，状态 0 表示正向	Bool
	INHIBIT	变频器禁止位标志	Bool
	FAULT	变频器故障	Bool
	SPEED	变频器当前速度，用百分比表示	Real
	STATUS1~8	驱动器状态字 1~8：该值包含驱动器的固定状态位	Word

变频器参数读取功能块详细介绍如下。

EN：要使能 USS_DRV 指令输入端必须为 1。

RUN：驱动装置的启动 / 停止控制，如表 8–4 所示。

表 8-4 驱动装置的启动 / 停止控制

状态	模式
0	停止
1	运行

OFF2：停车信号 2。此信号为 0 时，驱动装置将自由停车。

OFF3：停车信号 3。此信号为 0 时，驱动装置将封锁主回路输出，电动机快速停车。

F_ACK：故障复位。在驱动装置发生故障后，将通过状态字向 USS 主站报告；如果造成故障的原因排除，可以使用此输入端清除驱动装置的报警状态，即复位。注意这是针对驱动装置的操作。

DIR：电动机运转方向控制。其 0/1 状态决定了运行方向。

DRIVE：驱动装置在 USS 网络中的站号。从站必须先在初始化时激活才能进行控制。

PZD_LEN：PLC 与变频器通信的过程数据 PZD 的字数，采用默认值 2。

SPEED_SP：速度设定值。速度设定值必须是一个实数，给出的数值是变频器的频率范围百分比还是绝对的频率值取决于变频器中的参数设置（如 MM440 的 P2009）。

CTRL3~CTRL8：用户定义的控制字。

NDR：错误代码。0 为无差错。

ERROR：为状态 1 时表示发生错误，参数 STATUS 有效，其他输出在出错时均为零。使用 USS_PORT 指令的参数 ERROR 和 STATUS 报告通信错误。

STATUS：指令执行的错误代码。

RUN_EN：运行模式反馈，表示驱动装置是运行（为 1）还是停止（为 0）。

D_DIR：指示驱动装置的运转方向，反馈信号。

INHIBIT：驱动装置禁止状态指示（0 为未禁止状态，1 为禁止状态）。禁止状态下驱动装置无法运行。要清除禁止状态，故障位必须复位，并且 RUN 为 0，OFF2 和 OFF3 为 1。

FAULT：故障指示位（0 为无故障，1 为有故障）。驱动装置处于故障状态，驱动装置上会显示故障代码（如果有显示装置）。要复位故障报警状态，必须先消除引起故障的原因，然后用 F_ACK 或者驱动装置的端子或操作面板复位故障状态。

SPEED：实数 SPEED 是以组态的基准频率的百分数表示的变频器输出频率的实际值。

4 变频器参数读取功能块

USS_RPM 指令介绍如表 8-5 所示。

表 8-5 USS_RPM 指令介绍

LAD	输入 / 输出	说明	数据类型
USS_RPM EN　　ENO REQ　　DONE DRIVE　　ERROR PARAM　　STATUS INDEX　　VALUE USS_DB	EN	使能	Bool
	REQ	读取请求	Bool
	DRIVE	变频器的 USS 站地址	USInt
	PARAM	读取参数号（0 ~ 2047）	UInt
	INDEX	参数索引（0 ~ 255）	UInt
	USS_DB	和变频器通信时的 USS 数据块	USS_Base
	DONE	1 表示已经读入	Bool
	ERROR	出现故障	Bool
	STATUS	扫描或初始化的状态	Word
	VALUE	读到的参数值	Variant

变频器参数读取功能块详细介绍如下。

EN：要使能读写指令，此输入端必须为 1。

REQ：发送请求。必须使用一个边沿检测触点以触发读操作，它前面的触发条件必须与 EN 端输入一致。

DRIVE：读写参数的驱动装置在 USS 网络中的地址。

PARAM：参数号（仅数字）。

INDEX：参数下标。有些参数由多个带下标的参数组成一个参数组，下标用来指出具体的某个参数。对于没有下标的参数，可设置为 0。

USS_DB：实参是函数块 USS_DRV 的背景数据块中的静态变量。

DONE：读写功能完成标志位，读写完成后置 1。

ERROR：为状态 1 时表示检测到错误，并且参数 STATUS 提供的错误代码有效。

STATUS：指令执行的错误代码。

VALUE：读出的数据值。要指定一个单独的数据存储单元。

注：EN 和 REQ 的触发条件必须同时有效，EN 必须持续到读写功能完成（即 DONE 为 1），否则会出错。

变频器参数写入功能块

USS_WPM 指令介绍如表 8–6 所示。

表 8-6 USS_WPM 指令介绍

LAD	输入 / 输出	说明	数据类型
USS_WPM EN　ENO REQ　DONE DRIVE　ERROR PARAM　STATUS INDEX EEPROM VALUE USS_DB	EN	使能	Bool
	REQ	发送请求	Bool
	DRIVE	变频器的 USS 站地址	USInt
	PARAM	写入参数编号（0~2047）	UInt
	INDEX	参数索引（0~255）	UInt
	EEPROM	是否写入 EEPROM：1– 写入，0– 不写入	Bool
	VALUE	要写入的参数值	Variant
	USS_DB	和变频器通信时的 USS 数据块	USS_Base
	DONE	1 表示已经写入	Bool
	ERROR	出现故障	Bool
	STATUS	扫描或初始化的状态	Word

变频器参数写入功能块详细介绍如下。

EN：要使能读写指令，此输入端必须为 1。

REQ：发送请求。必须使用一个边沿检测触点以触发写操作，它前面的触发条件必须与 EN 端输入一致。

DRIVE：读写参数的驱动装置在 USS 网络中的地址。

PARAM：参数号（仅数字）。

INDEX：参数下标。有些参数由多个带下标的参数组成一个参数组，下标用来指出具体的某个参数。对于没有下标的参数，可设置为 0。

EEPROM：将参数写入 EEPROM 中，由于 EEPROM 的写入次数有限，若始终接通 EEPROM 很快就会损坏，通常该位用常数 1 让引脚一直接通。

VALUE：读写的数据值。要指定一个单独的数据存储单元。

USS_DB：实参是函数块 USS_DRV 的背景数据块中的静态变量。

DONE：读写功能完成标志位，读写完成后置 1。

ERROR：为状态 1 时表示检测到错误，并且参数 STATUS 提供的错误代码有效。

STATUS：指令执行的错误代码。

注：EN 和 REQ 的触发条件必须同时有效，EN 必须持续到读写功能完成（即 DONE 为 1），否则会出错。

8.3.3 西门子 S7-1200 PLC 与西门子 MM440 变频器通信案例

1 西门子 MM440 做 USS 通信基本参数设置

设置电动机参数：电动机参数设置如表 8-7 所示。电动机参数设置完成后，设置 P0010 为 0，变频器当前处于准备状态，可正常运行。

表 8-7 电动机参数设置

参数号	出厂值	设置值	说明
P0003	1	1	设用户访问级为标准级
P0010	0	1	快速调试
P0100	0	0	工作地区：功率以 kW 表示，频率为 50Hz
P0304	230	220	电动机额定电压（V）
P0305	3.25	1.93	电动机额定电流（A）
P0307	0.75	0.37	电动机额定功率（kW）
P0310	50	50	电动机额定频率（Hz）
P0311	0	1400	电动机额定转速（r/min）

设置变频器的通信参数、控制方式，如表 8-8 所示。

表 8-8 变频器参数设置

参数号	出厂值	设置值	说明
P00	00	03	主频率输入来源 0：由数字操作器输入 1：由外部端子 AVI 输入仿真信号 DC 0~10V 控制 2：由外部端子 ACI 输入仿真信号 DC 4~20mA 控制 3：由 RS-485 输入 4：由数字操作器上的旋钮控制
P01	00	03	运转信号来源 0：由数字操作器输入 1：由外部端子操作键盘上的 STOP 键有效 2：由外部端子操作键盘上的 STOP 键无效 3：由 RS-485 通信界面操作键盘上的 STOP 键有效 4：由 RS-485 通信界面操作键盘上的 STOP 键无效
P10	10	5	点动斜坡上升时间（s）
P11	10	5	点动斜坡下降时间（s）
P88	01	01	RS-485 通信地址 01~254

续表

参数号	出厂值	设置值	说明
P89	01	01	数据传输速度 00：数据传输速度，4800 bps 01：数据传输速度，9600 bps 02：数据传输速度，19200 bps 03：数据传输速度，38400 bps
P92	04	04	通信数据格式 00：Modbus ASCII 模式，数据格式 <7，N，2> 01：Modbus ASCII 模式，数据格式 <7，E，1> 02：Modbus ASCII 模式，数据格式 <7，O，1> 03：Modbus RTU 模式，数据格式 <8，N，2> 04：Modbus RTU 模式，数据格式 <8，E，1> 05：Modbus RTU 模式，数据格式 <8，O，1> N：无校验 O：奇校验 E：偶校验

2 西门子 S7-1200 PLC 与西门子 MM440 变频器 USS 通信实物接线

西门子 MM440 变频器通信端子如图 8–53 所示。

图 8-53 MM440 通信端子示意图

与 USS 通信有关的 MM440 前面板上的通信端子如表 8–9 所示。PROFIBUS 电缆的红色芯线应当压入端子 29；绿色芯线应当连接端子 30。

表 8-9 前面板端子

端子号	名称	功能
29	P+	RS–485 信号 +
30	N–	RS–485 信号 –

西门子 S7–1200 PLC 通信端子如表 8–10 所示。

表 8-10 西门子 S7-1200 PLC 通信端子

端子号	名称	功能
3	+	RS–485 信号 +
8	–	RS–485 信号 –

西门子 S7–1200 PLC 与西门子 MM440 变频器 USS 通信端子接线如图 8–54 所示。

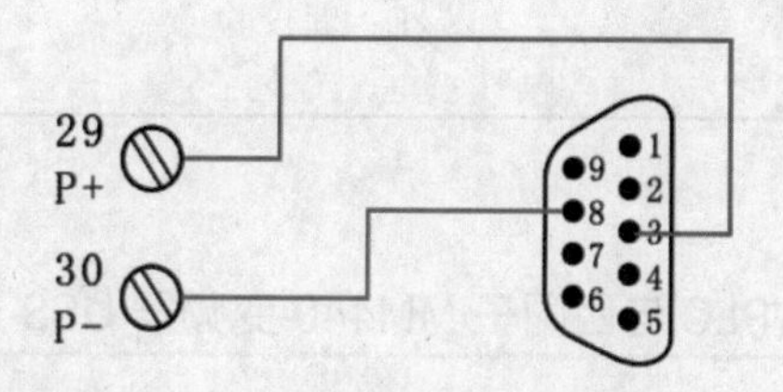

图 8-54 西门子 S7-1200 PLC 与 MM440 通信端子接线示意图

西门子 S7–1200 PLC 与西门子 MM440 变频器 USS 通信电路接线如图 8–55 所示。

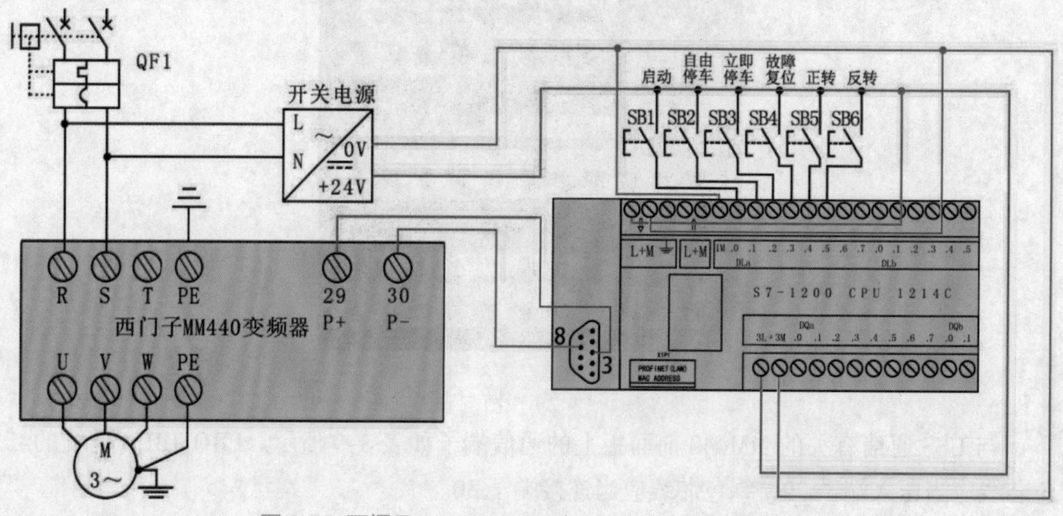

图 8-55 西门子 S7-1200 PLC 与 MM440 通信电路接线

西门子 S7-1200 PLC 与西门子 MM440 变频器 USS 通信电路实物接线如图 8-56 所示。

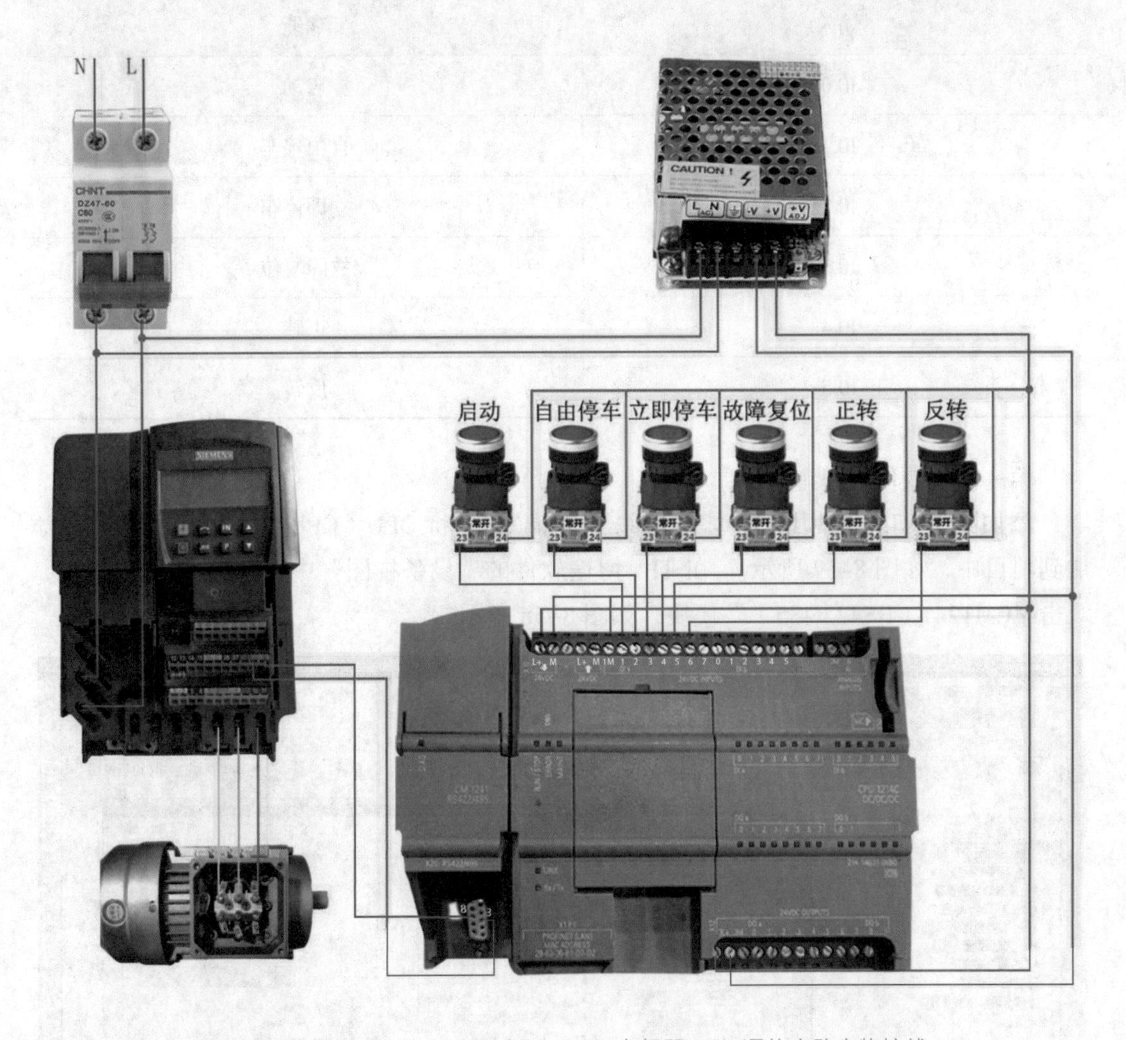

图 8-56 西门子 S7-1200 PLC 与 MM440 变频器 USS 通信电路实物接线

3 西门子 S7-1200 PLC 与 MM440 变频器 USS 通信的 PLC 案例

▶ 案例要求

PLC 通过 USS 通信控制 MM440 变频器。I0.0 变频器启动，I0.1 变频器自由停车，I0.2 变频器立即停车，I0.3 变频器故障复位，I0.4 变频器正转，I0.5 变频器反转。

PLC 程序 I/O 分配如表 8-11 所示。

表 8-11 PLC 程序 I/O 分配

输入	功能
I0.0	启动
I0.1	自由停车
I0.2	立即停车
I0.3	故障复位
I0.4	正转
I0.5	反转

第一步：硬件组态

添加 PLC 和模块使用 TIA 博途软件创建新项目，将 CPU（CPU1214C）作为新设备添加到项目中，如图 8–57 所示。在 TIA 博途软件的“设备视图”中，选择“101”号位，双击“CM1241（RS422/485）”模块，如图 8–58 所示。

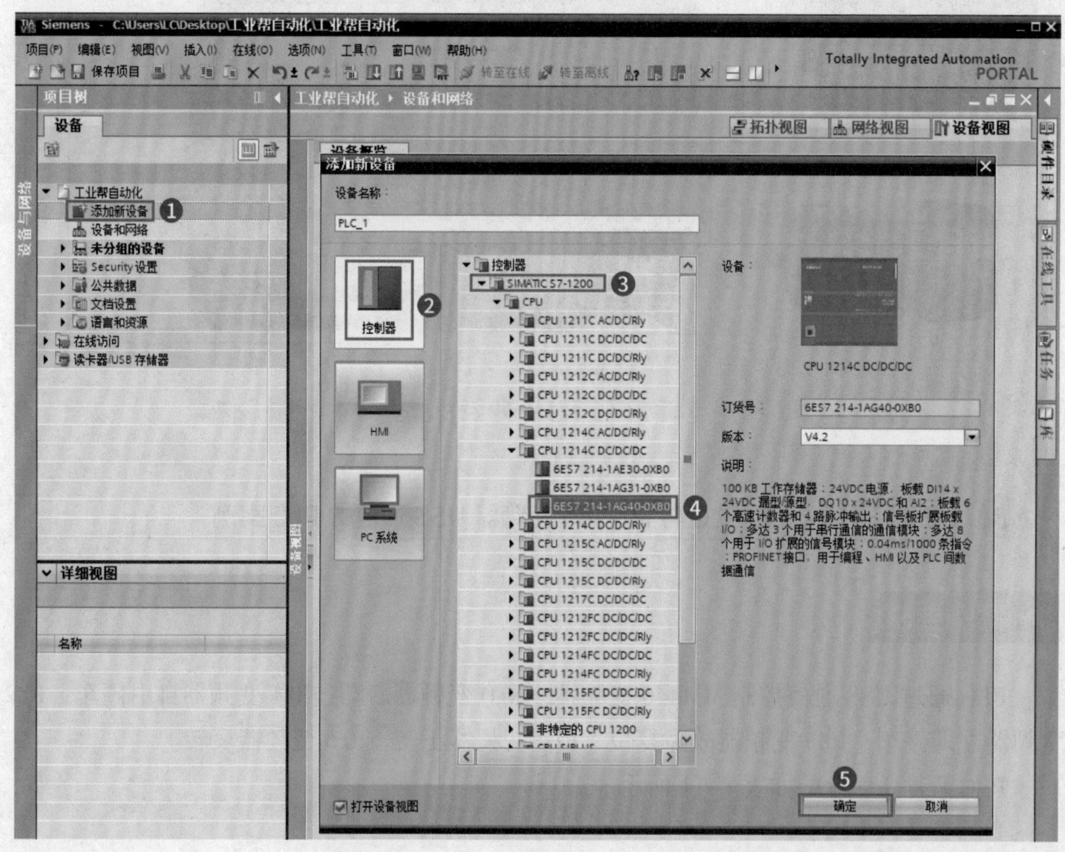

图 8-57 添加 PLC

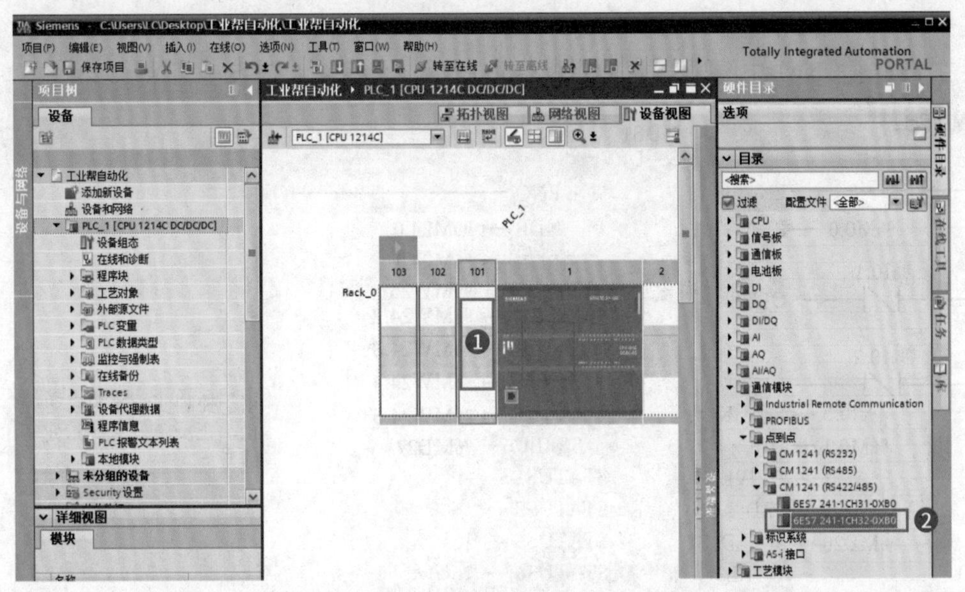

图 8-58 添加通信模块

双击通信模块中的“端口组态”参数，如图 8-59 所示。所有参数要与所连接的设备一致。

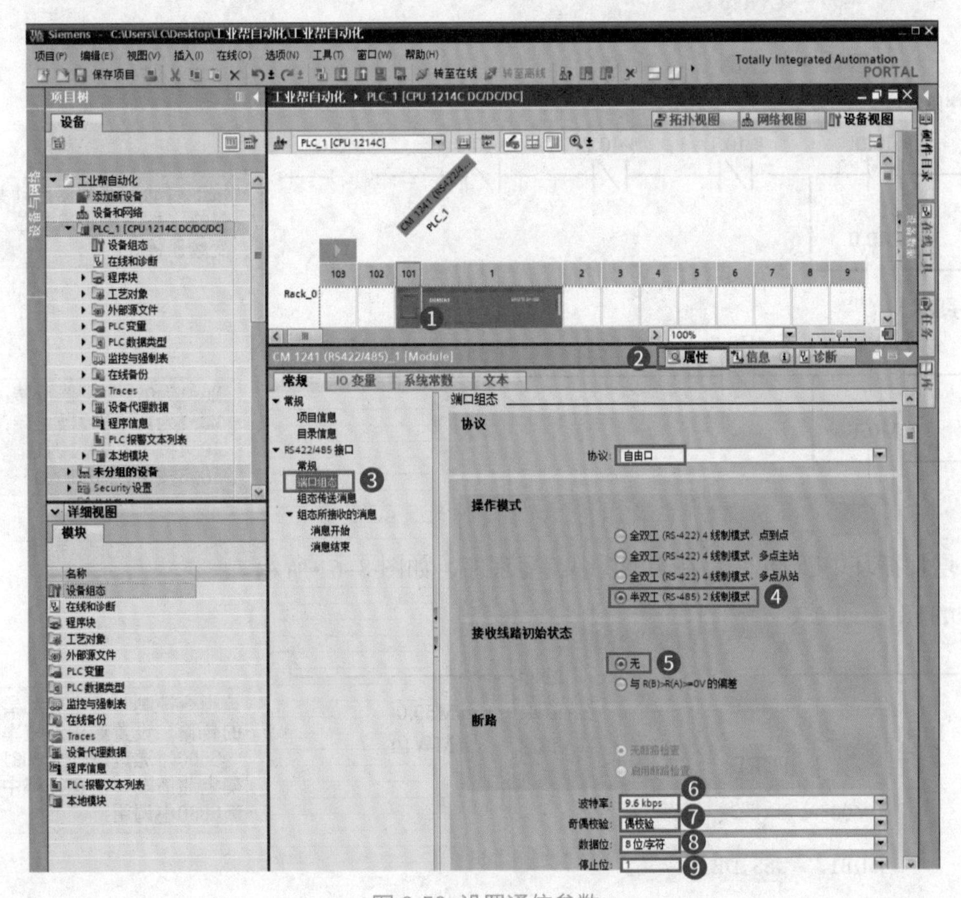

图 8-59 设置通信参数

第二步：编写程序

在 Main（OB1）中编写程序，如图 8-60 所示。

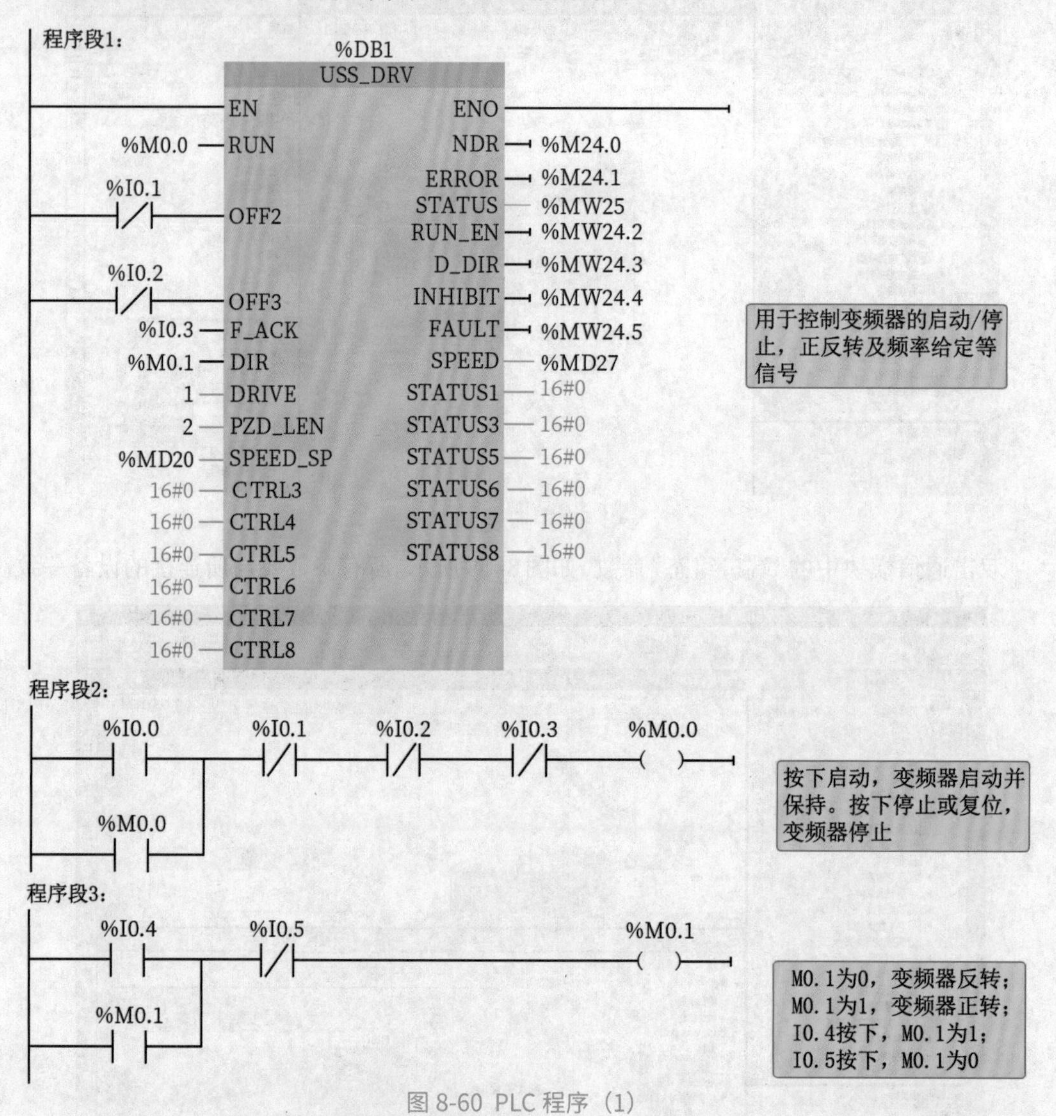

图 8-60 PLC 程序（1）

增加循环中断 OB30，在 OB30 中编写程序，如图 8-61 所示。

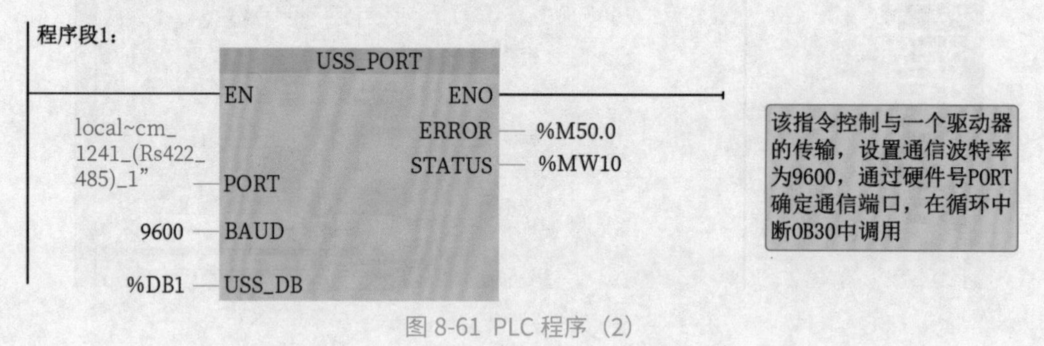

图 8-61 PLC 程序（2）

8.4 西门子 S7-1200 PLC 与台达变频器的 Modbus RTU 通信

8.4.1 Modbus RTU 定义

Modbus 通信协议是 Modicon 公司提出的一种报文传输协议，它广泛应用于工业控制领域，并已经成为一种通用的行业标准。不同厂商提供的控制设备可通过 Modbus 协议连成通信网络，从而实现集中控制。

根据传输网络类型的区别，Modbus 通信协议又分为串行链路 Modbus 协议和基于 TCP/IP 协议的 Modbus 协议。

串行链路 Modbus 协议只有一个主站，可以有 1~247 个从站。Modbus 通信只能从主站发起，从站在未收到主站的请求时，不能发送数据或互相通信。

串行链路 Modbus 协议的通信接口可使用 RS-485 接口，也可使用 RS-232C 接口。其中 RS-485 接口可用于远距离通信，RS-232C 接口只能用于短距离通信。

8.4.2 Modbus 地址

Modbus 地址通常是包含数据类型和偏移量的 5 个或 6 个字符值。第一个或前两个字符决定数据类型，最后的四个字符是符合数据类型的一个适当的值。Modbus 主设备指令能将地址映射至正确的功能，以便将指令发送到从站。

8.4.3 Modbus 主站地址

Modbus 主设备指令支持下列 Modbus 地址：

00001~09999 对应离散输出（线圈）；

10001~19999 对应离散输入（触点）；

30001~39999 对应输入寄存器（通常是模拟量输入）；

40001~49999 对应保持寄存器。

其中离散输出（线圈）和保持寄存器支持读取和写入请求，而离散输入（触点）和输入寄存器仅支持读取请求。地址参数的具体值应与 Modbus 从站支持的地址一致。

8.4.4 西门子 S7-1200 PLC 的 Modbus 通信地址定义

Modbus 地址与西门子 S7–1200 PLC 地址的对应关系如表 8–12 所示。

表 8-12 Modbus 地址与西门子 S7-1200 PLC 地址的对应关系

Modbus 地址	西门子 S7-1200 PLC 地址
000001	Q0.0
000002	Q0.1
000003	Q0.2
…	…
000127	Q15.6
000128	Q15.7
010001	I0.0
010002	I0.1
010003	I0.2
…	…
010127	I15.6
010128	I15.7
030001	IW0
030002	IW2
030003	IW4
…	…
030032	IW62
040001	HoldStart
040002	HoldStart+2
040003	HoldStart+4
…	…
04××××	HoldStart+$2^{(\times\times\times\times-1)}$

所有 Modbus 地址均以 1 为基位，表示第一个数据值从地址 1 开始。有效地址范围取决于从站。不同的从站将支持不同的数据类型和地址范围。

Modbus 指令库包括主站指令库和从站指令库，如图 8-62 所示。

图 8-62 Modbus 指令库

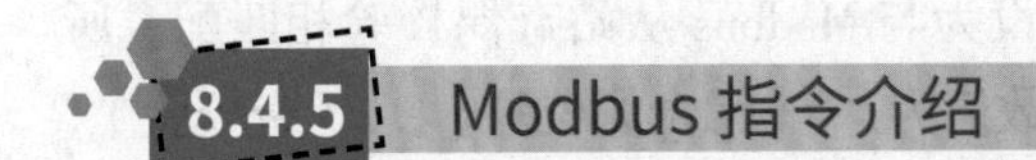

8.4.5 Modbus 指令介绍

在编程前先让我们认识一下要运用到的指令，西门子 Modbus 协议文件夹主要包括三条指令：MB_COMM_LOAD 指令、MB_MASTER 和 MB_SLAVE 指令。

必须在初始化组织块 OB100 中，对每个通信模块调用一次 MB_COMM_LOAD 指令，来组态它的通信接口。执行该指令之后，就可以调用 MB_MASTER 或 MB_SLAVE 指令来进行通信了。只有在需要修改参数时，才再次调用该指令。

1 MB_COMM_LOAD 指令

MB_COMM_LOAD 指令（见表 8-13）。

表 8-13 MB_COMM_LOAD 参数表

子程序	输入 / 输出	说明	数据类型
MB_COMM_LOAD EN ENO REQ DONE PORT ERROR BAUD STATUS PARITY MB_DB	EN	使能	Bool
	REQ	上升沿时信号启动操作	Bool
	PORT	硬件标识符	Port
	BAUD	波特率	UDInt
	PARITY	0 – 无奇偶校验；1– 奇校验；2– 偶校验	UInt
	MB_DB	对 MB_MASTER 或 MB_SLAVE 指令所使用的背景数据块的引用	MB_Base
	DONE	上一请求已完成且没有出错后，DONE 位将在一个扫描周期保持为 TRUE	Bool
	ERROR	是否出错：0 表示无错误，1 表示有错误	Bool
	STATUS	故障代码	Word

MB_COMM_LOAD 指令详细介绍如下。

EN：指令使能位。

REQ：上升沿时执行 MB_COMM_LOAD 指令。

PORT：通信端口的硬件标识符。输入该参数时两次单击地址域的 <???>，再单击出现的按钮，选中列表中的“Local~CM_1241_（RS422_485）_1”，其值为 269。

BAUD：波特率参数。可选 300~115200bit/s。

PARITY：奇偶校验参数。奇偶校验参数被设为与 Modbus 从站奇偶校验相匹配。所有设置使用一个起始位和一个停止位。可接受的数值为：0（无奇偶校验），1（奇校验），2（偶校验）。

MB_DB：MB_MASTER 或 MB_SLAVE 函数块的背景数据块中的静态变量。

DONE：MB_COMM_LOAD 指令成功完成时，DONE 输出为 1，否则为 0。

ERROR：当状态为 1 时表示检测到错误，ERROR 在参数 STATUS 中是故障的代码。

STATUS：端口组态错误代码。

2 MB_MASTER 指令

MB_MASTER 指令用于 Modbus 主站与指定的从站进行通信。主站可以访问一个或多个 Modbus 从站设备的数据。

MB_MASTER 指令不是用通信中断事件来控制通信过程，用户程序必须通过轮询 MB_MASTER 指令，来了解发送和接收的完成情况。Modbus 主站调用 MB_MASTER 指令向从站发送请求报文后，用户必须继续执行该指令，直到接收到从站返回的响应。

MB_MASTER 指令如表 8-14 所示。

表 8-14 MB_MASTER 参数表

子程序	输入 / 输出	说明	数据类型
MB_MASTER EN ENO REQ DONE MB_ADDR BUSY MODE ERROR DATA_ADDR STATUS DATA_LEN DATA_PTR	EN	使能	Bool
	REQ	上升沿时信号启动操作	Bool
	MB_ADDR	从站地址，有效值为 0 ~ 247	UInt
	MODE	模式选择：0- 读，1- 写	USInt
	DATA_ADDR	从站中的起始地址	UDInt
	DATA_LEN	数据长度	UInt
	DATA_PTR	数据指针：指向要写入或读取的数据的 M 或者 DB 地址	Variant
	DONE	上一请求已完成且没有出错后，DONE 位将保持为 TRUE 一个扫描周期时间	Bool
	BUSY	无 MB_MASTER 操作正在进行 MM_MASTER 操作正在进行	Bool
	ERROR	是否出错：0 表示无错误，1 表示有错误	Bool
	STATUS	故障代码	Word

MB_MASTER 指令详细介绍如下。

EN：指令使能位。

REQ：请求参数，应该在有新请求要发送时才打开以进行一次扫描。首次输入应当通过一个边沿检测元素（例如上升沿）打开，这将导致请求被传送一次。

MB_ADDR：MB_ADDR 是 Modbus 从站的地址，允许的范围是 0~247。地址 0 是广播地址，只能用于写请求，不存在对地址 0 的广播请求的应答。

MODE：用于选择 Modbus 功能的类型。参数经常使用下列两个值：0- 读，1- 写。

DATA_ADDR：用于指定要访问的从站中数据的 Modbus 起始地址。

DATA_LEN：指定要访问的数据长度。数据长度数值是位数（对于位数据类型）和字数（对于字数据类型）。

DATA_PTR：DATA_PTR 参数是指向 S7-1200 CPU 的数据块或位存储区地址，读取或写入与请求相关的数据的间接地址指针（例：P#M100.0 WORD 1），也可以直接写一个字的地址 MW100。对于读取请求，DATA_PTR 应指向用于存储从 Modbus 从站读取的数据的第一个 CPU 存储器位置。对于写入请求，DATA_PTR 应指向要发送到 Modbus 从站的数据的第一个 CPU 存储器位置。

DONE：完成输出。完成输出在发送请求和接收应答时关闭。完成输出在应答完成 MB_MASTER 指令因错误而中止时打开。

BUSY：为状态 1 时表示正在处理 MB_MASTER 任务。

ERROR：为状态 1 时表示检测到错误，并且参数 STATUS 提供的错误代码有效。

STATUS：端口组态错误代码。

根据 Modbus 协议，数据长度与 Modbus 地址存在以下对应关系，如表 8-15 所示。

表 8-15 数据长度与 Modbus 地址对应关系

地址	计数参数
0××××	计数参数是要读取或写入的位数
1××××	计数参数是要读取的位数
3××××	计数参数是要读取的输入寄存器的字数
4××××	计数参数是要读取或写入的保持寄存器的字数

MB_MASTER 指令可最大读取或写入 120 个字或 1920 个位（240 字节的数据）。计数的实际限值还取决于 Modbus 从站中的限制。

3 MB_SLAVE 指令

在 OB1 中调用 MB_SLAVE 指令，它用于为 Modbus 主站发出的请求服务。开机时执行 OB100 中的 MB_COMM_LOAD 指令，通信接口被初始化。从站接收到 Modbus RTU 主站发送的请求时，通过执行 MB_SLAVE 指令来响应。

MB_SLAVE 指令如表 8-16 所示。

表 8-16 MB_SLAVE 参数表

子程序	输入 / 输出	说明	数据类型
MB_SLAVE EN　ENO MB_ADDR　NDR MB_HOLD_REG　DR ERROR STATUS	EN	使能	Bool
	MB_ADDR	从站地址，有效值为 0~247	UInt
	MB_HOLD_REG	保持存储器数据块的地址	Variant
	NDR	新数据是否准备好：0 – 无数据，1– 主站有新数据写入	Bool
	DR	读数据标志：0 – 未读数据，1– 主站读取数据完成	Bool
	ERROR	是否出错：0 – 无错误，1– 有错误	Bool
	STATUS	故障代码	Word

MB_SLAVE 指令详细介绍如下。

EN：指令使能位。

MB_ADDR：Modbus RTU 从站的地址（0~247）。

MB_HOLD_REG：指向 Modbus 保持寄存器数据块的指针，其实参的符号地址“BUFFER”.DATE，该数组用来保存供主站读写的数据值。生成数据块时，不能激活“优化的块访问”属性。DB1.DBW0 对应于 Modbus 地址 40001。

NDR：为状态 1 时表示 Modbus 主站已写入新数据，反之没有新数据。

DR：为状态 1 时表示 Modbus 主站已读取数据，反之没有读取。

ERROR: 为状态 1 时表示检测到错误，参数 STATUS 中的错误代码有效。

STATUS：端口组态错误代码。

8.4.6 西门子 S7-1200 PLC 与台达变频器 Modbus 通信案例

Modbus 已经成为工业领域通信协议的业界标准，并且是工业电子设备之间常用的连接方式。Modbus 协议比其他通信协议使用得更广泛的主要原因如下：

①公开发表并且无版权要求；

②易于部署和维护。

使用 Modbus 协议通信，外部接线方式更简单，更容易实现一对多控制。下面就以西门子 S7–1200 PLC 与台达变频器（型号为 VFD–M）为例讲解 Modbus 通信。

1 西门子 S7-1200 PLC 与台达变频器 Modbus 通信基本参数设置

恢复变频器工厂默认值：设定 P076 为 09，按下 ENTER 键，开始复位。

设置电动机参数：电动机参数设置如表 8–17 所示。

表 8-17 电动机参数设置

参数号	出厂值	设置值	说明
P04	60	50	电动机额定频率（Hz）
P05	220	220	电动机额定电压（V）
P52	0	1.93	电动机额定电流（A）
P03	60	50	电动机运行的最高频率（Hz）
P08	1.5	0	电动机运行的最低频率（Hz）

设置变频器参数：变频器参数设置如表 8-18 所示。

表 8-18 变频器参数设置

参数号	出厂值	设置值	说明
P00	00	03	主频率输入来源 0：由数字操作器输入 1：由外部端子 AVI 输入仿真信号 DC 0~10V 控制 2：由外部端子 ACI 输入仿真信号 DC 4~20mA 控制 3：由 RS-485 输入 4：由数字操作器上的旋钮控制
P01	00	03	运转信号来源 0：由数字操作器输入 1：由外部端子操作键盘上的 STOP 键有效 2：由外部端子操作键盘上的 STOP 键无效 3：由 RS-485 通信界面操作键盘上的 STOP 键有效 4：由 RS-485 通信界面操作键盘上的 STOP 键无效
P10	10	5	点动斜坡上升时间（s）
P11	10	5	点动斜坡下降时间（s）
P88	01	01	RS-485 通信地址 01 ~ 254
P89	01	01	数据传输速度 00：数据传输速度，4800 bps 01：数据传输速度，9600 bps 02：数据传输速度，19200 bps 03：数据传输速度，38400 bps
P92	04	04	通信数据格式 00：Modbus ASCII 模式，数据格式 <7，N，2> 01：Modbus ASCII 模式，数据格式 <7，E，1> 02：Modbus ASCII 模式，数据格式 <7，O，1> 03：Modbus RTU 模式，数据格式 <8，N，2> 04：Modbus RTU 模式，数据格式 <8，E，1> 05：Modbus RTU 模式，数据格式 <8，O，1> N：无校验 O：奇校验 E：偶校验

2 西门子 S7-1200 PLC 与台达变频器 Modbus 通信实物接线

台达变频器通信端子如图 8–63 所示。

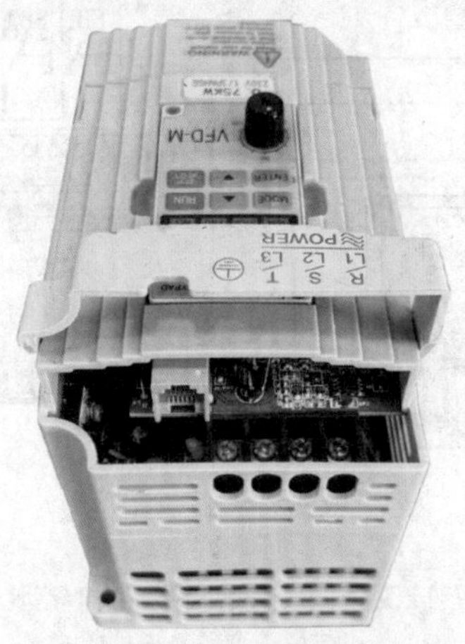

图 8-63 台达变频器的 USS 通信端子示意图

与 Modbus 通信有关的台达变频器前面板上的通信端子如表 8–19 所示。通信线的红色芯线应当压入端子 4+；绿色芯线应当连接端子 3–。

表 8-19 前面板端子

端子号	名称	功能
3–	SG–	RS–485 信号 –
4+	SG+	RS–485 信号 +

西门子 S7–1200 PLC 通信端子如表 8–20 所示。

表 8-20 西门子 S7-1200 PLC 通信端子

端子号	名称	功能
3	+	RS–485 信号 +
8	–	RS–485 信号 –

西门子 S7–1200 PLC 与台达变频器 Modbus 通信端子接线如图 8–64 所示。

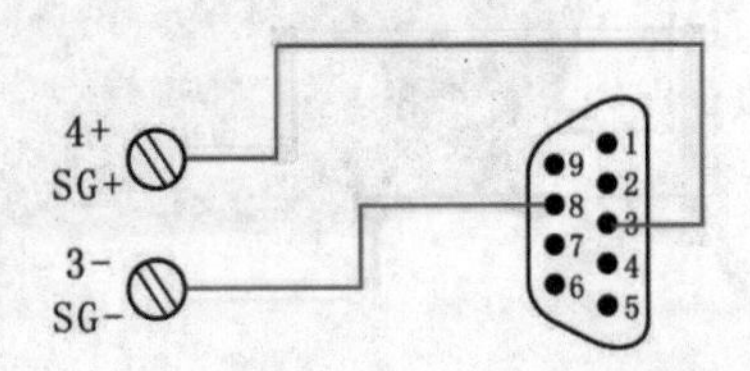

图 8-64 西门子 S7-1200PLC 与台达变频器 Modbus 通信端子接线

西门子 S7-1200 PLC 与台达变频器 Modbus 通信电路接线如图 8-65 所示。

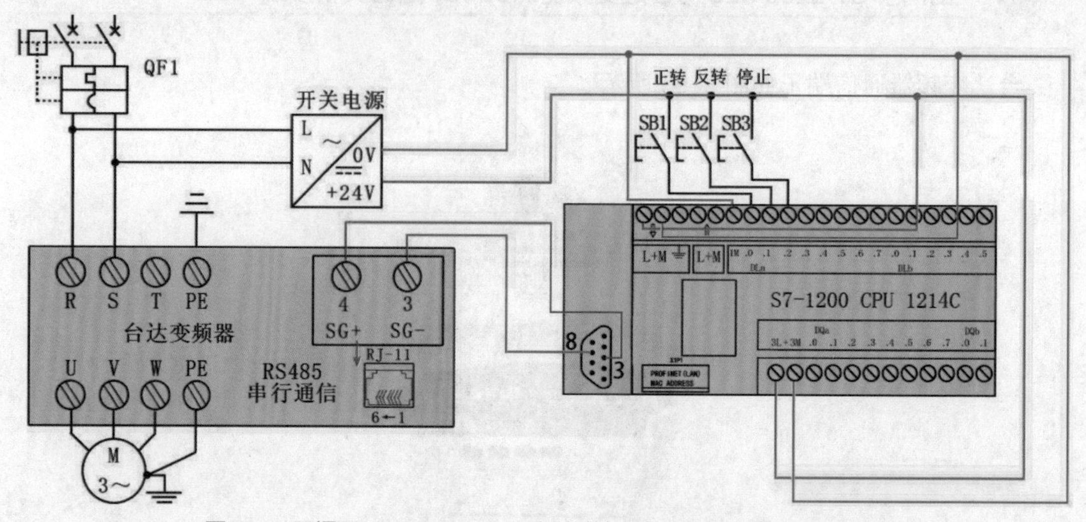

图 8-65 西门子 S7-1200 PLC 与台达变频器 Modbus 通信电路接线

西门子 S7-1200 PLC 与台达变频器 Modbus 通信电路实物接线如图 8-66 所示。

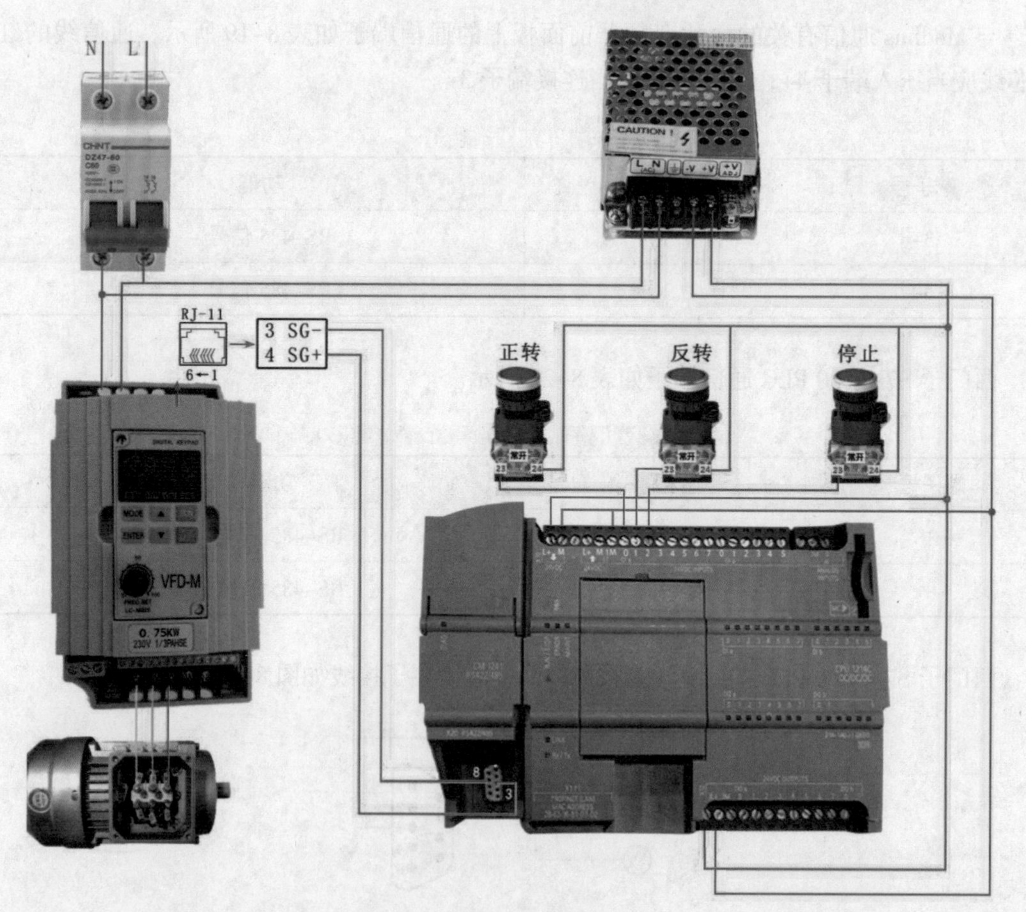

图 8-66 西门子 S7-1200 PLC 与台达变频器 Modbus 通信电路实物接线

台达变频器通信地址

台达变频器通信地址如表 8–21、表 8–22 所示。

表 8-21 台达变频器 Modbus RTU 通信地址（部分）

定义	参数地址	功能说明	
驱动器内部设定参数	00nnH	nn 表示参数号码	
对驱动器的命令	2000H	Bit0~1	00B：无功能
			01B：停止
			10B：启动
			11B：JOG 启动
		Bit2~3	保留
		Bit4~5	00B：无功能 01B：正方向指令 10B：反方向指令 11B：改变方向指令
		Bit6~15	保留
	2001H	频率命令	
对驱动器的命令	2002H	Bit0	1：E.F.ON
		Bit1	1：Reset 指令
		Bit2~15	保留

例如，变频器的通信参数地址为 2000H。我们知道 Modbus 的通信功能码是 0（离散量输出）、1（离散量输入）、3（输入寄存器）、4（保持寄存器）。而这里的 2000H 的通信功能码是 4（保持寄存器），同时这个 2000H 是十六进制数，在软件中输入的是十进制数，故需要将十六进制数 2000H 转换为十进制数，得到 8192。另外 Modbus 的通信地址都是从 1 开始的。故还需要将 8192 加上 1 变为 8193，最终得到变频器的地址为“48193”。

在控制命令 2000H 的地址中，每个位置的含义已经定义好了，Bit2~3 和 Bit6~15 保留，即为 0。Bit0~1 和 Bit4~5 表示启动及运行方向，若电动机以反向点动运行，则 Bit0~1 设置为 11，Bit4~5 设置为 10，最终得到 2#100011。将 2#100011 通过通信传输到变频器的 2000H 中，变频器将会按照设定的方式工作。

表 8-22 台达变频器 Modbus RTU 通信地址（部分）

定义	参数地址	功能说明
对驱动器的命令	2102H	频率指令（F）（小数 2 位）
	2103H	输出频率（H）（小数 2 位）
	2104H	输出电流（A）（小数 1 位）
	2105H	DC-BUS 电压（U）（小数 1 位）
	2106H	输出电压（E）（小数 1 位）
	2107H	多段速指令目前执行的段速（步）
	2108H	程序执行时该段速剩余时间（s）
	2109H	外部 TRIGER 的内容值（count）
	210AH	与功率因数角角度对应的值（小数 1 位）
	210BH	P65 xH 的低位（小数 2 位）
	210CH	P65 xH 的高位
	210DH	变频器温度（小数 1 位）
	210EH	PID 回授信号（小数 2 位）
	210FH	PID 目标值（小数 2 位）
	2110H	变频器机种识别

表 8-22 中的“2102H 频率指令（F）（小数 2 位）”，其中“小数 2 位”的含义是指：频率范围是 00.00~50.00Hz，频率是一个实数，由于一个实数占用 32 位，Modbus 通信的保持寄存器区每次通信的单位是字，并不能直接传输小数，因此在通信过程中我们读到的频率信息是放在两个字里边的，第一个字中存储的是一个 4 位十进制数，例如 0563，但频率并没有 0563Hz 这种形式，于是再读取第二个字中的值，第二个字中的值表示小数点的位数，例如 2，表示小数的位数为 2 位。因此当前的运行频率表示为 05.63Hz，这才是我们应该读到的频率值。

 西门子 S7-1200 PLC 与台达变频器 Modbus 通信的案例 1

▶ 案例要求

PLC 通过 Modbus 通信控制台达变频器。I0.0 变频器正转，I0.1 变频器反转，I0.2 变频器停止。

PLC 程序 I/O 分配如表 8-23 所示。

表 8-23 PLC 程序 I/O 分配

输入	功能
I0.0	正转
I0.1	反转
I0.2	停止

硬件组态，参考前述内容。

在“Main[OB1]”中编写程序，如图 8-67 所示。

程序段1：

%M10.0
P
%M11.0
%M20.0
S

当端口设置初始化结束，M10.0状态为1，检测到边沿信号，M20.0状态位置位为1，调用MB_MASTER指令

程序段2：

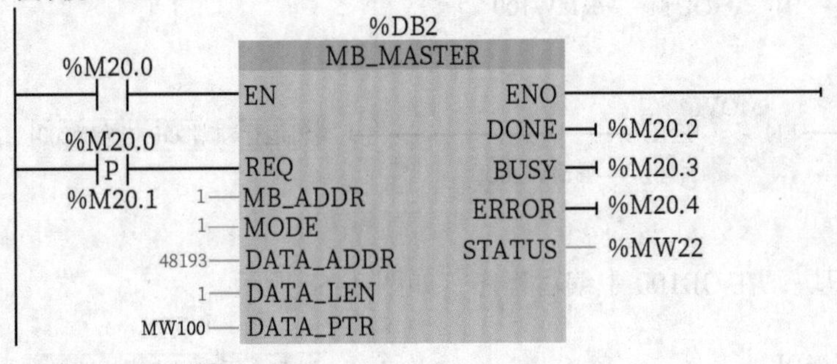

调用MB_MASTER指令后，把存储在MW100中的运行值（正转、反转、停止）写入变频器中

程序段3：

%M20.2
P
%M20.5
%M30.0
S
%M20.0
R

当成功读到运行值数据后，M20.2状态为1，检测到边沿信号，M20.0状态位复位为0，M30.0状态位置位为1，停止调用上一个MB_MASTER指令，开始调用下一个MB_MASTER指令，采用轮询的方式

图 8-67 案例 1 的 PLC 程序（1）

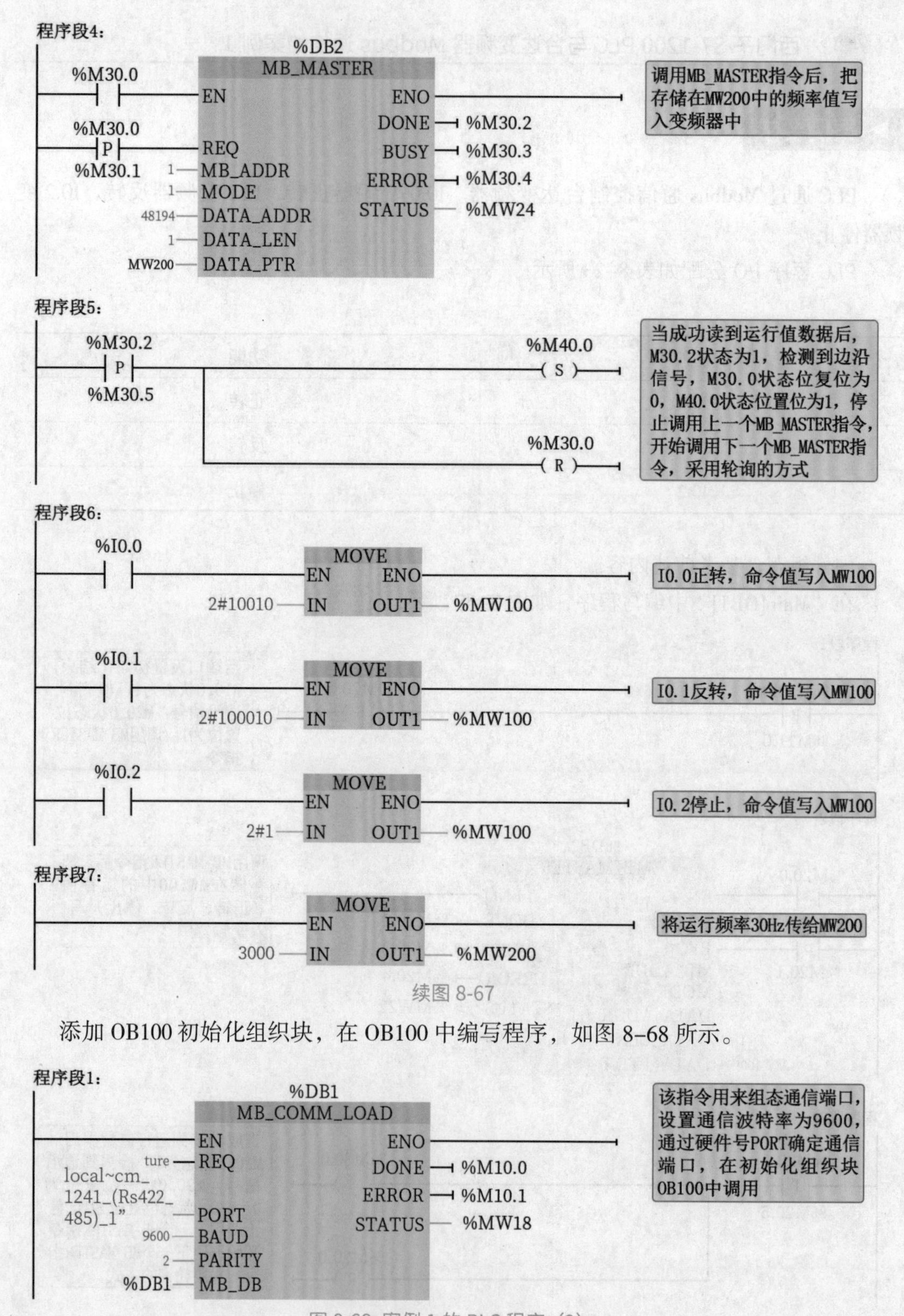

续图 8-67

添加 OB100 初始化组织块，在 OB100 中编写程序，如图 8-68 所示。

图 8-68 案例 1 的 PLC 程序（2）

西门子 S7-1200 PLC 与台达变频器 Modbus 通信的案例 2

▶ 案例要求

PLC 通过 Modbus 通信控制台达变频器。I0.0 变频器正转，I0.1 变频器反转，I0.2 变频器停止。PLC 通过 Modbus 通信读取台达变频器的当前电流和当前电压。

PLC 程序 I/O 分配如表 8-24 所示。

表 8-24 PLC 程序 I/O 分配

输入	功能
I0.0	正转
I0.1	反转
I0.2	停止

硬件组态，参考前述内容。

在“Main[OB1]”中编写程序，如图 8-69 所示。

程序段1:

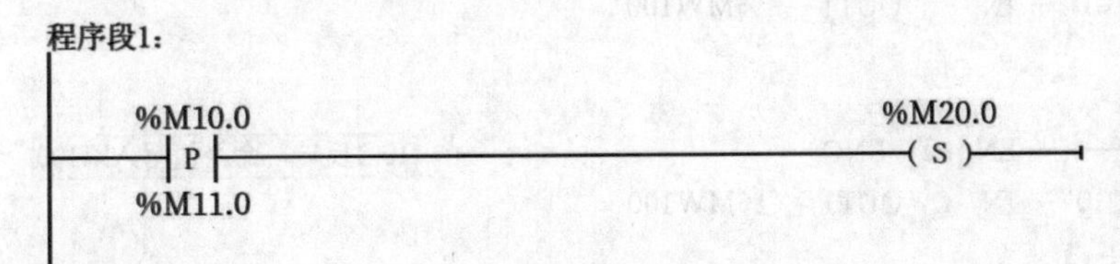

当端口设置初始化结束，M10.0状态为1，检测到边沿信号，M20.0状态位置位为1，调用MB_MASTER指令

程序段2:

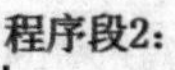

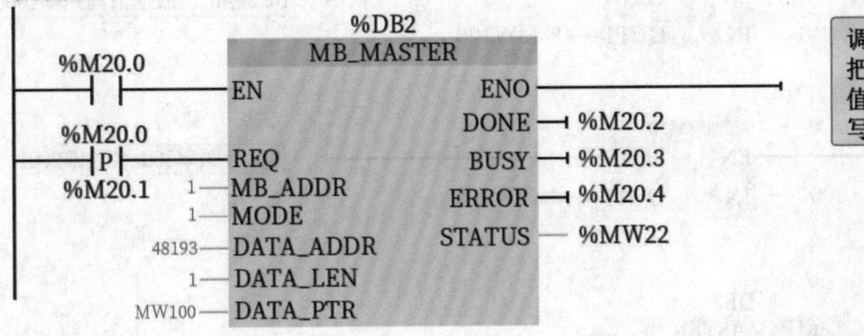

调用MB_MASTER指令后，把存储在MW100中的运行值（正转、反转、停止）写入变频器中

程序段3:

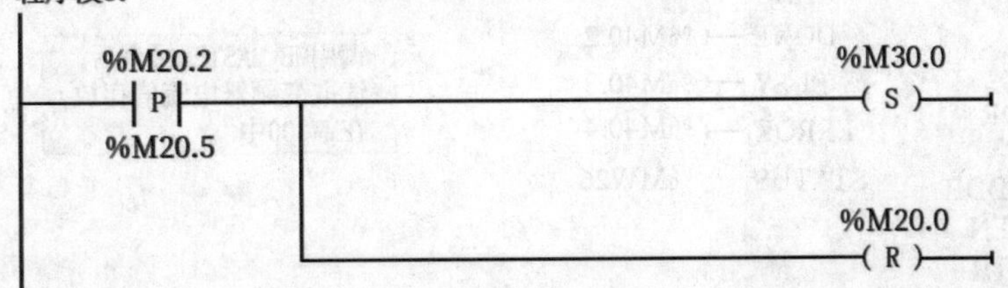

当成功读到运行值数据后，M20.2状态为1，检测到边沿信号，M20.0状态位复位为0，M30.0状态位置位为1，停止调用上一个MB_MASTER指令，开始调用下一个MB_MASTER指令，采用轮询的方式

图 8-69 案例 2 的 PLC 程序（1）

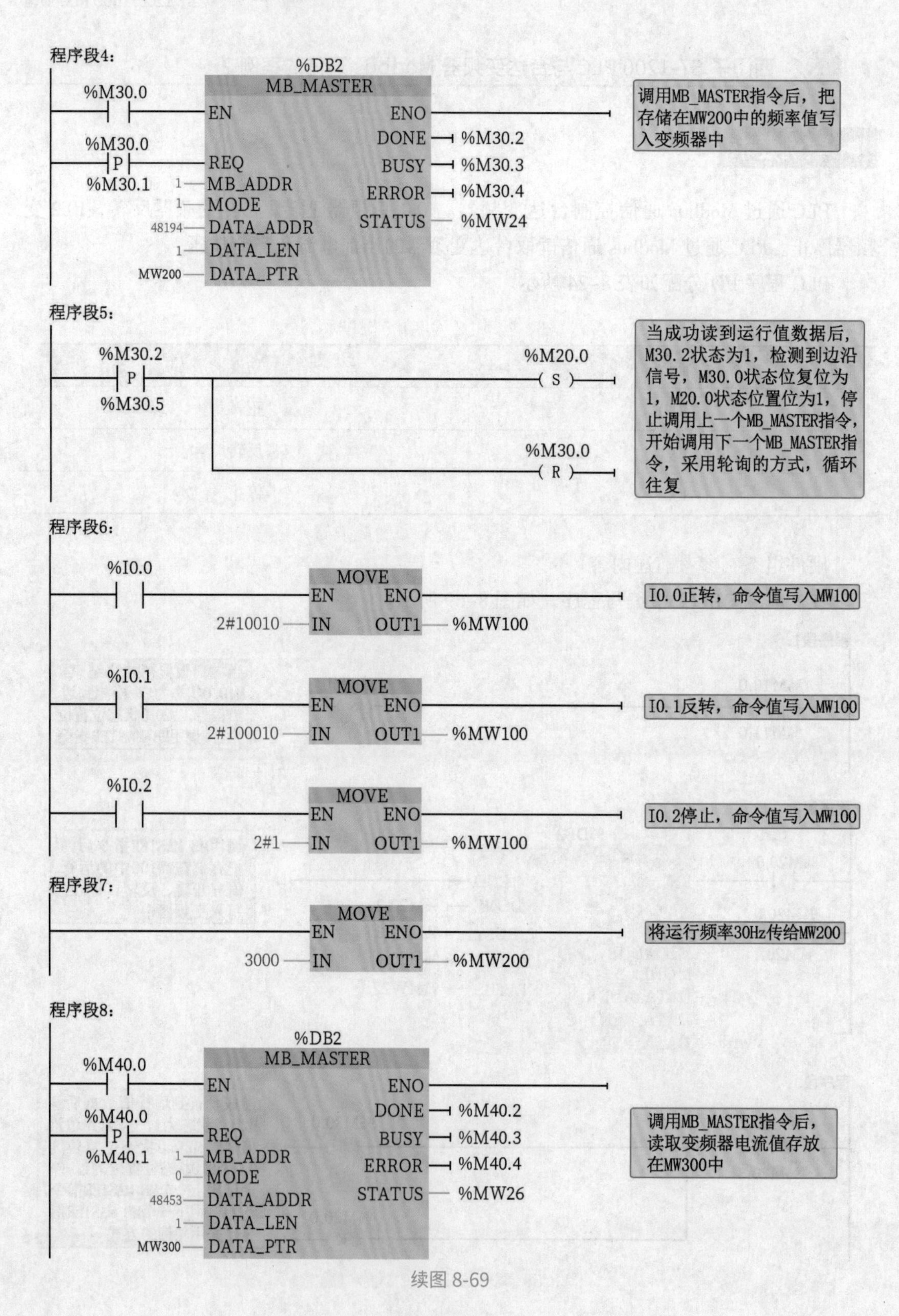

程序段4:
%DB2
MB_MASTER
%M30.0
EN
ENO
调用MB_MASTER指令后，把存储在MW200中的频率值写入变频器中
DONE
%M30.2
%M30.0
P
REQ
BUSY
%M30.3
%M30.1
1
MB_ADDR
ERROR
%M30.4
1
MODE
48194
DATA_ADDR
STATUS
%MW24
1
DATA_LEN
MW200
DATA_PTR
程序段5:
当成功读到运行值数据后，M30.2状态为1，检测到边沿信号，M30.0状态位复位为1，M20.0状态位置位为1，停止调用上一个MB_MASTER指令，开始调用下一个MB_MASTER指令，采用轮询的方式，循环往复
%M30.2
%M20.0
P
S
%M30.5
%M30.0
R
程序段6:
%I0.0
MOVE
EN
ENO
I0.0正转，命令值写入MW100
2#10010
IN
OUT1
%MW100
%I0.1
MOVE
EN
ENO
I0.1反转，命令值写入MW100
2#100010
IN
OUT1
%MW100
%I0.2
MOVE
EN
ENO
I0.2停止，命令值写入MW100
2#1
IN
OUT1
%MW100
程序段7:
MOVE
EN
ENO
将运行频率30Hz传给MW200
3000
IN
OUT1
%MW200
程序段8:
%DB2
MB_MASTER
%M40.0
EN
ENO
%M40.0
P
REQ
DONE
%M40.2
BUSY
%M40.3
调用MB_MASTER指令后，读取变频器电流值存放在MW300中
%M40.1
1
MB_ADDR
ERROR
%M40.4
0
MODE
48453
DATA_ADDR
STATUS
%MW26
1
DATA_LEN
MW300
DATA_PTR

续图 8-69

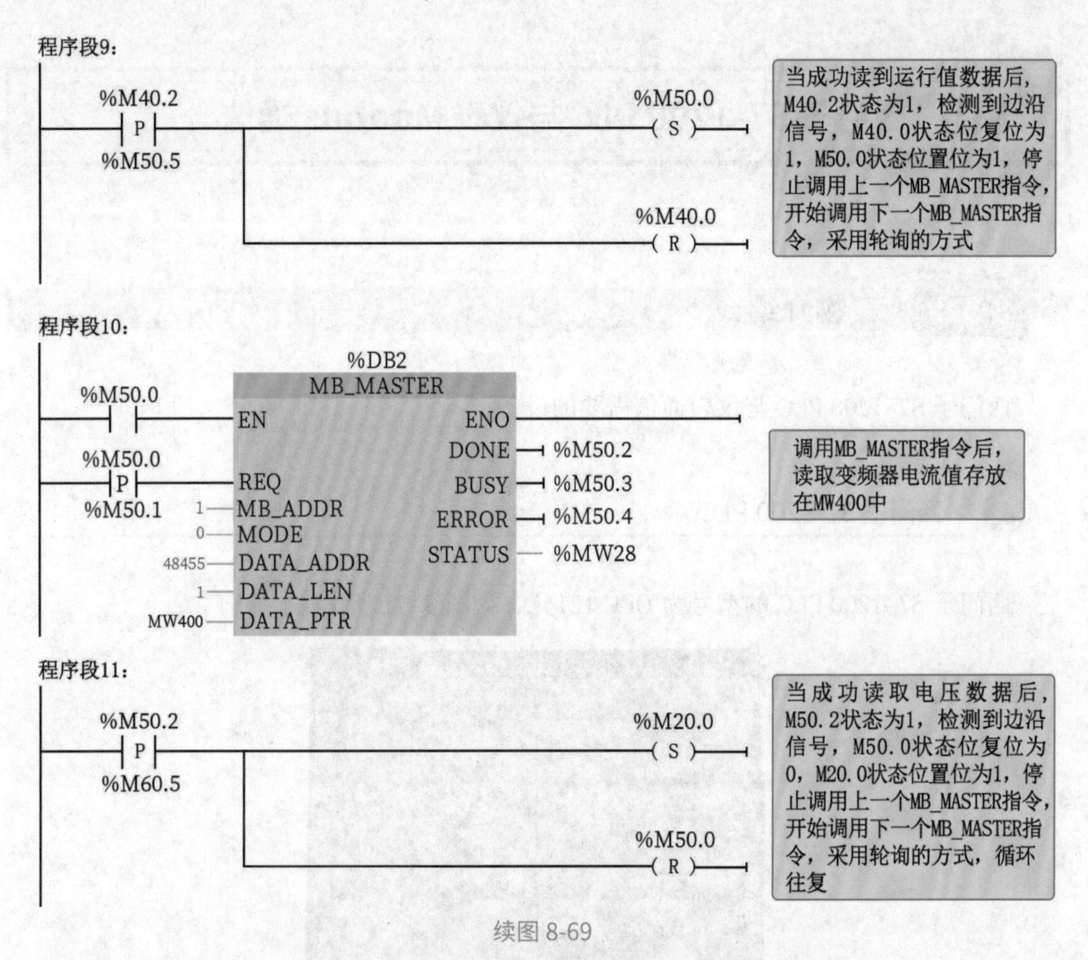

续图 8-69

添加 OB100 初始化组织块，在 OB100 中编写程序，如图 8-70 所示。

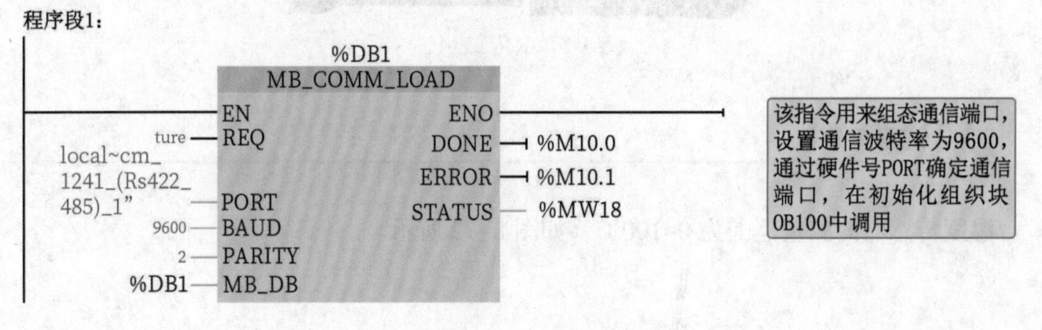

图 8-70 案例 2 的 PLC 程序（2）

8.5 西门子 S7-1200 PLC 与仪表 Modbus 通信

8.5.1 实物介绍

西门子 S7–1200 PLC 与仪表通信需要的设备。

1 西门子 S7-1200 PLC

西门子 S7–1200 PLC 的型号为 CPU 1214C，如图 8–71 所示。

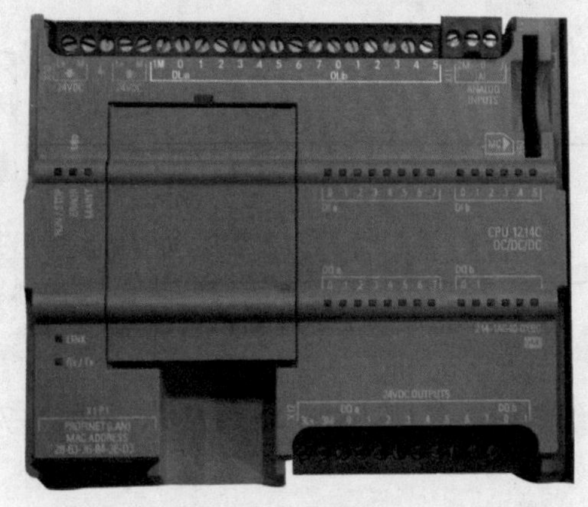

图 8-71 CPU1214C

2 温度传感器

温度传感器的测量范围为 0~100℃，如图 8–72 所示。

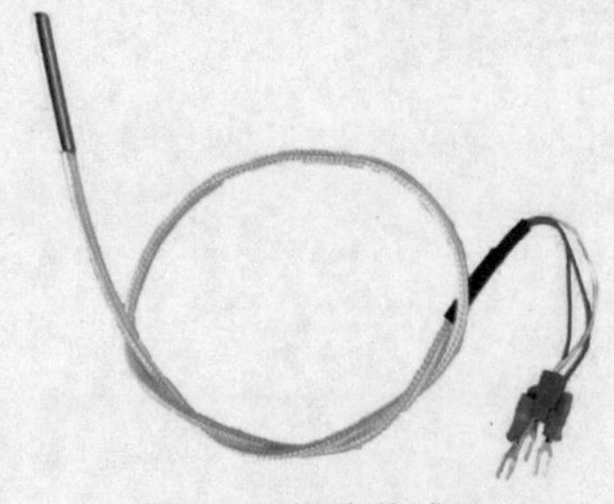

图 8-72 温度传感器

3 智能温度控制仪

①可编程模块化输入，可支持热电偶、热电阻、电压、电流及二线制变送器输入；适合温度、压力、流量、液位、湿度等多种物理量的测量与显示；测量精度高达 0.3 级 。如图 8–73 所示。

②采样周期：0.4s。

③电源电压 100~240V AC/50~60Hz 或 24V DC/AC ± 10%。

④工作环境: 环境温度 –10℃ ~+60℃, 环境湿度＜ 90%RH, 电磁兼容 IEC61000–4–4(电快速瞬变脉冲群)， ± 4kV/5kHz；IEC61000–4–5（浪涌），4kV，隔离耐压≥ 2300VDC。

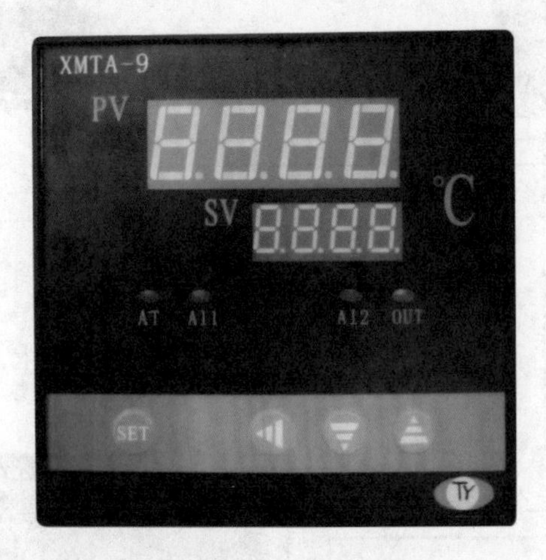

图 8-73 智能温度控制仪

4 RS-485 通信线

9 针通信端口，3 为 +，8 为 –，如图 8–74 所示。

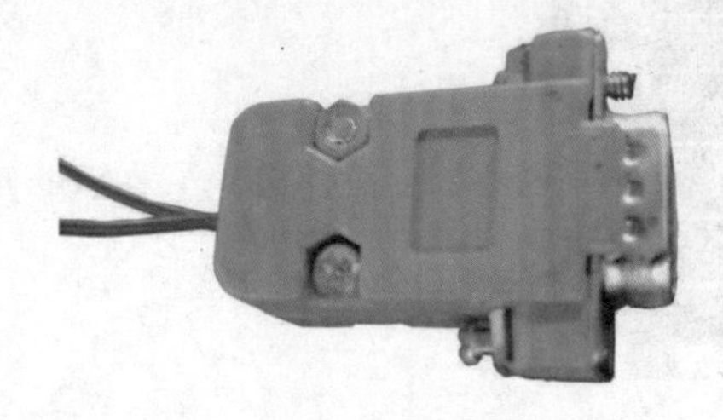

图 8-74 RS-485 通信线

8.5.2 实物接线

西门子 S7-1200 PLC 与智能温度控制仪 Modbus 通信电路实物接线如图 8-75 所示。

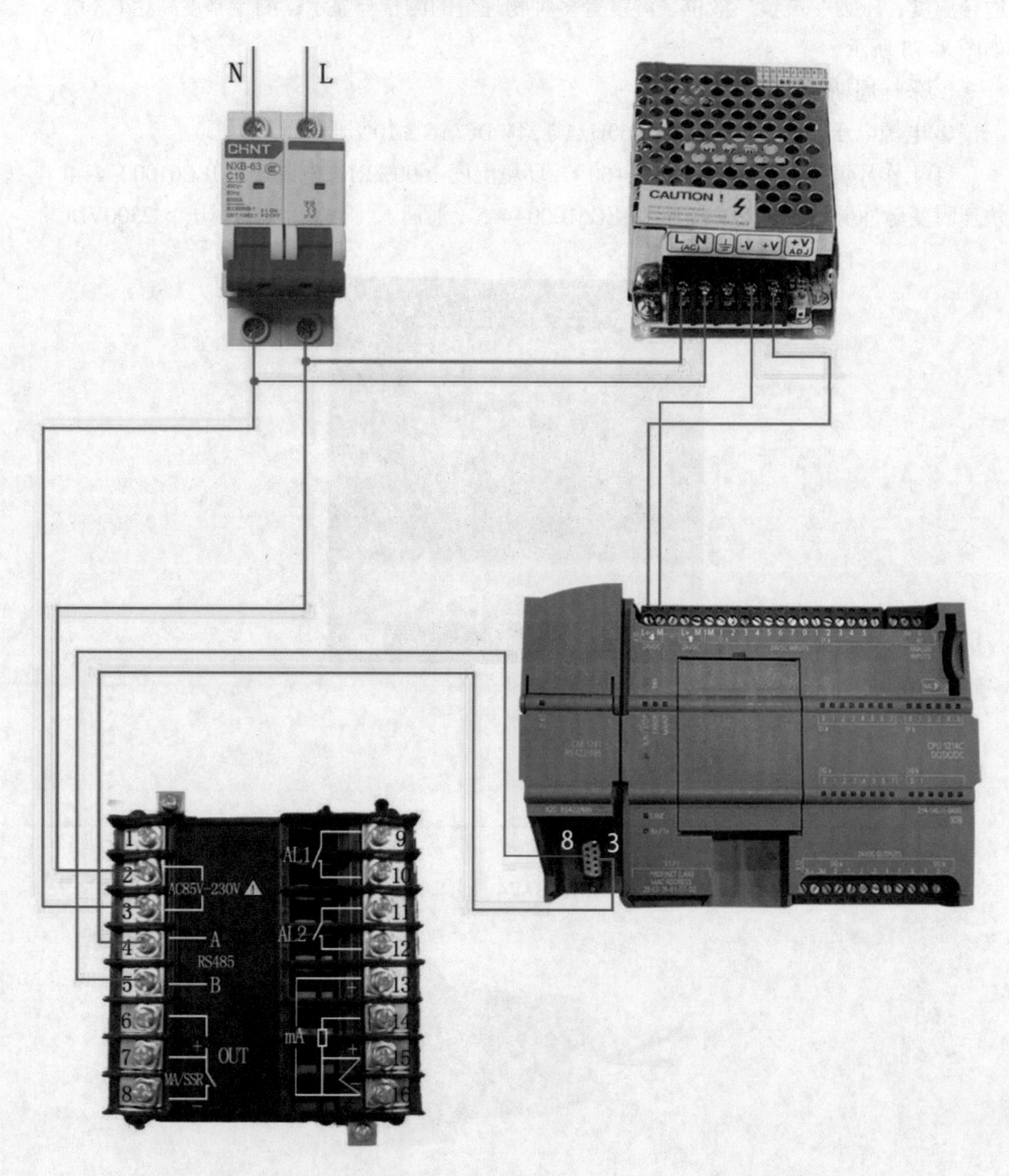

图 8-75 西门子 S7-1200 PLC 与温度控制仪 Modbus 通信电路实物接线

8.5.3 面板介绍

智能温度控制仪面板介绍如图 8-76 所示。

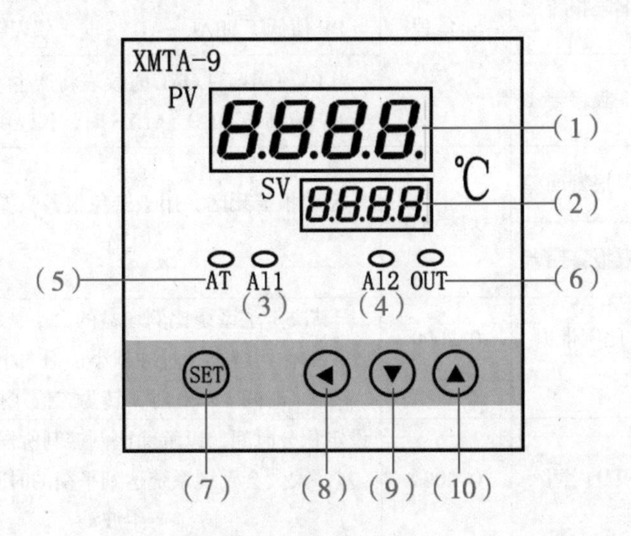

图 8-76 面板介绍

（1）PV 显示窗：正常显示情况下显示温度测量值，在参数修改状态下显示参数符号。

（2）SV 显示窗：正常显示情况下显示温度给定值，在参数修改状态下显示参数值。

（3）ALM1 指示灯：当此指示灯亮时，表示 ALM1 继电器有输出。

（4）ALM2 指示灯：当此指示灯亮时，表示 ALM2 继电器有输出。

（5）AT 指示灯：当仪表自整定时此指示灯亮。

（6）OUT 指示灯：当此指示灯亮时，仪表 OUT 控制端有输出。

（7）功能键（SET）：长按 SET 键 3s 可进入参数修改状态。短按 SET 键进入设定值修改状态。

（8）移位键：在修改参数状态下短按此键可实现修改数字的位置移动；长按此键 3s 可进入或退出手动调节状态。

（9）数字减小键：在参数修改、给定值修改或手动调节状态下可实现数字的减小。

（10）数字增加键：在参数修改、给定值修改或手动调节状态下可实现数字的增加。

8.5.4 参数代码及符号介绍

参数代码及符号介绍如表 8-25 所示。

表 8-25 参数代码及符号介绍表

参数代号	符号	名称	取值范围	说明	出厂值
00H	SP	SV 值	全量程	温度设定值	
01H	HIAL	上限报警		当 PV 值大于 HIAL 时仪表将产生上限报警，当 PV 值低于 HIAL—AHYS 时，仪表解除上限报警	100.0
02H	LOAL	下限报警		当 PV 值小于 LOAL 时仪表将产生下限报警，当 PV 值高于 HIAL+ALYS 时，仪表解除下限报警	50.0
03H	AHYS	上限报警回差	0.1~50.0	又名报警死区，用于避免报警临界位置频繁工作	1.0
04H	ALYS	下限报警回差			1.0
05H	KP	比例带	0~2000	其决定了系统比例增益的大小，*P* 越大，比例的作用越小，过冲越小，但太小会增加升温时间。*P*=0 时，转为二位式控制	150
06H	KI	积分时间	0~2000	设定积分时间，以解除比例控制所发生之残余偏差，太大会延缓系统达到平衡的时间，太小会产生波动	240
07H	KD	微分时间	0~200	设定微分时间，以防止输出的波动，提高控制的稳定性	30
08H	AT	自整定	0~1	0– 关闭自整定 1– 开启自整定	OFF
09H	CT1	控制周期	0~120s	采用 SSR 可控硅时控制周期设置成 2，继电器控制周期建议设置成 10	10
0AH	CHYS	主控回差	0.1~50.0	又名主控输出死区，用于避免主控临界位置频繁工作	1.0
0BH	SCb	误差修正	± 20.0	当测量传感器引起误差时，可以用此值修正	0.0
0CH	FILT	滤波系数	0~50	滤波系数越大抗干扰能力越好，但是反应速度越慢	
0EH	P_SH	上限量程	–1999~9999	测量值的上限量程	1300.0
0FH	P_SL	下限量程	–1999~999	测量值的下限量程	0
10H	OUTL	输出下限	0~200	模拟量控制输出，可调此参数输出下限	0
11H	OUTH	输出上限	0~200	模拟量控制输出，可调此参数输出上限	200
12H	ALP1	报警 1 方式	0~4	0– 无报警，1– 上限报警，2– 下限报警，3– 上偏差报警，4– 下偏差报警	1
13H	ALP2	报警 2 方式	0~4	0– 无报警，1– 上限报警，2– 下限报警，3– 上偏差报警，4– 下偏差报警	2

续表

参数代号	符号	名称	取值范围	说明	出厂值
14H	ACT	正反转选择	—	Re：反作用，比如加热。 ReBa：反作用，并且避免上电报警。 Dr：正作用，比如制冷。 DrBa：正作用，并且避免上电报警	Re
15H	OPPO	热启动	0~100	防止快速加热	100
16H	LOCK	密码锁	0~255	密码锁参数为 215 时可以显示所有参数	0
17H	INP	输入方式	—	Cu50（Cu50）－50.0~150.0℃； Pt100（Pt1）－199.9~200.0℃； Pt100（Pt2）－199.9~600.0℃； K（K）–30.0~1300℃； E（E）–30.0~700.0℃； J（J）–30.0~900.0℃； T（t）–199.9~400.0℃； S（S）–30~1600℃； 0~5V/0~10mA（0_5u）； 1~5V/4~20mA（1_5u）	K
19H	Addr	通信地址	0~127	用于定义通信地址，在同一条线上分别设置不同的地址来区分	1
1AH	Baud	波特率	—	1200、2400、4800、9600 四种可选	9600

8.5.5 参数及状态设置方法

（1）上电后，按住 SET 键约 1 秒后放掉按键，进入温度值设定界面，修改 SP 温度设定值，修改完成后按 SET 键保存并且退出设定界面。按住 SET 键 3 秒后，仪表进入参数设置区，上排显示参数符号（字母对照见表 8-26），下显示窗显示其参数值，此时分别按◀、▼、▲三键可调整参数值，长按▼或▲可快速加或减，调好参数后按 SET 键确认保存数据，转到下一参数进行调整。如果中途间隔 10 秒未操作，可让仪表自动保存数据，退出设置状态。

仪表参数 LOCK 为密码锁，为 0 时允许修改所有参数，大于 0 时禁止修改所有参数。用户不要将此参数设置为大于 50，否则有可能进入厂家测试状态。

（2）手动调节。上电后，按◀键约 3 秒进入手动调整状态，下排第一字显示“H”，此时可设置输出功率的百分比；再按◀键约 3 秒退出手动调节状态。

表 8-26 仪表参数提示符字母与英文字母对照表

1		6		A/a		F/f		K/k		P/p		U/u	
2		7		B/b		G/g		L/l		Q/q		V/v	
3		8		C/c		H/h		M/m		R/r		Y/y	
4		9		D/d		I/i		N/n		S/s		Z/z	
5		0		E/e		J/j		O/o		T/t		-	

8.5.6 西门子 S7-1200 PLC 与仪表 Modbus 通信案例

1）串口说明

与仪表通信及上位机通信的串口格式都默认为波特率 9600、无效验、数据位 8 位、停止位 1 位。

2）Modbus RTU（地址寄存器）说明（见表 8-27）

表 8-27 Modbus RTU 说明

Modbus RTU（地址寄存器）	符 号	名 称
0001	SP	设定值
0002	HIAL	上限报警
0003	LOAL	下限报警
0004	AHYS	上限报警回差
0005	ALYS	下限报警回差
0006	KP	比例带
0007	KI	积分时间
0008	KD	微分时间
0009	AT	自整定
0010	CT1	控制周期
0011	CHYS	主控回差
0012	SCb	误差修正
0014	DPt	小数点选择位
0015	P_SH	上限量程
0016	P_SL	下限量程
0021	ACT	正反转选择
0023	LOCK	密码锁
0024	INP	输入方式
4098	PV	实际测量值

3）PLC 读取温度

PLC 通过 Modbus 通信读取仪表的温度数值，仪表的实际测量值放入 Modbus 地址 4098。PLC 中 40001~49999 对应保持寄存器，4 代表保持寄存器类型，后面代表 Modbus 地址，即 PLC 中的 Modbus 地址为 44098。

硬件组态，参考前述内容。

4）程序介绍

在“Main[OB1]”中编写程序，如图 8–77 所示。

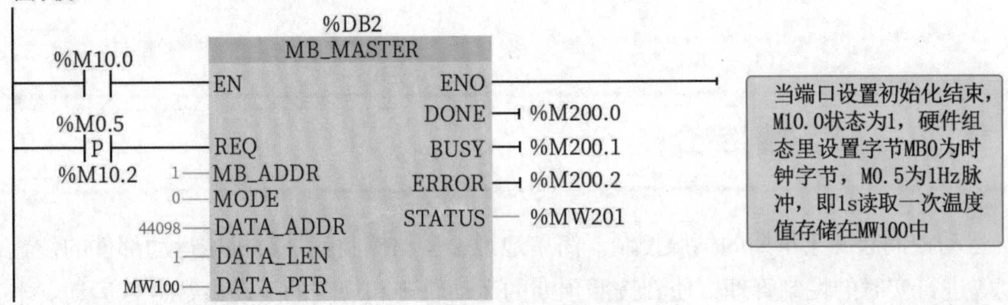

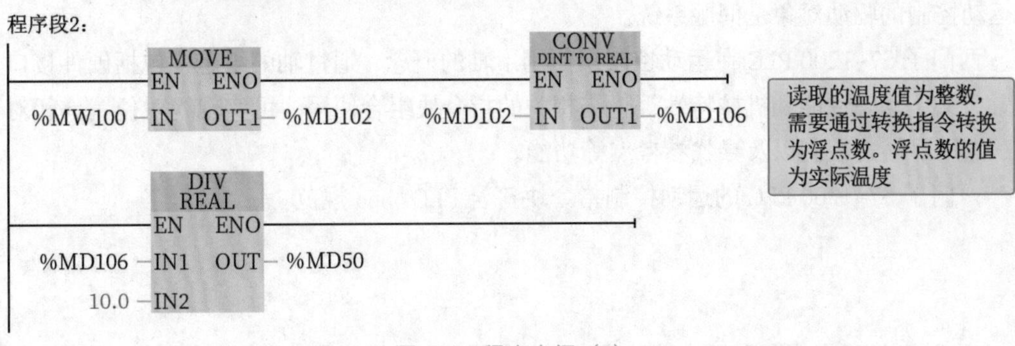

图 8-77 程序介绍（1）

添加 OB100 初始化组织块，在 OB100 中编写程序，如图 8–78 所示。

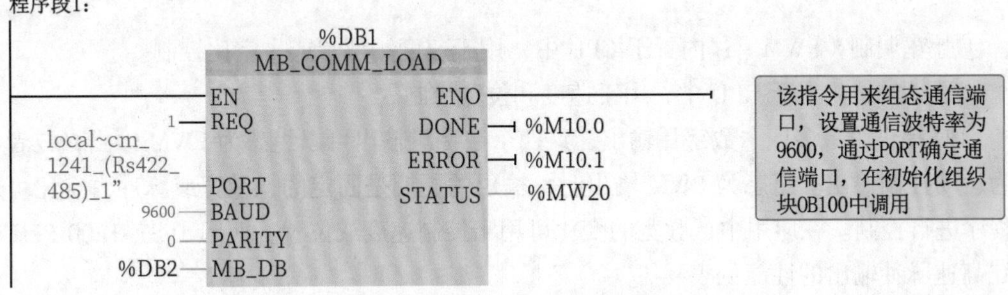

图 8-78 程序介绍（2）

第 9 章

S7-1200 PLC 与伺服的运动控制

9.1 运动控制简介

运动控制起源于早期的伺服控制。简单地说，运动控制就是对机械运动部件的位置、速度等进行实时的控制管理，使其按照预期的运动轨迹和规定的运动参数进行运动。本章的运动控制的驱动对象是伺服系统。

西门子 S7-1200 PLC 在运动控制中使用了轴的概念，通过轴的组态，包括硬件接口、位置定义、动态性能和机械特性等，与相关的指令块组合使用，可实现绝对位置、相对位置、点动、转速控制以及寻找参考点等功能。

西门子 S7-1200 PLC 的运动控制指令块符合 PLC open 规范。

9.2 西门子 S7-1200 PLC 的运动控制功能

①脉宽调制（PWM）：内置于 CPU 中，用于速度、位置或占空比控制。

②运动轴：内置于 CPU 中，用于速度和位置控制。

CPU 提供了最多四个数字量输出，这四个数字量输出可以组态为 PWM 输出，或者组态为运动控制输出。组态为 PWM 输出时，输出的周期是固定的，脉宽或脉冲占空比可通过程序进行控制。在应用中，脉宽的变化可用于控制速度或位置。西门子 S7-1200 PLC 的 CPU 高速脉冲输出的性能见表 9-1。

表 9-1 高速脉冲输出的性能

CPU/ 信号板	CPU/ 信号板输出通道	脉冲频率	支持电压
CPU1211C	Qa.0~Qa.3	100kHz	+24V，PNP 型
CPU1212C	Qa.0~Qa.3	100kHz	
	Qa.4，Qa.5	20kHz	
CPU1214C，CPU1215C	Qa.0~Qa.3	100kHz	
	Qa.4~Qb.1	20kHz	
CPU1217C	Qa.0~Qa.3	1MHz	
	Qa.4~Qb.1	100kHz	
SB1222，200kHz	Qe.0~Qe.3	200kHz	
SB1223，200kHz	Qe.0，Qe.1	200kHz	
SB1223	Qe.0，Qe.1	20kHz	

脉冲串操作（PTO）按照给定的脉冲个数和周期输出一串方波（占空比 50%，见图 9-1）。PTO 可以产生单段脉冲串或多段脉冲串。可用 μs 或 ms 为单位指定脉冲宽度和周期。

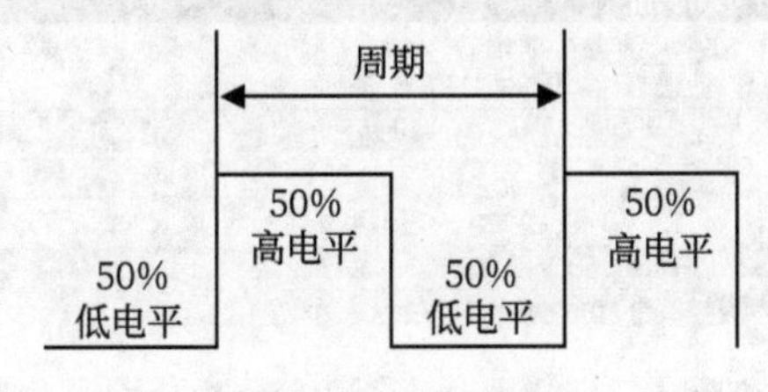

图 9-1 PTO 原理

9.3 西门子 S7-1200 PLC 的运动控制指令

1 MC_Power 系统使能指令

轴在运动之前，必须使能指令块，其具体参数说明见表 9-2。

表 9-2 MC_Power 系统使能指令参数

LAD	输入 / 输出	说明
MC_Power EN ENO Axis Status Enable Error StartMode StopMode	EN	使能
	Axis	已组态好的工艺对象名称
	Enable	为 1 时，轴使能；为 0 时，轴停止
	StartMode	启用位置受控的定位轴
	StopMode	模式为 0 时，按照组态好的急停曲线停止； 模式为 1 时，立即停止，输出脉冲立即封死
	ENO	使能输出
	Status	轴的使能状态
	Error	标记指令是否产生错误

输入轴（Axis）名称：

用鼠标直接从 TIA 博途软件左侧项目树中拖拽轴的工艺对象，如图 9–2 所示。

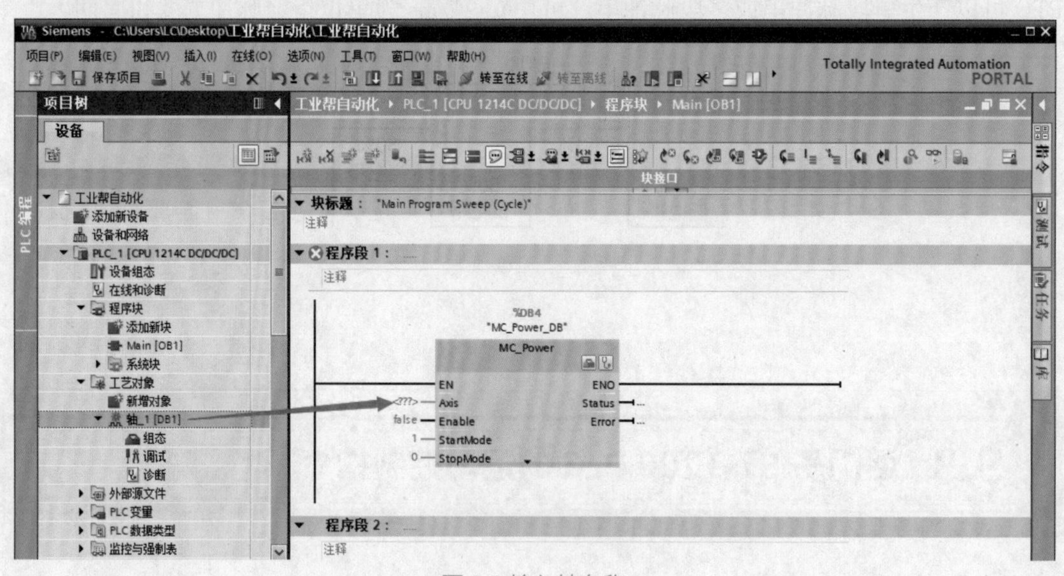

图 9-2 输入轴名称

2 MC_Reset 错误确认指令块

如果存在一个错误需要确认，必须调用错误确认指令块进行复位，例如轴硬件超程处理完成后，必须复位才行。其具体参数说明见表 9–3。

表 9-3 MC_ Reset 错误确认指令块的参数

LAD	输入 / 输出	说明
MC_Reset EN ENO Axis Done Execute Error	EN	使能
	Axis	已组态好的工艺对象名称
	Execute	上升沿使能
	ENO	输出使能
	Done	表示轴的错误已确定
	Error	标记指令是否有错误

MC_Home 回参考点指令块

参考点在系统中有时作为坐标原点，对于运动控制系统是非常重要的。回参考点指令块的具体参数说明见表 9–4。

表 9-4 MC_Home 回参考点指令块的参数

LAD	输入 / 输出	说明
MC_Home EN ENO Axis Done Execute Error Position Mode	EN	使能
	Axis	已组态好的工艺对象名称
	Execute	上升沿使能
	Position	位置值
	Mode	0：绝对式直接回零点 1：相对式直接回零点 2：被动回零点 3：主动回零点
	ENO	输出使能
	Done	表示轴的错误已确定
	Error	标记指令是否有错误

MC_Halt 暂停轴指令块

MC_Halt 暂停轴指令块用于停止轴的运动，当上升沿使能后，轴会按照组态好的减速曲线停车。暂停轴指令块的具体参数说明见表 9–5。

表 9-5 MC_Halt 暂停轴指令块的参数

LAD	输入 / 输出	说明
MC_Halt EN ENO Axis Done Execute Error	EN	使能
	Axis	已组态好的工艺对象名称
	Execute	上升沿使能
	ENO	输出使能
	Done	表示轴的错误已确定
	Error	标记指令是否有错误

5 MC_MoveRelative 相对定位轴指令块

MC_MoveRelative 相对定位轴指令块的执行不需要建立参考点，只需要定义距离、速度和方向即可，当上升沿使能后，轴按照设定的速度和距离运行，速度方向由距离中的正负号（+/–）决定。相对定位轴指令块的具体参数说明见表 9–6。

表 9-6 MC_ MoveRelative 相对定位轴指令块的参数

LAD	输入 / 输出	说明
MC_MoveRelative EN ENO Axis Done Execute Error Distance Velocity	EN	使能
	Axis	已组态好的工艺对象名称
	Execute	上升沿使能
	Distance	运行距离（正或者负）
	Velocity	相对运动的速度
	ENO	输出使能
	Done	表示轴的错误已确定
	Error	标记指令是否有错误

MC_MoveAbsolute 绝对定位轴指令块

MC_MoveAbsolute 绝对定位轴指令块的执行一定要建立参考点，需要定义距离、速度和方向。当上升沿使能后，轴按照设定的速度和绝对位置运行。绝对定位轴指令块的具体参数说明见表 9–7。

表 9-7 MC_MoveAbsolute 绝对定位轴指令块的参数

LAD	输入 / 输出	说明
MC_MoveAbsolute EN ENO Axis Done Execute Error Position Velocity	EN	使能
	Axis	已组态好的工艺对象名称
	Execute	上升沿使能
	Position	运行距离（正或者负）
	Velocity	绝对运动的速度
	ENO	输出使能
	Done	表示轴的错误已确定
	Error	标记指令是否有错误

7 MC_MoveVelocity 以预定义速度定位轴指令

以预定义速度定位轴指令的具体参数说明见表 9-8。

表 9-8 MC_MoveVelocity 以预定义速度定位轴指令的参数

LAD	输入 / 输出	说明
MC_MoveVelocity EN ENO Axis InVelocity Execute Error Velocity Current	EN	使能
	Axis	已组态好的工艺对象名称
	Execute	上升沿使能
	Velocity	轴的速度
	Current	0：轴按照参数“Velocity”和“Direction”的值运行 1：轴忽略参数“Velocity”和“Direction”的值，以当前速度运行
	ENO	输出使能
	InVelocity	0：达到参数“Velocity”中指定的速度 1：轴在启动时，以当前速度进行移动
	Error	标记指令是否产生错误

MC_MoveJog 以点动模式移动轴指令

以点动模式移动轴指令的具体参数说明见表 9-9。

表 9-9 MC_MoveJog 以点动模式移动轴指令的参数

LAD	输入 / 输出	说明
MC_MoveJog EN ENO Axis InVelocity JogForward Error JogBackward Velocity	EN	使能
	Axis	已组态好的工艺对象名称
	JogForward	正向点动
	JogBackward	反向点动
	Velocity	点动速度
	ENO	输出使能
	InVelocity	0：达到参数“Velocity”中指定的速度 1：轴在启动时，以当前速度进行移动
	Error	标记指令是否产生错误

9.4 伺服控制系统简介

伺服控制系统（servomechanism）又称随动系统，也称伺服系统，是用来精确地跟随或复现某个过程的反馈控制系统。伺服系统是物体的位置、方位、状态等输出被控量能够跟随输入目标（或给定值）任意变化的自动控制系统。它的主要任务是按控制命令的要求，对功率进行放大、变换与调控等处理，使驱动装置输出的力矩、速度和位置控制非常灵活方便。在很多情况下，伺服系统专指被控制量（系统的输出量）是机械位移或位移速度、加速度的反馈控制系统，其作用是使输出的机械位移（或转角）能准确地跟踪输入的位移（或转角）。

一套伺服系统，必须具备三个部分：指令部分（就是发信号的控制器，PLC 就可以，单片机也行），驱动部分（伺服驱动器），执行部分（伺服电机）。

伺服系统的作用：可实现步进和伺服控制器的功能。

伺服系统的控制模式有以下三种。

①转矩控制模式：伺服电机按给定的转矩进行旋转。

②速度控制模式：电机速度设定和电机上所带编码器的速度反馈形成闭环控制。让伺服电机的实际速度和设定速度一致。

③位置控制模式：上位机给到电机的设定位置和电机本身的编码器位置反馈信号（或者设备本身的直接位置测量反馈信号）进行比较形成位置环，以保证伺服电机运动到设定的位置。

伺服系统的特点如下：

①有精确的检测装置　以组成速度和位置闭环控制。

②有反馈比较原理与方法　根据检测装置实现信息反馈的原理不同，伺服系统具备的多种反馈比较方法也不相同。常用的有脉冲比较、相位比较和幅值比较 3 种。

③有高性能的伺服电机　用于高效和复杂型面加工的数控机床，其伺服系统将经常处于频繁的启动和制动过程中，这就要求伺服电机的输出力矩与转动惯量的比值大，以产生足够大的加速或制动力矩；同时要求伺服电机在低速时有足够大的输出力矩且运转平稳，以尽量减少与机械运动部分连接的中间环节。

④有高性能的宽调速系统，即速度伺服系统　从系统的控制结构看，数控机床的位置闭环系统可看作是位置调节为外环、速度调节为内环的双闭环自动控制系统，其内部的实际工作过程是把位置控制输入转换成相应的速度给定信号后，再通过调速系统驱动伺服电机，实现实际位移。数控机床的主运动对调速性能要求较高，因此其伺服系统应为高性能的宽调速系统。

9.5 伺服控制系统的分类

根据伺服控制系统组成中是否存在检测反馈环节以及检测反馈环节所在的位置，伺服控制系统可分为开环伺服控制系统、半闭环伺服控制系统和闭环伺服控制系统三类，各类控制系统的组成、功能和特点如下。

1 开环伺服控制系统

没有检测反馈装置的控制系统称为开环伺服控制系统，结构原理图如图 9–3 所示。通常以步进电机作为执行元件的开环系统是步进式伺服控制系统，在这种系统中，如果是大功率驱动，用步进电机作为执行元件。

驱动电路的主要任务是将指令脉冲转化为驱动执行元件所需的信号。开环伺服控制系统结构简单，但精度不是很高。

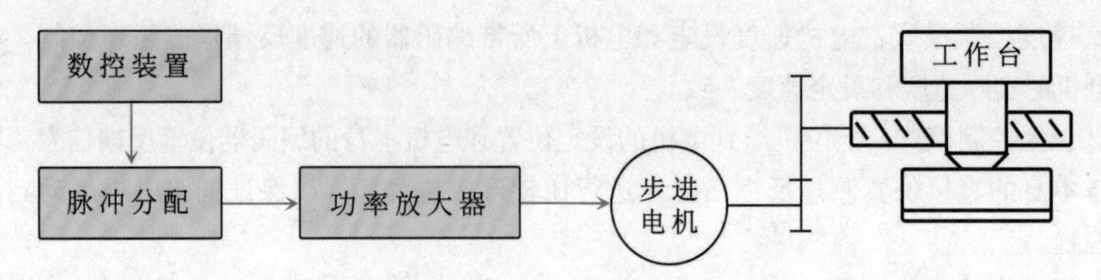

图 9-3 开环伺服控制系统结构原理框图

2 半闭环伺服控制系统

通常把检测元件安装在电机轴端而组成的伺服系统称为半闭环伺服控制系统，结构原理图如图 9–4 所示。它与全闭环伺服控制系统的区别在于其检测元件位于系统传动链的中间，工作台的位置通过电机上的传感器或是安装在丝杠轴端的编码器间接获得。

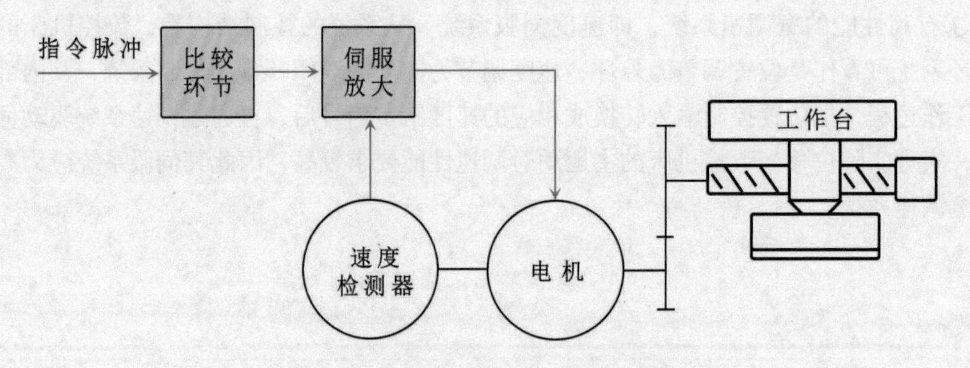

图 9-4 半闭环伺服控制系统结构原理框图

由于半闭环伺服控制系统有部分传动链在系统闭环之外，故其定位精度比闭环的稍差。但由于测量角位移比测量线位移容易，并可在传动链的任何转动部位进行角位移的测量和反馈，故其结构比较简单，调整、维护比较方便。

3 闭环伺服控制系统

闭环伺服控制系统主要由执行元件、检测元件、比较环节、驱动电路和被控对象五部分组成，结构原理图如图 9–5 所示。闭环伺服系统将位置检测器件直接安装在工作台上，从而可获得工作台实际位置的精确信息。检测元件将被控对象移动部件的实际位置检测出来并转换成电信号反馈给比较环节。

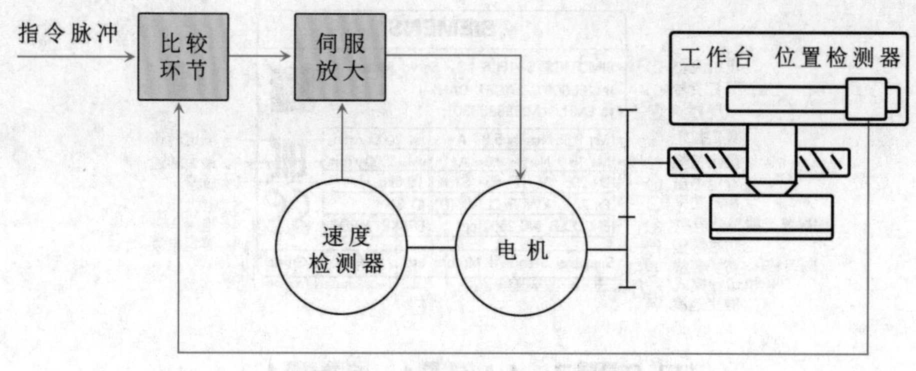

图 9-5 闭环控制系统结构原理框图

9.6 西门子 V90 系列伺服控制系统硬件介绍

西门子伺服驱动器有多个系列，西门子 V90 系列伺服驱动器是目前应用较为广泛的伺服驱动器，因此本节以此为例进行讲解。

西门子 V90 系列伺服驱动器型号：6SL3210-5FE10-4UA0。

西门子 V90 系列伺服电机型号：SIMOTICS S-1FL6。

该伺服驱动器的额定参数如下。

电源电压：三相 220~240V 或单相 220~240V。

额定输出电压：0~240V（三相）。

额定输出电流：2.6A。

额定输出功率：400W。

编码器类型：增量式。

编码器分辨率：2500（表示每转发出 2500 个脉冲）。

控制方式：位置控制（外部脉冲信号）。西门子 S7-1200 PLC 高速脉冲输出控制伺服运动。

西门子 V90 系列伺服驱动器对原来的驱动器进行了性能升级，设定和调整极其简单；所配套的电机，采用增量式编码器，且实现了低齿槽转矩；提高了在低刚性机器上的稳定性，可在高刚性机器上进行高速高精度运转，广泛应用于各种机器。

运动控制装置所采用的西门子 V90 系列伺服电机为 SIMOTICS S-1FL6，铭牌及其说明如图 9-6 所示，配套的伺服驱动器型号为 6SL3210-5FE10-4UA0，铭牌及其说明如图 9-7 所示。

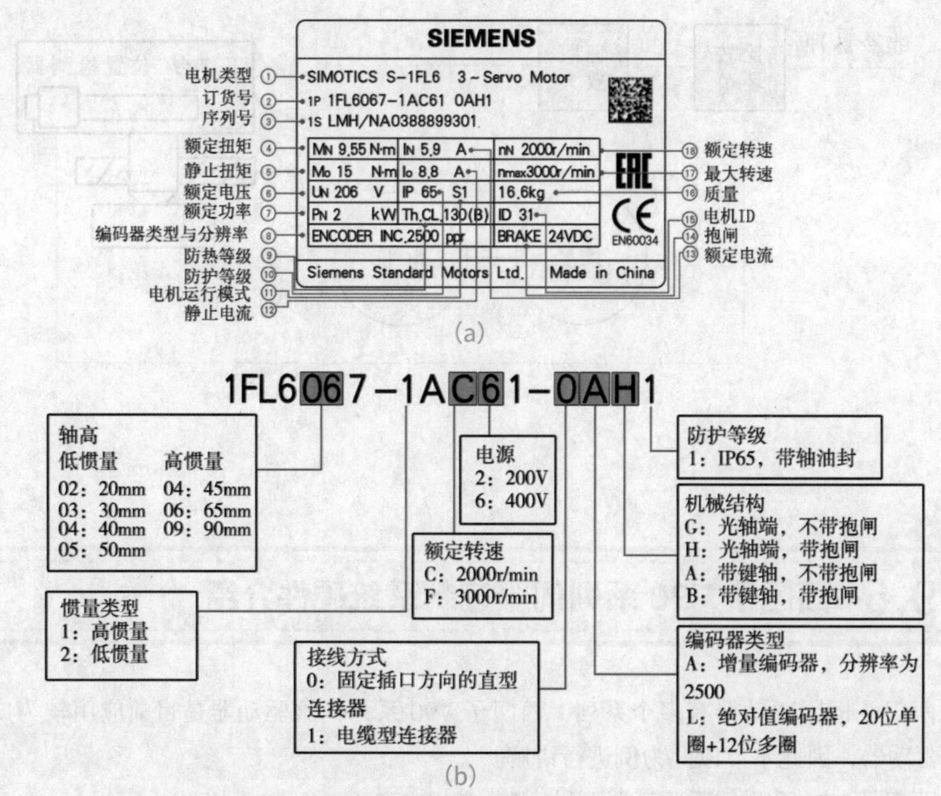

图 9-6 西门子 V90 系列伺服电机铭牌及其说明

图 9-7 西门子 V90 系列伺服驱动器铭牌及其说明

9.7 伺服接线端子介绍

伺服驱动器外壳上有可以连接的电源输入端子和电机连接端子，其面板示意图及其说明如图 9-8 所示。

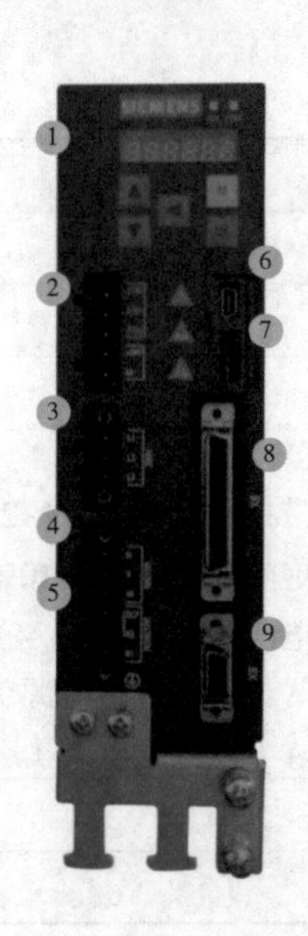

序号	名称
1	前面板
2	控制电源输入连接器
3	主电源输入连接器
4	电机输出连接端子
5	制动电阻连接器
6	USB 输出端口
7	SD 卡插口
8	并行 IO 连接器
9	编码器连接器

图 9-8 西门子 V90 系列伺服驱动器面板示意图及其说明

9.7.1 控制电源输入连接器介绍

当伺服系统使用悬挂轴时，如果 24V 电源的正负极接反，则轴会掉落，这可能会导致人身伤害和设备损坏事故。因此，要确保 24V 电源正确连接。

STO1、 STO+ 和 STO2 在出厂时是默认短接的。当需要使用 STO（Safe Torque Off）功能时，在连接 STO 接口前必须拔下接口上的短接片。若不使用该功能，必须重新插入短接片，否则电机无法运行。

STO 功能可以和设备功能一起协同工作，在故障情况下安全封锁电机的扭矩输出。选择此功能后，驱动器便处于“安全状态”。

STO 功能可以用于以下两种场景：驱动器需要通过负载扭矩或摩擦力在很短时间内到达静止状态；驱动器自由停车不安全。

西门子 V90 伺服驱动器控制电源接线图如图 9-9 所示，24V 电源 STO 接口介绍见表 9-10。

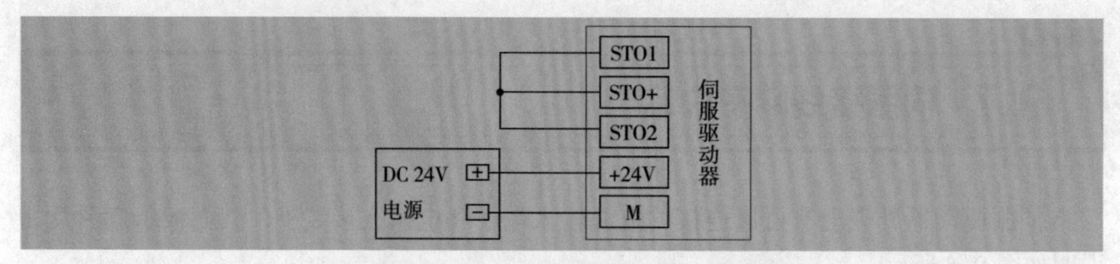

图 9-9 西门子 V90 伺服驱动器控制电源接线图

表 9-10 24V 电源 STO 接口介绍

接口	信号名称	描述	备注
	STO1	安全扭矩停止通道 1	
	STO+	安全扭矩停止的电源	
	STO2	安全扭矩停止通道 2	
	+24V	电源 DC 24V	电压公差： · 不带抱闸时，-15%~20% · 带抱闸时，-10%~10% 最大电流消耗： · 1.6A（不带抱闸电源） · 3.6A（带抱闸电源）
	M	电源 DC 0V	
	最大导线截面面积：$1.5mm^2$		

1 主电源输入连接器介绍

伺服驱动器电源接线方法分为单相与三相两种。三相适用于西门子 V90 全系列。单相适用于部分西门子 V90 伺服驱动器。单相接线时可将电源连接至 L1、L2 和 L3 中的任意两个端子。

西门子 V90 伺服驱动器主电源接线图如图 9-10 所示。

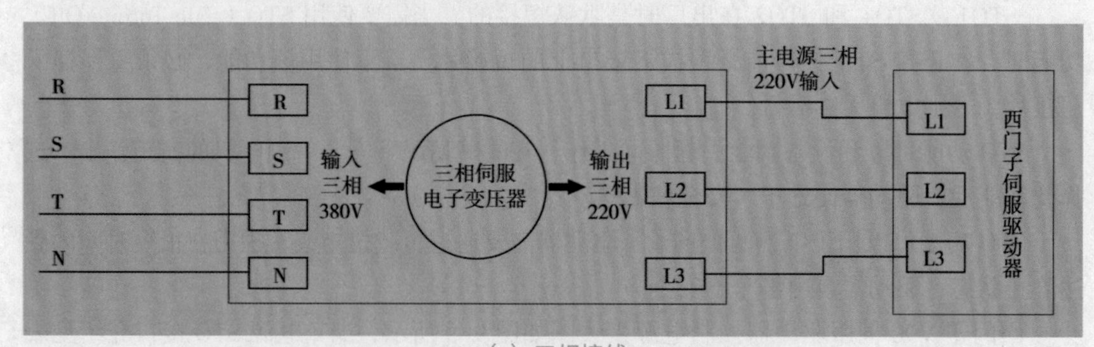

（a）三相接线

图 9-10 西门子 V90 伺服驱动器主电源接线图

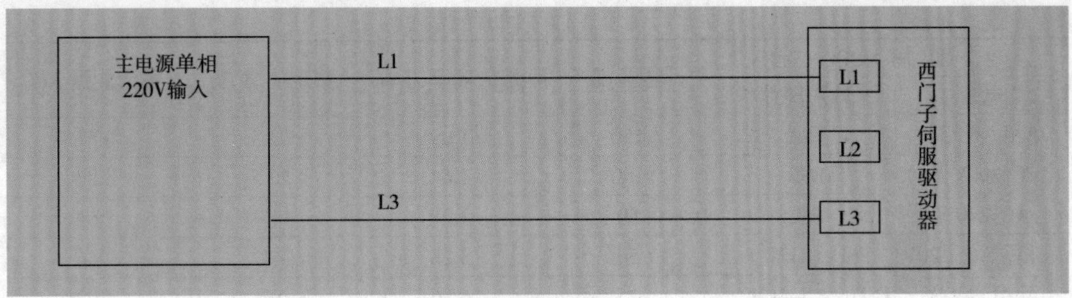

（b）单相接线

续图 9-10

电机输出连接端子介绍

西门子 V90 伺服驱动器电机输出连接端子接线图如图 9–11 所示。

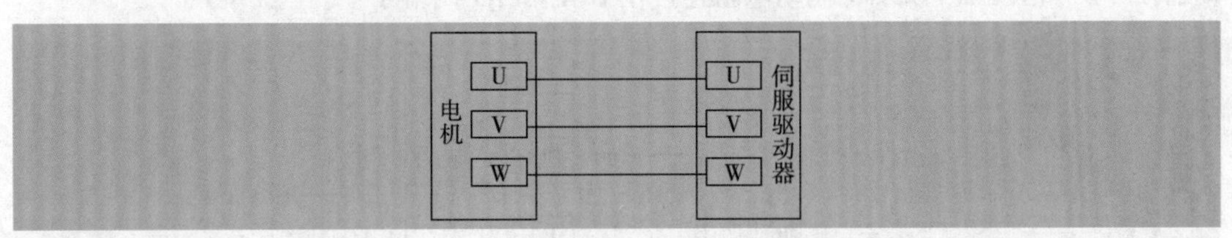

图 9-11 西门子 V90 伺服驱动器电机输出连接端子接线图

制动电阻连接器介绍

西门子 V90 伺服驱动器配有内部制动电阻，以吸收电机的再生能量。当内部制动电阻不能满足制动要求（即产生 A52901 报警）时，可以连接外部制动电阻。内置制动电阻接线方法如图 9–12 所示。

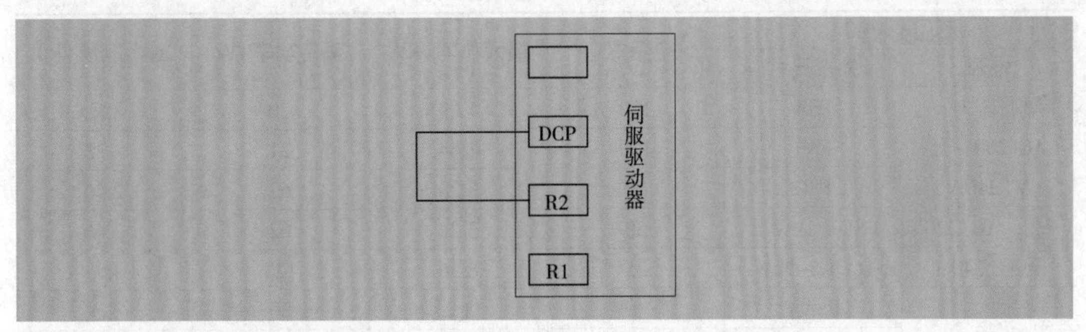

图 9-12 内置制动电阻接线方法

西门子 V90 伺服驱动器内置制动电阻规格如表 9–11 所示。

表 9-11 内置制动电阻规格

西门子 V90		电阻 /Ω	最大功率 /kW	额定功率 /W	最大能量 /kJ
电源	外形尺寸				
单相 / 三相，AC 200V 至 AC 240 V	FSA	150	1.09	13.5	0.55
	FSB	100	1.64	20.5	0.82
	FSC	50	3.28	41	1.64
三相，AC 220V 至 AC 240 V	FSD（1kW）	50	3.28	41	2.46
	FSD（1.5~2kW）	25	6.56	82	4.92
三相，AC 380V 至 AC 480 V	FSAA	533	1.2	17	1.8
	FSA	160	4	57	6
	FSB	70	9.1	131	13.7
	FSC	27	23.7	339	35.6

连接外部制动电阻到 DCP 和 R1 端子前，必须拔下连接器上的短接片，否则会使驱动器损坏。如图 9-13 所示，制动电阻连接在 DCP 和 R1 两端子上。

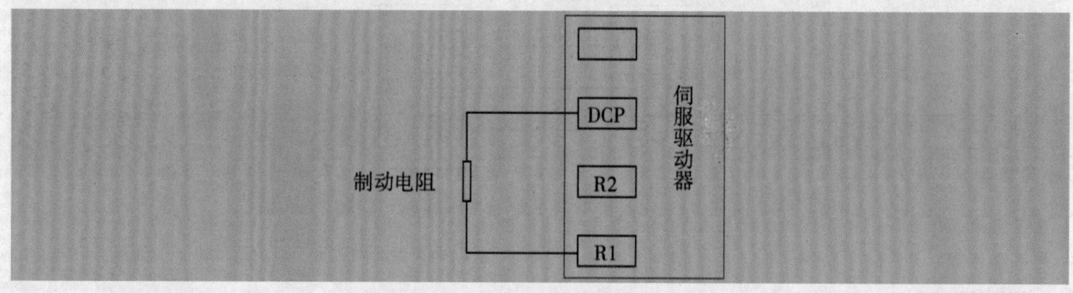

图 9-13 外接制动电阻接线方法

当电机驱动运动平台快速往返运动时，直流母线的电压会升高。若电压达到设定阈值，制动电阻开始工作，散热器温度开始升高（>100℃）。若报警 A52901 和 A5000 同时出现，需要将内部制动电阻转换为外部制动电阻。用户可以根据表 9-12 选择外部制动电阻。

表 9-12 外部制动电阻的选择

西门子 V90		电阻 /Ω	最大功率 /kW	额定功率 /W	最大能量 /kJ
电源	外形尺寸				
单相 / 三相，AC 200V 至 AC 240 V	FSA	150	1.09	20	0.8
	FSB	100	1.64	21	1.23
	FSC	50	3.28	62	2.46
三相，AC 220V 至 AC 240 V	FSD（1kW）	50	3.28	62	2.46
	FSD（1.5~2kW）	25	6.56	123	4.92
三相，AC 380V 至 AC 480 V	FSAA	533	1.2	30	2.4
	FSA	160	4	100	8
	FSB	70	9.1	229	18.3
	FSC	27	23.7	1185	189.6

4 USB 输出端口介绍

西门子 V90 伺服驱动器 USB 输出端口如图 9–14 所示。

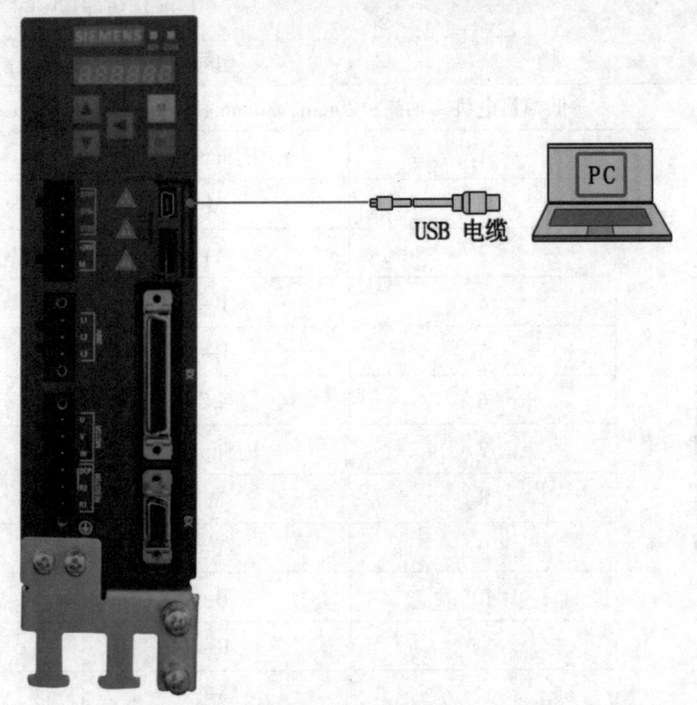

图 9-14 西门子 V90 伺服驱动器 USB 输出端口

5 并行 IO 连接器 X8 介绍

并行 IO 连接器 X8 端子分布如图 9–15 所示。

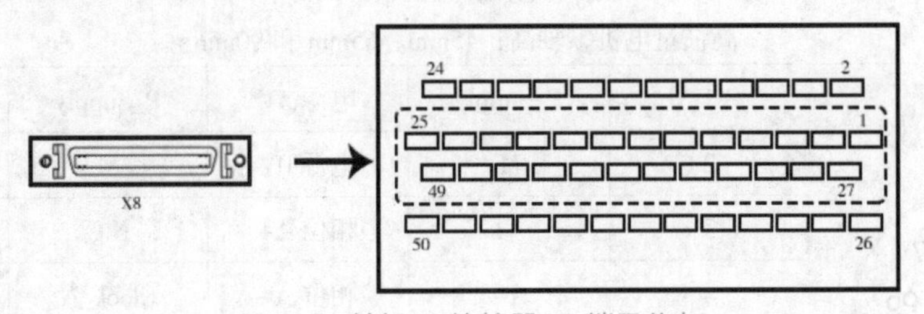

图 9-15 并行 IO 连接器 X8 端子分布

6 编码器连接器 X9 介绍

西门子 V90 200V 系列伺服驱动器仅支持增量式编码器，而西门子 V90 400V 系列伺服驱动器支持增量式编码器和绝对值式编码器。低惯量和高惯量电机的编码器连接方式不一样，在连接时需要按照接线图接线。西门子 V90 200V 系列和 400V 系列伺服驱动器编码器连接器介绍见表 9-13 和表 9-14。

表 9-13 西门子 V90 200V 系列伺服驱动器编码器连接器介绍

示意图	针脚号	增量式编码器	
		信号	描述
低惯量电机，轴高：20mm、30mm 和 40mm			
	1	P_Supply	电源 5V
	2	M	电源 0V
	3	A+	相位 A+
	4	B+	相位 B+
	5	R+	相位 R+
	6	N.C	未连接
	7	P_Supply	电源 5V
	8	M	电源 0V
	9	A–	相位 A–
	10	B–	相位 B–
	11	R–	相位 R–
	12	屏蔽	接地

表 9-14 西门子 V90 400V 系列伺服驱动器编码器连接器介绍

示意图	针脚号	增量式编码器（用于低惯量电机）		绝对值式编码器（用于高惯量电机）	
		信号	描述	信号	描述
低惯量电机，轴高：50mm 高惯量电机，轴高：45mm、65mm 和 90mm					
	1	P_Supply	电源 5V	P_Supply	电源 5V
	2	M	电源 0V	M	电源 0V
	3	A+	相位 A+	N.C	未连接
	4	A–	相位 A–	Clock_N	反相时钟
	5	B+	相位 B+	DATA_P	数据
	6	B–	相位 B–	Clock_P	时钟
	7	R+	相位 R+	N.C	未连接
	8	R–	相位 R–	DATA_N	反相数据

9.7.2 位置控制模式配线图

位置控制模式配线图如图 9-16 所示。

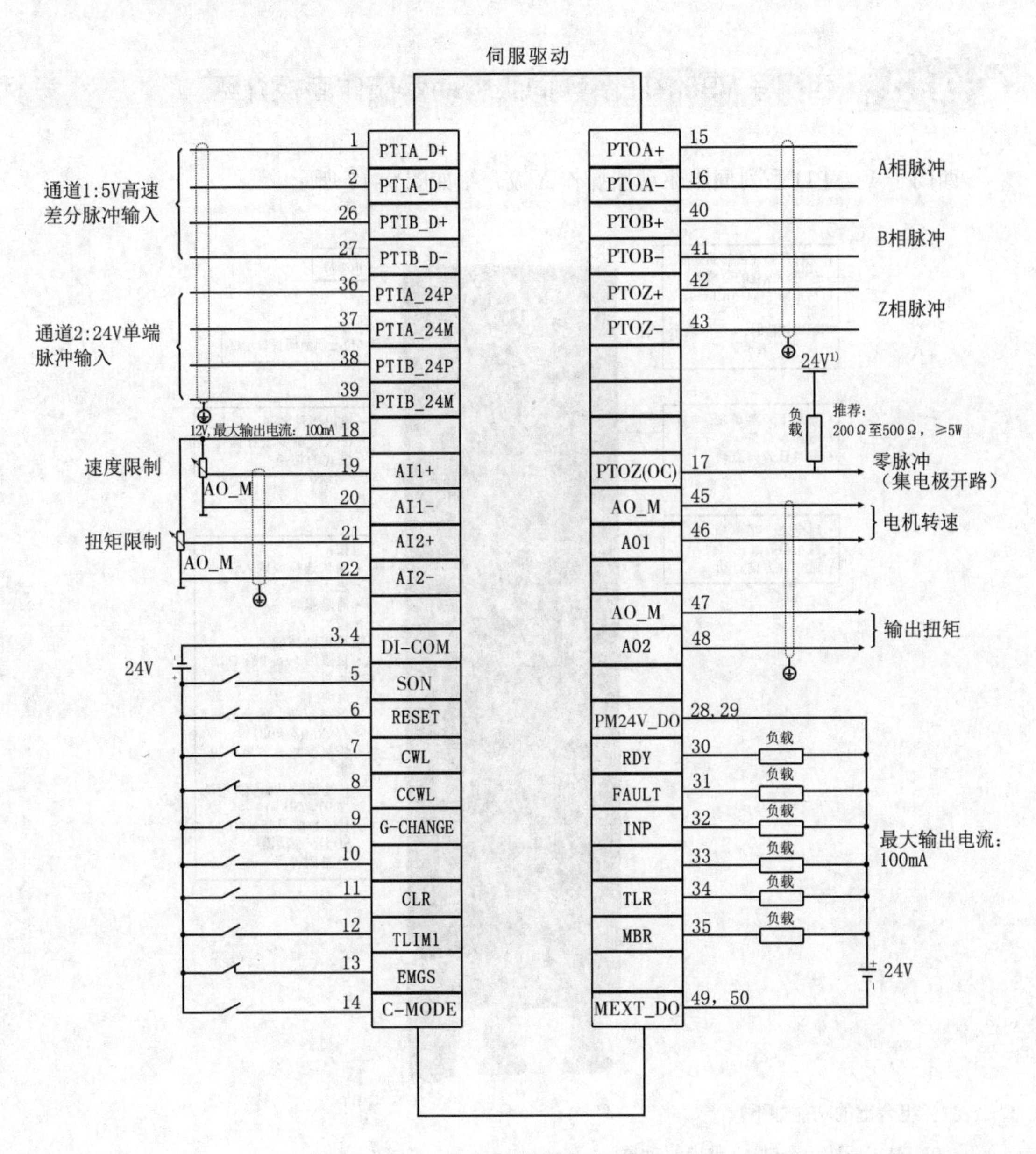

图 9-16 位置控制模式配线图

9.8 西门子 V90 PTI 系列伺服驱动器操作面板介绍和参数设定

9.8.1 西门子 V90 PTI 系列伺服驱动器操作面板介绍

西门子 V90 PTI 系列伺服驱动器操作面板介绍如图 9-17 所示。

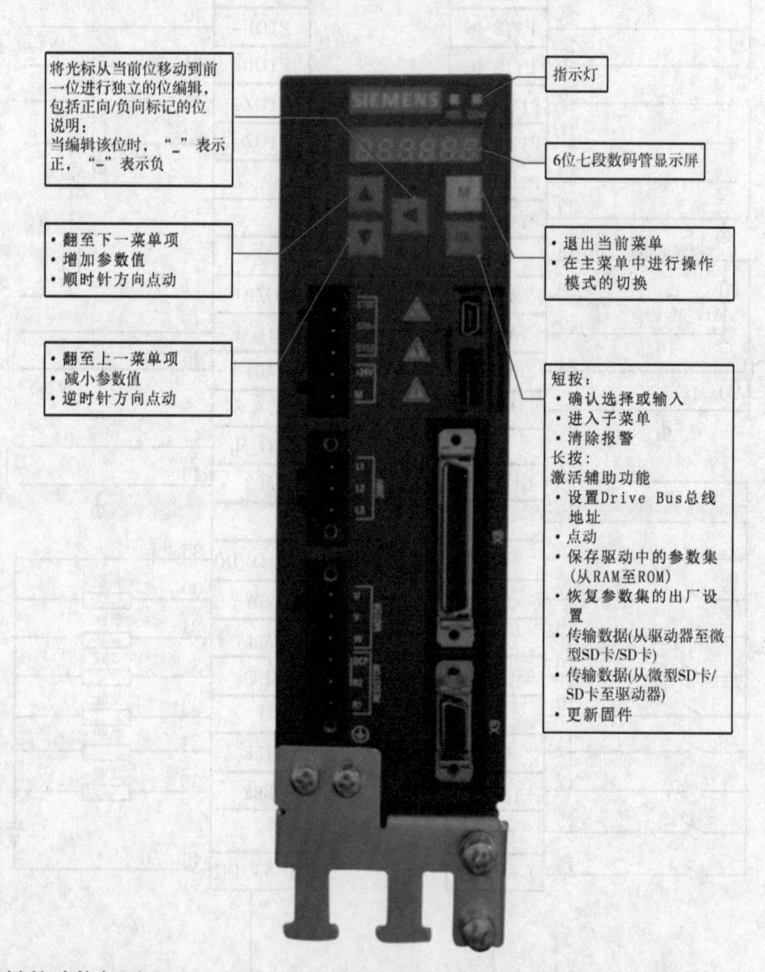

注：组合键的功能如下。

OK+M：长按组合键 4s 重启驱动器。

▲ + ◀：当右上角显示⌜时，向左移动当前显示页，如 00.000。

▼ + ◀：当右上角显示⌟时，向右移动当前显示页，如 0010。

图 9-17 西门子 V90 PTI 系列伺服驱动器面板介绍

面板上指示灯的状态如图 9–18 所示，指示灯状态说明见表 9–15。

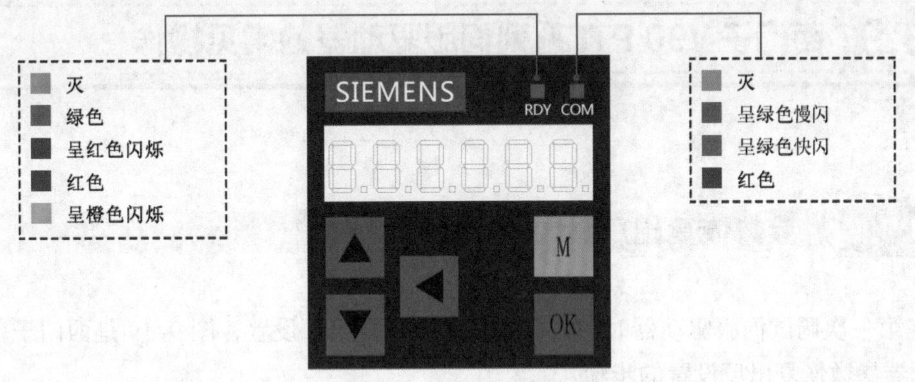

图 9-18 指示灯的状态

表 9-15 指示灯的状态说明

指示灯	颜色	状态	描述
RDY	—	灭	控制板无 24V 直流输入
	绿色	常亮	驱动器处于伺服开状态
	红色	常亮	驱动器处于伺服关状态或启动状态
		以 1Hz 频率闪烁	存在报警或故障
COM	—	灭	未启动与 PC 的通信
	绿色	以 0.5Hz 频率闪烁	启动与 PC 的通信
		以 2Hz 频率闪烁	微型 SD 卡 /SD 卡正在工作（读取或写入）
	红色	常亮	与 PC 通信发生错误

9.8.2 西门子 V90 PTI 系列伺服驱动器的参数设定

参数定义分为 3 大群组，分别是 Para 可编辑参数、Data 只读参数数据、FUNC 功能组参数。Para 共分七组参数：POA，基本；POB，增益调整；POC，速度控制；POD，扭矩控制；POE，位置控制；POF，IO；P ALL，所有参数。

在调试参数的过程中，七段数码管字母显示请参照表 8–26。

9.9 西门子 V90 PTI 系列伺服驱动器的常见操作

9.9.1 参数恢复出厂设置

在第一次调试伺服驱动器时往往需要将参数恢复出厂设置，图 9-19 是西门子 V90 伺服驱动器参数恢复出厂设置的步骤。

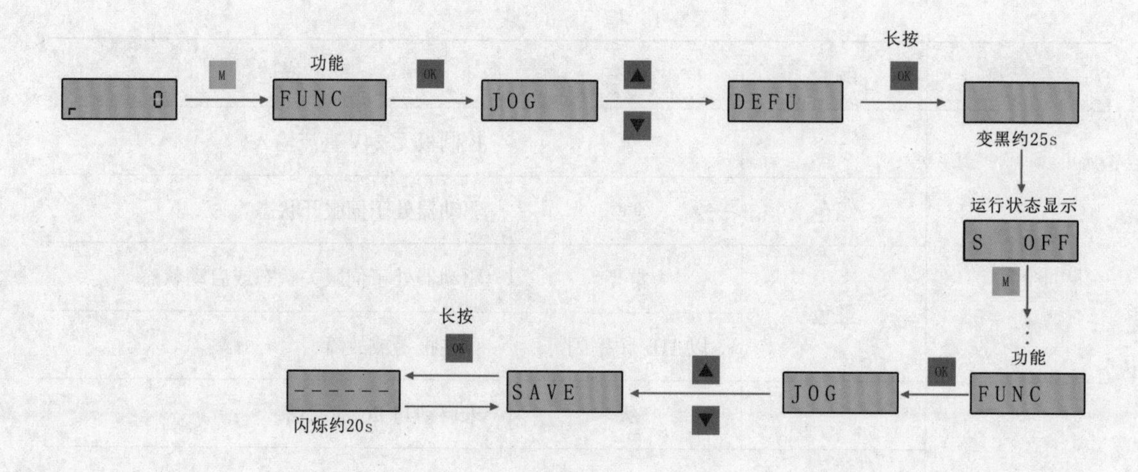

图 9-19 参数恢复出厂设置

9.9.2 参数保存

此功能用于将驱动器 RAM 中的参数保存至 ROM。图 9-20 是西门子 V90 伺服驱动器参数保存的步骤。

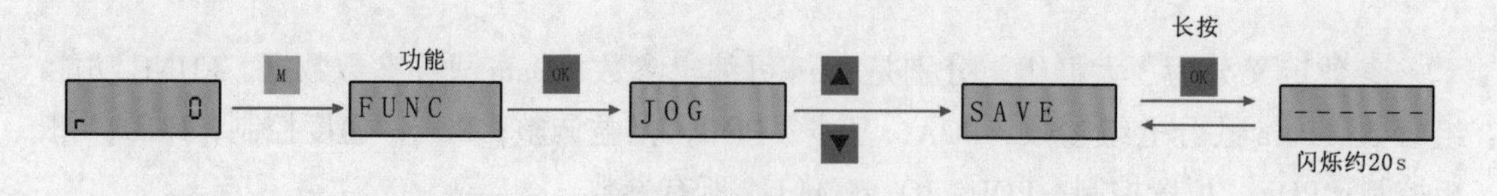

图 9-20 参数保存

9.9.3 JOG 点动参数设置

JOG 功能可以运行连接的电机和查看点动转速或扭矩。为确保电机正常运行，数字量信号 EMGS 、行程限制信号（CWL/CCWL）必须保持在高电平 1 或修改 P29300 为 16#46（2#1000110），且完成 JOG 点动设置后，需要退出 JOG 模式才可操作伺服驱动器的其他功能。西门子 V90 伺服驱动器 JOG 点动参数设置的步骤如图 9-21 所示。

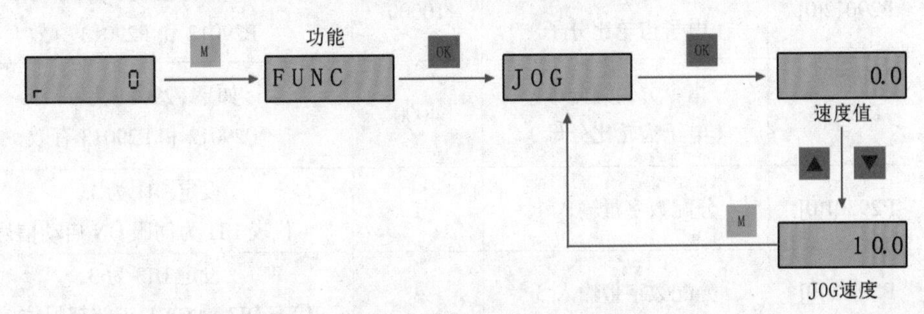

图 9-21 JOG 点动参数设置

9.10 西门子 V90 PTI 系列伺服驱动器的位置控制参数设置

伺服驱动装置工作于位置控制模式下。S7-1200 PLC 的 Q0.0 输出脉冲作为伺服驱动器的位置指令，脉冲数量决定了伺服电机的旋转位移，即机械手的直线位移，脉冲频率决定了伺服电机的旋转速度，即机械手的运动速度。S7-1200 PLC 的 Q0.0 输出脉冲作为伺服驱动器的方向指令。对于控制要求较为简单的装置，伺服驱动器可采用自动增益调整模式。西门子 V90 PTI 系列伺服驱动器位置控制参数设置如表 9-16 所示。

表 9-16 西门子 V90 PTI 系列伺服驱动器位置控制参数设置

序号	参数		设置数值	功能和含义
	参数号	参数名称		
1	P29002	BOP 面板显示	0	BOP 面板显示选择
2	P29003	控制模式设定	0	位置控制
3	P29014	选择脉冲输入电压级别	1	“0”表示 5V，“1”表示 24V
4	P29010	选择输入脉冲形式	0	指令脉冲输入方式设置为脉冲序列+符号

续表

序号	参数		设置数值	功能和含义
	参数号	参数名称		
5	P29011	电机每旋转一圈的脉冲数	4000	设定相当于电机每旋转 1 圈的指令脉冲数。“4000”代表发 4000 个脉冲电机旋转一圈
6	P29012[0]	指令分倍频分子（电子齿轮比分子）	10000	如果 P29011 为 0，P29012 和 P29013 有效
7	P29013	指令分倍频分母（电子齿轮比分母）	4000	如果 P29011 为 0，P29012 和 P29013 有效
8	P29301[0]	分配数字量输入 1	1	设定 DI1 为 1，代表 DI1 为伺服 ON 启动信号
9	P29303[0]	分配数字量输入 3	3	设定 DI3 为 3，代表 DI3 为 CWL 正转超限位信号
10	P29304[0]	分配数字量输入 4	4	设定 DI4 为 4，代表 DI4 为 CCWL 反转超限位信号

9.11 西门子 V90 PTI 系列伺服驱动器的位置控制参数详细说明

1 P29002（BOP 面板显示）设定

P29002 设定如表 9-17 所示。

表 9-17 P29002（BOP 面板显示）设定

设定值	含义
0	实际速度（默认值）
1	直流电压
2	实际扭矩
3	实际位置
4	位置跟随误差

设置参数：将 P29002 设为 0，表示实际速度。

2 P29003 控制模式设定

P29003 控制模式设定如表 9–18 所示。

表 9-18 P29003 控制模式设定

设定值	含义
0	通过脉冲序列输入（PTI）进行位置控制
1	内部设定值位置控制（IPos）
2	速度控制（S）
3	扭矩控制（T）

设置参数：将 P29003 设为 0，表示位置控制模式。

3 P29014 脉冲输入电压级别设定

P29014 可选择设定脉冲的逻辑级别，如表 9–19 所示。

表 9-19 脉冲输入电压级别设定

设定值	含义
0	5V
1	24V

设置参数：将 P29014 设为 1，表示脉冲输入电压级别为 24V。

4 P29010 脉冲输入形式设定

P29010 可选择设定脉冲输入形式。修改 P29010 之后，参考点会丢失， 参数 A7461 将提醒用户重新找回参考点。

脉冲输入形式设定如表 9–20 所示。

表 9-20 脉冲输入形式设定

设定值	含义
0	脉冲 + 方向，正逻辑
1	AB 相，正逻辑
2	脉冲 + 方向，负逻辑
3	AB 相，负逻辑

设置参数：将 P29010 设为 0，表示脉冲输入形式为脉冲 + 方向。

P29011 电机每旋转一圈的脉冲数设定

P29011 用于设定电机每转一圈的脉冲数。当脉冲数达到这一值时，伺服电机转一圈。

当该值为 0 时，所需的脉冲数取决于电子齿轮比，即 P29012 和 P29013。

P29012[0] 指令分倍频分子（电子齿轮比分子）

对于使用绝对值式编码器的伺服系统， P29012 的取值范围为 1~10000。共有 4 个电子齿轮比分子，通过配置数字量输入信号 EGEAR 可以选择其中的 1 个电子齿轮比分子。关于分子计算的更多信息，请参见 SINAMICS V90 操作说明或通过 SINAMICS V–ASSISTANT 计算。当 P29011 为 0 时，P29012 起作用。

P29013 指令分倍频分母（电子齿轮比分母）

当 P29011 为 0 时，P29013 起作用。

其默认值为 1，功能选择参照表 9–21。

表 9-21 数字量输入信号 DI（PTI 模式）的功能

DI 功能	设置参数值	DI 功能	设置参数值	DI 功能	设置参数值	DI 功能	设置参数值
SON	1	EGEAR1	8	SPD1	15	POS2	22
RESET	2	EGEAR2	9	SPD2	16	POS3	23
CWL	3	TLIMT1	10	SPD3	17	REF	24
CCWL	4	TLIMT2	11	TSET	18	SREF	25
G–CHANGE	5	CWE	12	SLIMT1	19	STEPF	26
P–TRG	6	CCWE	13	SLIMT2	20	STEPB	27
CLR	7	ZSCLAMP	14	POS1	21	STEPH	28

设置参数：将 P29301 设为 1，表示 DI1 端子为伺服 SON 信号。

P29302[0] 分配数字量 DI2 输入

其默认值为 2，功能选择参照表 9–21。

设置参数：将 P29302 设为 2，表示 DI2 端子为伺服复位信号。

P29303[0] 分配数字量 DI3 输入

其默认值为 3，功能选择参照表 9–21。

设置参数：将 P29303 设为 3，表示 DI3 端子为伺服正限位信号。

P29304[0] 分配数字量 DI4 输入

其默认值为 4，功能选择参照表 9–21。

设置参数：将 P29304 设为 4，表示 DI4 端子为伺服负限位信号。

9.12 西门子 V90 PTI 系列伺服驱动器与 S7-1200 PLC 通信控制案例

9.12.1 西门子 V90 PTI 系列伺服驱动器与 S7-1200 PLC 的接线

西门子 S7–1200 PLC 的 Q0.0 为高速脉冲，Q0.1 为方向信号。CCWL 端子 8 接限位开关 SQ1，CWL 端子 7 接限位开关 SQ2，快速停止信号端子 13 接按钮开关 SB1，伺服 ON 输入端子 5 接按钮开关 SB2。西门子 V90 PTI 系列伺服驱动器与 S7–1200 PLC 的完整接线如图 9–22 所示。

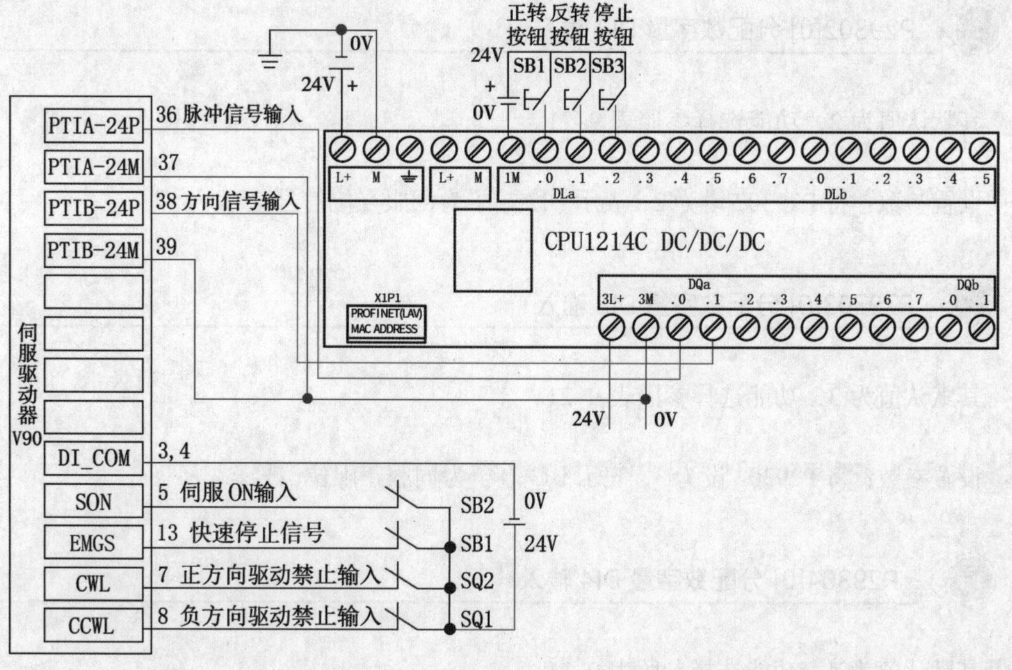

图 9-22 西门子 V90 PTI 系列伺服驱动器与 S7-1200 PLC 的完整接线

9.12.2 电子齿轮比介绍

PLC 发出的脉冲数 × 电子齿轮比 = 编码器接收的脉冲数

P29011 ≠ 0 时，电子齿轮比由编码器分辨率和 P29011 的比值确定，即

$$电子齿轮比 = \frac{编码器的分辨率}{P29011}$$

P29011 = 0 时，电子齿轮比由 P29012 和 P29013 的比值确定，即

$$电子齿轮比 = \frac{P29012}{P29013}$$

【例 9-1】PLC 发 5000 个脉冲，电机旋转 1 圈，如何设置电子齿轮比?

解 电机旋转 1 圈，编码器接收的脉冲数为 10000 个。

方案 1：P29011 ≠ 0 时，编码器接收的脉冲数 = PLC 发出的脉冲数 × $\frac{编码器的分辨率}{P29011}$（电子齿轮比），将数值代入公式：

$$10000=5000 \times \frac{10000}{P29011}$$

得到 P29011=5000，所以电子齿轮比为$\frac{10000}{5000}$。

方案 2：P29011=0 时，编码器接收的脉冲数 = PLC 发出的脉冲数 × $\frac{P29012}{P29013}$（电子齿轮比），将数值代入公式：

$$10000=5000\times\frac{P29012}{P29013}$$

得到$\frac{P29012}{P29013}=\frac{10000}{5000}$，所以电子齿轮比为$\frac{10000}{5000}$。将 P29012 设为 10000，将 P29013 设为 5000。

【例 9-2】丝杠螺距是 4mm，机械减速齿轮比为 1 ：1，西门子 V90 伺服电机编码器的分辨率为 10000，脉冲当量 LU 为 0.001mm（LU 为一个脉冲工件移动的最小位移），如何设置电子齿轮比?

解　电子齿轮比设置见表 9-22。

表 9-22 电子齿轮比设置

<table>
<tr><td>图示</td><td>精度：0.001mm
负载轴
工件
编码器分辨率：10000
滚珠丝杠（螺距：4mm）</td></tr>
<tr><td>机械结构参数</td><td>滚珠丝杠的螺距：4mm
减速齿轮比：1 ：1</td></tr>
<tr><td>编码器分辨率</td><td>10000（西门子 V90 伺服电机编码器）</td></tr>
<tr><td>定义 LU
（脉冲当量）</td><td>1LU=1 μ m=0.001mm</td></tr>
<tr><td>计算负载轴每转的脉冲数</td><td>4mm/0.001mm=4000</td></tr>
<tr><td>计算电子齿轮比</td><td>当 P29011 ≠ 0 时，根据公式编码器接收的脉冲数 = PLC 发出的脉冲数 × $\frac{编码器的分辨率}{P29011}$（电子齿轮比），将数值代入公式：
$$10000=4000\times\frac{10000}{P29011}$$
得到 P29011=4000，所以电子齿轮比为$\frac{10000}{4000}$。
当 P29011=0 时，根据公式编码器接收的脉冲数 = PLC 发出的脉冲数 × $\frac{P29012}{P29013}$（电子齿轮比），将数值代入公式：
$$10000=4000\times\frac{P29012}{P29013}$$
得到$\frac{P29012}{P29013}=\frac{10000}{4000}$，所以电子齿轮比为$\frac{10000}{4000}$</td></tr>
<tr><td>设置参数</td><td>方法 1：将 P29011 设置为 4000，P29012、P29013 不用设置
方法 2：将 P29011 设置为 0，P29012 设置为 10000，P29013 设置为 4000</td></tr>
</table>

9.12.3 PLC 程序控制案例

案例 1：西门子 V90 伺服电机正反转案例

单轴丝杠螺距为 4mm，要求按下正转按钮“I0.0”时电机正转 10 圈，按下反转按钮“I0.1”时电机反转 10 圈，按下停止按钮“I0.2”时电机停止。求对应的脉冲数，并写出相应的程序。本案例运动控制平台示意图如图 9-23 所示，IO 分配表见表 9-23。

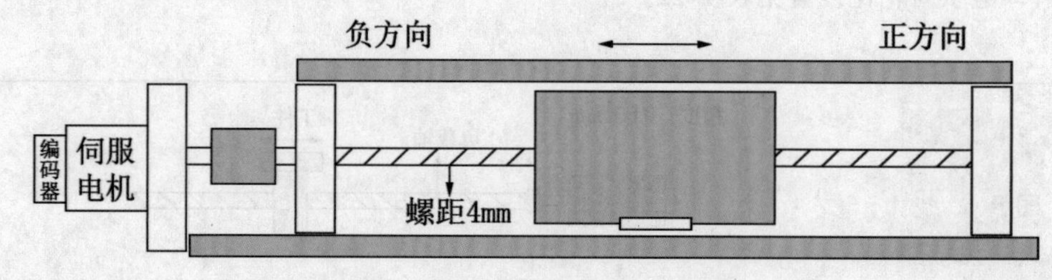

图 9-23 案例 1 运动控制平台示意图

表 9-23 案例 1 IO 分配表

输入	功能	输出	功能
I0.0	正转按钮	Q0.0	脉冲输出口
I0.1	反转按钮	Q0.1	电机运行方向
I0.2	停止按钮		

▶ 程序编写

第一步：电子齿轮比的设置。

为了满足速度和精度的要求，将电机的圈脉冲设为 1600。电机转一圈输入的指令脉冲量 1600 和编码器输出的检测脉冲量 10000 不符合。这时候我们通过伺服放大器虚拟电子齿轮，利用电子齿轮比将指令脉冲量 1600 换算成编码器分辨率 10000，可得到电子齿轮比为：分子 / 分母 =10000/1600。

伺服驱动器电子齿轮比调节参数如下所示。

第一种方法：直接设置圈脉冲，不用设置分子分母参数。

P29011	电机每旋转一圈的脉冲数	1600	10000	设定相当于电机每旋转一圈的指令脉冲数。1600 代表发 1600 个脉冲电机旋转一圈

第二种方法：不设置圈脉冲，但需设置分子分母参数。

P29012	指令分倍频分子（电子齿轮比分子）	10000	1	如果 P29011 为 0，P29012 和 P29013 有效
P29013	指令分倍频分母（电子齿轮比分母）	1600	1	如果 P29011 为 0，P29012 和 P29013 有效

第二步：计算丝杠需要的总脉冲数。

根据题意，要求按下“I0.0”走 10 圈，走 1 圈的脉冲数为 1600，因此可计算丝杠需要的总脉冲数为 10 × 1600=16000。

第三步：硬件组态。

1）添加 CPU

新建项目，添加 CPU，本例使用的为 S7–1200 PLC CPU 1214C DC/DC/DC。

2）添加“轴”

在“工艺对象”中，选择“新增对象”并双击，弹出新增对话框，选择“TO PositioningAxis”，点击“确定”，完成添加“轴”，如图 9–24 所示。

图 9-24 添加轴

3）常规设置

双击“组态”，打开组态画面，在“基本参数”中选择“常规”，将驱动器选择为“PTO”，测量单位选择为“mm”，如图 9–25 所示。在“驱动器”项目中有三个选项：PTO（表示运动控制由脉冲控制）、模拟驱动装置接口（表示运动控制由模拟量控制）、PROFIdrive（表示运动控制由通信控制）。

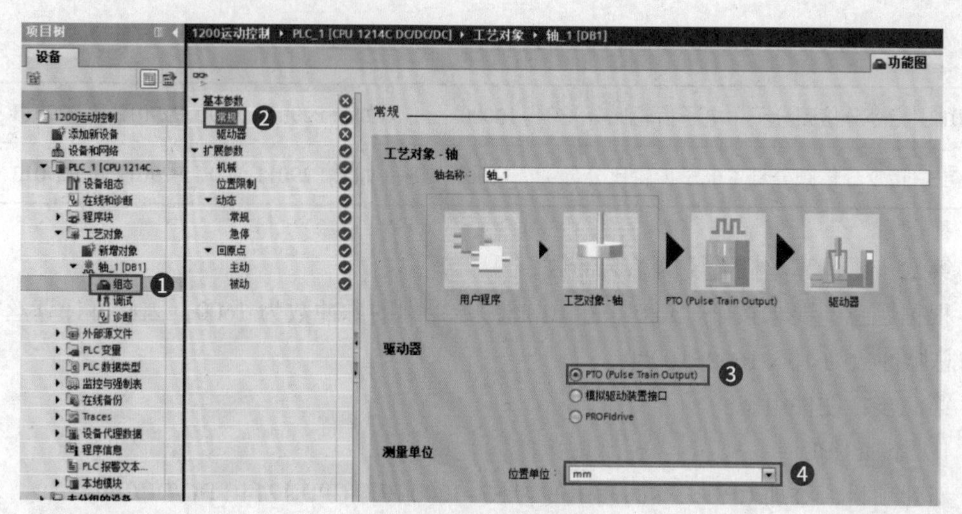

图 9-25 常规设置

4）驱动器设置

在“基本参数”中选择“驱动器”，将“脉冲发生器”设置为“Pulse_1”，将“信号类型”设置为“PTO（脉冲 A 和方向 B）”，将“脉冲输出”设置为“Q0.0”，将“方向输出”设置为“Q0.1”，如图 9–26 所示。

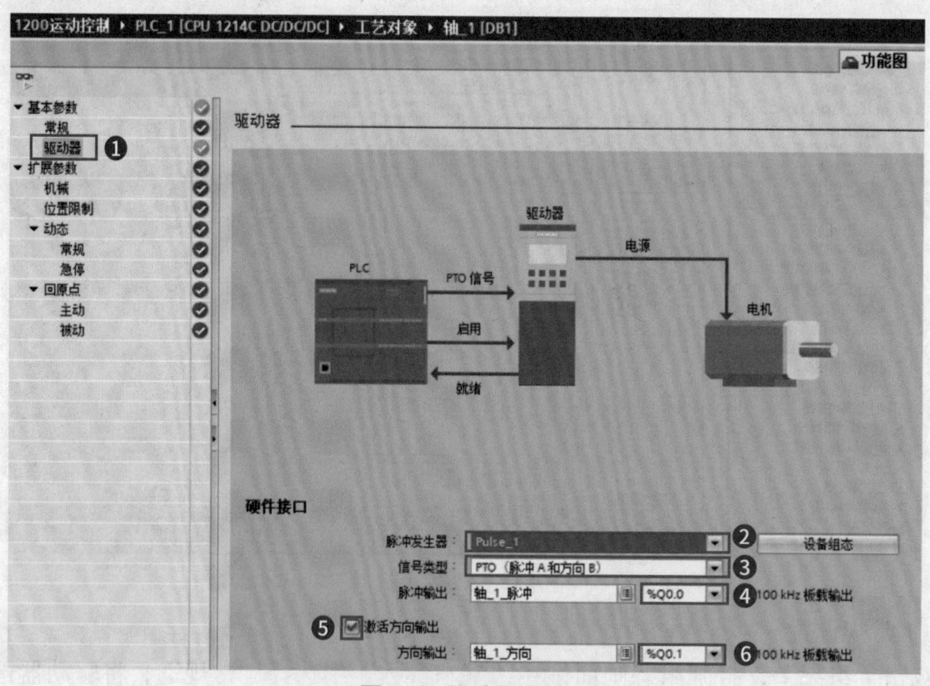

图 9-26 驱动器设置

5）机械设置

在“扩展参数”中选择“机械”，将“电机每转的脉冲数”设置为“1600”，将“电机每转的负载位移”设置为“4.0mm”，如图 9–27 所示。

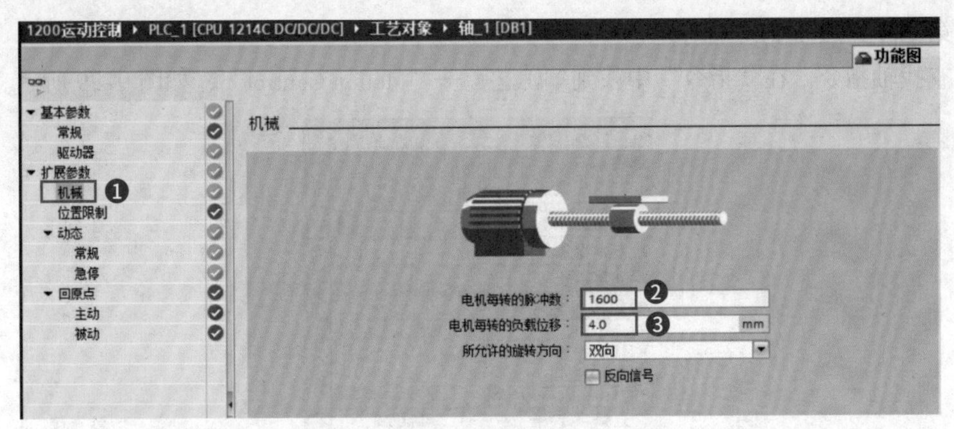

图 9-27 机械设置

6）回原点设置

在“回原点”中选择“主动”，将“输入原点开关”设置为“I0.3”，将“选择电平”设置为“高电平”，将“逼近 / 回原点方向”设置为“负方向”，将“参考点开关一侧”设置为“下侧”，将“逼近速度”设置为“40.0mm/s”，将“回原点速度”设置为“20.0mm/s”，如图 9–28 所示。

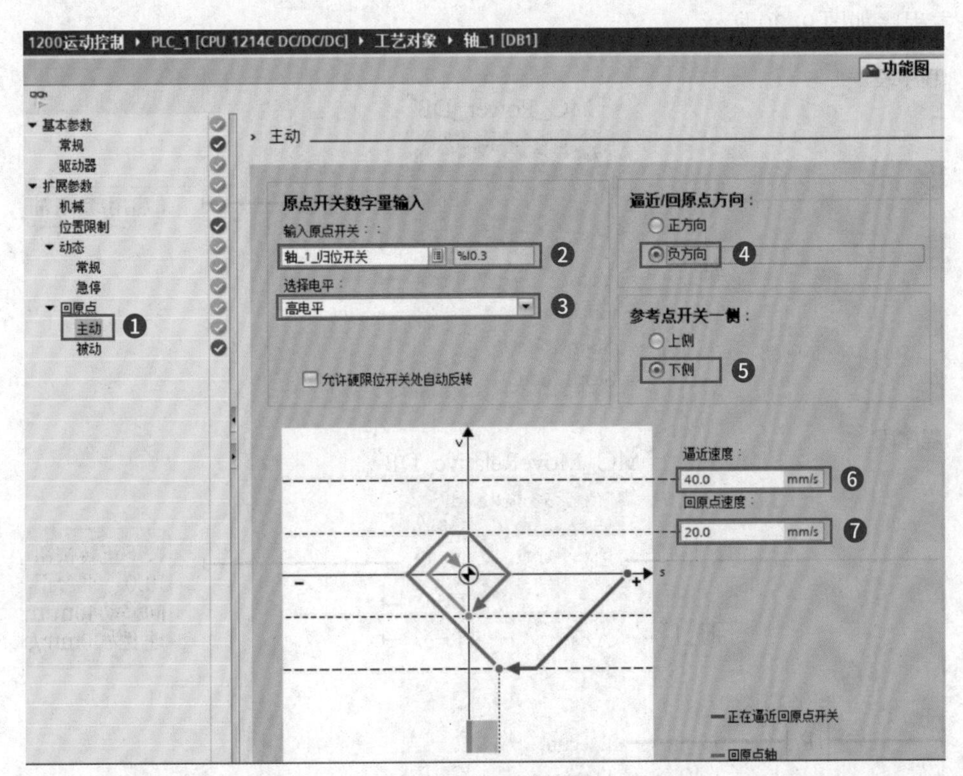

图 9-28 回原点设置

第四步：编写 PLC 程序。

查找轴指令，在“指令”中找到“工艺”→“Motion Control”，如图 9-29 所示。

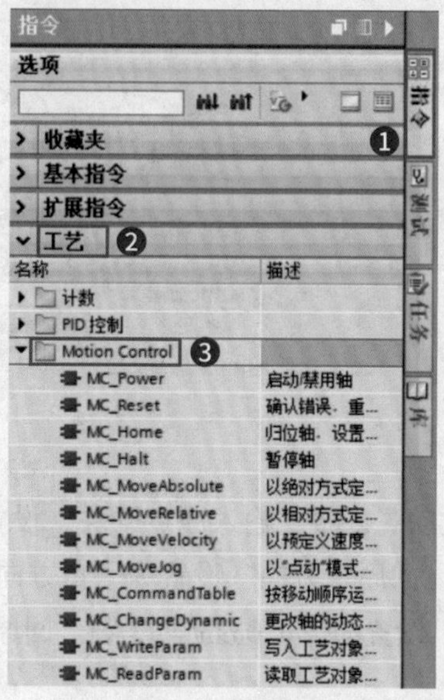

图 9-29 轴指令

主程序如图 9-30 所示。

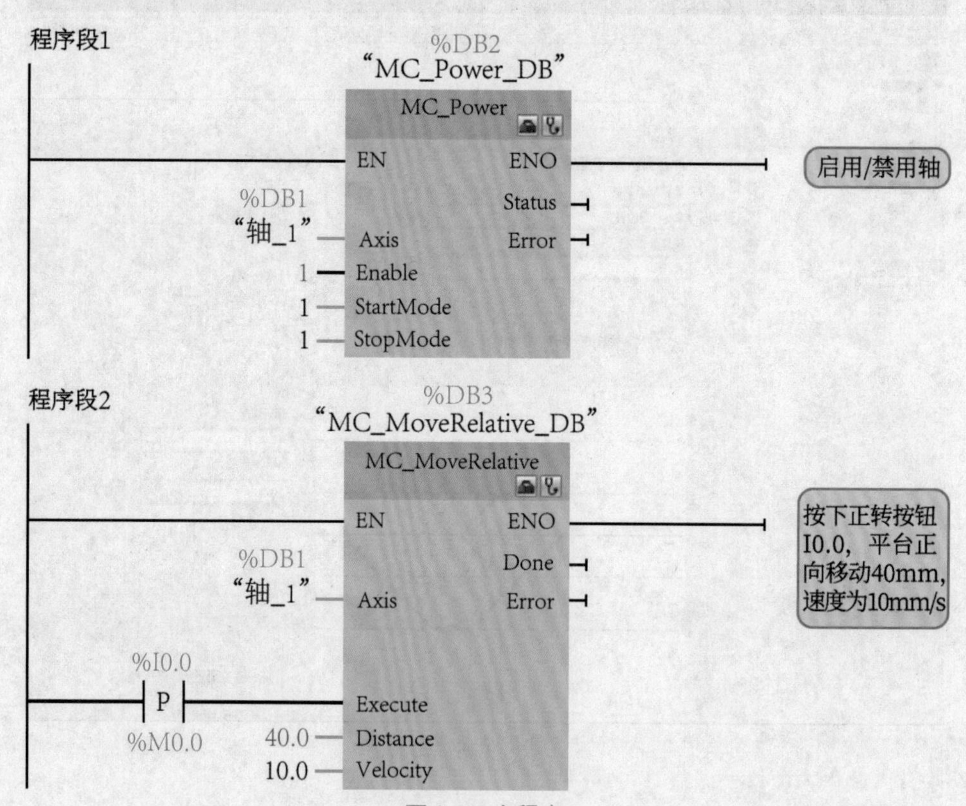

图 9-30 主程序

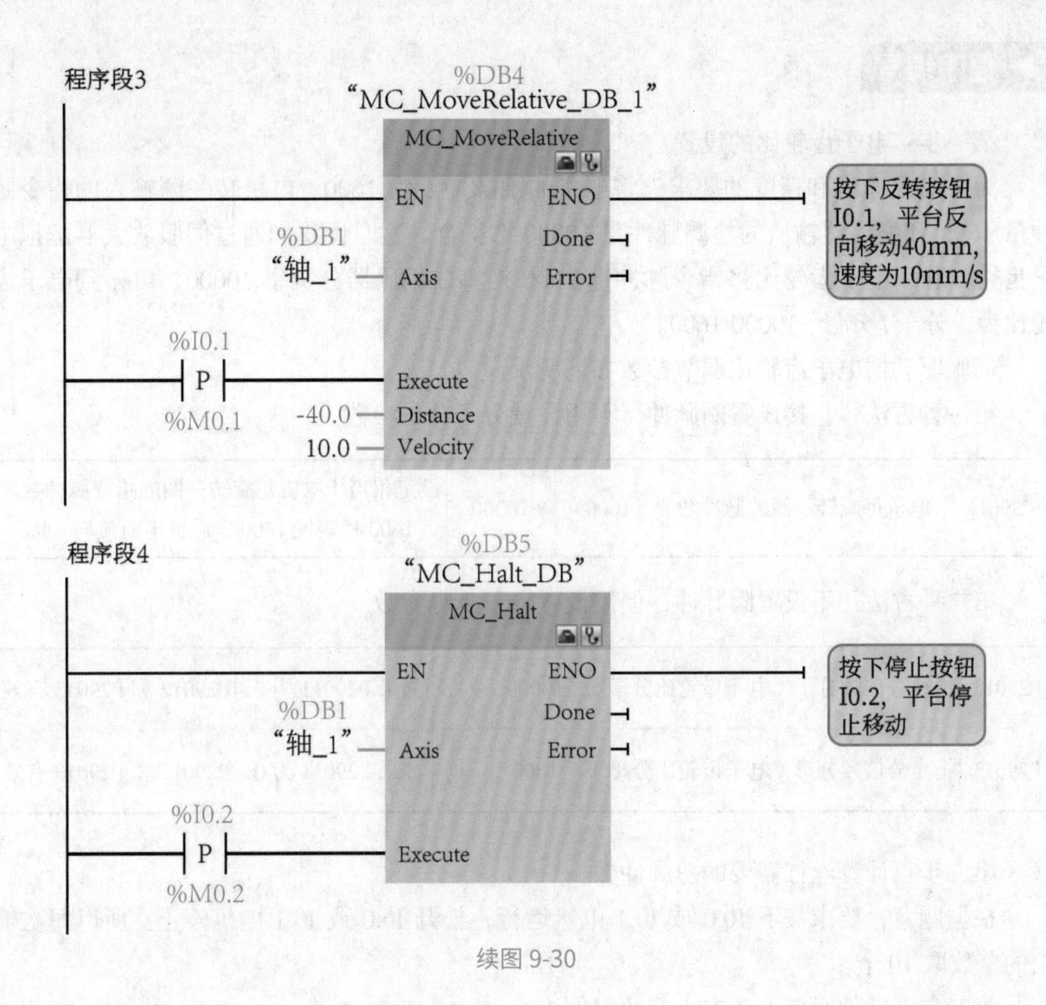

续图 9-30

案例 2：西门子 V90 伺服电机点动案例

单轴丝杠螺距为 4mm，要求按下"I0.0"时点动正转，按下"I0.1"时点动反转，并写出相应的程序。本案例运动控制平台示意图与案例 1 的相同，如图 9-23 所示，IO 分配表见表 9-24。

表 9-24 案例 2 IO 分配表

输入	功能	输出	功能
I0.0	点动正转	Q0.0	脉冲输出口
I0.1	点动反转	Q0.1	电机运行方向

▶ 程序编写

第一步：电子齿轮比的设置。

为了满足速度和精度的要求，将电机的圈脉冲设为 1600。电机转一圈输入的指令脉冲量 1600 和编码器输出的检测脉冲量 10000 不符合。这时候我们通过伺服放大器虚拟电子齿轮，利用电子齿轮比将指令脉冲量 1600 换算成编码器分辨率 10000，可得到电子齿轮比为：分子 / 分母 =10000/1600。

伺服驱动器电子齿轮比调节参数如下所示。

第一种方法：直接设置圈脉冲，不用设置分子分母参数。

P29011	电机每旋转一圈的脉冲数	1600	10000	设定相当于电机每旋转一圈的指令脉冲数。1600 代表发 1600 个脉冲电机旋转一圈

第二种方法：不设置圈脉冲，但需设置分子分母参数。

P29012	指令分倍频分子（电子齿轮比分子）	10000	1	如果 P29011 为 0，P29012 和 P29013 有效
P29013	指令分倍频分母（电子齿轮比分母）	1600	1	如果 P29011 为 0，P29012 和 P29013 有效

第二步：计算丝杠需要的总脉冲数。

根据题意，要求按下 I0.0 或 I0.1 电机运行，松开 I0.0 或 I0.1 电机停止。所以每次输出的个数取 10 个。

第三步：硬件组态参考本小节的案例 1。

第四步：编写 PLC 程序。

查找轴指令，在“指令”中找到“工艺”→“Motion Control”，如图 9-29 所示。

主程序如图 9-31 所示。

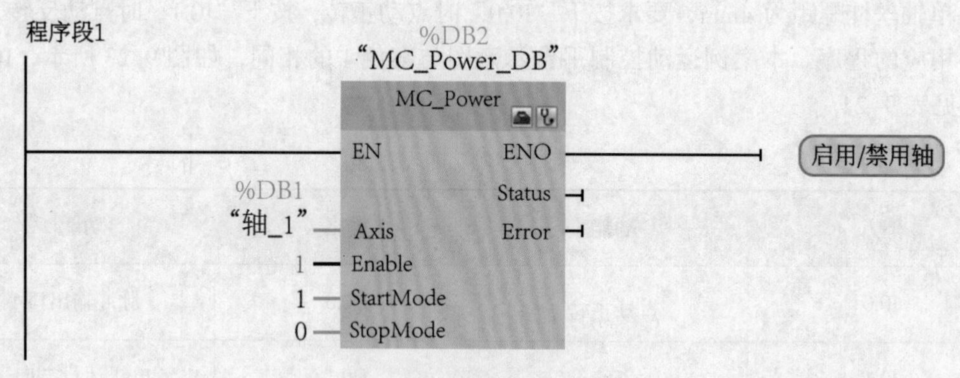

图 9-31 主程序

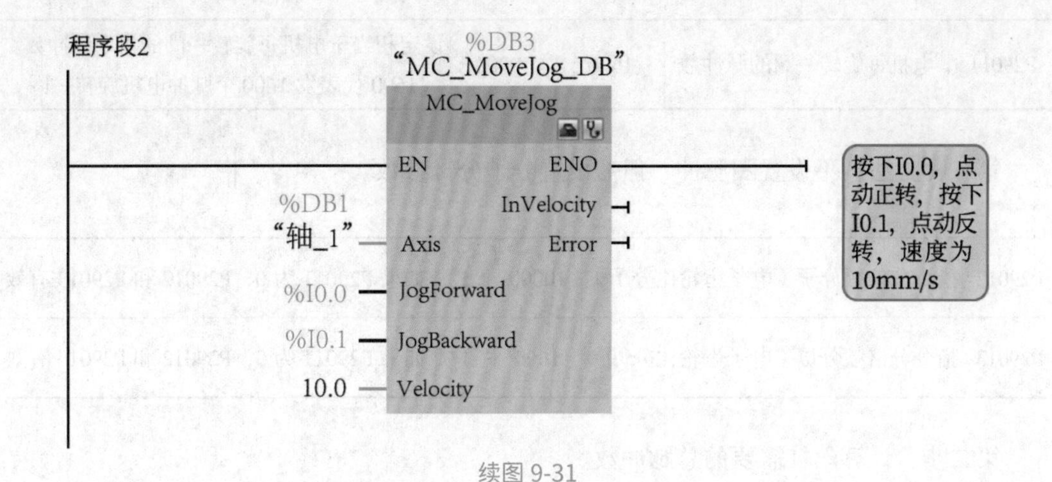

续图 9-31

案例 3：西门子 V90 伺服电机一直正反转案例

单轴丝杠螺距为 4mm，要求按下 "I0.0" 时电机一直正转，按下 "I0.1" 时电机一直反转，按下 I0.2 时电机停止运行，写出相应的程序。本案例运动控制平台示意图与案例 1 的相同，如图 9–23 所示，IO 分配表见表 9–25。

表 9-25 案例 3 IO 分配表

输入	功能	输出	功能
I0.0	正转按钮	Q0.0	脉冲输出口
I0.1	反转按钮	Q0.1	电机运行方向
I0.2	停止按钮		

▶ 程序编写

第一步：电子齿轮比的设置。

为了满足速度和精度的要求，将电机的圈脉冲设为 1600。电机转一圈输入的指令脉冲量 1600 和编码器输出的检测脉冲量 10000 不符合。这时候我们通过伺服放大器虚拟电子齿轮，利用电子齿轮比将指令脉冲量 1600 换算成编码器分辨率 10000，可得到电子齿轮比为：分子 / 分母 =10000/1600。

伺服驱动器电子齿轮比调节参数如下所示。

第一种方法：直接设置圈脉冲，不用设置分子分母参数。

P29011	电机每旋转一圈的脉冲数	1600	10000	设定相当于电机每旋转一圈的指令脉冲数。1600 代表发 1600 个脉冲电机旋转一圈

第二种方法：不设置圈脉冲，但需设置分子分母参数。

P29012	指令分倍频分子（电子齿轮比分子）	10000	1	如果 P29011 为 0，P29012 和 P29013 有效
P29013	指令分倍频分母（电子齿轮比分母）	1600	1	如果 P29011 为 0，P29012 和 P29013 有效

第二步：计算丝杠需要的总脉冲数。

根据题意，要求按下 I0.0 电机一直正转，按下 I0.1 电机一直反转。

第三步：硬件组态参考本小节案例 1。

第四步：编写 PLC 程序。

查找轴指令，在“指令”中找到“工艺”→“Motion Control”，如图 9-29 所示。

主程序如图 9-32 所示。

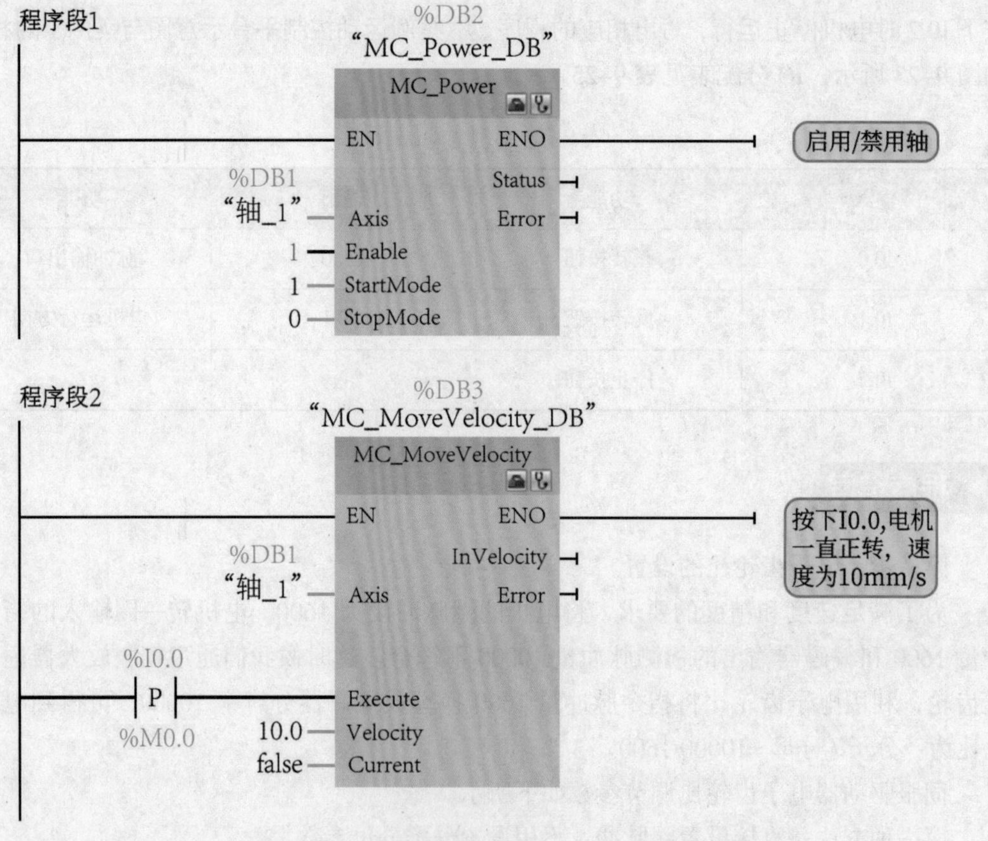

图 9-32 主程序

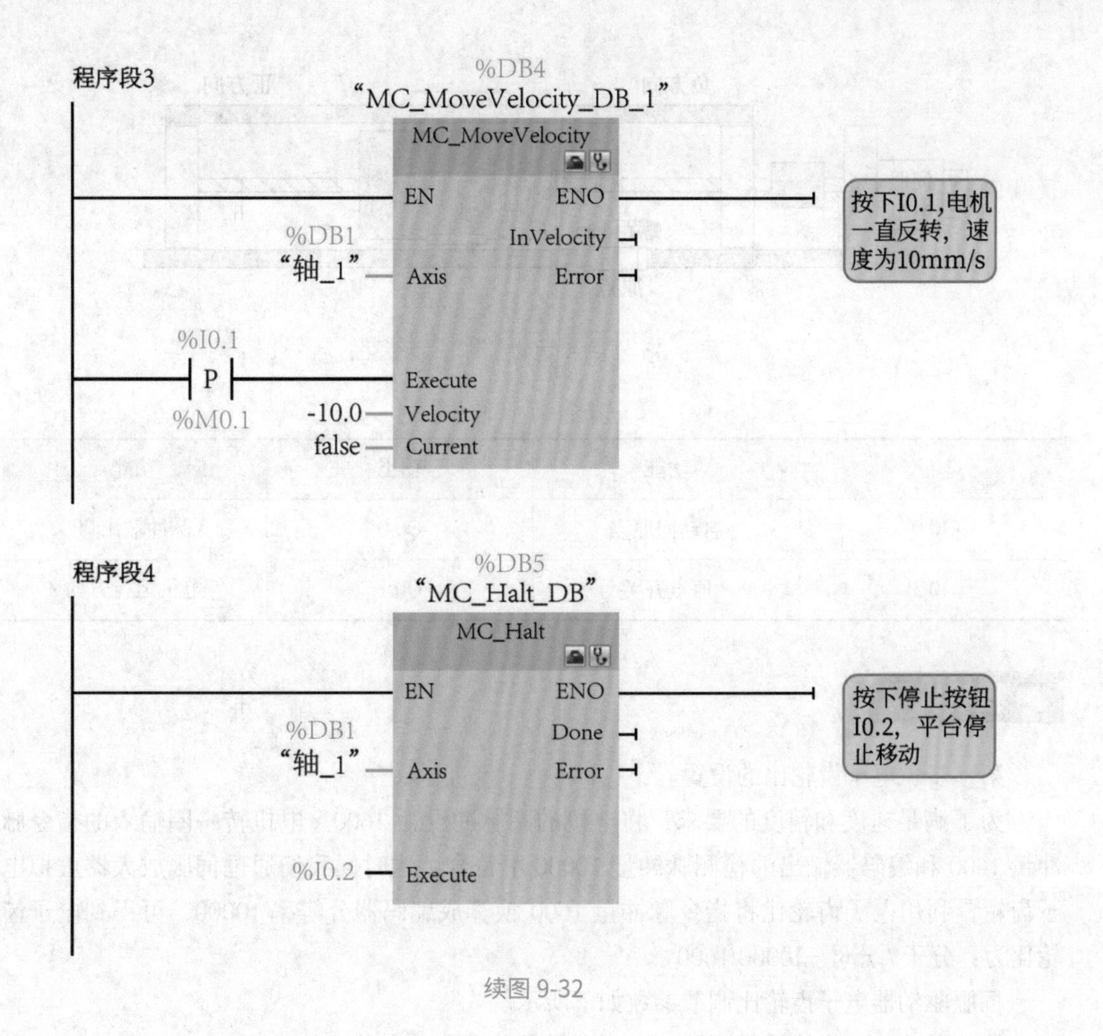

续图 9-32

案例 4：西门子 V90 伺服电机回原点案例

单轴丝杠螺距为 4mm，要求按下“I0.0”电机开始回原点，碰到 I0.3 时电机停止，回原点完成，写出相应的程序。本案例运动控制平台示意图如图 9–33 所示，IO 分配表见表 9–26。

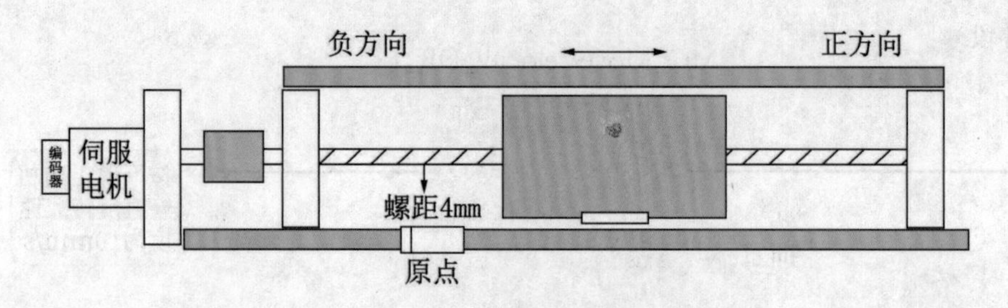

图 9-33 案例 4 运动控制平台示意图

表 9-26 案例 4 IO 分配表

输入	功能	输出	功能
I0.0	启动回原点	Q0.0	脉冲输出口
I0.3	原点开关	Q0.1	电机运行方向

▶ 程序编写

第一步：电子齿轮比的设置。

为了满足速度和精度的要求，将电机的圈脉冲设为 1600。电机转一圈输入的指令脉冲量 1600 和编码器输出的检测脉冲量 10000 不符合。这时候我们通过伺服放大器虚拟电子齿轮，利用电子齿轮比将指令脉冲量 1600 换算成编码器分辨率 10000，可得到电子齿轮比为：分子 / 分母 =10000/1600。

伺服驱动器电子齿轮比调节参数如下所示。

第一种方法：直接设置圈脉冲，不用设置分子分母参数。

P29011	电机每旋转一圈的脉冲数	1600	10000	设定相当于电机每旋转一圈的指令脉冲数。1600 代表发 1600 个脉冲电机旋转一圈

第二种方法：不设置圈脉冲，但需设置分子分母参数。

P29012	指令分倍频分子（电子齿轮比分子）	10000	1	如果 P29011 为 0，P29012 和 P29013 有效
P29013	指令分倍频分母（电子齿轮比分母）	1600	1	如果 P29011 为 0，P29012 和 P29013 有效

第二步：计算丝杠需要的总脉冲数。

根据题意，要求按下 I0.0 时电机一直反转，碰到 I0.3 时停止。

第三步：硬件组态参考本小节案例 1。

第四步：编写 PLC 程序。

查找轴指令，在“指令”中找到“工艺”、“Motion Control”，如图 9-29 所示。

主程序如图 9-34 所示。

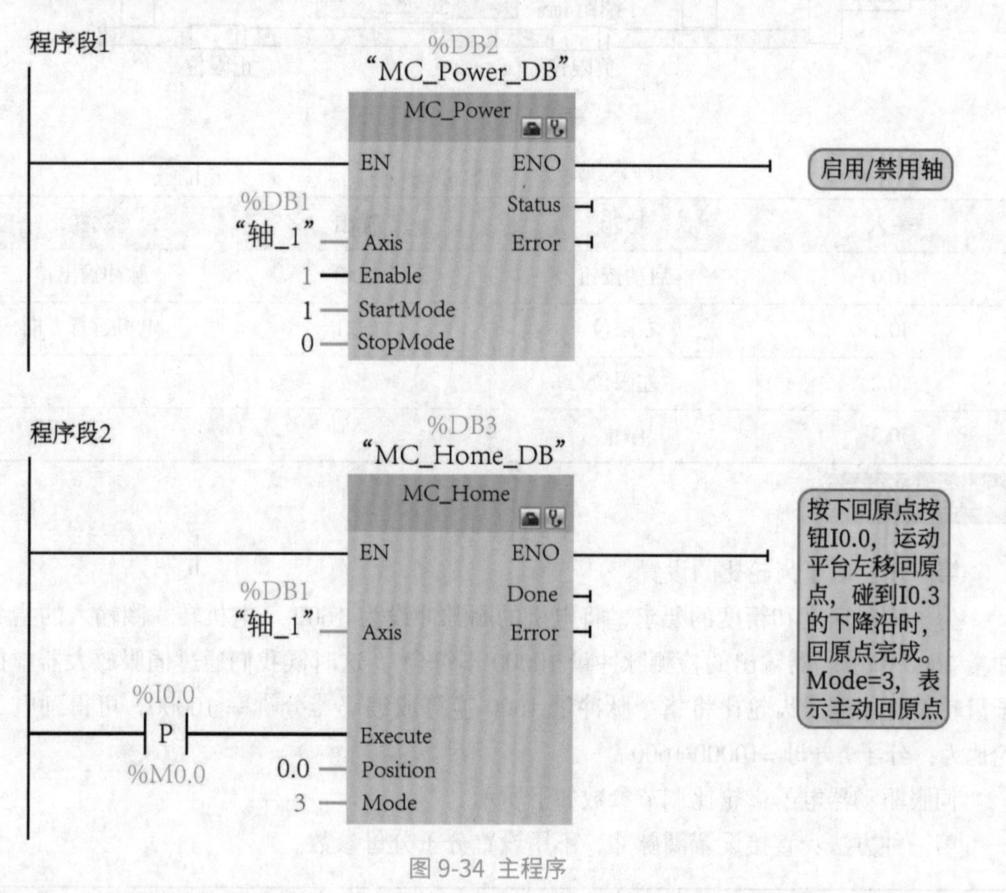

图 9-34 主程序

案例 5：西门子 V90 伺服电机自动往返案例

单轴丝杠螺距为 4mm，要求按下启动按钮“I0.0”时电机开始正转，碰到右限位开关 I0.1 时电机反转，碰到左限位开关 I0.2 时电机正转，按下 I0.3 时电机停止运行，写出相应的程序。本案例运动控制平台示意图如图 9-35 所示，IO 分配表见表 9-27。

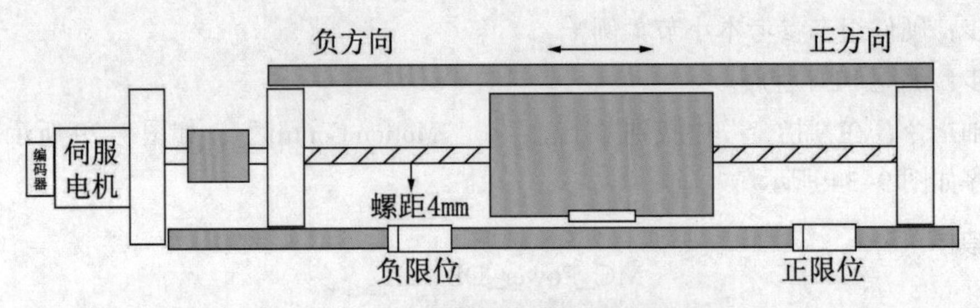

图 9-35 案例 5 运动控制平台示意图

表 9-27 案例 5 IO 分配表

输入	功能	输出	功能
I0.0	启动按钮	Q0.0	脉冲输出口
I0.1	右限位	Q0.1	电机运行方向
I0.2	左限位		
I0.3	停止		

▶ 程序编写

第一步：电子齿轮比的设置。

为了满足速度和精度的要求，将电机的圈脉冲设为 1600。电机转一圈输入的指令脉冲量 1600 和编码器输出的检测脉冲量 10000 不符合 。这时候我们通过伺服放大器虚拟电子齿轮，利用电子齿轮比将指令脉冲量 1600 换算成编码器分辨率 10000，可得到电子齿轮比为：分子 / 分母 =10000/1600。

伺服驱动器电子齿轮比调节参数如下所示。

第一种方法：直接设置圈脉冲，不用设置分子分母参数。

P29011	电机每旋转一圈的脉冲数	1600	10000	设定相当于电机每旋转一圈的指令脉冲数。1600 代表发 1600 个脉冲电机旋转一圈

第二种方法：不设置圈脉冲，但需设置分子分母参数。

P29012	指令分倍频分子（电子齿轮比分子）	10000	1	如果 P29011 为 0，P29012 和 P29013 有效
P29013	指令分倍频分母（电子齿轮比分母）	1600	1	如果 P29011 为 0，P29012 和 P29013 有效

第二步：计算丝杠需要的总脉冲数。

要求按下启动按钮“I0.0”时电机开始正转，碰到右限位开关 I0.1 时电机反转，碰到左限位开关 I0.2 时电机正转。

第三步：硬件组态参考本小节案例 1。

第四步：编写 PLC 程序。

查找轴指令，在“指令”中找到“工艺”→“Motion Control”，如图 9–29 所示。

主程序如图 9–36 所示。

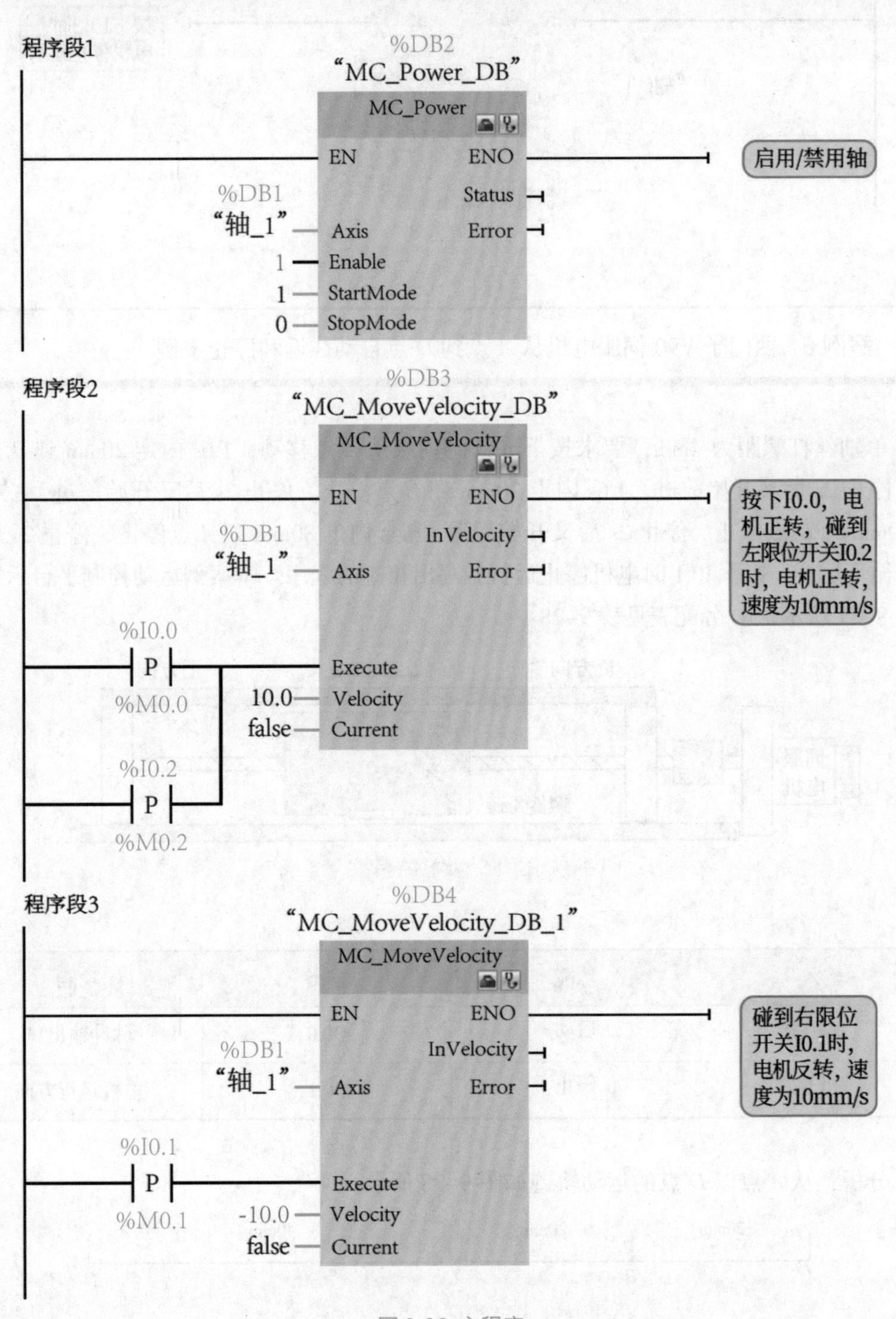

图 9-36 主程序

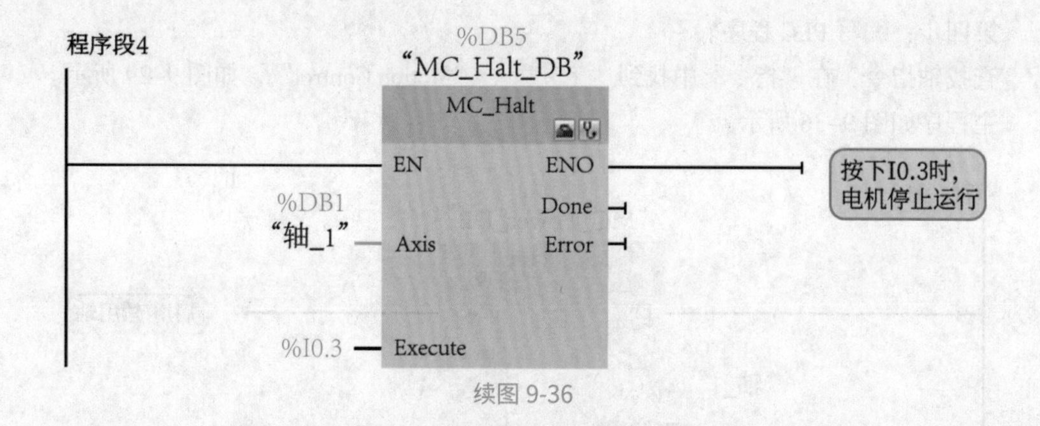

续图 9-36

案例 6：西门子 V90 伺服电机从 *A* 点到 *D* 点自动往返和停止案例

单轴丝杠螺距为 4mm，要求按下 I0.0 时伺服从 *A* 点移动，1.6s 内走 20mm 到 *B* 点停止。停止 2s 后又开始前进，1.6s 内走 20mm 到 *C* 点停止。停止 2s 后又开始前进，3.2s 内走 40mm 到 *D* 点停止。停止 2s 后又开始后退，6.4s 内走 80mm 到 *A* 点停止，停止 2s 后，开始循环运行，按下 I0.1 时电机停止运行，写出相应的程序。本案例运动控制平台示意图如图 9–37 所示，IO 分配表见表 9–28。

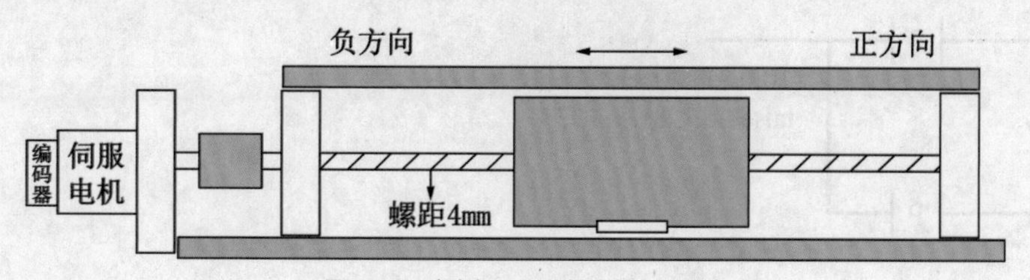

图 9-37 案例 6 运动控制平台示意图

表 9-28 案例 6 IO 分配表

输入	功能	输出	功能
I0.0	启动	Q0.0	脉冲输出口
I0.1	停止	Q0.1	电机运行方向

分析：从 *A* 点以 *D* 点的运动轨迹如图 9–38 所示。

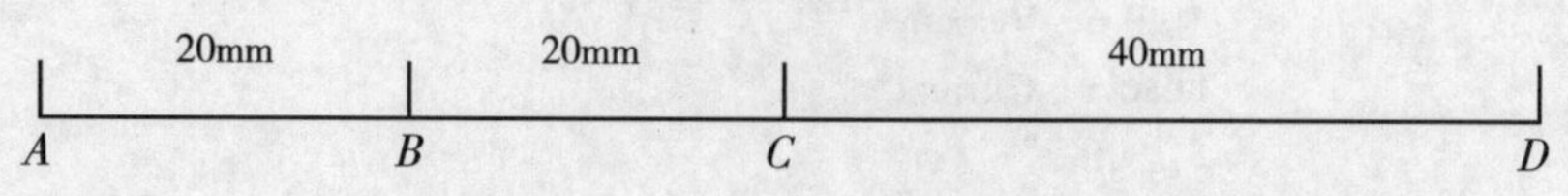

图 9-38 从 *A* 点到 *D* 点的运动轨迹

▶ 程序编写

第一步：电子齿轮比的设置。

为了满足速度和精度的要求，将电机的圈脉冲设为 1600。电机转一圈输入的指令脉冲量 1600 和编码器输出的检测脉冲量 10000 不符合。这时候我们通过伺服放大器虚拟电子齿轮，利用电子齿轮比将指令脉冲量 1600 换算成编码器分辨率 10000，可得到电子齿轮比为：分子 / 分母 =10000/1600。

伺服驱动器电子齿轮比调节参数如下所示。

第一种方法：直接设置圈脉冲，不用设置分子分母参数。

P29011	电机每旋转一圈的脉冲数	1600	10000	设定相当于电机每旋转一圈的指令脉冲数。1600 代表发 1600 个脉冲电机旋转一圈。

第二种方法：不设置圈脉冲，但需设置分子分母参数。

P29012	指令分倍频分子（电子齿轮比分子）	10000	1	如果 P29011 为 0，P29012 和 P29013 有效
P29013	指令分倍频分母（电子齿轮比分母）	1600	1	如果 P29011 为 0，P29012 和 P29013 有效

第二步：计算脉冲数和周期。

A 到 *B* 需要走 20mm/4=5 圈，发 1600 × 5=8000 个脉冲。周期设定为 200μs，需要时间 8000 × 200μs=1.6s，到达 *B* 点停留 2s。

B 到 *C* 需要走 20mm/4=5 圈，发 1600 × 5=8000 个脉冲。周期设定为 200μs，需要时间 8000 × 200μs=1.6s，到达 *C* 点停留 2s。

C 到 *D* 需要走 40mm/4=10 圈，发 1600 × 10=16000 个脉冲。周期设定为 200μs，需要时间 16000 × 200μs=3.2s，到达 *D* 点停留 2s。

D 到 *A* 需要走 80mm/4=20 圈，发 1600 × 20=32000 个脉冲。周期设定为 200μs，需要时间 32000 × 200μs=6.4s，到达 *A* 点停留 2s，重新启动。

按下启动，从 *A* 到 *B*，用时 1.6s，*B* 点停留 2s。3.6s 时，从 *B* 到 *C*，用时 1.6s，C 点停留 2s。7.2s 时，从 *C* 到 *D*，用时 3.2s，*C* 点停留 2s。12.4s 时，从 *D* 到 *A*，用时 6.4s，*A* 点停留 2s。总时长 20.8s。

时序图如图 9-39 所示。

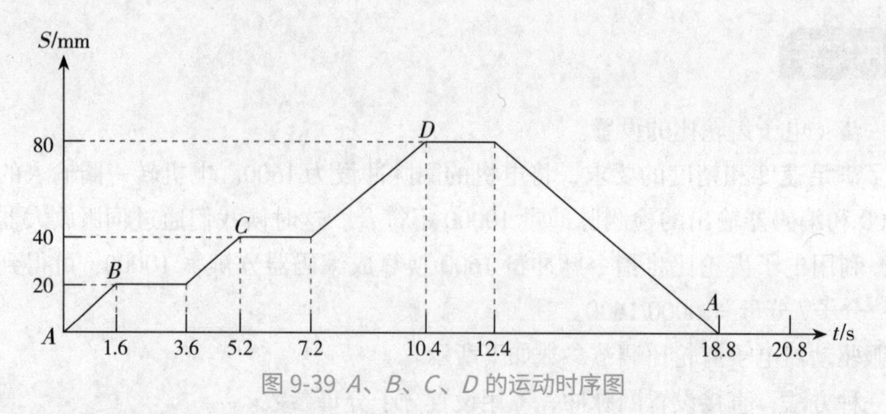

图 9-39 A、B、C、D 的运动时序图

第三步：硬件组态参考本小节案例 1。

第四步：编写 PLC 程序。

查找轴指令，在“指令”中找到“工艺”→“Motion Control”，如图 9-29 所示。

主程序如图 9-40 所示。

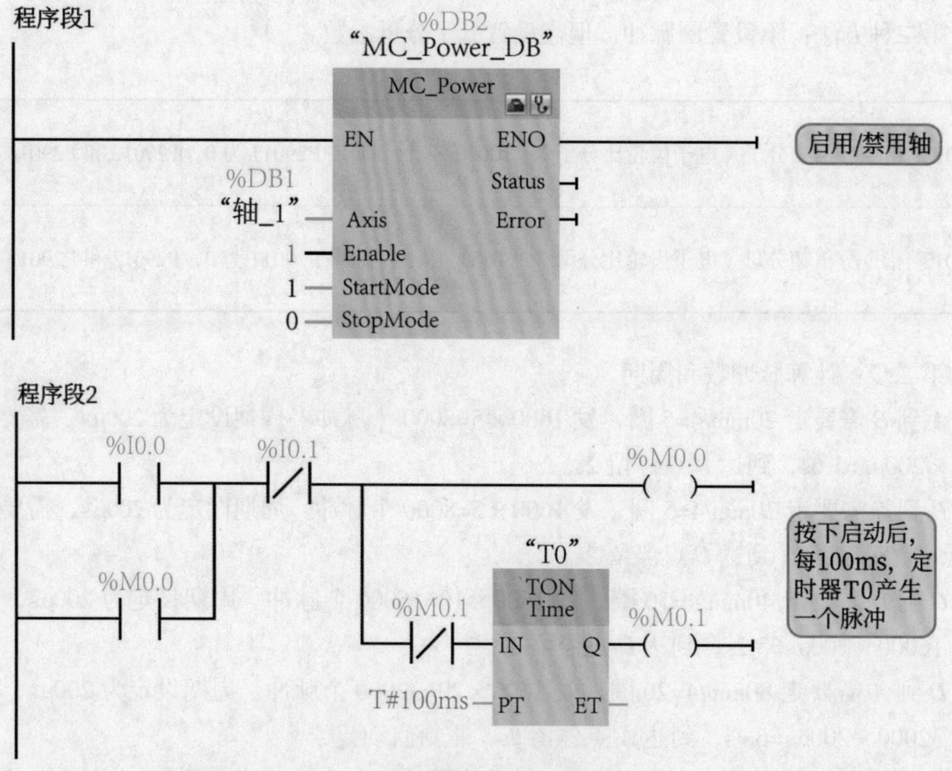

图 9-40 主程序

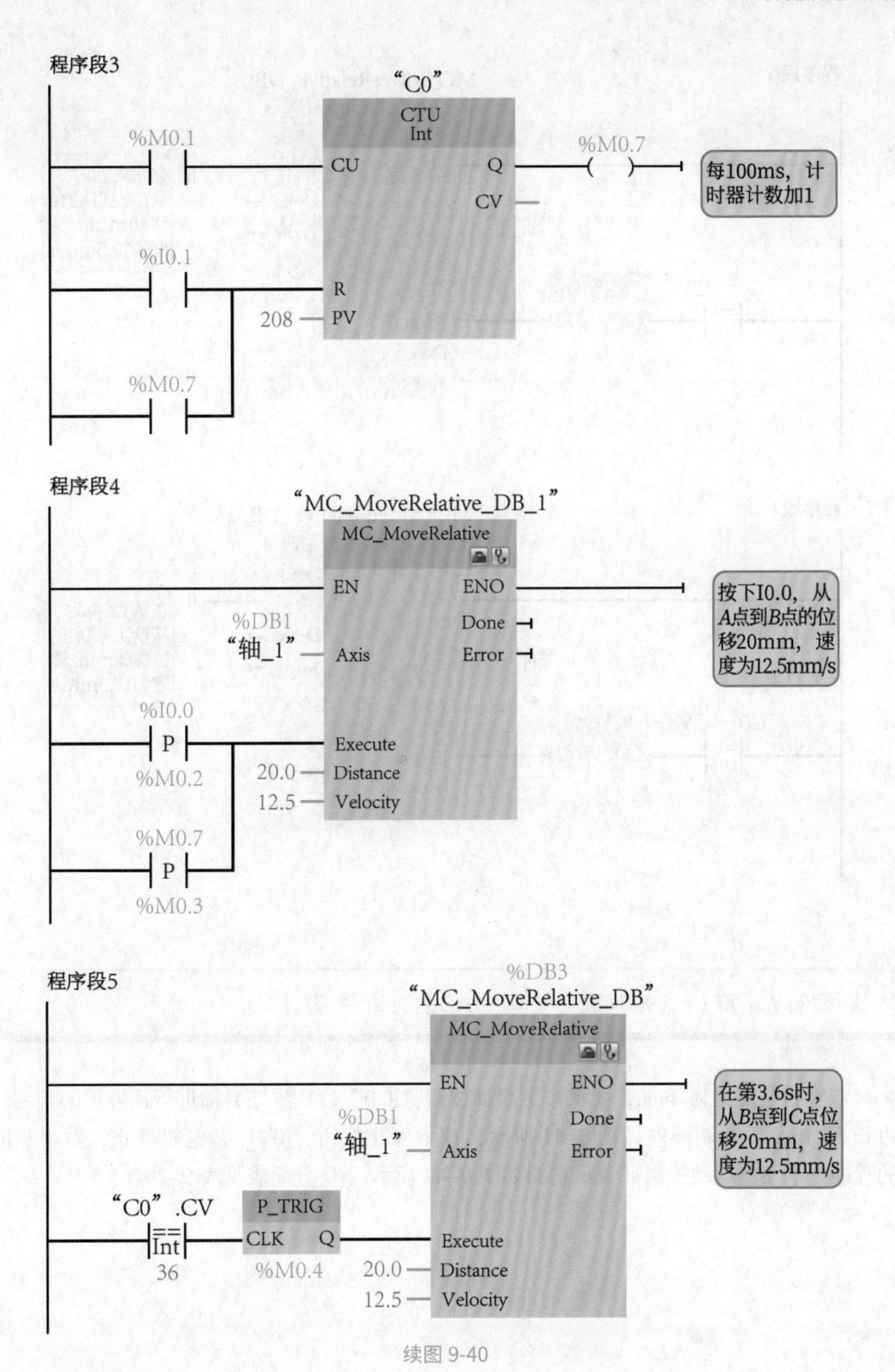
程序段3
"C0"
CTU
Int
%M0.1
CU
Q
%M0.7
CV
每100ms，计时器计数加1
%I0.1
R
208
PV
%M0.7
程序段4
"MC_MoveRelative_DB_1"
MC_MoveRelative
EN
ENO
按下I0.0，从A点到B点的位移20mm，速度为12.5mm/s
%DB1
Done
"轴_1"
Axis
Error
%I0.0
P
Execute
%M0.2
20.0
Distance
12.5
Velocity
%M0.7
P
%M0.3
程序段5
%DB3
"MC_MoveRelative_DB"
MC_MoveRelative
EN
ENO
在第3.6s时，从B点到C点位移20mm，速度为12.5mm/s
%DB1
Done
"轴_1"
Axis
Error
"C0".CV
P_TRIG
==
Int
CLK
Q
Execute
36
%M0.4
20.0
Distance
12.5
Velocity

续图 9-40

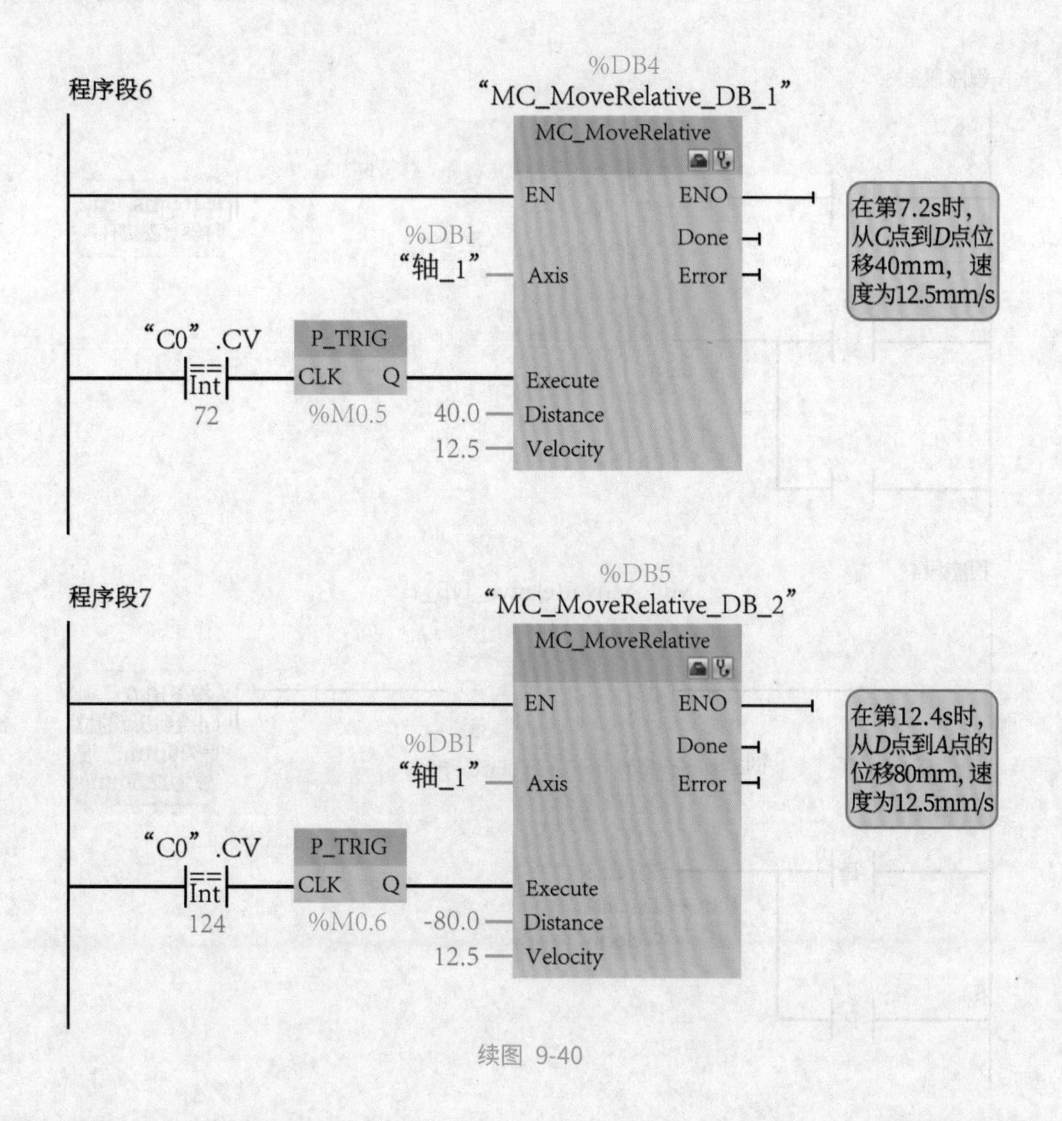

续图 9-40

案例 7：西门子 V90 伺服电机画正方形案例

单轴丝杠螺距为 4mm，要求按下启动按钮“I0.0”，*X* 轴与 *Y* 轴进行正方形的绘制，边长为 50mm，绘制顺序如图 9-41 所示，按下停止按钮“I0.1”，电机停止，写出相应的程序。本案例运动控制平台示意图如图 9-42 所示，IO 分配表见表 9-29。

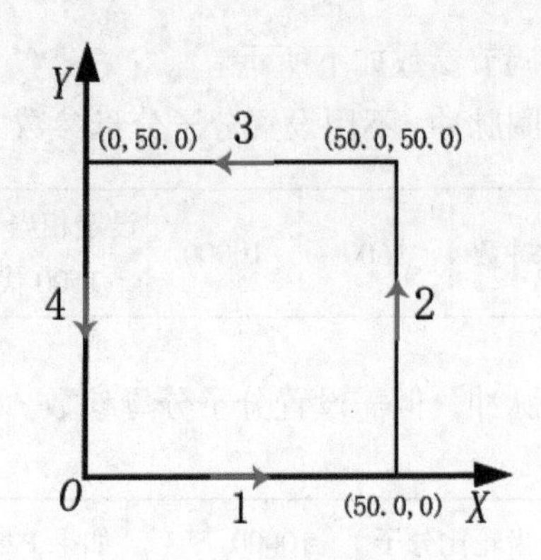

图 9-41 正方形绘制顺序和坐标

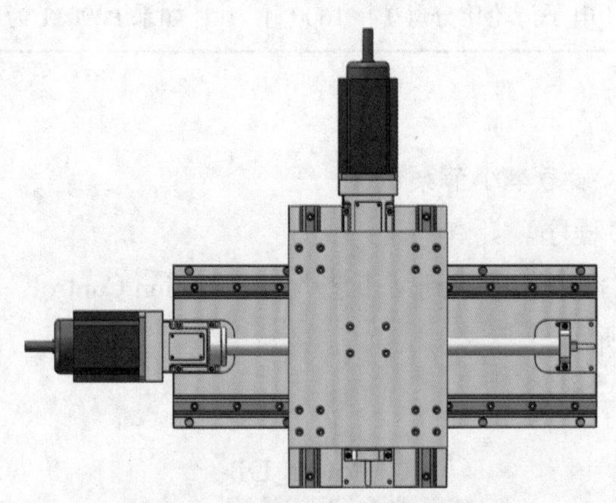
图 9-42 案例 7 运动控制平台示意图

表 9-29 案例 7 IO 分配表

输入	功能	输出	功能
I0.0	启动	Q0.0	*X* 轴脉冲输出口
I0.1	停止	Q0.1	*X* 轴电机运行方向
		Q0.2	*Y* 轴脉冲输出口
		Q0.3	*Y* 轴电机运行方向

▶ 程序编写

第一步：电子齿轮比的设置。

为了满足速度和精度的要求，将电机的圈脉冲设为 1600。电机转一圈输入的指令脉冲量 1600 和编码器输出的检测脉冲量 10000 不符合。这时候我们通过伺服放大器虚拟电子齿轮，利用电子齿轮比将指令脉冲量 1600 换算成编码器分辨率 10000，可得到电子齿轮比为：分子 / 分母 =10000/1600。

伺服驱动器电子齿轮比调节参数如下所示。

第一种方法：直接设置圈脉冲，不用设置分子分母参数。

P29011	电机每旋转一圈的脉冲数	1600	10000	设定相当于电机每旋转一圈的指令脉冲数。1600 代表发 1600 个脉冲电机旋转一圈

第二种方法：不设置圈脉冲，但需设置分子分母参数。

P29012	指令分倍频分子（电子齿轮比分子）	10000	1	如果 P29011 为 0，P29012 和 P29013 有效
P29013	指令分倍频分母（电子齿轮比分母）	1600	1	如果 P29011 为 0，P29012 和 P29013 有效

第二步：硬件组态。

组态 *X* 轴和 *Y* 轴，参考本小节案例 1。

第三步：编写 PLC 程序。

查找轴指令，在“指令”中找到“工艺”→“Motion Control”，如图 9-29 所示。

主程序如图 9-43 所示。

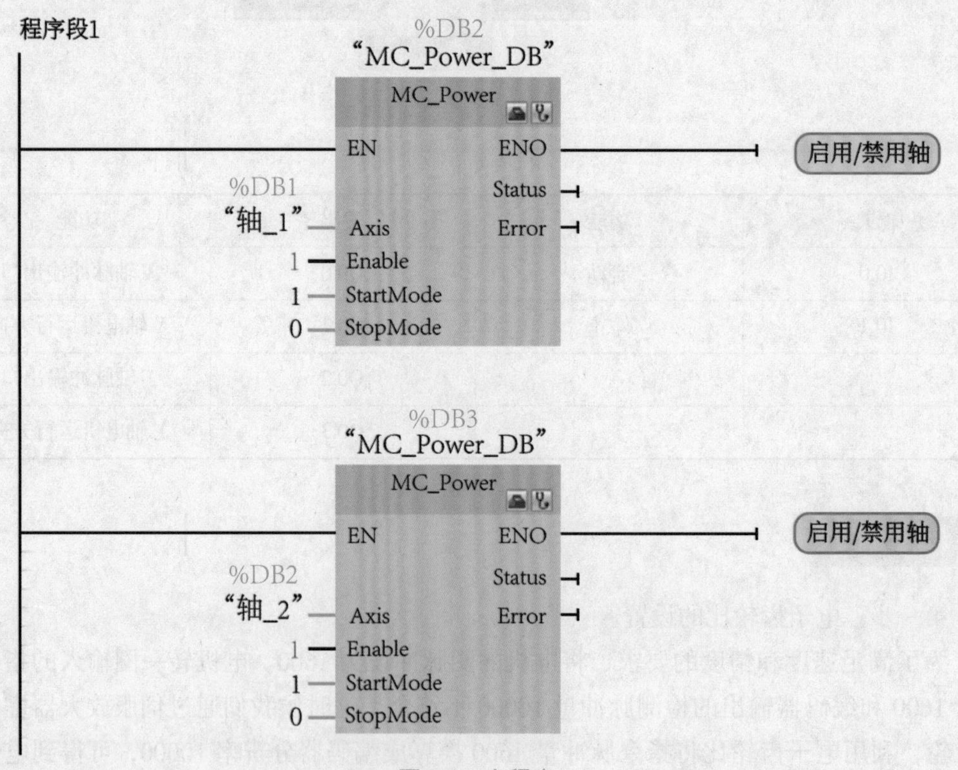

图 9-43 主程序

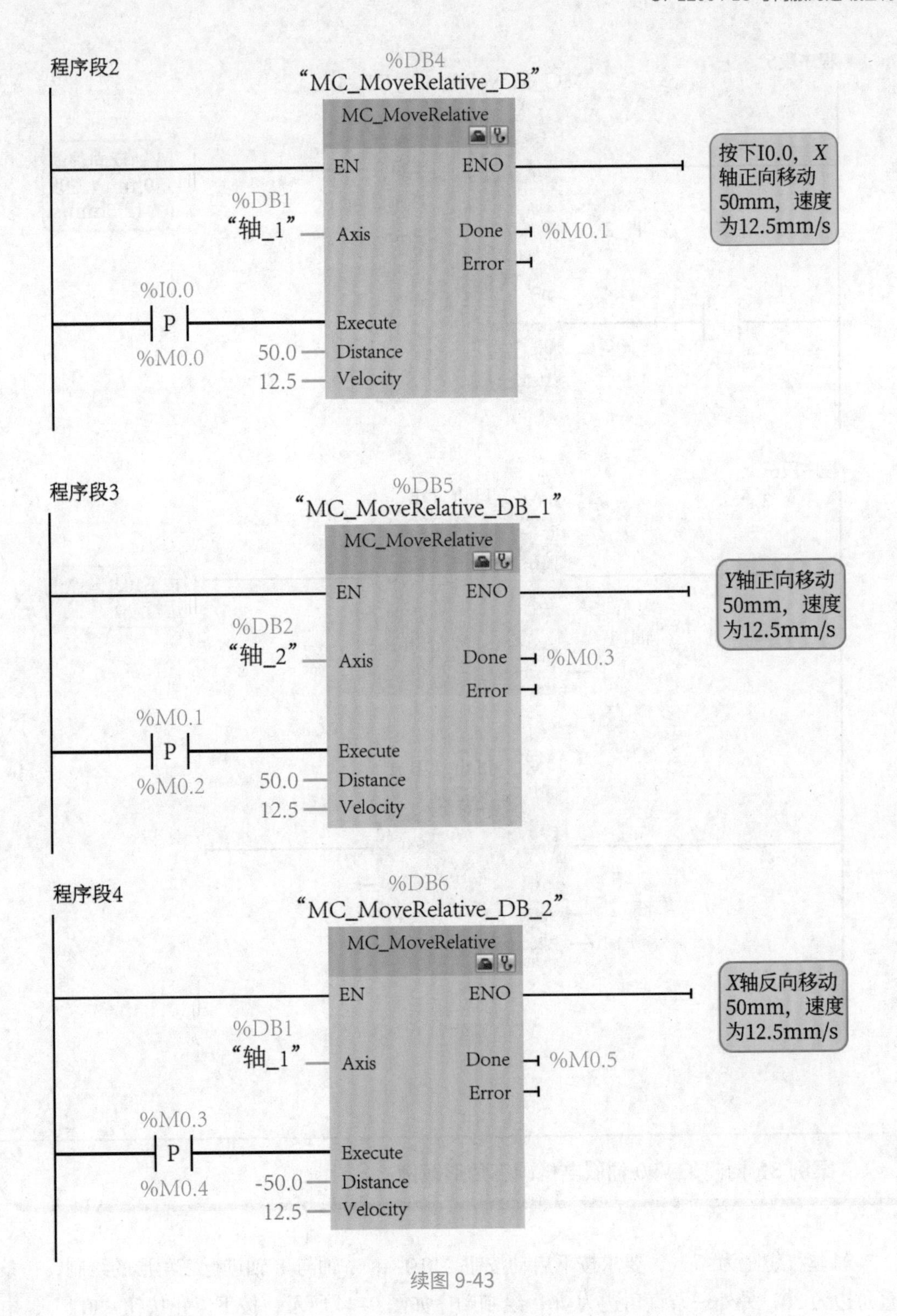
程序段2
%DB4
"MC_MoveRelative_DB"
MC_MoveRelative
EN
ENO
%DB1
"轴_1"
Axis
Done
%M0.1
Error
%I0.0
P
%M0.0
Execute
50.0
Distance
12.5
Velocity
按下I0.0，X轴正向移动50mm，速度为12.5mm/s
程序段3
%DB5
"MC_MoveRelative_DB_1"
MC_MoveRelative
EN
ENO
%DB2
"轴_2"
Axis
Done
%M0.3
Error
%M0.1
P
%M0.2
Execute
50.0
Distance
12.5
Velocity
Y轴正向移动50mm，速度为12.5mm/s
程序段4
%DB6
"MC_MoveRelative_DB_2"
MC_MoveRelative
EN
ENO
%DB1
"轴_1"
Axis
Done
%M0.5
Error
%M0.3
P
%M0.4
Execute
-50.0
Distance
12.5
Velocity
X轴反向移动50mm，速度为12.5mm/s

续图 9-43

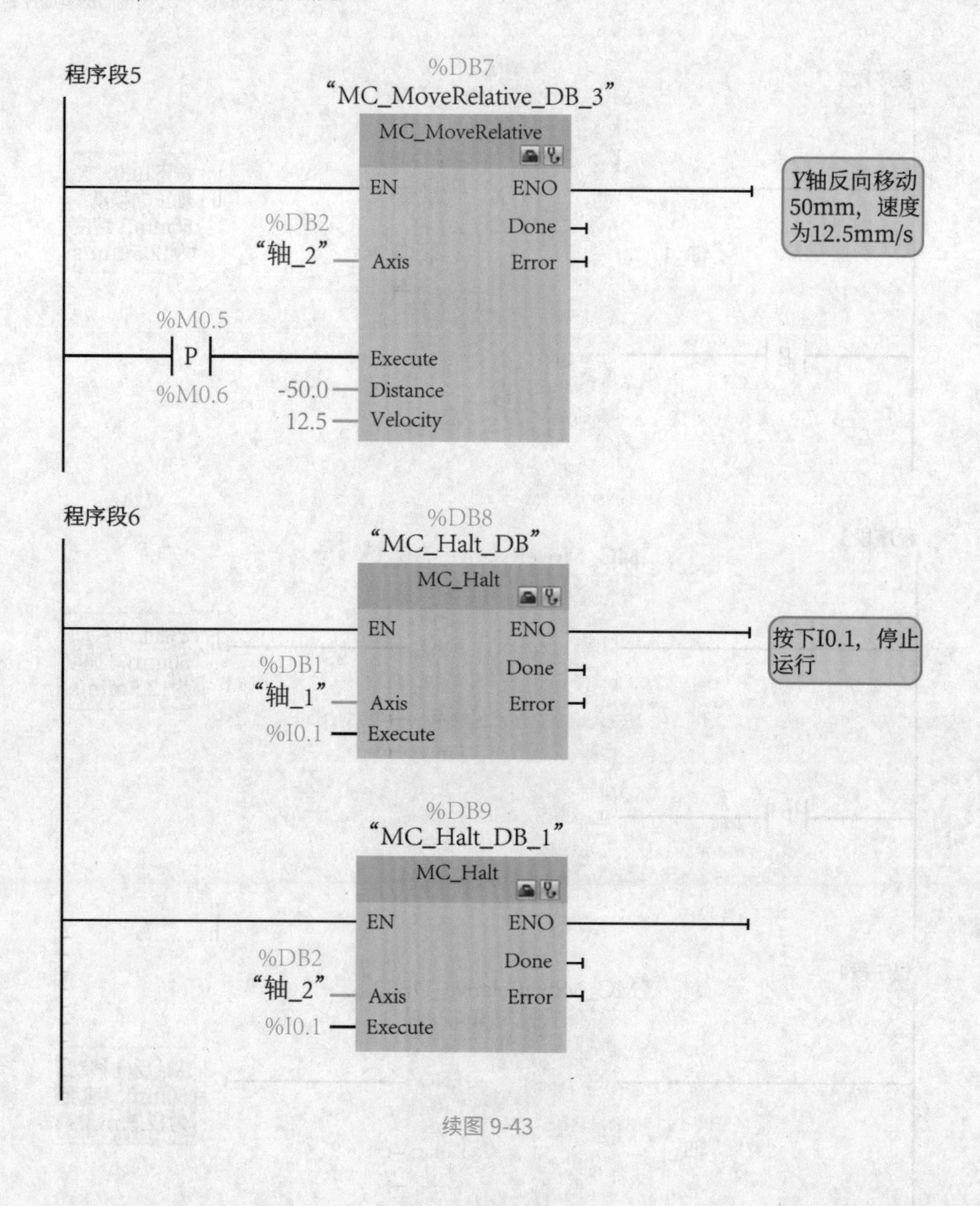

续图 9-43

案例 8：西门子 V90 伺服电机画三角形案例

轴丝杠螺距为 4mm，要求按下启动按钮"I0.0"，X 轴与 Y 轴进行三角形的绘制，一条直角边为 30，另外一条直角边为 40，绘制顺序如图 9-44 所示，按下停止按钮"I0.1"，电机停止，写出相应的程序。本案例运动控制平台示意图如图 9-45 所示，IO 分配表见表 9-30。

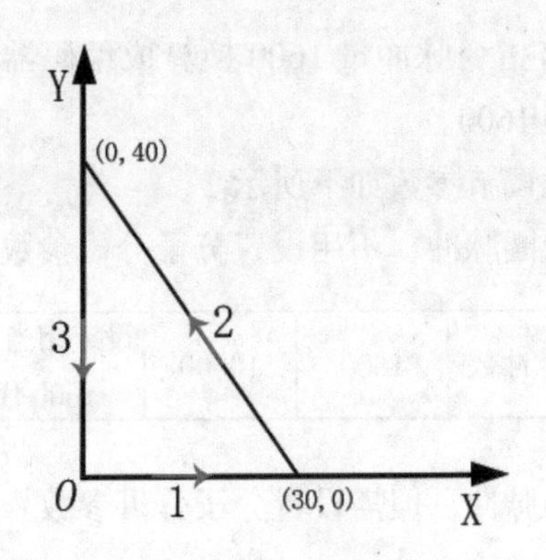

图 9-44 三角形绘制顺序和坐标

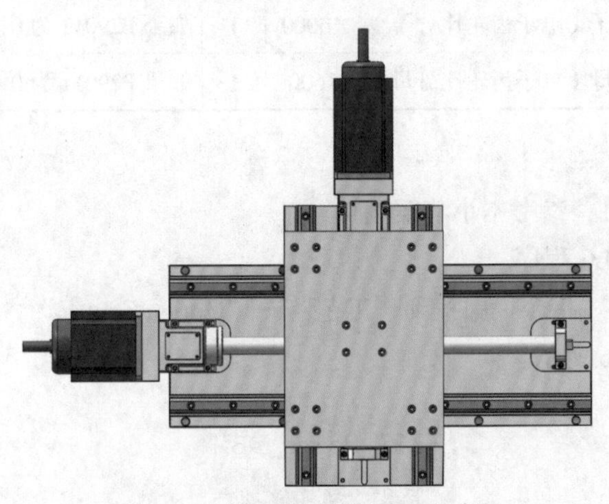

图 9-45 案例 8 运动控制平台示意图

表 9-30 案例 8 IO 分配表

输入	功能	输出	功能
I0.0	启动	Q0.0	*X* 轴脉冲输出口
I0.1	停止	Q0.1	*X* 轴电机运行方向
		Q0.2	*Y* 轴脉冲输出口
		Q0.3	*Y* 轴电机运行方向

▶ 程序编写

第一步：电子齿轮比的设置。

为了满足速度和精度的要求，将电机的圈脉冲设为 1600。电机转一圈输入的指令脉冲量 1600 和编码器输出的检测脉冲量 10000 不符合。这时候我们通过伺服放大器虚拟电子齿轮，利用电子齿轮比将指令脉冲量 1600 换算成编码器分辨率 10000，可得到电子齿轮比为：分子 / 分母 =10000/1600。

伺服驱动器电子齿轮比调节参数如下所示。

第一种方法：直接设置圈脉冲，不用设置分子分母参数。

P29011	电机每旋转一圈的脉冲数	1600	10000	设定相当于电机每旋转一圈的指令脉冲数。1600 代表发 1600 个脉冲电机旋转一圈

第二种方法：不设置圈脉冲，但需设置分子分母参数。

P29012	指令分倍频分子（电子齿轮比分子）	10000	1	如果 P29011 为 0，P29012 和 P29013 有效
P29013	指令分倍频分母（电子齿轮比分母）	1600	1	如果 P29011 为 0，P29012 和 P29013 有效

第二步：硬件组态。

组态 *X* 轴和 *Y* 轴，参考本小节案例 1。

第三步：编写 PLC 程序。

查找轴指令，在“指令”中找到“工艺”→“Motion Control”，如图 9-29 所示。

主程序如图 9-46 所示。

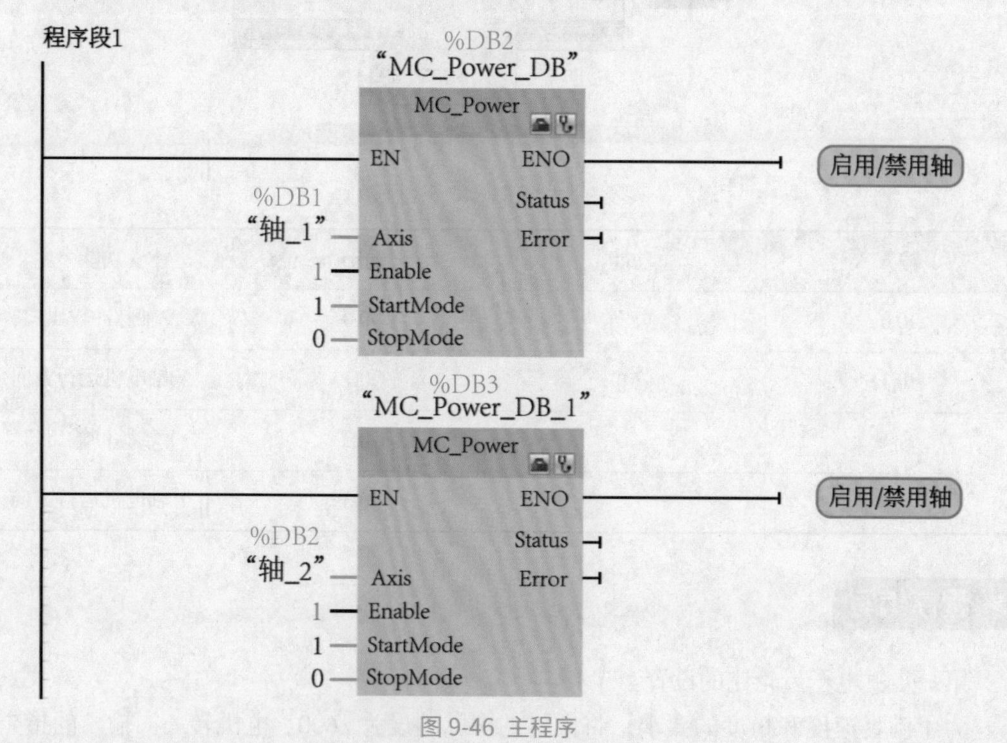

图 9-46 主程序

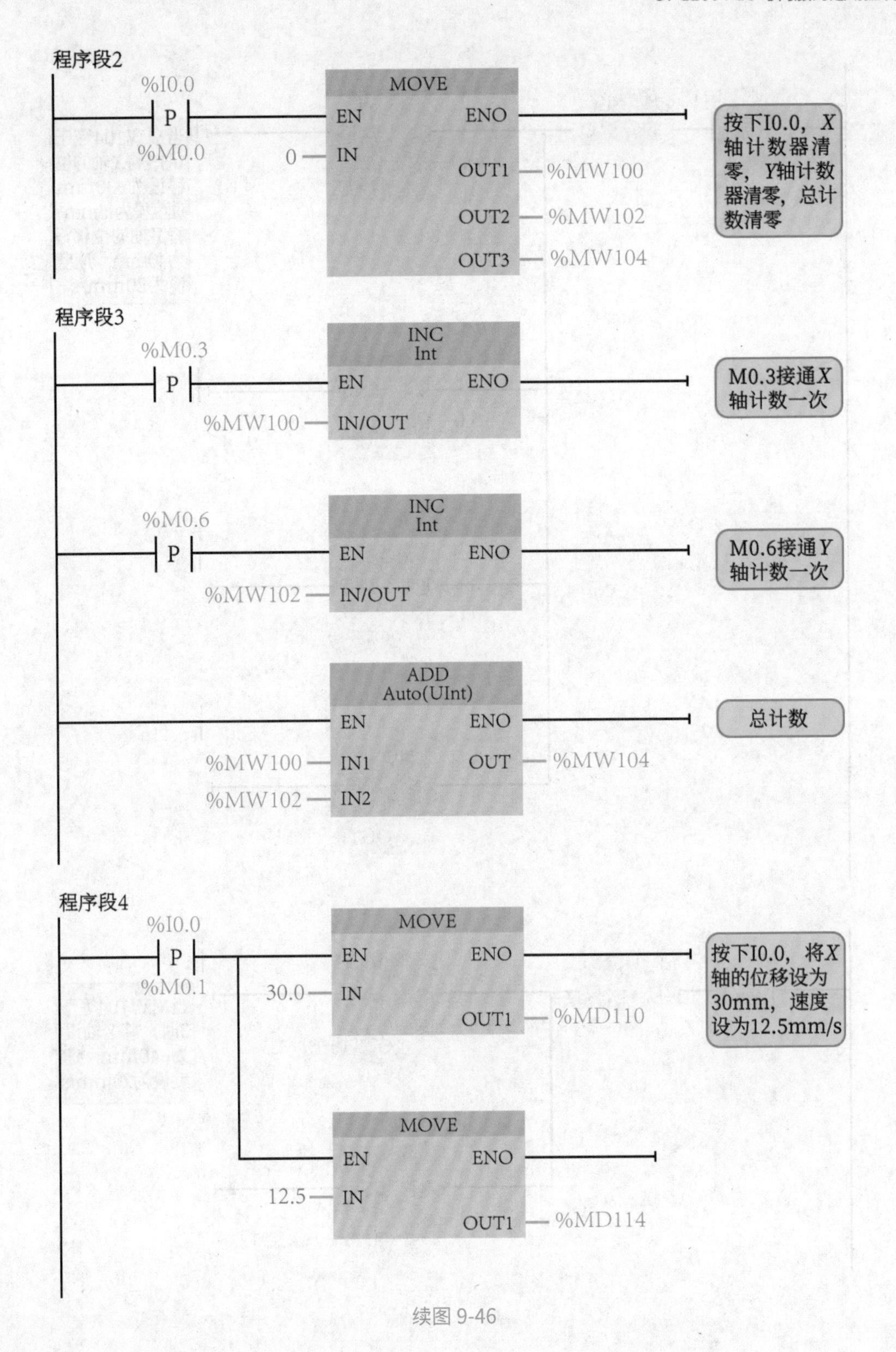
程序段2
%I0.0
P
%M0.0
MOVE
EN
ENO
0
IN
OUT1
%MW100
OUT2
%MW102
OUT3
%MW104
按下I0.0，X轴计数器清零，Y轴计数器清零，总计数清零
程序段3
%M0.3
P
INC
Int
EN
ENO
%MW100
IN/OUT
M0.3接通X轴计数一次
%M0.6
P
INC
Int
EN
ENO
%MW102
IN/OUT
M0.6接通Y轴计数一次
ADD
Auto(UInt)
EN
ENO
%MW100
IN1
OUT
%MW104
%MW102
IN2
总计数
程序段4
%I0.0
P
%M0.1
MOVE
EN
ENO
30.0
IN
OUT1
%MD110
按下I0.0，将X轴的位移设为30mm，速度设为12.5mm/s
MOVE
EN
ENO
12.5
IN
OUT1
%MD114

续图 9-46

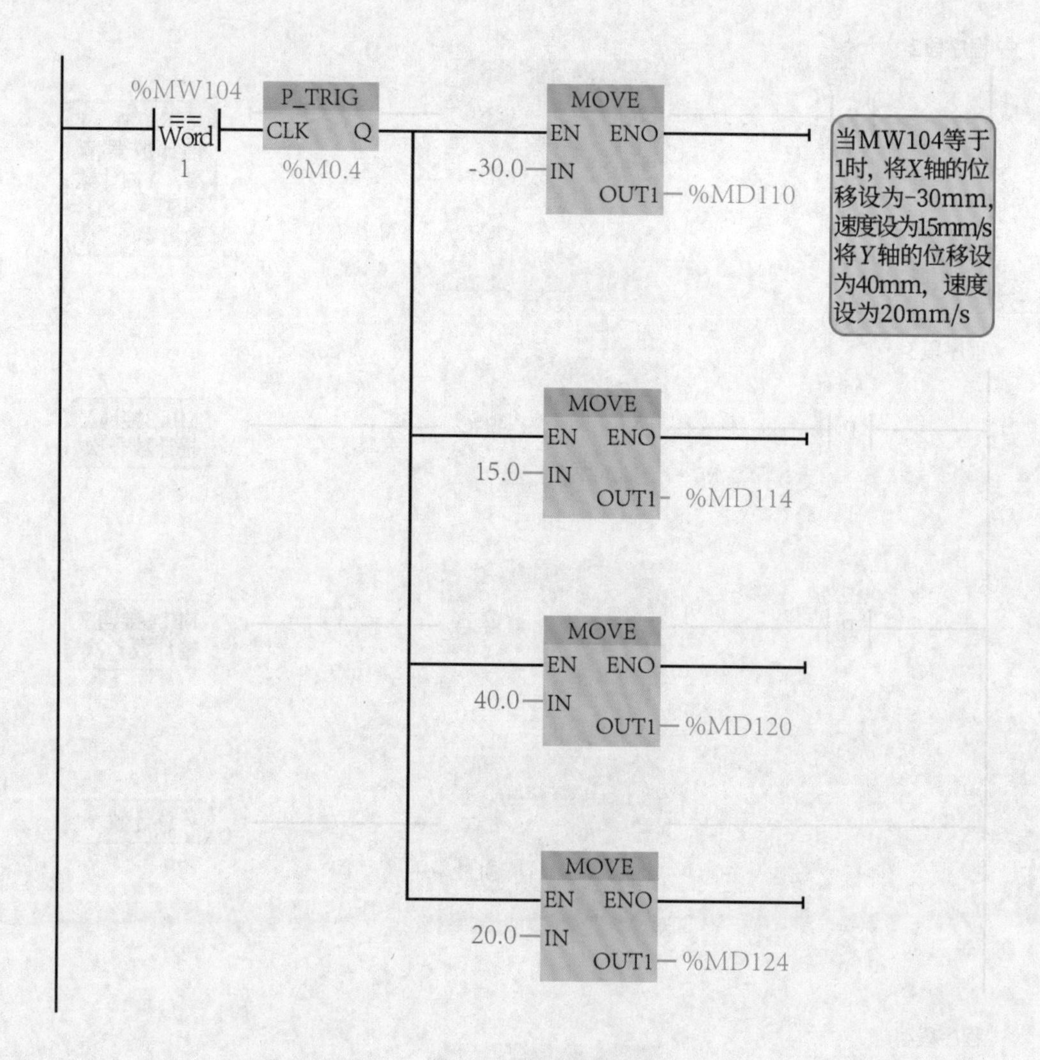
%MW104
==
Word
1
P_TRIG
CLK Q
%M0.4
MOVE
EN ENO
-30.0 IN
OUT1 %MD110
当MW104等于1时，将X轴的位移设为-30mm，速度设为15mm/s将Y轴的位移设为40mm，速度设为20mm/s
MOVE
EN ENO
15.0 IN
OUT1 %MD114
MOVE
EN ENO
40.0 IN
OUT1 %MD120
MOVE
EN ENO
20.0 IN
OUT1 %MD124

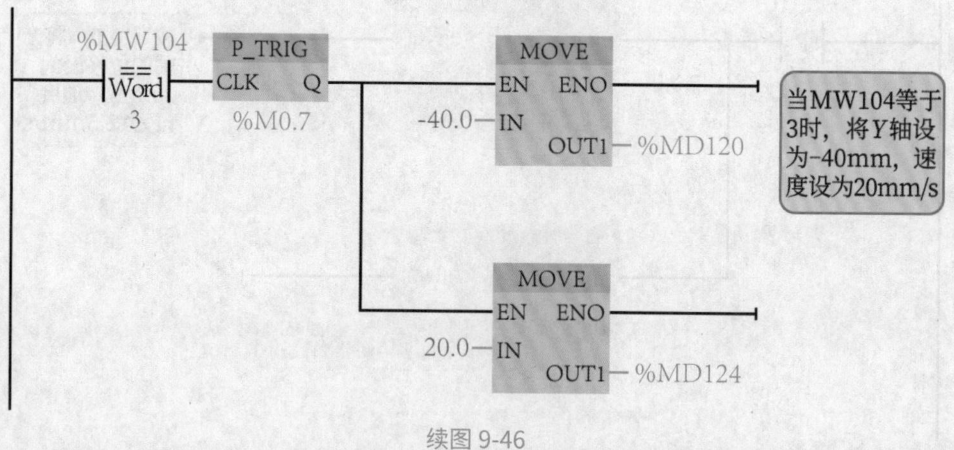
%MW104
==
Word
3
P_TRIG
CLK Q
%M0.7
MOVE
EN ENO
-40.0 IN
OUT1 %MD120
当MW104等于3时，将Y轴设为-40mm，速度设为20mm/s
MOVE
EN ENO
20.0 IN
OUT1 %MD124

续图 9-46

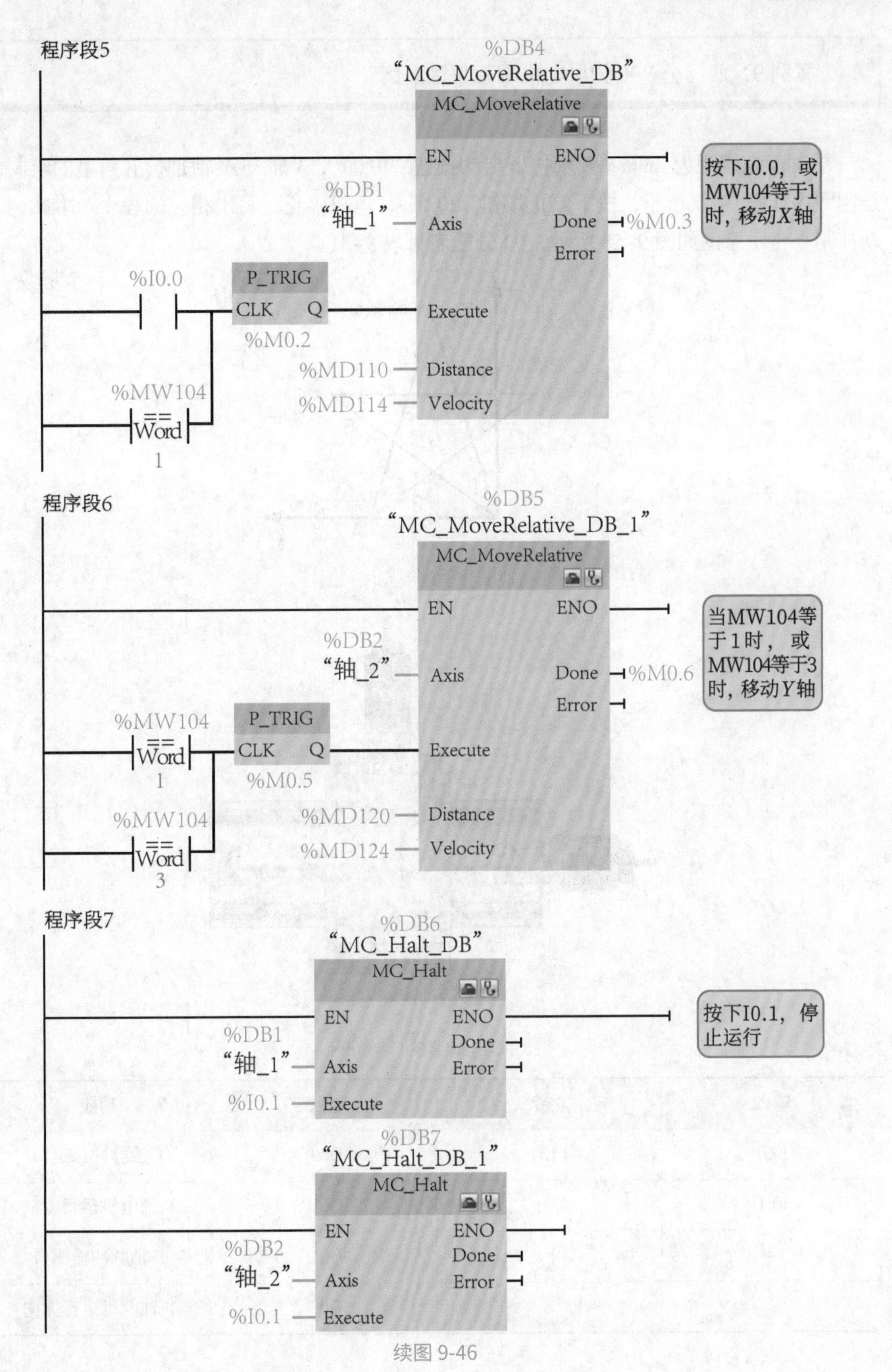
程序段5
%DB4
"MC_MoveRelative_DB"
MC_MoveRelative
EN
ENO
%DB1
"轴_1"
Axis
Done
%M0.3
Error
%I0.0
P_TRIG
CLK
Q
%M0.2
Execute
%MD110
Distance
%MD114
Velocity
%MW104
==
Word
1
按下I0.0，或MW104等于1时，移动X轴
程序段6
%DB5
"MC_MoveRelative_DB_1"
MC_MoveRelative
EN
ENO
%DB2
"轴_2"
Axis
Done
%M0.6
Error
%MW104
==
Word
1
P_TRIG
CLK
Q
%M0.5
Execute
%MW104
==
Word
3
%MD120
Distance
%MD124
Velocity
当MW104等于1时，或MW104等于3时，移动Y轴
程序段7
%DB6
"MC_Halt_DB"
MC_Halt
EN
ENO
Done
%DB1
"轴_1"
Axis
Error
%I0.1
Execute
按下I0.1，停止运行
%DB7
"MC_Halt_DB_1"
MC_Halt
EN
ENO
Done
%DB2
"轴_2"
Axis
Error
%I0.1
Execute
续图 9-46

案例 9：西门子 V90 伺服电机画五角星案例

单轴丝杠螺距为 4mm，要求按下启动按钮“I0.0”，X 轴与 Y 轴进行五角星的绘制，绘制顺序如图 9-47 所示，按下停止按钮“I0.1”，电机停止，写出相应的程序。本案例运动控制平台示意图如图 9-58 所示，IO 分配表见表 9-31。

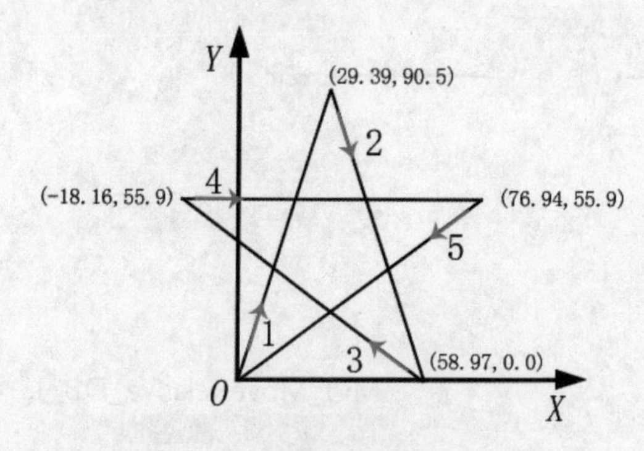

图 9-47 五角星绘制顺序和坐标

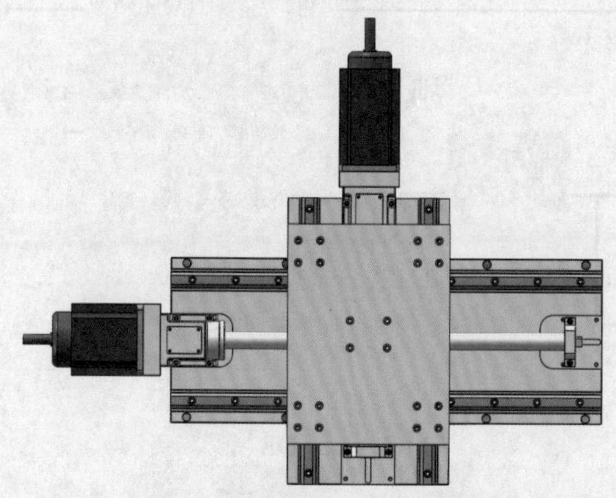

图 9-48 案例 9 运动控制平台示意图

表 9-31 案例 9 IO 分配表

输入	功能	输出	功能
I0.0	启动	Q0.0	X 轴脉冲输出口
I0.1	停止	Q0.1	X 轴电机运行方向
		Q0.2	Y 轴脉冲输出口
		Q0.3	Y 轴电机运行方向

▶ 程序编写

第一步：电子齿轮比的设置。

为了满足速度和精度的要求，将电机的圈脉冲设为 1600。电机转一圈输入的指令脉冲量 1600 和编码器输出的检测脉冲量 10000 不符合。这时候我们通过伺服放大器虚拟电子齿轮，利用电子齿轮比将指令脉冲量 1600 换算成编码器分辨率 10000，可得到电子齿轮比为：分子 / 分母 =10000/1600。

伺服驱动器电子齿轮比调节参数如下所示。

第一种方法：直接设置圈脉冲，不用设置分子分母参数。

P29011	电机每旋转一圈的脉冲数	1600	10000	设定相当于电机每旋转一圈的指令脉冲数。1600 代表发 1600 个脉冲电机旋转一圈

第二种方法：不设置圈脉冲，但需设置分子分母参数。

P29012	指令分倍频分子（电子齿轮比分子）	10000	1	如果 P29011 为 0，P29012 和 P29013 有效
P29013	指令分倍频分母（电子齿轮比分母）	1600	1	如果 P29011 为 0，P29012 和 P29013 有效

第二步：硬件组态。

组态 *X* 轴和 *Y* 轴，参考本小节案例 1。

第三步：编写 PLC 程序。

查找轴指令，在“指令”中找到“工艺”→“Motion Control”，如图 9–29 所示。

主程序如图 9–49 所示。

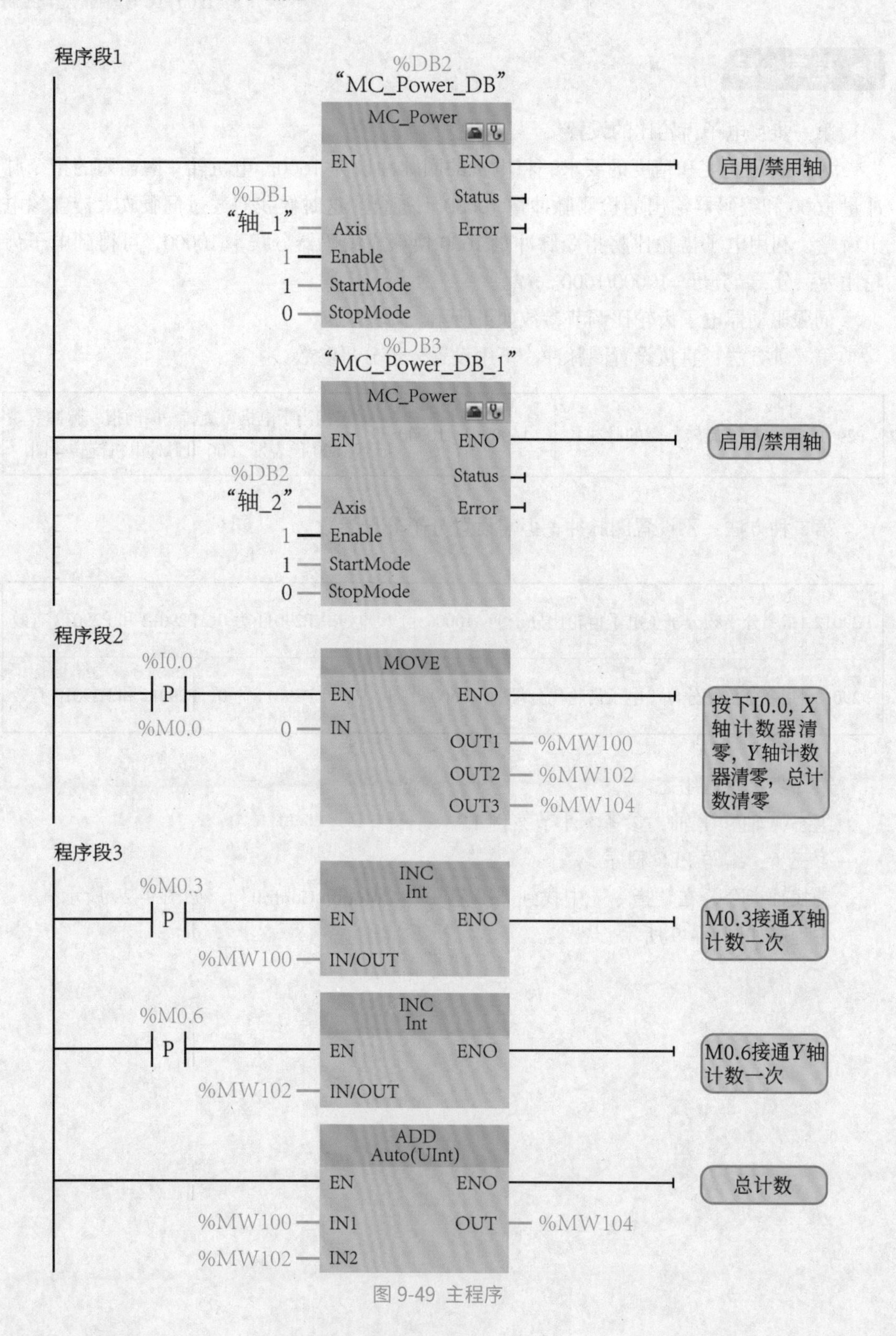
程序段1
%DB2
“MC_Power_DB”
MC_Power
EN
ENO
启用/禁用轴
%DB1
“轴_1”
Axis
Status
Error
1
Enable
1
StartMode
0
StopMode
%DB3
“MC_Power_DB_1”
MC_Power
EN
ENO
启用/禁用轴
%DB2
“轴_2”
Axis
Status
Error
1
Enable
1
StartMode
0
StopMode
程序段2
%I0.0
P
%M0.0
MOVE
EN
ENO
0
IN
OUT1
%MW100
OUT2
%MW102
OUT3
%MW104
按下I0.0，X轴计数器清零，Y轴计数器清零，总计数清零
程序段3
%M0.3
P
INC
Int
EN
ENO
%MW100
IN/OUT
M0.3接通X轴计数一次
%M0.6
P
INC
Int
EN
ENO
%MW102
IN/OUT
M0.6接通Y轴计数一次
ADD
Auto(UInt)
EN
ENO
总计数
%MW100
IN1
OUT
%MW104
%MW102
IN2

图 9-49 主程序

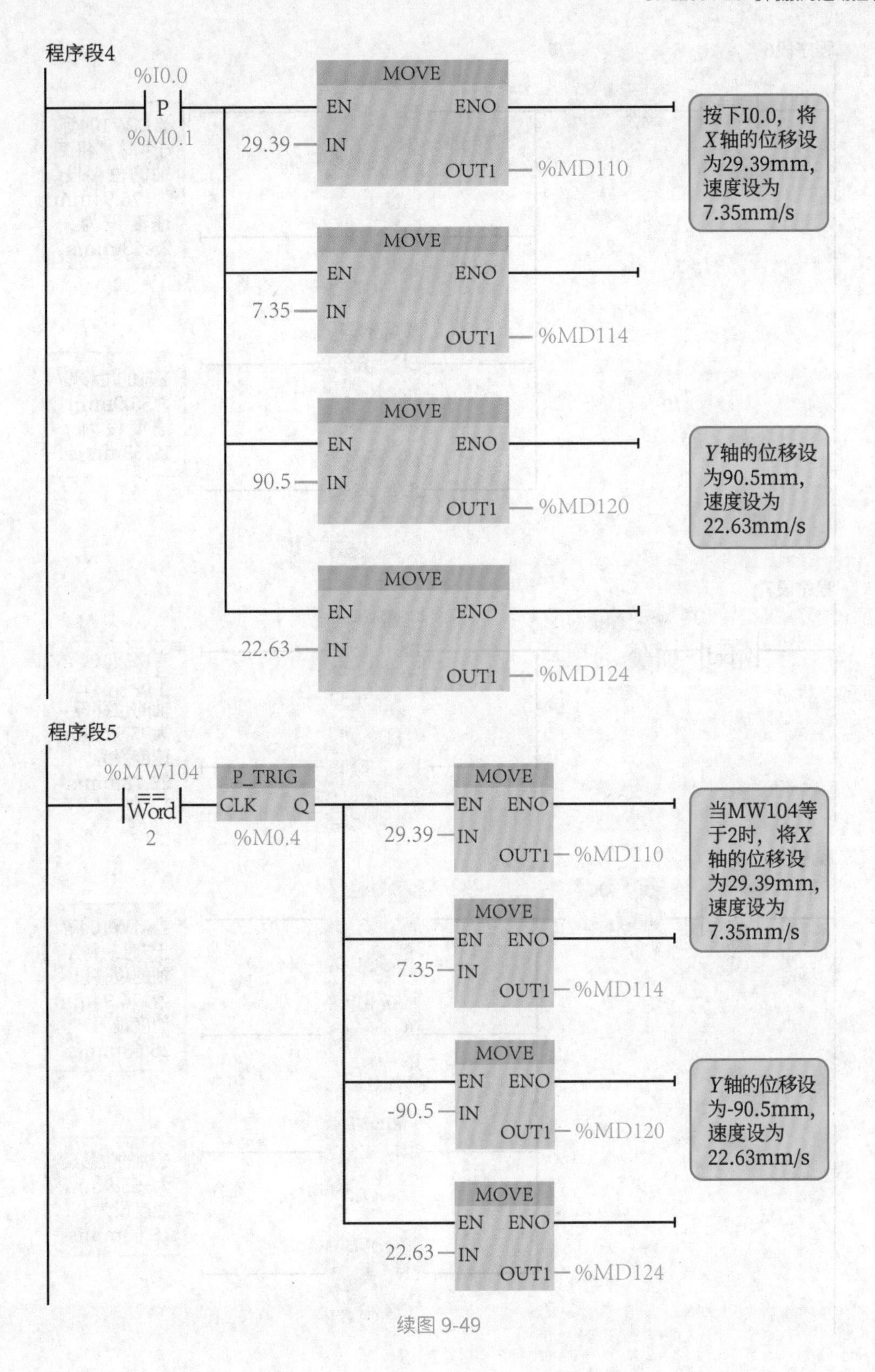
程序段4
%I0.0
P
%M0.1
MOVE
EN
ENO
29.39
IN
OUT1
%MD110
按下I0.0，将X轴的位移设为29.39mm，速度设为7.35mm/s
7.35
%MD114
90.5
%MD120
Y轴的位移设为90.5mm，速度设为22.63mm/s
22.63
%MD124
程序段5
%MW104
==
Word
2
P_TRIG
CLK
Q
%M0.4
当MW104等于2时，将X轴的位移设为29.39mm，速度设为7.35mm/s
-90.5
Y轴的位移设为-90.5mm，速度设为22.63mm/s

续图 9-49

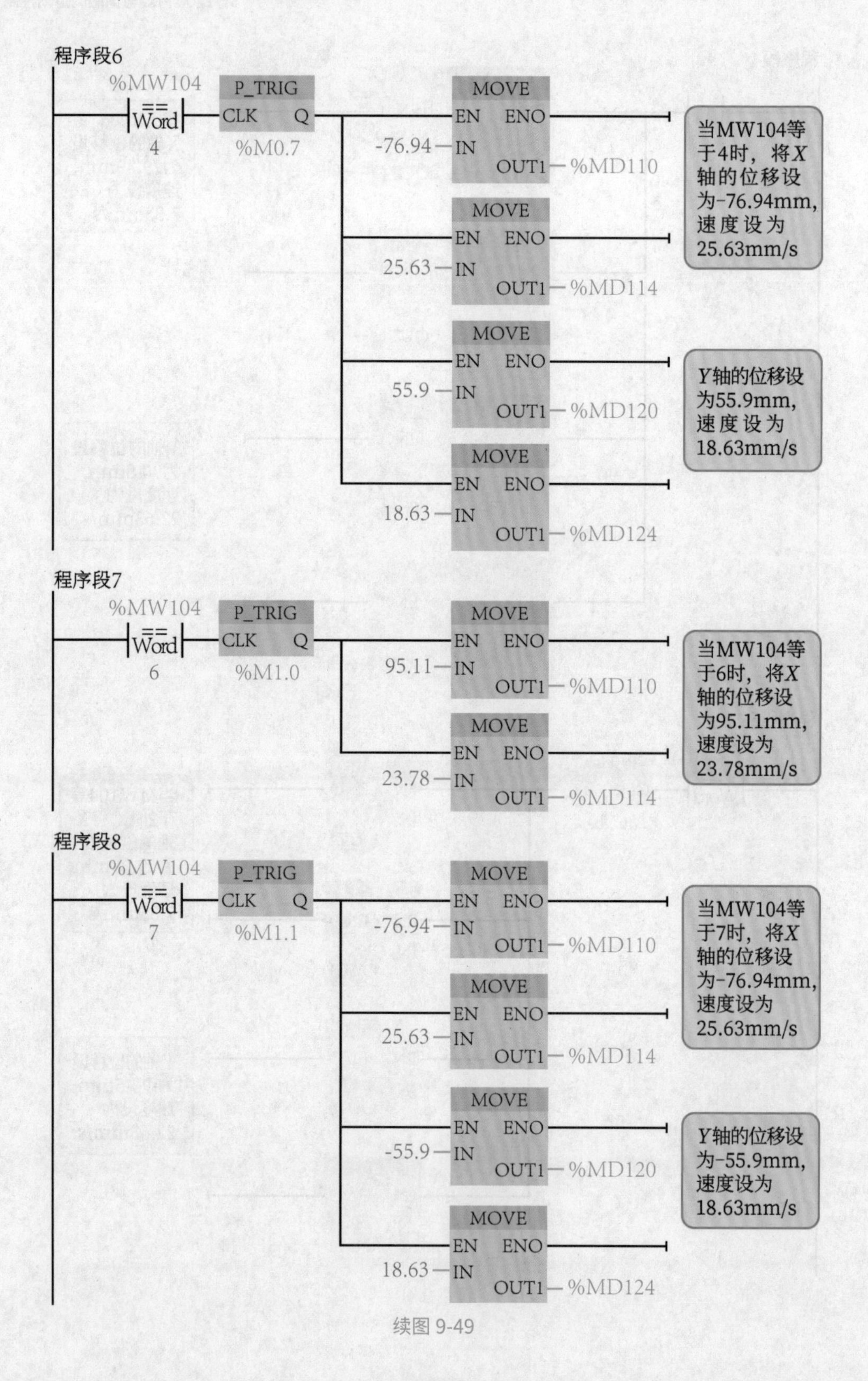
程序段6
%MW104
==
Word
4
P_TRIG
CLK Q
%M0.7
MOVE
EN ENO
-76.94 IN
OUT1 %MD110
MOVE
EN ENO
25.63 IN
OUT1 %MD114
MOVE
EN ENO
55.9 IN
OUT1 %MD120
MOVE
EN ENO
18.63 IN
OUT1 %MD124
当MW104等于4时，将X轴的位移设为-76.94mm，速度设为25.63mm/s
Y轴的位移设为55.9mm，速度设为18.63mm/s
程序段7
%MW104
==
Word
6
P_TRIG
CLK Q
%M1.0
MOVE
EN ENO
95.11 IN
OUT1 %MD110
MOVE
EN ENO
23.78 IN
OUT1 %MD114
当MW104等于6时，将X轴的位移设为95.11mm，速度设为23.78mm/s
程序段8
%MW104
==
Word
7
P_TRIG
CLK Q
%M1.1
MOVE
EN ENO
-76.94 IN
OUT1 %MD110
MOVE
EN ENO
25.63 IN
OUT1 %MD114
MOVE
EN ENO
-55.9 IN
OUT1 %MD120
MOVE
EN ENO
18.63 IN
OUT1 %MD124
当MW104等于7时，将X轴的位移设为-76.94mm，速度设为25.63mm/s
Y轴的位移设为-55.9mm，速度设为18.63mm/s

续图 9-49

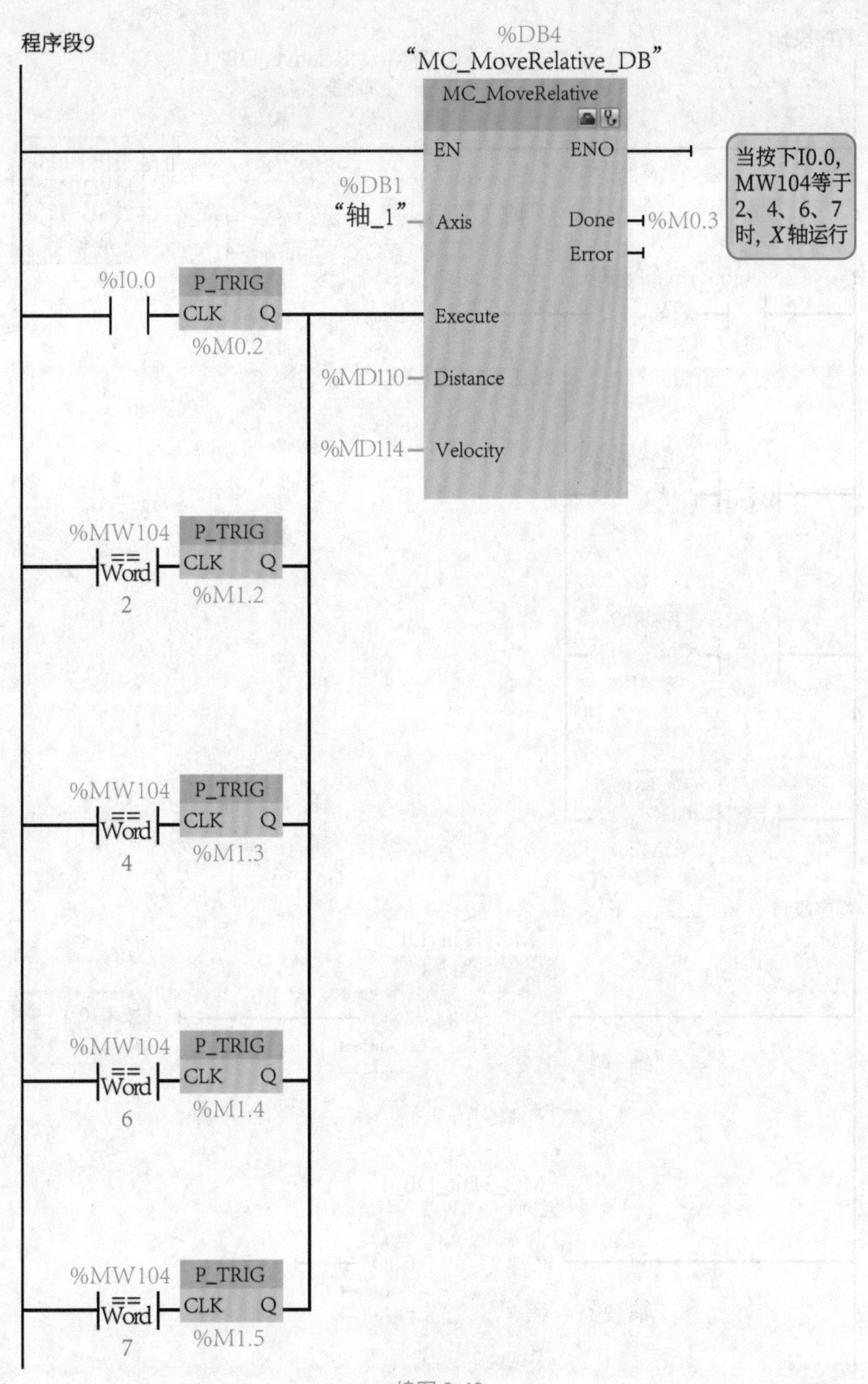
程序段9
%DB4
"MC_MoveRelative_DB"
MC_MoveRelative
EN
ENO
%DB1
"轴_1"
Axis
Done
%M0.3
Error
当按下I0.0, MW104等于2、4、6、7时, X轴运行
%I0.0
P_TRIG
CLK Q
%M0.2
Execute
%MD110
Distance
%MD114
Velocity
%MW104
==
Word
2
%M1.2
%MW104
==
Word
4
%M1.3
%MW104
==
Word
6
%M1.4
%MW104
==
Word
7
%M1.5

续图 9-49

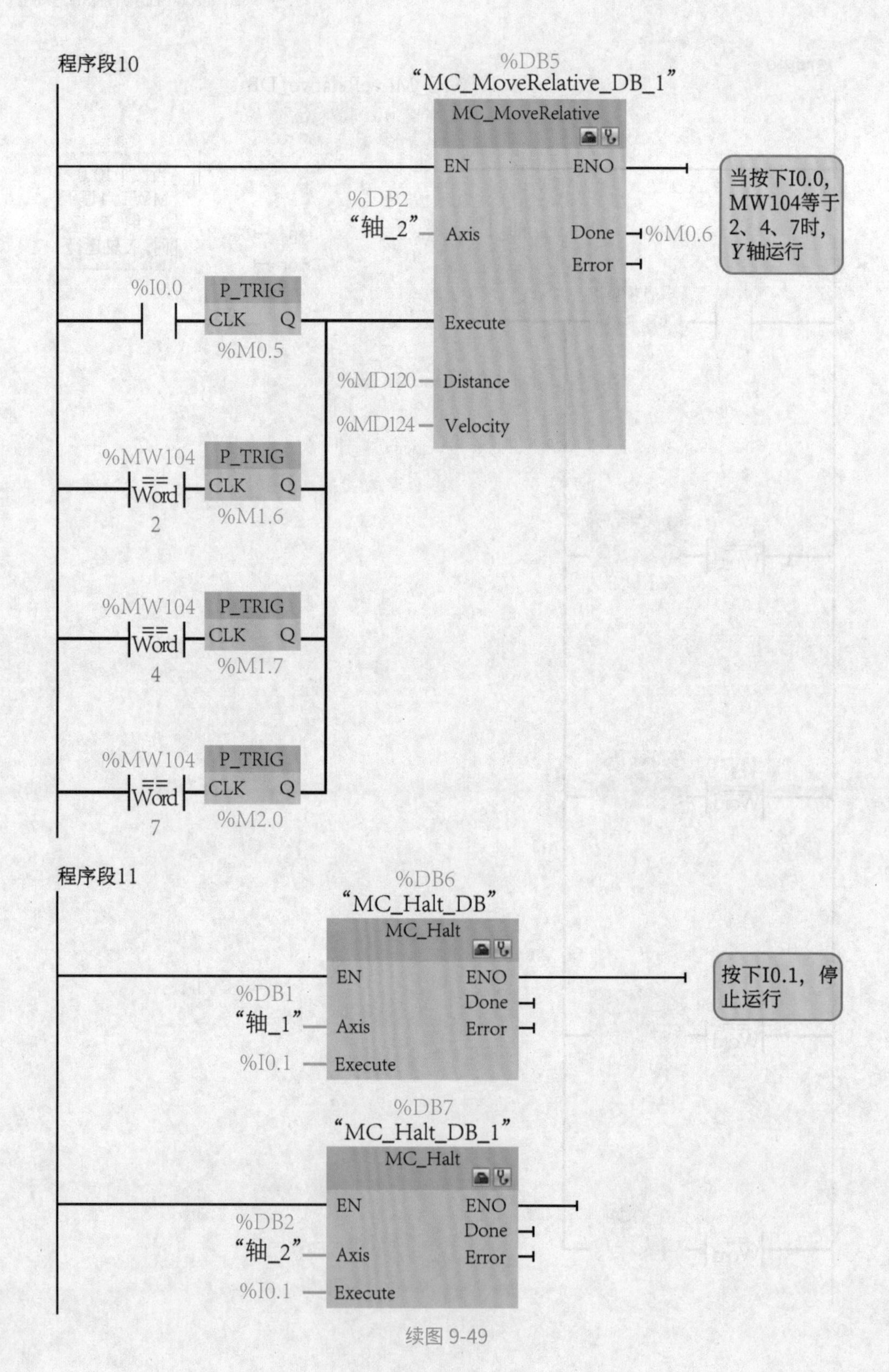

程序段10
%DB5
"MC_MoveRelative_DB_1"
MC_MoveRelative
EN
ENO
%DB2
"轴_2"
Axis
Done
%M0.6
Error
%I0.0
P_TRIG
CLK
Q
%M0.5
Execute
%MD120
Distance
%MD124
Velocity
%MW104
==
Word
2
%M1.6
4
%M1.7
7
%M2.0
当按下I0.0，MW104等于2、4、7时，Y轴运行
程序段11
%DB6
"MC_Halt_DB"
MC_Halt
%DB1
"轴_1"
%I0.1
按下I0.1，停止运行
%DB7
"MC_Halt_DB_1"

续图 9-49

参 考 文 献

[1] 西门子（中国）有限公司自动化与驱动集团 . 深入浅出西门子 S7–200 PLC [M]. 北京：北京航空航天大学出版社，2003.

[2] 赵景波，等 . 零基础学西门子 S7–200 PLC [M]. 北京：机械工业出版社，2010.

[3] 刘华波，马艳 . 西门子 S7–200 PLC 编程及应用案例精选 [M].2 版 . 北京：机械工业出版社，2016.

[4] 廖常初 .PLC 编程及应用 [M]. 北京 : 机械工业出版社，2008.

[5] 向晓汉 . 西门子 PLC 工业通信完全精通教程 [M]. 北京：化学工业出版社，2013.